Stefan Reitz

Mathematik in der modernen Finanzwelt

Herausgegeben von
Prof. Dr. Bernd Luderer, Chemnitz

Die Studienbücher Wirtschaftsmathematik behandeln anschaulich, systematisch und fachlich fundiert Themen aus der Wirtschafts-, Finanz- und Versicherungsmathematik entsprechend dem aktuellen Stand der Wissenschaft.
Die Bände der Reihe wenden sich sowohl an Studierende der Wirtschaftsmathematik, der Wirtschaftswissenschaften, der Wirtschaftsinformatik und des Wirtschaftsingenieurwesens an Universitäten, Fachhochschulen und Berufsakademien als auch an Lehrende und Praktiker in den Bereichen Wirtschaft, Finanz- und Versicherungswesen.

www.viewegteubner.de

Stefan Reitz

Mathematik in der modernen Finanzwelt

Derivate, Portfoliomodelle und Ratingverfahren

STUDIUM

**VIEWEG+
TEUBNER**

Bibliografische Information der Deutschen Nationalbibliothek
Die Deutsche Nationalbibliothek verzeichnet diese Publikation in der
Deutschen Nationalbibliografie; detaillierte bibliografische Daten sind im Internet über
<http://dnb.d-nb.de> abrufbar.

Prof. Dr. Stefan Reitz
Hochschule für Technik
Fakultät Mathematik
Schellingstraße 24
70174 Stuttgart

stefan.reitz@hft-stuttgart.de

1. Auflage 2011

Alle Rechte vorbehalten
© Vieweg+Teubner Verlag | Springer Fachmedien Wiesbaden GmbH 2011

Lektorat: Ulrike Schmickler-Hirzebruch | Barbara Gerlach

Vieweg+Teubner Verlag ist eine Marke von Springer Fachmedien.
Springer Fachmedien ist Teil der Fachverlagsgruppe Springer Science+Business Media.
www.viewegteubner.de

Umschlaggestaltung: KünkelLopka Medienentwicklung, Heidelberg
Druck und buchbinderische Verarbeitung: STRAUSS GMBH, Mörlenbach
Gedruckt auf säurefreiem und chlorfrei gebleichtem Papier
Printed in Germany

ISBN 978-3-8348-0943-8

Meinen Eltern

Vorwort

Modelle zur Beschreibung von Finanzmärkten und der dort gehandelten Produkte bilden seit einer Reihe von Jahren einen wichtigen Schwerpunkt bei der Anwendung mathematischer Resultate im Wirtschaftsleben. Demzufolge werden an Universitäten und Hochschulen in den einschlägigen Studiengängen der (Wirtschafts-)Mathematik und der quantitativ orientierten Wirtschaftswissenschaften in zunehmendem Umfang Lehrveranstaltungen angeboten, die verschiedene Aspekte der Modellierung von Finanzmärkten zum Gegenstand haben.

Bei der Vermittlung der Inhalte besteht die besondere Herausforderung darin, dass einerseits ein weitreichendes Verständnis der Funktionsweise von modernen Kapitalmärkten und Bankprodukten erreicht werden soll und andererseits parallel dazu die nicht unerheblichen mathematischen Instrumentarien zur Modellbildung zu vermitteln sind. In diesem Buch wird der Versuch unternommen, beide Gesichtspunkte gleichermaßen und angemessen zu berücksichtigen.

Die vorliegende Darstellung richtet sich an Studierende in Bachelor- und Masterstudiengängen sowie an Mitarbeiter von Finanzinstitutionen, die die mathematischen Grundlagen der Bewertung von Derivaten, der Berechnung von Risiken mit Portfoliomodellen und der Beschreibung von Kreditrisiken durch Ratingmodelle kennen lernen wollen. Um den Einstieg zu erleichtern, wird hier bewusst auf eine streng formale Abhandlung der zu Grunde liegenden Theorie der stochastischen Prozesse sowie auch der Stochastischen Analysis verzichtet. Dennoch werden die wichtigsten Sachverhalte dieser Teilgebiete formuliert und deren Anwendung aufgezeigt; deshalb ist ein gewisse Routine im Umgang mit mathematischen Begriffsbildungen, wie sie etwa in den beiden ersten Studienjahren erworben werden, unumgänglich. Auch sollten die Leser bereits eine einführende Vorlesung zur Finanzmathematik absolviert haben, in der die Themen Renten-, Barwert- und Tilgungsrechnung behandelt wurden. Beim Durchblättern des Buches fällt auf, dass die Sprache der Wahrscheinlichkeitstheorie und Statistik eine fundamentale Bedeutung für die quantitative Beschreibung von Finanzmärkten hat – daher werden in Kapitel 2 dieses Buches die wichtigsten Sachverhalte aus der "Welt des Zufalls" erörtert, bevor dann in den nachfolgenden Kapiteln deren Anwendung aufgezeigt werden kann.

Der Stil dieses Buches ist geprägt durch einen Wechsel zwischen einer eher formal-mathematischen Sprache ("Satz-Definition-Beispiel") und einer weniger formalen, mehr beschreibenden Sprache – auch dadurch wird deutlich, dass der hier behandelte Gegenstand ein interdisziplinärer ist, der die Anwendung mathematischer Sachverhalte auf reale Probleme beschreibt. Einen besonderen Stellenwert haben die zahlreichen Beispiele und die Übungsaufgaben, die in den Text eingestreut sind – sie sollen die Einübung und das Verständnis der Theorie unterstützen.

Die Auswahl des Stoffes orientiert sich an den Themengebieten, die heutzutage beim Handel mit Finanzprodukten in Finanzinstitutionen eine wichtige Rolle spielen. Dabei werden auch aktuelle Aspekte zur Modellierung der Finanzmärkte, die im Zuge der Finanzmarktkrise seit 2007 an Bedeutung gewonnen haben, behandelt. Des Weiteren findet auch die Umsetzung der angesprochenen Modelle in der Praxis sowie deren jeweilige Stärken und Schwächen Erwähnung.

Größere Teile des Textes sind aus einschlägigen Vorlesungen in den Bachelor- und Masterstudiengängen zur Finanz- und Versicherungsmathematik an der Hochschule für Technik in Stuttgart hervorgegangen. Ich danke den Studierenden in diesen Vorlesungen für die zahlreichen Hinweise zur Darstellung des Stoffes.

Bei Herrn Dr. Tin-Kwai Man (BHF-BANK Aktiengesellschaft, Frankfurt), Herrn Dr. Carsten S. Wehn (DekaBank, Frankfurt) und Herrn Stephan Bellarz (DZ BANK AG, Frankfurt) möchte ich mich für die Kurzbeiträge "Aus der Praxis" bedanken (vgl. Seite 212, 271 und 274).

Dem Herausgeber der Reihe "Studienbücher Wirtschaftsmathematik", Herrn Prof. Dr. Bernd Luderer, danke ich für die Aufnahme dieses Lehrbuchs in die Reihe; dem Vieweg+Teubner Verlag danke ich für die hervorragende Zusammenarbeit.

Lehnheim, im Mai 2010   Stefan Reitz

Inhalt

Kapitel 1

Grundlagen zu Finanzmärkten und deren Modellierung

1.1 Finanzmärkte

Finanzinstitutionen, wie z. B. Banken, Versicherungen, Fondsgesellschaften sind ebenso wie Staaten, große Industrieunternehmen, kleinere Firmen oder auch Privatpersonen Teilnehmer der Finanzmärkte. Finanzmärkte können auf verschiedene Weisen unterteilt werden, z. B. anhand der nachfolgenden Kriterien:

- Laufzeiten: Kurz-, mittel- und langfristige Märkte,

- Produktarten: Eigenkapital-, Fremdkapital-, Devisen- und Derivatemärkte,

- Art des Handels: Börsenhandel oder direkter Handel zwischen den Marktteilnehmern (Over-The-Counter (OTC)-Märkte),

- Regionen: Nationale und internationale Märkte.

Stellen Sie sich z. B. vor, Sie nehmen einen Ratenkredit bei Ihrer Bank auf. Ein solcher Kredit kann ganz unterschiedliche Laufzeiten haben. Da es sich um einen Kredit handelt, Sie sich also fremdes Kapital leihen, spricht man auch von Fremdkapital. Der Kreditvertrag wird zwischen Ihnen und Ihrer Bank direkt abgeschlossen, so dass ein nichtbörsliches Geschäft, also ein OTC-Geschäft vorliegt.

Betrachten wir als zweites Beispiel einen großen, international agierenden deutschen Konzern mit einer Tochterfirma in Amerika, der eine börsengehandelte Dollaranleihe herausgibt (emittiert) und damit bei einer Vielzahl von Investoren einen Kredit aufnimmt: Dabei handelt es sich um eine langfristige Transaktion in einem organisierten Markt (Wertpapierbörse), bei der eine fremde Währung involviert ist (dementsprechend ist eine Zuordnung zum Fremdkapital- und Devisenmarkt zu treffen).

Oftmals wird der Finanzmarkt innerhalb eines Währungsbereiches in den sog. *Geldmarkt* und den *Kapitalmarkt* unterteilt. Während die Bezeichnung Geldmarktgeschäfte für den kürzeren Laufzeitbereich (ein Tag bis ein Jahr) verwendet wird, umfasst der

Begriff Kapitalmarkt alle Finanzinstrumente mit längeren Laufzeiten (auch unendliche Laufzeiten sind theoretisch denkbar).

Im Folgenden betrachten wir die wichtigsten Finanzinstrumente des Geld- und Kapitalmarkts; vgl. hierzu auch die einführende Darstellung in [3]. Diese sind Gegenstand der finanzmathematischen Modellierung.

1.1.1 Geldmarkt

Finanzmarktteilnehmer, die für einen relativ kurzen Zeithorizont Geld anlegen oder aufnehmen möchten, schließen Geldmarktgeschäfte ab. Man spricht in diesem Zusammenhang auch vom sog. *Liquiditätsmanagement*. Die Abgrenzung der zum Geldmarkt gehörenden Transaktionen ist nicht scharf. Wir zählen hier alle Formen von Tages- und Termingeldern, mit denen gehandelt wird, zum Geldmarktsegment. Wenn Sie z. B. bei Ihrer Bank Geld auf einem Tagesgeldkonto anlegen, so tätigen Sie ein Geldmarktgeschäft. Dabei wird kein fester Rückzahlungstermin vereinbart, d. h. Sie können jederzeit den gesamten Betrag wieder abheben. Professionelle Marktteilnehmer nutzen den Handel mit Tagesgeldern, um die täglich anfallenden Zahlungsein- und -ausgänge aus der regulären Geschäftstätigkeit zu steuern.

Termingelder sind Geldanlagen oder -aufnahmen mit einer festen Laufzeit oder einer bestimmten Kündigungsfrist. Sie werden meist höher verzinst als Tagesgelder und haben für die Bank den Vorteil, dass die Fälligkeiten bekannt sind und somit eine bessere Planung möglich ist.

Zum Segment des Geldmarktes gehören auch Anleihen mit kurzer Restlaufzeit, sog. *Geldmarktpapiere*, die der Käufer zum jeweils aktuellen Kurs erwirbt, und die ein- oder mehrmalig Zinszahlungen leisten, bevor dann am Laufzeitende eine Rückzahlung des Kapitals erfolgt. Bekannte Beispiele sind die sog. Schatzanweisungen der öffentlichen Hand oder die von Unternehmen herausgegebenen Commercial Papers.

Auch die sog. *Derivate*, auf die wir im nachfolgenden Abschnitt näher eingehen, sind dem Segment Geldmarkt zuzuordnen, sofern sie eine entsprechend kurze Laufzeit aufweisen.

Alle Geschäfte des Geldmarktes unterliegen bestimmten *Verzinsungsarten*. Je nach Art des Geschäftes orientiert sich die Verzinsung an einem bestimmten *Referenzzinssatz*, der sich als Durchschnittszinssatz der von den Marktteilnehmern verwendeten marktaktuellen Zinssätze ergibt. Die wichtigsten Referenzzinssätze werden im Handel der Banken untereinander (Interbankenhandel) bestimmt und sie heißen EURIBOR, EONIA und LIBOR.

Der EURIBOR (Euro Interbank Offered Rate) ist der täglich veröffentlichte Durchschnittszinssatz, zu dem sich erstklassige Banken untereinander Geld (für eine Woche bis zu zwölf Monaten) leihen.

Der durchschnittliche Tagesgeldzinssatz, der im Interbankenhandel Anwendung findet und für Geldausleihungen "overnight" verwendet wird, ist der EONIA (Euro Overnight Index Average). Er wird täglich von der Europäischen Zentralbank ermittelt.

Am Finanzplatz London wird an jedem Bankarbeitstag für alle wichtigen Währungen der LIBOR (London Interbank Offered Rate) als Durchschnittszinssatz bestimmt, zu dem sich große, am Bankplatz London agierende erstklassige Banken Kredite von einer Woche bis zu einem Jahr anbieten. Für die Währung Euro spricht man auch vom EURO-LIBOR.

Ein funktionierender Geldmarkt ist notwendig zur Aufrechterhaltung der Wirtschaftskreisläufe. Nur wenn die Versorgung der Banken mit Geld (auch *Liquidität* genannt) gewährleistet ist, können die Banken wiederum Kredite und andere Finanzprodukte anbieten. Insbesondere in Krisenzeiten, wie z. B. in der zweiten Jahreshälfte 2008, sind die Geldmärkte bisweilen erheblich gestört. In solchen Fällen ist dann das Eingreifen der Zentralbanken am Markt gefordert, um die Versorgung mit Liquidität sicherzustellen.

1.1.2 Kapitalmarkt

Der Begriff Kapitalmarkt bezeichnet die mittel- und längerfristigen Transaktionen. Dazu gehören u. a. folgende Arten von Finanzinstrumenten, sofern ihre Laufzeit mindestens ein Jahr beträgt:

* Wertpapiere, wie z. B. Aktien, Genussscheine, Anleihen (auch Bonds, Schuldverschreibungen oder Obligationen genannt) und Fondsanteile,

* Kredite und Schuldscheine,

* Derivate und Wertpapiere mit besonderen Ausstattungsmerkmalen (z. B. Zertifikate).

Aktien sind Beteiligungen an Unternehmen, die die Rechtsform einer Aktiengesellschaft (AG) haben. Jeder Aktionär einer AG leistet mit seinem Aktienkauf einen Beitrag zum Eigenkapital des Unternehmens. Dafür steht ihm u. a. das Recht zu, an Entscheidungen über die Unternehmensleitung, Gewinnverwendung oder Fusionen mit anderen Unternehmen mitzuwirken (im Rahmen der Hauptversammlung) und natürlich am Unternehmensgewinn beteiligt zu werden (Dividendenausschüttung an die Aktionäre). Das besondere *Risiko* einer Aktienbeteiligung besteht darin, dass der Kurs einer Aktie signifikant schwanken kann oder dass der Aktionär im Falle einer Insolvenz und Abwicklung des Unternehmens in der Regel den gesamten Wert seiner Aktie verliert.

Aktien werden an Börsen gehandelt. Die bekannteste internationale Börse ist die New York Stock Exchange (NYSE) in der Wallstreet in Manhattan. In Deutschland gibt es mehrere Börsen, die größte Börse ist die Frankfurter Wertpapierbörse (FWB). Zunehmende Bedeutung haben Computerbörsen, z. B. die XETRA (Exchange Electronic Trading), wo Kauf- und Verkaufaufträge (sog. Orders) elektronisch abgewickelt werden. Kauf- und Verkaufaufträge können mit Kursgrenzen versehen werden, d. h. limitiert werden.

Ein wichtiger Indikator für die allgemeine Entwicklung von Aktienkursen sind sog. *Aktienindices*. Der wichtigste deutsche Aktienindex ist der *DAX* (*Deutscher Aktienindex*). Der DAX ist eine Kennziffer, die über Entwicklung und Stand der deutschen Aktienkurse der 30 größten und umsatzstärksten Unternehmen an der Frankfurter Wertpapierbörse Auskunft gibt. Er wurde am 1. Juli 1988 eingeführt.

Neben den Aktien zählen auch die *Anleihen* zu den Wertpapieren. Anleihen werden von Unternehmen, großen Organisationen oder staatlichen Stellen herausgegeben (emittiert). Je nach Emittent spricht man von Unternehmens-, Bank- oder Staatsanleihen. Zusätzlich existieren Sonderformen wie z. B. Pfandbriefe oder sog. Asset Backed Securites (ABS). Im Unterschied zu einer Aktie erwirbt der Käufer einer Anleihe keine Beteiligung, sondern er gibt lediglich einen Kredit, der am Ende der Laufzeit der Anleihe vom Emittenten zurückzuzahlen ist (Fremdkapital). Der Gesamtbetrag des Kredits wird in Anteile gestückelt; die Größe eines Anteils heißt Nominal(betrag). Der Emittent muss die Anleihe nach einer festgelegten Zeit, der Laufzeit, zurückzahlen (Tilgung der Anleihe). Das Ende der Laufzeit heißt *Fälligkeit*. Die Anleihe existiert also vom Zeitpunkt der Emission bis zum Zeitpunkt der Fälligkeit. Die Anleger erhalten während der Laufzeit (oder nur einmalig am Ende) regelmäßige Zinszahlungen (sog. *Kupons*), die unterschiedlich ausgestaltet sein können (z. B. feste Kupons oder variable Kupons oder Mischformen).

Beispiele für Anleihearten sind festverzinsliche Anleihen, variabel verzinsliche Anleihen (Floating Rate Notes), Nullkuponanleihen (Zerobonds), Optionsanleihen, kündbare Anleihen und diverse strukturierte Anleihen.

Ein *Zerobond* leistet im Unterschied zu einer gewöhnlichen Anleihe keine regelmäßigen Kuponzahlungen, sondern nur eine Auszahlung am Ende der Laufzeit, die den Zins- und Tilgungsbetrag enthält. Der Gewinn für den Anleger besteht damit nur in der Differenz zwischen dem ursprünglichen Kaufpreis und dem Rückzahlungsbetrag bzw. Verkaufspreis. Zerobonds werden eher selten direkt gehandelt (z. B. im Geldmarktbereich als Commercial Papers); sie spielen allerdings eine wichtige Rolle bei der theoretischen Bewertung von Finanzinstrumenten, wie wir später noch sehen werden.

Optionsanleihen sind Anleihen mit Zusatzrechten. Sie beinhalten das Recht zum Bezug von Aktien oder auch anderen handelbaren Vermögenswerten des Emittenten zu festgelegten Konditionen in einem von der Anleihe abtrennbaren *Optionsschein* (engl. *Warrant*). Der Optionsschein kann eigenständig an der Börse gehandelt werden. Die Optionsanleihe bleibt auch nach der Ausübung des Bezugsrecht aus dem Optionsschein bestehen.

Bei *Wandelanleihen* (*Convertible Bonds*) darf der Investor wählen, ob der den Nominalbetrag zurückgezahlt bekommt oder ob er die Rückzahlung in Form der Lieferung von Aktien des Emittenten wünscht (Umwandlung der Anleihe in eine Aktie). Die Anleihe erlischt dann.

Bei *kündbaren Anleihen* darf der Emittent die Anleihe vor dem Fälligkeitstermin zu einem festgelegten Kurs zurückzahlen; weitere Kuponzahlungen finden dann nicht mehr statt.

Strukturierte Anleihen zeichnen sich dadurch aus, dass die Zins- und Tilgungszahlungen in ihrer Ausgestaltung von gewissen Variablen (z. B. Zinsen, Wechselkursen, Aktienkursen, Bonitätsmerkmalen) in komplexer Weise abhängen können.

Wenn man als Investor eine Anleihe kauft, geht man verschiedene *Risiken* ein. Zunächst besteht das Risiko, dass sich der Kurs der Anleihe negativ entwickelt und sie an Wert verliert. Dieses Risiko hängt mit der Zinsentwicklung am Markt zusammen (*Zinsänderungsrisiko*) – wir werden später darauf zurückkommen. Ferner besteht das

Risiko, dass man sein eingesetztes Kapital oder die Kuponzahlungen nicht erhält, weil der Emittent der Anleihe in wirtschaftliche Schwierigkeiten geraten ist. Dieses Risiko, das *Ausfallrisiko* oder *Kreditrisiko*, wird von Banken und sog. *Rating-Agenturen* "benotet". Dazu verwendet man sog. *Rating-Verfahren*, welche die Wahrscheinlichkeit eines Kreditausfalls quantifizieren. Die Ratings erfolgen typischerweise in Form von Buchstabenkombinationen (z. B. AAA, AA, A, BBB, BB, B, CCC, CC, C, D) und jeder Rating-Kategorie wird eine Ausfallwahrscheinlichkeit zugeordnet. Anleihen mit dem Rating AAA heißen "triple A"-Anleihen und haben die beste Bonität (das geringste Kreditrisiko). Viele Staatsanleihen haben z. B. ein AAA-Rating. Anleihen mit einem Rating BB und schlechter gelten als riskant. Anleihen mit einem Rating CCC, CC oder C heißen Junk-Bonds (Schrottanleihen). Sie sind extrem riskant, werfen aber andererseits eine sehr hohe Rendite ab. Anleihen, bei denen der Emittent bereits ausgefallen ist, erhalten das Rating D.

Anleihen werden an Börsen oder auch außerbörslich gehandelt, zum jeweils aktuellen *Preis* (*Kurs*). Während der Laufzeit der Anleihe kann man diese jederzeit zum aktuellen Kurs kaufen und wieder verkaufen. Kurse werden in Prozent angegeben (notiert): Bei einem Kurs von 105% hat ein Anteil von 1.000 Euro einen Preis von 1.050 Euro. Dies gilt jedoch nur am Kupontermin, d. h. am Tag der Kuponzahlung. Bei einem Kauf zwischen zwei Kuponterminen (oder Zinsterminen) muss der Käufer dem Verkäufer zusätzlich einen Teil des nächstfälligen Kupons bezahlen (sog. *Stückzins*).

Die Emission von Aktien oder Anleihen erfolgt auf dem *Primärmarkt*, wo die Wertpapiere von den Investoren erstmalig erworben werden können. Ein Weiterverkauf von bereits im Umlauf befindlichen Wertpapieren findet am sog. *Sekundärmarkt* statt.

Die Teilnehmer am Finanzmarkt können Wertpapiere jederzeit zum aktuellen Kurs kaufen oder verkaufen. Hat ein Investor eine positive Anzahl von Wertpapieren in seinem Portfolio, so sagt man, er hat eine *long Position* in den Wertpapieren. Interessanterweise kann ein Investor auch eine negative Position (ein sog. *short Position*) in einem Wertpapier haben: Er leiht sich eine gewisse Menge von Wertpapieren und verkauft diese am Markt. Man spricht in diesem Zusammenhang auch von einem *Leerverkauf*. Da er die entliehenen Wertpapiere später wieder zurückgeben und sie dazu notwendigerweise wieder an der Börse erwerben muss, hat er bis zum Zeitpunkt der Rückgabe eine short Position. Er profitiert dabei wegen der Rückkaufverpflichtung von fallenden Kursen und er verliert bei steigenden Kursen.

Anleger können neben Aktien und Anleihen auch in *Fondsanteile* investieren. Dies sind Anteile an bestimmten Portfolien (Fonds), die von sog. *Kapitalanlagegesellschaften* gebildet werden. Dabei wird das von den Investoren eingezahlte Geld nach bestimmten Kriterien in Vermögensgegenstände (z. B. Immobilien oder Wertpapiere) für Rechnung der Anteilsinhaber des Fonds investiert.

Ebenfalls zum Kapitalmarktbereich zählen klassische *Kredite*, die meist von Banken vergeben werden. Die Bank tritt hier als Fremdkapitalgeber auf und trägt das *Kreditrisiko* gegenüber ihren Kunden, wofür sie Sicherheiten verlangt. Kreditnehmer sind dabei häufig Privatpersonen, Unternehmen, Finanzinstitutionen oder staatliche Stellen.

Die vergebenen mittel- und langfristigen Kredite dienen vor allem zur Finanzierung von Konsumgütern, Investitionen oder Hausfinanzierung (Hypotheken und Bauspardarlehen). Die Rückzahlung der Kredite erfolgt schrittweise über einen längeren Zeitraum (Tilgungsdarlehen) oder in einem Betrag zuzüglich der anfallenden Zinsen. Sonderformen des Kreditgeschäfts sind das *Factoring* und das *Leasing*. Beim Factoring kauft eine Gesellschaft (die Factoringgesellschaft) bestehende Geldforderungen aus Lieferungen und Leistungen von ihren Kunden. Beim Leasing handelt es sich um die Vermietung oder Verpachtung von Wirtschaftsgütern (z. B. Fahrzeugen oder Immobilien) gegen Entgelt (die Leasinggebühr). Der Leasingvertrag wird zwischen einem Leasingnehmer und einem Leasinggeber abgeschlossen und bezieht sich auf ein Leasingobjekt.

Wichtige Kapitalmarktprodukte sind schließlich auch die sog. *Derivate* (von lateinisch *derivare = ableiten*). Dies sind abgeleitete Produkte, die sich auf alle oben genannten Finanzinstrumente oder Zinssätze beziehen können. Beispiele sind

- Forwards und Futures (unbedingte Termingeschäfte),

- Optionen (bedingte Termingeschäfte),

- sonstige Derivate wie Swaps oder Kreditderivate.

Ein Derivat ist ein Vertrag zwischen zwei Parteien, in dem der künftige Kauf oder Verkauf eines Finanzinstruments zu einem heute bereits festgelegten Preis oder der Austausch von gewissen künftigen Zahlungen vereinbart wird, deren Höhe heute noch nicht feststeht (letzteres z. B. bei Zins- und Kreditderivaten). Im Gegensatz zu den Derivaten werden Finanzgeschäfte, bei denen die Abwicklung (Zahlung und Lieferung) unmittelbar nach dem Geschäftsabschluss erfolgt, auch als *Kassageschäfte* bezeichnet. An den Finanzmärkten wird eine unüberschaubare Anzahl von Derivaten gehandelt. Diese beziehen sich u. a. auf

- Wertpapiere (z. B. Aktien oder Anleihen)

- Fremdwährungen,

- Zinssätze,

- Bonitäten,

- Immobilien,

- landwirtschaftliche Produkte,

- Metalle,

- Energie (Strom, Öl, Gas),

- Naturereignisse.

Jedes Derivat hat eine bestimmte Laufzeit, nach der es dann endet. Bei Abschluss eines Derivats muss oftmals ein Geldbetrag (der *Barwert des Derivats*) von einer Partei an die andere gezahlt werden. Manchmal ist der Barwert auch gleich 0: Dann fließt zunächst kein Geld zwischen den Vertragsparteien.

Derivate werden zum großen Teil außerbörslich gehandelt (OTC), es gibt aber auch große Derivatebörsen (sog. *Terminbörsen*), wo in großem Umfang Derivate gehandelt werden. Die EUREX (European Exchange) in Frankfurt ist eine der weltweit führenden Terminbörsen.

Forwards und Futures

Ein *Forward(-Geschäft)* ist ein Vertrag zwischen zwei Parteien mit der Verpflichtung,

- ein bestimmtes *Underlying* (oder Basisinstrument oder Basisgut),

- in einer vereinbarten Menge (der *Kontraktgröße*),

- zu einem anfangs festgelegten Preis (dem *Terminpreis* oder *Strike(-Preis)*),

- zu einem festgelegten Zeitpunkt (dem Lieferzeitpunkt oder Settlementtermin oder Fälligkeitstermin oder Verfallstermin)

zu kaufen oder zu verkaufen. Es handelt sich um ein sog. *unbedingtes Termingeschäft*. Diejenige Vertragspartei, die das Underlying kaufen muss, hat eine sog. *long Forward-Position*, und der Vertragspartner (*Kontrahent*), der verkaufen muss, hat eine *short Forward-Position*.

Bei Forward-Geschäften ist eine genaue gedankliche Unterscheidung zwischen dem Preis (oder Barwert) des eigentlichen Forward-Geschäftes (also der vertraglichen Vereinbarung) und dem Strike-Preis wichtig: Der Strike-Preis wird im Vertrag fest vereinbart und ändert sich dann auch nicht mehr; er kann im Prinzip beliebig gewählt werden. Nachdem der Strike-Preis feststeht, ergibt sich der Barwert des Forward-Geschäftes; dieser hängt natürlich vom aktuellen Kurs des Underlyings und vom vereinbarten Strike-Preis ab und ändert sich permanent. Die genauen Zusammenhänge werden wir später finanzmathematisch untersuchen. Fürs Erste ist die Erkenntnis wichtig, dass es immer möglich ist, einen sog. *fairen Terminpreis* oder *Forward-Preis* rechnerisch zu bestimmen: Dies ist derjenige Strike-Preis für das Underlying, der nach der aktuellen Marktlage "fair" ist. Fair bedeutet hier, dass bei der Wahl des fairen Terminpreises als Strike-Preis der Barwert des Forward-Geschäftes zum Abschlusszeitpunkt gleich 0 ist – beide Vertragsparteien haben zu Beginn dieselben Gewinn- und Verlustchancen aus dem Forward-Geschäft.

Der Barwert eines Forward-Geschäftes zum Abschlusszeitpunkt ist 0, wenn als Strike-Preis der faire Terminpreis (Forward-Preis) vereinbart wird.

Aus Sicht desjenigen, der das Underlying zum vereinbarten Preis K kauft (long Forward-Position), fallen folgende Zahlungen an:

- Zum Zeitpunkt 0: Zahlung des Preises (Barwerts) des Forward-Geschäfts (kann aus Sicht des Käufers auch 0 oder negativ sein, je nach Wahl des Strike-Preises K).

- Zum Settlementzeitpunkt T: Zahlung des Strike-Preises K, Erhalt des Underlyings mit aktuellem Kurs S_T.

Der Kurs S_T weicht natürlich im Allgemeinen von K ab. Der Käufer erzielt einen Gewinn, wenn der Kurs S_T oberhalb von K liegt, andernfalls macht er einen Verlust. Der Gewinn (oder Verlust) (die sog. *Auszahlungsfunktion*) des Käufers zum Settlementzeitpunkt lässt sich wie folgt schreiben:

$$S_T - K.$$

Aus Sicht des Verkäufers (short Forward-Position) ist die Auszahlungsfunktion

$$K - S_T.$$

Übung 1.1 *Welchem Geschäft entspricht die Kombination aus einer short Forward-Position und einer long Position?* (**Hinweis:** *Addieren Sie die Auszahlungsfunktionen*).

Die *Motivation für den Handel mit Forwards* (*und allgemein mit Derivaten*) sind vielfältig: Zum einen können Forwards für Zwecke der Risikoabsicherung (engl. *Hedging*) verwendet werden. Die Idee dabei ist, eine Position in einem bestimmten Finanzinstrument mit aktuellem Wert S_0 für eine gewisse Zeitperiode von 0 bis T gegen Kursveränderungen abzusichern. Handelt es sich bspw. um eine long Position, so könnte eine short Forward-Position mit Settlementtermin in T und Strike-Preis $K = S_0$ abgeschlossen werden. Falls zum Zeitpunkt T ein Kursverlust eingetreten ist, also $S_T < S_0$ gilt, so wird dieser Verlust gerade durch die Auszahlung aus dem Forward-Geschäft in Höhe von $K - S_T = S_0 - S_T$ ausgeglichen.

Neben dem Hedging eröffnen Derivate vielfältige Möglichkeiten zur *Spekulation*, indem gezielt auf Kursentwicklungen "gewettet" wird. Dies kann z. B. dadurch geschehen, dass eine long Position in einem Forward-Geschäft abgeschlossen wird mit der Absicht, aufgrund von steigenden Kursen zum Settlementtermin eine hohe Auszahlung zu erhalten. Im Falle sinkender Kurse besteht dabei ein entsprechendes Verlustrisiko.

Eine dritte Motivation für den Handel mit Derivaten ist die sog. *Arbitrage*. Dies sind spezielle Handelsstrategien, bei denen mit geringem (oder gar keinem Risiko) Kursungleichgewichte an verschiedenen Märkten oder Marktsegmenten ausgenutzt werden, um Gewinne zu erzielen. Wir werden bei der Behandlung des Bund-Futures ein Beispiel dafür kennen lernen.

Forward-Geschäfte können auch über die Börse abgeschlossen werden – sie werden dann *Futures(-Kontrakte)* genannt. Ein wichtiges Beispiel ist der sog. *Euro-Bund-Future*, der an der Terminbörse EUREX in Frankfurt gehandelt wird und eine große Bedeutung für die internationalen Finanzmärkte besitzt.

Beim Bund-Future handelt es sich um ein Terminkauf- oder -verkauf einer Staatsanleihe der Bundesrepublik Deutschland zum aktuell gültigen *fairen Terminpreis*. Die Besonderheit besteht darin, dass das zugrunde Finanzinstrument (Underlying) nicht eine ganz bestimmte Anleihe ist, sondern eine "fiktive" Anleihe der Bundesrepublik Deutschland mit

- einer Restlaufzeit von 8,5 bis 10,5 Jahren,

- einem Kupon von 6%,

- und einem Nominalvolumen von 100.000 Euro.

Eine Anleihe mit genau dem genannten Kupon muss es am Markt nicht geben; sie wird nur deshalb verwendet, damit bei der Abwicklung des Anleihekaufs oder -verkaufs am Settlementtermin eine eindeutige Berechnungsgrundlage zur Verfügung steht. Tatsächlich ist es aber so, dass derjenige Marktteilnehmer, der einen Terminverkauf (*short Future-Position*) getätigt hat, sich zum Fälligkeitstermin aussuchen darf, welche Anleihe er dem Terminkäufer (*long Future-Position*) genau liefern möchte. Die Auswahl ist dabei allerdings beschränkt auf bestimmte Staatsanleihen mit einer Restlaufzeit von 8,5 bis 10,5 Jahren (*lieferbare Anleihen*) und es erfolgt für die gewählte Anleihe dann eine Umrechnung (mittels eines sog. *Konversionsfaktors*) auf die o. g. fiktive Anleihe mit einem Kupon von 6%.

Die Börsenteilnehmer an der EUREX können bei Kauf oder Verkauf eines Futures nur auf gewisse Standardfälligkeiten zurückgreifen: Zu einem beliebigen Handelszeitpunkt können jeweils nur Geschäfte (man spricht auch von *Future-Kontrakten*) mit einem Fälligkeitstermin am zehnten Kalendertag der jeweils nächsten drei Quartalsmonate aus dem Zyklus März, Juni, September und Dezember abgeschlossen werden. Beispielsweise bestand am 24. Juli 2009 die Möglichkeit, Future-Kontrakte mit den Fälligkeitsterminen im September und Dezember 2009 sowie im März 2010 abzuschließen.

Die Kurse des Bund-Futures (auch *Future-Preise* genannt) für die verschiedenen Settlementtermine werden börsentäglich veröffentlicht, und zwar als Prozentzahl bezogen auf das Nominalvolumen. Diese Preise kommen alleine durch Angebot und Nachfrage an der EUREX zustande. So bildet sich immer dann ein neuer Future-Preis, wenn einander entsprechende Handelsaufträge (Orders) zweier Marktteilnehmer (Käufer und Verkäufer) an der Börse ausgeführt werden.

> **Beispiel 1.1** *Am 24. Juli 2009 um 10.48 hatte der Bund-Future (mit Liefertermin im September 2009) einen Kurs von* 120,36%. *Vereinfacht gesprochen bedeutet dies Folgendes (die Realität ist etwas komplizierter, siehe unten): Ein Marktteilnehmer geht bei einem Kauf eines Future-Kontraktes zu diesem Zeitpunkt die vertagliche Vereinbarung ein, am zehnten Kaldendertag des Septembers 2009 die o. g. fiktiven Bundesanleihen im Nominalvolumen von 100.000 Euro zu erwerben und dafür dann den (Clean-)Preis* 100.000 · 120,36% *zu zahlen. Was bedeutet das Wort Clean-Preis hier? Es ist zu beachten, dass beim Kauf einer Anleihe immer der aktuelle Börsenkurs zuzüglich der Stückzinsen zu zahlen ist. Dementsprechend ist am Settlementtermin für die Abrechnung des Future-Kontrakt vom Käufer der Anleihe der o. g. Clean-Preis vermehrt um die Stückzinsen der gelieferten Anleihen zu zahlen.*

Tatsächlich ist die Praxis des Future-Handels an der Börse noch etwas komplizierter als im Beispiel skizziert: Für Käufer eines Bund-Futures fallen die folgende Zahlungen an:

- Zum Zeitpunkt 0: Der Barwert des Future-Geschäftes ist 0, da für den späteren Erwerb des Underlyings der faire Terminpreis vereinbart wurde. Es ist jedoch ein Geldbetrag als Sicherheitsleistung bei der Börse zu hinterlegen (dies ist die sog. *Margin-Zahlung*).

- Täglich bis zum Settlementtermin: Ausgleich von Gewinnen und Verlusten zwischen Käufer und Verkäufer.

- Zum Settlementzeitpunkt T: Erwerb einer lieferbaren Anleihe und Zahlung des aktuell gültigen Preises dieser Anleihe.

Der Käufer muss also (ebenso wie der Verkäufer) die Marktwertveränderungen gegenüber der Börse ausgleichen über ein sog. *Margin-Konto*: Wenn der Kurs steigt, erhält der Käufer eine Gutschrift und der Verkäufer eine entsprechende Belastung. Der Sinn dieser Vorgehensweise besteht darin, dass evtl. auftretende Verluste sofort ausgeglichen werden und damit das Kreditrisiko gegenüber den Vertragsparteien eliminiert wird. Man kann sich überlegen, dass (bei unveränderlichen Zinsen) der permanente Ausgleich von Gewinnen und Verlusten im Ergebnis dazu führt, dass die Summe aller Zahlungen aus Sicht des Käufers zum Settlementzeitpunkt gerade $PV_T - K$ beträgt, wobei PV_T der Kurs der fiktiven Bundesanleihe ist und K der in $t = 0$ gültige Forward-Preis. Dies ist die Auszahlungsfunktion eines long Forwards mit Strike-Preis K.

Beispiel 1.2　*Der heutige (in $t = 0$ gültige) Future-Preis für den nächsten Settlementtermin, der in vier Tagen sei, betrage 96,00%. Die Future-Schlusskurse an den nachfolgenden Tagen seien 95,00%, 95,50%, 96,50% und 96,25%. Für den Käufer eines Bund-Future-Kontraktes ergeben sich dann folgende Zahlungen:*

- *In $t = 0$: Einzahlung einer von der Börse festgelegten Sicherheit auf das Margin-Konto.*

- *In $t = 1$: Einzahlung des Betrages $(96,00\% - 95,00\%) \cdot 100.000 = 1.000$ Euro auf das Margin-Konto.*

- *In $t = 2$: Gutschrift des Betrages $(95,50\% - 95,00\%) \cdot 100.000 = 500$ Euro auf dem Margin-Konto.*

- *In $t = 3$: Gutschrift des Betrages $(96,50\% - 95,50\%) \cdot 100.000 = 1.000$ Euro auf dem Margin-Konto.*

- *In $t = 4$: Einzahlung des Betrages $(96,50\% - 96,25\%) \cdot 100.000 = 250$ Euro auf das Margin-Konto.*

Der Käufer erhält am Ende den kompletten Betrag auf dem Margin-Konto ausgezahlt. Abzüglich der ursprünglichen Sicherheitsleistung ist dies der Betrag 250 Euro $= (96,25\% - 96,00\%) \cdot 100.000$ Euro. Zusätzlich erhält der Käufer eine lieferbare Anleihe und zahlt für diese den aktuellen Preis (vgl. hierzu die Ausführungen in Abschnitt 1.2.8).

Der Käufer oder Verkäufer eines Future-Kontraktes ist keineswegs gezwungen, diesen bis zum Settlementtermin zu behalten: Er kann jederzeit während des zulässigen Handelszeitraums den Kontrakt wieder veräußern (man sagt auch *glattstellen*) oder weitere Kontrakte hinzukaufen. Diese Möglichkeit stellt einen wichtigen Unterschied zum OTC-Handel mit Forwards dar.

Neben börsengehandelten Anleihefutures haben auch *Aktienindexfutures* eine hohe Bedeutung. An der EUREX wird der *DAX-Future* gehandelt. Dabei handelt es sich um ein Termingeschäft auf den DAX-Index. Bei Abschluss eines *DAX-Future-Kontrakts* vereinbart der Käufer (Inhaber der long Future-Position) vom Verkäufer (Inhaber der short DAX-Future-Position) den fiktiven "Kauf" von 25 DAX-Index-Positionen zum Preis des momentanen *DAX-Future-Index-Standes* (= Forward-Preis für die "Lieferung" **einer** DAX-Index-Position). Die verfügbaren Settlementtermine sind am dritten Freitag (sofern dies ein Handelstag ist, ansonsten später) der jeweils nächsten drei Monate aus dem Zyklus März, Juni, September, Oktober. Da der DAX-Index kein physisches Produkt ist, das gekauft oder verkauft werden kann, erfolgt keine Lieferung des Underlyings, sondern ein sog. *Barausgleich* (*Cash Settlement*). Tatsächlich findet dieser Barausgleich wie beim Bund-Future börsentäglich über ein *Margin-Konto* statt. Im Ergebnis ergibt sich daraus für den Käufer bis zum Settlementtermin eine rechnerische Auszahlung von $S_T - K$, wobei K der ursprünglich vereinbarte Preis und S_T der Preis des DAX-Index am Settlementtag ist.

Optionen

Eine *Option* ist ein Vertrag zwischen zwei Parteien (*Kontrahenten*) analog zum Forward-Geschäft, allerdings mit folgendem Unterschied: Der Käufer der Option erwirbt das Recht (nicht die Pflicht), das Underlying am Fälligkeitstermin zum festgelegten Preis (dem *Strike(-Preis)* oder *Ausübungspreis*) zu kaufen oder zu verkaufen. Es handelt sich um ein *bedingtes Termingeschäft*. Der Verkäufer der Option hat die Pflicht, des Underlying zu verkaufen bzw. zu kaufen, sofern der Käufer der Option von seinem Recht Gebrauch macht, d. h. die Option ausübt. Als Gegenleistung zahlt der Käufer dem Verkäufer eine Prämie (Optionspreis).

Eine Option, die das Recht zum Kauf eines Underlyings einräumt, heißt eine Kaufoption oder *Call(-Option)*. Eine Option, die das Recht zum Verkauf eines Underlyings einräumt, heißt eine Verkaufsoption oder *Put(-Option)*. Der Käufer eines Calls bzw. Puts hat eine *long Call-* bzw. *long Put-Position*. Analog hat der Verkäufer eines Calls bzw. Puts eine *short Call-* bzw. *short Put-Position*.

Der Käufer eines Calls (bzw. Puts) profitiert von steigenden (bzw. fallenden) Kursen des Underlyings. Der Verkäufer eines Calls (bzw. Puts) profitiert von gleich bleibenden oder fallenden (bzw. steigenden) Kursen, da er ggf. die Prämie ohne Gegenleistung eingenommen hat.

Eine sog. *Europäische Option* kann nur am Verfalltermin ausgeübt werden. Eine *Amerikanische Option* kann (einmalig) zu jeder Zeit zwischen dem Abschlusszeitpunkt und dem Verfalltermin ausgeübt werden, wann immer es der Käufer der Option wünscht. Optionen werden meist OTC gehandelt; es gibt jedoch auch eine Reihe börsengehandelter Optionen an der EUREX, z. B. Optionen auf Einzelaktien oder DAX-Optionen.

Beispiel 1.3   *Eine Bank erwirbt eine Europäische Call-Option auf eine Aktie. Die Laufzeit der Option betrage ein Jahr und der vereinbarte Strike-Preis sei K = 50 Euro. Dafür muss die Bank einen Optionspreis bezahlen. Nach einem Jahr kann der Aktienkurs bspw. bei 45 Euro, 50 Euro oder 55 Euro liegen. Im ersten Fall verzichtet die Bank auf die Ausübung ihres Optionsrechts, da sie 5 Euro mehr für die Aktie zahlen müsste, als sie tatsächlich wert ist. Auch im zweiten Fall bringt die Ausübung des Optionsrechts nichts, während im dritten Fall ein Erwerb der Aktie zu 50 Euro einen Gewinn von 5 Euro bringt, denn die Aktie kann zu 50 Euro erworben und dann an der Börse zum tatsächlichen Preis von 55 Euro weiterverkauft werden.*

Der Wert der *Auszahlungsfunktion einer Call- bzw. Put-Option* am Fälligkeitstermin T hängt vom Kurs S_T des Underlyings zum Zeitpunkt T ab. Die Auszahlungsfunktionen für eine long Call- bzw. long Put-Option mit Strike K lauten:

$$C_T := \max\{S_T - K, 0\} \qquad \text{bzw.} \qquad P_T := \max\{K - S_T, 0\}.$$

Bei einer short Position sind die genannten Auszahlungsfunktionen mit einem Minuszeichen zu versehen.

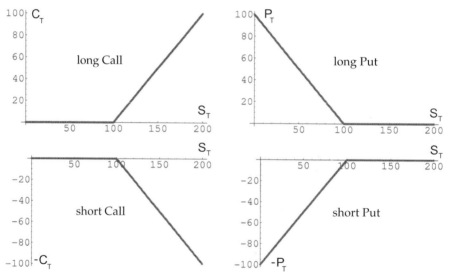

Abbildung 1: Auszahlungsfunktionen mit $K = 100$

Eine Option heißt *im Geld* (*in-the-money*), falls sich eine Ausübung zur Zeit t lohnen würde (falls also $S_t > K$ beim long Call gilt). Sie heißt *am Geld* (*at-the-money*), falls $S_t = K$ gilt und andernfalls *aus dem Geld* (*out-of-the-money*). Die Größe $\max\{S_t - K\}$ bzw. $\max\{K - S_t\}$ heißt der *innere Wert* einer long Call- bzw. long Put-Position. Für $t = T$ ist der innere Wert gleich der Auszahlungsfunktion.

Die finanzmathematische Berechnung von Optionspreisen erfordert eine aufwendige Theorie (die sog. *Optionspreistheorie*). Wir kommen darauf später zurück.

In verschiedenen strukturierten Wertpapieren, z. B. *Zertifikaten*, sind mitunter Optionen enthalten. Ein bekanntes Beispiel sind etwa die am Markt angebotenen *Discount-Zertifikate*, deren Rückzahlung von der Kursentwicklung einer Aktie abhängt: Der Käufer eines Discount-Zertifikats, welches sich auf eine Aktie mit heutigem Kurs S_0 bezieht, erwirbt das Discount-Zertifikat zum heutigen Preis, der kleiner als S_0 ist. Zum Zeitpunkt $T > 0$ der Fälligkeit des Discount-Zertifikat erfolgt eine Rückzahlung, die sich an der Kursentwicklung der Aktie orientiert. Ist der Preis der Aktie gestiegen, so steigt auch der Rückzahlungsbetrag des Zertifikats, allerdings nur bis zu einer gewissen Schwelle K. Falls der Aktienkurs S_T zum Fälligkeitszeitpunkt oberhalb von K liegt, so wird nur der Betrag K ausgezahlt; liegt S_T unterhalb von K, so wird der Aktienkurs S_T ausgezahlt. Damit lautet die Auszahlungsfunktion aus Sicht des Käufers:

$$\min\{K, S_T\}.$$

Ist die Ausgestaltung des Zertifikats so gewählt, dass $K < S_0$ gilt, so wird der Käufer am Ende auch dann noch die maximale Auszahlung K erhalten, sofern der Aktienkurs bis zur Schwelle K absinkt – insofern ist dann ein Risikopuffer vorhanden. Die finanzmathematische Bewertung (also die Berechnung des heutigen Preises) des Zertifikats geht davon aus, dass sich die Auszahlungsfunktion zerlegen lässt in die Auszahlung einer long Position in einer Aktie sowie in eine short Position in einer Europäischen Call-Option auf die Aktie mit Strike K:

$$\min\{K, S_T\} = S_T + \min\{K - S_T, 0\} = S_T - \max\{S_T - K, 0\}.$$

Der heutige Wert des Zertifikats ist daher gleich dem heutigen Wert der Aktie minus dem heutigen Wert des Calls.

Übung 1.2 *Zeichnen Sie die Auszahlungsfunktion des Discount-Zertifikats.*

Die gängigsten Typen von Derivaten werden auch als *plain vanilla* Derivate bezeichnet. Davon abzugrenzen sind Derivate mit besonderen Ausstattungsmerkmalen, die auch unter dem Begriff *exotische Derivate* zusammengefasst werden.

1.2 Wichtige Begriffe aus der Finanzmathematik

1.2.1 Barwertberechnung und Sensitivitäten

Die grundlegenden Begriffe aus der Finanzmathematik zur Zins-, Tilgungs-, Barwert-, Rendite- und Rentenrechnung werden hier als bekannt vorausgesetzt. Wir verweisen auf die zahlreichen hervorragenden Lehrbücher (z. B. [27], [34], [46]).

Wir führen kurz die für uns relevanten Bezeichnungen ein: Der *Barwert* oder *Present Value* (PV) eines künftigen Zahlungsstroms (*Cashflows*), bestehend aus den Zahlungen $Z_{t_1}, \ldots, Z_{t_n}$ zu den Zeitpunkten $t_1, \ldots, t_n$ ist aus Sicht des Zeitpunktes $t = 0$ (heute) gegeben durch

$$PV = \sum_{i=1}^{n} Z_{t_i} \cdot DF_{t_i}$$

mit den *Diskontfaktoren* D_{t_i}. Wir verwenden zunächst für alle Diskontfaktoren zunächst einen einheitlichen Zinssatz r. Je nach gewählter Zinskonvention berechnen sich die Diskontfaktoren dann gemäß

- $DF_{t_i} = \frac{1}{1+r \cdot t_i}$ (einfache (oder lineare) Verzinsung),

- $DF_{t_i} = \left(\frac{1}{1+r}\right)^{t_i}$ (exponentielle (oder diskrete) Verzinsung mit jährlichen Zinsgutschriften; auch Verzinsung mit Zinseszinsen genannt),

- $DF_{t_i} = \left(\frac{1}{1+r/m}\right)^{m \cdot t_i}$ (exponentielle Verzinsung mit m jährlichen Zinsgutschriften),

- $DF_{t_i} = e^{-r \cdot t_i}$ (stetige Verzinsung).

Die einfache Verzinsung wird oft für Zahlungen im unterjährigen Bereich (bis ein Jahr) verwendet, während die exponentielle Verzinsung bei Krediten oder Anleihen mit Laufzeiten oberhalb eines Jahres zur Anwendung kommt. Die stetige Verzinsung deckt z. B. den Fall einer Geldanlage mit permanenter Berücksichtigung des Zinseszinseffektes ab (Tagesgeldkonto mit täglicher Zinsgutschrift, auch *money market account* genannt).

Auf den Finanzmärkten haben sich ganz bestimmte Vorschriften zur Zählung der Zinstage und Berücksichtigung von Feiertagen herausgebildet, die sog. *Tageszählkonventionen* (*Day Count Conventions*). Diese sind bei den Berechnungen stets zu berücksichtigen, um korrekte Resultate zu erhalten. Die Tageszählkonventionen werden in der Form "Zähler / Nenner" angegeben, wobei der Zähler die Zählweise der Tage eines vollen Monats und der Nenner die Zählweise für die Anzahl der Tag innerhalb eines Jahres angibt. Wichtige Beispiele sind:

- *act*/365: Die tatsächliche Anzahl der Kalendertage zwischen Anfangsdatum und Enddatum wird gezählt und dann durch 365 geteilt.

- *act*/360: Die tatsächliche Anzahl der Kalendertage zwischen Anfangsdatum und Enddatum wird gezählt und dann durch 360 dividiert.

- *act*/*act*: Für den Zähler und den Nenner ist die tatsächliche Zahl der Kalendertage maßgeblich.

- 30/360: Volle Monate werden mit 30 Tagen gezählt, volle Jahre mit 360 Tagen.

Meist wird bei der Feststellung des zwischen den Kalenderdaten liegenden Zeitraums so verfahren, dass das zweite Datum als Tag mitgezählt wird, das erste jedoch nicht.

Der Euro Interbanken-Geldmarkt verwendet die Konvention *act*/360, während am Euro Anleihe- und Zinsderivatemarkt überwiegend die 30/360 Methodik vorzufinden ist.

Das Einlagengeschäft der Filialbanken wird in der Regel ebenfalls nach der Konvention 30/360 abgerechnet.

Definition 1.1 *Die Rendite (oder Rendite auf Fälligkeit oder Yield-to-Maturity (YtM)) eines Zahlungsstroms $Z_{t_1}, \ldots, Z_{t_n}$, der zum Anschaffungspreis A angeschafft wird (oder wurde), ist derjenige Zinssatz y, für den die Barwertformel gilt*

$$A = PV = \sum_{i=1}^{n} Z_{t_i} \cdot \frac{1}{(1+y)^{t_i}}. \tag{1.1}$$

Es ist y (für engl. yield) ein annualisierter Zinssatz auf Basis der exponentiellen Verzinsung.

Zur Berechnung der Rendite y ist offensichtlich eine Gleichung höheren Grades zu lösen, was in der Regel die Anwendung numerischer Näherungsverfahren erfordert.

Beispiel 1.4 *Eine Anleihe mit Nominalbetrag 100 und einer Restlaufzeit von n Jahren zahlt einen jährlichen nachschüssigen Kupon von C. Der nächste Kupontermin ist in $t = 1$. Was lässt sich in $t = 0$ über die Rendite dieser Anleihe bei einem Anschaffungspreis von a) $A < 100$, b) $A = 100$, c) $A > 100$ aussagen?*
Antwort: *Die gesuchte Rendite y ist Lösung der Gleichung*

$$A = \sum_{i=1}^{n} \frac{C}{(1+y)^i} + \frac{100}{(1+y)^n}.$$

Ausklammern des Terms $\frac{1}{(1+y)^n}$ und anschließende Anwendung der geometrischen Summenformel auf der rechten Seite der Gleichung liefert nun

$$A = \frac{1}{(1+y)^n} \cdot \left(C \cdot \frac{(1+y)^n - 1}{y} + 100 \right).$$

Dementsprechend ist die Rendite im Fall b) genau $y = C\% = C/100$, während sie im Fall a) größer ist als C% und im Fall c) kleiner als C%.

Beispiel 1.5 *(Praktikerformel)*
Ersetzen Sie in der zweiten Gleichung des vorhergehenden Beispiels den Ausdruck $(1+y)^n$ durch den Näherungswert $1 + y \cdot n$ und lösen Sie nach y auf. Welche Näherungsformel (sog. Praktikerformel) erhalten Sie für die Rendite r?
Antwort: *Es ergibt sich $A = \frac{C \cdot n + 100}{1 + n \cdot y}$, also $r \approx \frac{C + \frac{100 - A}{n}}{A}$.*

Sensitivitäten

Eine wichtige Fragestellung in der Praxis lautet, wie sich der mittels Formel (1.1) berechnete Preis einer Anleihe verändert, wenn sich die Rendite y verändert. Dahinter steht die Überlegung, dass die künftige Entwicklung der Preise von Anleihen eines gegebenen Marktsegments (z. B. Anleihen einer Laufzeit, Währung oder Emittentengruppe) bestimmt wird durch die Veränderung der "durchschnittlichen" Rendite des jeweils betrachteten Marktsegments.

In diesem Zusammenhang bezeichnet man zufällige Renditeänderungen auch als *Risikofaktoren* und spricht vom *Zinsänderungsrisiko* als dem Risiko fallender Anleihepreise aufgrund von Renditeänderungen.

Im Folgenden verwenden wir die Bezeichnung *Kuponanleihe* für eine Anleihe mit einer Restlaufzeit von $t_n > 0$ Jahren bei nachschüssiger Kuponzahlung C zu den Zeitpunkten $0 \leq t_1 < t_2 < \ldots < t_n$ und Nominalbetrag N, der zum Fälligkeitszeitpunkt t_n vom Emittenten zurückgezahlt wird.

Wir untersuchen den qualitativen Verlauf der Barwertformel als Funktion von y.

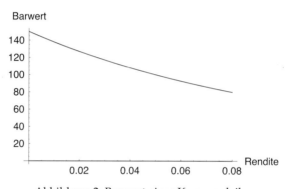

Abbildung 2: Barwert einer Kuponanleihe

Es handelt sich um eine monoton fallende, konvexe Funktion. Die Änderung des *Barwerts PV* der Kuponanleihe bei einer Änderung der Rendite um die Größe Δy können wir über eine *Taylorapproximation* beschreiben:

$$PV(y + \Delta y) - PV(y) \approx PV'(y) \cdot \Delta y + 0{,}5 \cdot PV''(y) \cdot (\Delta y)^2.$$

Die hier auftretenden Ableitungen des Barwerts der Kuponanleihe nach der Variablen y bezeichnet man auch als *Sensitivitäten*. Statt der ersten Ableitung wird in der Praxis oftmals die Größe

$$PVBP := PV(y + 0{,}0001) - PV(y) \approx PV'(y) \cdot 0{,}0001,$$

der sog. *Price Value of a Basis Point*, verwendet. Diese Größe drückt die Wertänderung der Anleihe bei einer Erhöhung der Rendite um einen *Basispunkt* (entspricht $0{,}01\% = 0{,}0001$) aus. Damit können wir unter Vernachlässigung der höheren Ableitungen folgende *lineare Approximation* der Barwertfunktion angeben:

$$PV(y + \Delta y) - PV(y) \approx PVBP \cdot 10.000 \cdot \Delta y. \tag{1.2}$$

Neben dem PVBP spielt auch die *Duration* einer Anleihe eine Rolle bei der Analyse des Zinsänderungsrisikos. Die Duration D einer Kuponanleihe mit Barwert $PV(y)$ ist wie folgt definiert:

$$D := -(1+y) \cdot \frac{PV'(y)}{PV(y)} = \frac{\sum\limits_{i=1}^{n} t_i \cdot \frac{Z_{t_i}}{(1+y)^{t_i}}}{\sum\limits_{i=1}^{n} \frac{Z_{t_i}}{(1+y)^{t_i}}} = \sum_{i=1}^{n} t_i \cdot \frac{\frac{Z_{t_i}}{(1+y)^{t_i}}}{PV(y)}.$$

Der letzte Ausdruck zeigt, dass die Duration interpretiert werden kann als barwertgewichtete Summe der künftigen Zahlungszeitpunkte einer Anleihe.

Übung 1.3 *Begründen Sie die Aussage*

$$D \approx -(1+y) \cdot \frac{PVBP}{PV(y)} \cdot 10.000.$$

Überlegen Sie sich ferner, dass die Duration einer Kuponanleihe mit Laufzeit t_n immer eine Zahl zwischen 0 und t_n ist.

Die Duration kann als (einfaches) Maß für das *Zinsänderungsrisiko* einer Anleihe herangezogen werden. Ersetzen wir nämlich in (1.2) den Ausdruck $PVBP \cdot 10.000$ durch $-\frac{1}{1+y} \cdot D \cdot PV(y)$ (entsprechend der Gleichung in der Übung), so folgt

$$PV(y + \Delta y) \approx PV(y) - \frac{\Delta y}{1+y} \cdot D \cdot PV(y).$$

Daraus ergibt sich, dass der Barwert einer Anleihe bei einem Renditeanstieg von $\Delta y > 0$ um so stärker zurückgeht, je größer der Wert von D ist (denn je größer D ist, um so mehr wird von $PV(y)$ auf der rechten Seite subtrahiert).

Die Duration eignet sich auch als Maß für das Zinsänderungsrisikos eines Portfolio aus long Positionen von Anleihen (sofern alle Anleihen bzgl. derselben (laufzeitunabhängigen) Rendite y betrachtet werden). Besteht das Portfolio aus m Anleihen mit Barwerten $PV_1(y), \ldots, PV_m(y)$ und ist $PV(y)$ der Gesamtwert des Portfolios, so haben wir

$$\begin{aligned} D &= -(1+y) \cdot \frac{PV'(y)}{PV(y)} = -(1+y) \cdot \left(\frac{PV_1'(y) + \ldots + PV_m'(y)}{PV(y)} \right) \\ &= -(1+y) \cdot \frac{PV_1'(y)}{PV_1(y)} \cdot \frac{PV_1(y)}{PV(y)} - \ldots - (1+y) \cdot \frac{PV_m'(y)}{PV_m(y)} \cdot \frac{PV_m(y)}{PV(y)} \\ &= \sum_{i=1}^{m} D_i \cdot \frac{PV_i(y)}{PV(y)}, \end{aligned}$$

wobei D_i die Duration der i-ten Anleihe ist. Wir sehen also: Die Duration eines Portfolios von Anleihen ist gleich der Summe der einzelnen Durationen, gewichtet mit dem jeweiligen Barwertanteil der i-ten Anleihe am Gesamtwert des Portfolios.

1.2.2 Kurs- und Renditerechnung bei Aktien

Der Kurs einer Aktie zu einem (künftigen) Zeitpunkt t wird mit S_t bezeichnet – es handelt sich dabei um eine *zufällige* Größe. Ist D_{t+1} die (zufällige) Dividendenzahlung pro Aktie am Ende der Periode $[t; t+1]$, so gilt

$$S_{t+1} = S_{t+1}^- - D_{t+1},$$

wobei hier S_{t+1}^- den Kurs unmittelbar *vor* der Dividendenzahlung bezeichnet, und S_{t+1} den Kurs *danach*. Der Kurs, welcher gerade den Marktwert des Unternehmens widerspiegelt, verringert sich also rechnerisch um den ausgeschütteten Gewinnbetrag pro Aktie. Die *Anlagerendite* für das betrachtete Zeitintervall lautet

$$R_t = \frac{(S_{t+1} + D_{t+1}) - S_t}{S_t},$$

wobei zu beachten ist, dass der Investor die Dividendenzahlung erhält und daher bei der Berechnung mit berücksichtigen muss. Betrachtet man mehrere Perioden, bspw. die Jahre $[0; 1], [1; 2], \ldots, [n-1; n]$, so gilt für die auf den gesamten Zeitraum bezogene, annualisierte Anlagerendite R die Beziehung

$$(1 + R)^n = \prod_{i=0}^{n-1} R_i \quad \Longleftrightarrow \quad R = \prod_{i=0}^{n-1} R_i^{1/n} - 1.$$

Auf entsprechende Weise kann die *stetige Anlagerendite* definiert werden

$$R_{t,\text{st}} = \ln\left(\frac{S_{t+1} + D_{t+1}}{S_t}\right) = \ln\left(R_t + 1\right)$$

(bezogen auf $([t; t+1])$ sowie, bezogen auf $[0; n]$:

$$\exp\left(n \cdot R_{\text{st}}\right) = \exp\left(\sum_{i=0}^{n-1} R_{i,\text{st}}\right) \quad \Longleftrightarrow \quad R_{\text{st}} = \frac{1}{n} \cdot \sum_{i=0}^{n-1} R_{i,\text{st}}.$$

Übung 1.4 *Wie ist die Berechnung der Anlagerendite zu modifizieren, wenn bei der Dividendenausschüttung x% des Dividendenbetrages D_{t+1} als Steuer abzuführen sind?*

Der *theoretisch korrekte heutige Preis* einer Aktie berechnet sich als Barwert aller künftig erwarteter Dividendenzahlungen, also gemäß

$$S_0 = \sum_{k=1}^{\infty} \frac{D_k}{(1 + i_{Aktie})^k},$$

wobei die Dividendenzahlung pro Aktie jeweils am Ende der Periode $[k-1; k]$ erfolgt und eine geeignete Annahme über den künftigen Dividendenverlauf sowie den zu verwendenden Zinssatz i_{Aktie} zu machen ist (z. B. Erwartungswert der künftigen Anlagerendite pro Periode). Wir gehen darauf nicht näher ein. Im späteren Verlauf wird der Schwerpunkt auf der *stochastischen Modellierung* von künftigen Aktienkursen liegen.

1.2.3 Credit Spreads von Anleihen

Um den aktuellen am Markt gültigen Anschaffungspreis A einer Kuponanleihe anhand der Barwertformel zu bestimmen, wird die aus (1.1) berechnete Rendite y häufig zerlegt in eine *risikolose Rendite* und einen sog. *Credit Spread*.

Die risikolose Rendite zu einer gegebenen Laufzeit t_n ist dabei die Durchschnittsrendite von am Markt gehandelten Kuponanleihen (mit Restlaufzeit t_n) von risikolosen Emittenten (typischerweise von Staaten mit sehr guter Bonität, z. B. Deutschland), bei denen ein Kreditausfall als sehr unwahrscheinlich gilt.

Im Normalfall ist die Rendite einer Kuponanleihe der Laufzeit t_n höher als die risikolose Rendite desselben Laufzeitbereichs. Die Differenz beider Größen wird auch als *(Par-) Credit Spread* bezeichnet. Die Zusatzrendite kompensiert Investoren für die Übernahme des Risikos, dass mit dem Ausfall von Zins- und Tilgungsleistungen gerechnet werden muss. Mit Hilfe der risikolosen Rendite, die wir hier als $y_{risikolos}$ bezeichnen wollen, und des Credit Spreads, für den wir die Bezeichnung s wählen, ergibt sich aus (1.1):

$$PV = \sum_{i=1}^{n} \frac{C}{(1 + (y_{risikolos} + s))^{t_i}} + \frac{100}{(1 + (y_{risikolos} + s))^{t_n}}.$$

Die Höhe des Credit Spreads s kann als "Marktmeinung" bzgl. der erwarteten Verlustes bei Ausfall des Emittenten eines Finanzinstruments interpretiert werden. Sie hängt jedoch zudem von der aktuellen Verfügbarkeit einer Anleihe am Markt, dem absoluten Zinsniveau und der aktuellen Risikoneigung der Investoren ab.

Ein wesentliches Risiko aus Investorensicht besteht darin, dass es zu unvorhergesehenen Credit Spread-Ausweitungen für einzelne Schuldner oder ganze Märkte kommen kann und infolgedessen zu einem Kursverlust bei den Anleihen. Dies war z. B. deutlich zu beobachten während der Jahre 2007 bis 2008, als die Credit Spreads von Unternehmensanleihen infolge der weltweiten Finanz- und Wirtschaftskrise deutlich anstiegen.

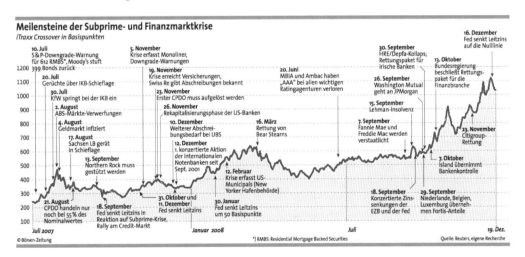

Abbildung 3: Entwicklung von Credit Spreads (in Basispunkten) während der

Finanzkrise 2007 bis 2008, Quelle: Börsen-Zeitung vom 31.12.2008

In der Praxis wird die Änderung des Preises eines Finanzinstruments bei einer Änderung des Credit Spreads um Δs als *Credit Spread-Sensitivität* bezeichnet. Für die Kuponanleihe gilt in linearer Näherung:

$$\text{Credit Spread-Sensitivität} = PV(s + \Delta s) - PV(s) \approx PV'(s) \cdot \Delta s.$$

Die Modellierung von künftigen Credit Spread-Veränderungen ist ein wichtiges Teilgebiet der modernen Finanzmathematik und wird uns später noch beschäftigen.

1.2.4   Zerorates

In Abschnitt 1.1.1 haben wir die Referenzzinssätze für Geldmarktgeschäfte eingeführt. Jetzt betrachten wir allgemeiner eine Zahlung, die zu einem künftigen Zeitpunkt $t > 0$ stattfinden wird, und fragen uns nach dem Zinssatz, der bei der Berechnung des Barwerts dieser Zahlung anzuwenden ist. Der zugehörige Zinssatz wird auch als *Zerozinssatz*, *Zerorate* oder *Spotrate* bezeichnet. Für Zahlungen, die zwischen Banken guter Bonität stattfinden, sind die Zerorates am Markt bekannt; sie werden mit

$$L(0,t), \qquad t > 0$$

bezeichnet (L steht hier für LIBOR; das erste Argument ist der Betrachtungszeitpunkt, das zweite der Fälligkeitszeitpunkt). In der nachfolgenden Abbildung sehen Sie die am 23. Juli 2009 gültigen Euro-Zinssätze des Interbankenhandels (in Prozent) für Laufzeiten bis ein Jahr (als interpolierte *Zinskurve*). Zur *Zinskurven-Interpolation* gibt es zahlreiche verschiedene Ansätze; eine Einführung zu dieser Thematik enthält [37].

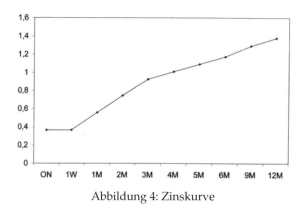

Abbildung 4: Zinskurve

Übung 1.5   *Begründen Sie, dass für den Barwert eines (von einer Bank mit guter Bonität emittierten) Zerobonds mit Rückzahlungsbetrag N in t bei Anwendung der jährlichen exponentiellen Verzinsung gilt:*

$$PV = \frac{N}{(1 + L(0,t))^t}.$$

Bestimmen Sie die Rendite, den PVBP und die Duration des Zerobonds.

Der in der Übung behandelte Zusammenhang zwischen den Zinssätzen $L(0,t)$ und den Zerobondpreisen erklärt die Bezeichnung Zerorates: Die Zerorates sind die Renditen der Zerobonds.

Zwischen dem Preis einer Kuponanleihe, die von einer Bank mit guter Bonität emittiert wurde, und den Preisen von Zerobonds besteht ein einfacher Zusammenhang: Wir denken uns die zu den Zeitpunkten $t_1 < t_2 < \ldots < t_n$ stattfindenden Zahlungen der Anleihe als Rückzahlungsbeträge von n verschiedenen Zerobonds: Der erste Zerobond hat also eine Laufzeit von t_1 und zahlt dann den Betrag C und die übrigen Zerobonds sind entsprechend zu wählen. Der n-te Zerobond hat somit eine Laufzeit von t_n Jahren und den Rückzahlungsbetrag $C + N$. Da die Zahlungen der Kuponanleihe genau den Zahlungen der Zerobonds entsprechen, muss der Barwert der Anleihe mit der Summe der Barwerte der Zerobonds identisch sein:

$$PV_{\text{Anleihe}} = \sum_{i=1}^{n} PV_{\text{Zerobond}_i} = \sum_{i=1}^{n-1} \frac{C}{(1 + L(0,t_i))^{t_i}} + \frac{C + N}{(1 + L(0,t_n))^{t_n}}.$$

Dieser Zusammenhang ermöglicht es, aus aus einer Serie von Preisen verschiedener Kuponanleihen die Zerobondpreise und damit die Zerorates für die Laufzeiten t_1 bis t_n rechnerisch zu bestimmen – dieses Verfahren wird auch *Bootstrapping* genannt.

Beispiel 1.6 *Wir betrachten heute $(t = 0)$ die folgenden vier Kuponanleihen, welche jeweils jährlich nachschüssig, erstmals in $t = 1$ den jeweils angegebenen Kupon zahlen:*

- *Anleihe 1: Nominal 100, Kupon 5%, Laufzeit 4 Jahre, Kurs 99%,*

- *Anleihe 2: Nominal 100, Kupon 4%, Laufzeit 3 Jahre, Kurs 98%,*

- *Anleihe 3: Nominal 100, Kupon 3%, Laufzeit 2 Jahre, Kurs 98,5%,*

- *Anleihe 4: Nominal 100, Kupon 2%, Laufzeit 1 Jahre, Kurs 99,5%.*

Wie lauten die Zerorates $L(0,1), L(0,2), L(0,3)$ und $L(0,4)$?
Für Anleihe 4 gilt:

$$99{,}5 = (2 + 100) \cdot \frac{1}{(1 + L(0,1))^1}, \quad \text{also} \quad L(0,1) \approx 2{,}5\%.$$

Nun zu Anleihe 3. Für diese gilt:

$$98{,}5 = 3 \cdot \frac{1}{(1 + L(0,1))^1} + 103 \cdot \frac{1}{(1 + L(0,2))^2}.$$

Nun haben wir $L(0,1)$ im ersten Schritt schon berechnet und können den Wert einsetzen. Damit ist $L(0,2)$ in der letzten Gleichung die einzige Unbekannte und kann ermittelt werden:

$$103 \cdot \frac{1}{(1 + L(0,2))^2} = 98{,}5 - 3 \cdot \frac{1}{0{,}025} \iff L(0,2) \approx 3{,}81\%.$$

Für Anleihe 2 können wir jetzt wie folgt rechnen:

$$98 = 4 \cdot \frac{1}{(1 + L(0,1))^1} + 4 \cdot \frac{1}{(1 + L(0,2))^2} + 104 \cdot \frac{1}{(1 + L(0,3))^3}.$$

Einsetzen der bekannten Größen und Auflösen nach $L(0,3)$ ergibt $L(0,3) \approx 4,79\%$. Eine analoge Vorgehensweise mit Anleihe 1 liefert das Resultat $L(0,4) \approx 5,38\%$.

Beachten Sie, dass wir die Zerorates $L(0,t)$ für Fälligkeiten bis ein Jahr direkt aus den Referenzzinssätzen des Geldmarkts ablesen können, dass jedoch die Zerorates für Fälligkeiten über einem Jahr nicht direkt am Markt beobachtbar sind und daher auf die soeben beschriebene Weise aus den Anleihepreisen zu extrahieren sind.

Bonitätsabhängige Zerorates

Ein wichtiger Aspekt bei der Barwertberechnung künftiger Zahlungen ist die Frage nach der *Bonität des Schuldners*. Ähnlich wie bei den Credit Spreads für Anleiherenditen gibt es auch Credit Spreads für Zerorates: Je schlechter die Kreditwürdigkeit des Schuldners, umso höher die Wahrscheinlichkeit eines Kreditausfalls und umso höher auch der anzusetzende Zinssatz für die Diskontierung künftiger Zahlungen. Dementsprechend errechnet sich der Barwert eines Zerobonds im Allgemeinen zu

$$PV = \frac{N}{(1 + L(0,t) + s_t)^t},$$

wobei s_t der von der Laufzeit und der Bonität abhängige Spread ist.

Zur Berechnung von bonitätsabhängigen Spreads wird das Bootstrapping-Verfahren auf Anleihen verschiedener Marktsegmente angewendet: Im Falle von Staatsanleihen erhält man eine "Staatsanleihen-Zerokurve". Wendet man das Verfahren für andere Anleihen an (z. B. alle Anleihen einer Rating-Kategorie aus einem bestimmten Industriesektor), so erhält man für den jeweils ausgewählten Sektor eine passende Zerokurve.

1.2.5 Forwardzinssätze

Am Geld- und Kapitalmarkt werden regelmäßig Geschäfte vereinbart, die erst *in der Zukunft* stattfinden werden, deren Bedingungen aber schon heute (in $t = 0$) festgelegt werden. Als wichtiges Beispiel betrachten wir eine Forward- Kreditaufnahme bzw. Forward-Geldanlage im Geldmarktbereich, also für Zeiträume bis ein Jahr. Dies ist eine vertragliche Vereinbarung zwischen zwei Parteien zum Zeitpunkt $t = 0$, die eine Geldaufnahme bzw. Geldanlage in einem zukünftigen Zeitraum von $t_1 > 0$ bis t_2 ($t_1 < t_2 \leq 1$) vorsieht zu einem heute bereits festgelegten Zinssatz. Man bezeichnet die Transaktion auch als *FRA (Forward Rate Agreement)* und den dafür anzuwendenden Zinssatz als *Forwardzinssatz* $L(0,t_1,t_2)$. Der Kauf eines FRAs (long Position) entspricht einer künftigen Kreditaufnahme zum heute vereinbarten Zinssatz und der Verkauf eines FRAs (short Position) entspricht einer Geldanlage.

Wie kann der aus heutiger Sicht "faire" Forwardzinssatz finanzmathematisch berechnet werden? Dazu berechnen wir den Barwert der Zahlung N in t_2 auf zwei verschiedene Weisen. Es sei bemerkt, dass in der folgenden Betrachtung die Tatsache ignoriert wird, dass für Geldaufnahmen und Geldanlagen bezogen auf eine feste Periode üblicherweise unterschiedliche Zinssätze am Geld- und Kapitalmarkt verlangt werden (sog. *Geld-Brief-Spanne*). Außerdem berücksichtigen wir keine bonitätsabhängigen Spreads.
Der in t_2 fällige Betrag N hat bezogen auf t_1 den Wert

$$\frac{N}{1 + L(0, t_1, t_2) \cdot \Delta},$$

und hier gibt Δ die Anzahl der Zinstage von t_1 bis t_2 gemäß Tageszählkonvention an. Vereinfachend nehmen wir in unserer Rechnung $\Delta = t_2 - t_1$ an. Eine weitere Diskontierung ergibt den Wert aus heutiger Sicht:

$$\frac{N}{(1 + L(0, t_1, t_2) \cdot (t_2 - t_1)) \cdot (1 + L(0, t_1) \cdot t_1)}, \tag{1.3}$$

wobei hier $L(0, t_1)$ die Zerorate für den Zeitpunkt t_1 bezeichnet.
Nun gilt andererseits, dass der Wert der Zahlung N in t_2 aus heutiger Sicht

$$\frac{N}{1 + L(0, t_2) \cdot t_2} \tag{1.4}$$

beträgt. Ein Gleichsetzen von (1.3) und (1.4) und anschließendes Umstellen der Gleichung nach $L(0, t_1, t_2)$ führt uns auf den gesuchten Ausdruck für den Forwardzinssatz:

$$L(0, t_1, t_2) = \left(\frac{1 + L(0, t_2) \cdot t_2}{1 + L(0, t_1) \cdot t_1} - 1 \right) \cdot \frac{1}{t_2 - t_1}. \tag{1.5}$$

Übung 1.6 *Die aktuellen Geldmarktsätze seien 2% für sechs Monate und 2,5% für ein Jahr. Beurteilen Sie das Angebot einer Bank, dass der Kunde für den Zeitraum heute in sechs Monaten bis heute in einem Jahr eine Geldanlage zu 2% tätigen kann.*

Aus den Forwardzinssätzen aufeinander folgender Perioden $[t_1; t_2], \ldots [t_{n-1}; t_n]$, $t_i \leq 1$ sowie der Zerorate $L(0, t_1)$ lassen sich die Zerorates $L(0, t_1), \ldots L(0, t_n)$ für Fälligkeiten bis ein Jahr bestimmen, denn es gilt (bei Anwendung der einfachen Verzinsung) der folgende Zusammenhang für $i \geq 2$:

$$1 + t_i \cdot L(0, t_i) =$$
$$(1 + t_1 \cdot L(0, t_1)) \cdot (1 + (t_2 - t_1) \cdot L(0, t_1, t_2)) \cdot \ldots \cdot (1 + (t_i - t_{i-1}) \cdot L(0, t_{i-1}, t_i)).$$

Die dafür benötigten Forwardzinssätze können entweder aus den am Markt gehandelten FRAs extrahiert werden oder sie können – was häufig geschieht – aus Kursen von börsengehandelten Zinstermingeschäften, den sog. *Geldmarkt-Futures*, berechnet werden.

Ein Geldmarkt-Future ist eine spezielle Art von Termingeschäft, welches an den Terminbörsen (z. B. der EUREX) in den wichtigsten Währungen gehandelt wird. Er bezieht sich auf bestimmte Zinssätze, so z. B. den Dreimonats-EURIBOR-Zinssatz beim *Dreimonats-EURIBOR-Future* der EUREX. Beim Abschluss eines solchen Kontraktes wird, vereinfacht gesprochen, vereinbart, einen Nominalbetrag von 1 Million Euro in einem in der Zukunft liegenden Dreimonatszeitraum zu einem heute bereits vereinbarten (fairen) Zinssatz anzulegen (long Future) oder aufzunehmen (short Future). Es können, ähnlich zu den bereits erwähnten Future-Kontrakten an der EUREX, zu beliebigen Handelszeitpunkten jeweils nur Geschäfte mit vorgegebenen Fälligkeitsterminen abgeschlossen werden. Beim Dreimonats-EURIBOR-Future ist dies der dritte Mittwoch der jeweils nächsten zwölf Quartalsmonate aus dem Zyklus März, Juni, September und Dezember (die maximale Laufzeit ist 36 Monate).

Beachten Sie, dass der Kauf eines Geldmarkt-Futures ökonomisch vergleichbar ist mit dem Verkauf eines FRAs. Allerdings ist die tatsächliche Abwicklung des Geschäftes insofern etwas komplizierter, als wiederum regelmäßige Margin-Zahlungen (wie beim Bund-Future) stattfinden. Es lässt sich zeigen, dass die Summe aller Margin-Zahlungen (bei nicht zufälligen Zinsen) bis zum Settlementtermin t bei einer long Position in einem Kontrakt des Dreimonats-EURIBOR-Futures gerade der Auszahlungsfunktion

$$1.000.000\,\text{Euro} \cdot \left(L(0,t,t+0,25) - L(t,t,t+0,25)\right) \cdot 0,25$$

entspricht. Dabei ist $L(0,t,t+0,25)$ der bei Geschäftsabschluss gültige faire Forwardzinssatz für die Periode $[t;t+0,25]$ und $L(t,t,t+0,25)$ ist der in t gültige Dreimonats-EURIBOR-Zinssatz für diese Periode.

Der heute (zum Zeitpunkt 0) aktuelle Kurs des Kontraktes wird wie folgt quotiert:

$$(100 - L(0,t,t+0,25))\%.$$

Beispiel 1.7 *Am 31. Juli 2009 betrug der Schlusskurs des September 2009-Dreimonats-EURIBOR-Futures 99,19%. Dies bedeutet, dass beim Kauf eines Kontraktes der (annualisierte) Zinssatz $(100 - 99,19)\% = 0,81\%$ für die ab dem dritten Mittwoch im September 2009 beginnende Dreimonatsperiode vereinbart wird (Geldanlage von 1.000.000 Euro).*

Forwardzinssätze werden u. a. dazu verwendet, *variabel verzinsliche Anleihen* (*Floater*) zu bewerten. Wir betrachten einen Floater (ohne Kreditrisiko) mit regelmäßigen Kuponzahlungen, die jeweils zu Beginn der Kuponperiode festgelegt werden (in der Praxis zwei Geschäftstage vor Beginn der Kuponperiode). Sind $0 = t_0 < t_1 < t_2 < \ldots < t_n = T$ die Zeitpunkte (mit Abständen kleiner oder gleich einem Jahr), an denen jeweils die variablen Kupons festgelegt werden (in t_{j-1} für die nachfolgende Periode $[t_{j-1};t_j]$), und ist der Nominalbetrag gleich N, so lautet die Kuponzahlung C_{t_j}, die in t_j erfolgt:

$$C_{t_j} = N \cdot (1 + L(t_{j-1},t_{j-1},t_j))^{t_j - t_{j-1}} - N. \tag{1.6}$$

Hier bezeichnet $L(t_{j-1},t_{j-1},t_j)$ den aus heutiger Sicht unbekannten und daher zufälligen Zinssatz, der zum Zeitpunkt t_{j-1} für die dann beginnende Periode festgelegt wird.

Wir wollen den **Barwert** des zufälligen Kupons C_{t_j} ausrechnen und verwenden die folgende Argumentation: Aus heutiger Sicht ist der unbekannte Zinssatz $L(t_{j-1}, t_{j-1}, t_j)$ gleich dem fairen Zinssatz $L(0, t_{j-1}, t_j)$ für ein Forward-Geschäft von t_{j-1} bis t_j. Allerdings können wir hier die Formel (1.5) nicht übernehmen, denn diese gilt nur für Zeiträume innerhalb eines Jahres von heute aus gesehen. Stattdessen berechnen wir den Forwardzinssatz $L(0, t_{j-1}, t_j)$ noch einmal unter Verwendung der *exponentiellen Verzinsung* und erhalten, analog zu (1.5), nun

$$L(0, t_{j-1}, t_j) = \left(\frac{(1 + L(0, t_j))^{t_j}}{(1 + L(0, t_{j-1}))^{t_{j-1}}} \right)^{1/(t_j - t_{j-1})} - 1. \tag{1.7}$$

Ersetzen wir also in (1.6) den Ausdruck $L(t_{j-1}, t_{j-1}, t_j)$ durch $L(0, t_{j-1}, t_j)$, so folgt

$$C_{t_j} = N \cdot \left(\frac{(1 + L(0, t_j))^{t_j}}{(1 + L(0, t_{j-1}))^{t_{j-1}}} - 1 \right),$$

und der in $t = 0$ gültige Barwert von C_{t_j} ergibt sich durch Multiplikation mit dem Diskontfaktor $1/(1 + L(0, t_j))^{t_j}$:

$$PV(C_{t_j}) = N \cdot \left(\frac{1}{(1 + L(0, t_{j-1}))^{t_{j-1}}} - \frac{1}{(1 + L(0, t_j))^{t_j}} \right).$$

Somit lautet der Barwert des Floaters mit Nominal N zur Zeit $t = 0$ (beachten Sie $t_0 = 0$):

$$PV_{\text{Floater}} = \sum_{j=1}^{n} PV(C_{t_j}) + PV(N) = N \cdot \frac{1}{(1 + L(0, t_0))^{t_0}} = N, \tag{1.8}$$

da hier eine Teleskopsumme auftritt.

Übung 1.7 *Wie lautet die Bewertungsformel für eine variabel verzinsliche Anleihe mit Laufzeit $T = n$, die jährlich nachschüssig den jeweils zu Jahresbeginn festgelegten aktuellen einjährigen Zinssatz zuzüglich 30 Basispunkten bezogen auf den Nominalbetrag N zahlt?*

Übung 1.8 *Eine Zinsphasenanleihe zahlt in Abhängigkeit von den Kuponperioden variable oder fixe Kupons. Wie lautet die Bewertungsformel für eine Zinsphasenanleihe mit Laufzeit $T = n$, die in den ersten zwei Jahren jährlich nachschüssig einen festen Kupon C und danach jährlich nachschüssig den jeweils zu Jahresbeginn festgelegten aktuellen einjährigen Zinssatz auf den Nominalbetrag N zahlt?*

1.2.6   Forward-Preise

Ein *Forward-Geschäft* ist, wie bereits erwähnt, ein heute ($t = 0$) vereinbarter Kauf oder Verkauf eines Finanzinstruments (Underlyings), wobei die eigentliche Abwicklung des Geschäfts (das *Settlement*) erst zu einem in der Zukunft liegenden Zeitpunkt t stattfindet, während der Preis schon heute festgelegt wird.

Das Besondere an einem Forward-Geschäft ist, dass aus heutiger Sicht ja gar nicht klar ist, wie der tatsächliche Preis des Finanzinstruments zum Zeitpunkt t am Markt gehandelt wird. Dennoch ist es in den meisten Teilmärkten möglich, mit finanzmathematischen Argumenten einen aus heutiger Sicht fairen Preis, den sog. *Forward-Preis* oder *(fairen) Terminpreis* anzugeben.

Nehmen wir an, ein Kunde möchte eine börsengehandelte Aktie, die zu jedem Zeitpunkt t einen beobachtbaren Preis S_t besitzt, im Rahmen eines Forward-Geschäfts heute zum Settlementtermin T von einer Bank kaufen (*Aktien-Forward*). Gesucht ist der faire Terminpreis, den wir mit S_0^{fwd} bezeichnen wollen. Es wird sich zeigen, dass folgende Größen den Terminpreis bestimmen:

- Der heutige Aktienkurs S_0,

- der Zinssatz $L_{st}(0, T)$ für die Periode von 0 bis T bei **stetiger** Verzinsung,

- der Ertrag E, den der Besitzer der Aktie im Zeitraum von 0 bis T erwirtschaftet (z. B. aus Dividendenzahlungen).

Da die Bank die Aktie zur Zeit T liefern muss, hat sie zwei Handlungsalternativen: Sie kann die Aktie heute an der Börse erwerben und bis zum Zeitpunkt T aufbewahren, um sie dann zu liefern, oder sie kauft die Aktie erst zu einem späteren Zeitpunkt (spätestens in T) und liefert sie dann zum vereinbarten Kaufpreis. Eine sichere, risikolose Kalkulationsbasis hat die Bank offenbar nur dann, wenn sie die Aktie *heute* an der Börse bereits erwirbt, denn nur dann kennt sie den aufzuwendenden Kaufpreis: Dieser beträgt S_0 (= heutiger Börsenkurs). Ein späterer Kauf scheidet aus, da der zukünftige Börsenkurs nicht bekannt ist und daher unkalkulierbare Risiken entstünden (bedenken Sie, dass der Kaufpreis mit dem Kunden bereits fest vereinbart ist!).

Für den Kauf der Aktie nimmt die Bank einen Kredit mit Laufzeit T auf zum Zinssatz $L_{st}(0, T)$. Was passiert zum Zeitpunkt T? Dann liefert die Bank die Aktie dem Kunden und erhält dafür den ursprünglich vereinbarten Terminpreis S_0^{fwd}. Der Terminpreis ist dann fair, wenn er die Aufwendungen der Bank genau abdeckt, d. h. wenn die Bank davon den aufgenommenen Kredit zurückzahlen kann. Dabei müssen wir noch berücksichtigen, dass die Bank im Zeitraum, während sie die Aktie verwahrt hat, auch einen Ertrag E erwirtschaftet hat – dieser wird natürlich von den Kreditaufwendungen abgezogen, da sie der Bank ja zur Tilgung der Kreditsumme zur Verfügung stehen. Insgesamt ergibt sich damit (bei Verwendung der stetigen Verzinsung):

$$S_0^{fwd} \quad = \quad \text{Aufwendungen zur Kreditrückzahlung} - E \qquad (1.9)$$

$$= \quad S_0 \cdot e^{L_{st}(0,T) \cdot T} - E. \qquad (1.10)$$

Häufig wird vereinfachend unterstellt, dass die Erträge in Form einer stetigen Verzinsung des Aktienkurses S_0 mit Zinssatz q_T anzusetzen sind (der Zinssatz q_T ist die sog. *stetige Dividendenrendite*). Die Erträge werden dann *multiplikativ* mit den Aufwendungen verknüpft:

$$S_0^{fwd} = S_0 \cdot e^{L_{st}(0,T)\cdot T} \cdot e^{-q_T \cdot T} \tag{1.11}$$

$$= S_0 \cdot e^{(L_{st}(0,T)-q_T)\cdot T} \tag{1.12}$$

(beachten Sie, dass die Erträge den Aufwand vermindern, daher das Minuszeichen vor der Variablen q_T).

Zum Verständnis von Forward-Geschäften ist es sinnvoll, die Geschäfte in zwei Kategorien einzuteilen: solche, in denen das Underlying von einer wesentlichen Zahl von Investoren zu Anlagezwecken gehalten und jederzeit gehandelt wird (Investitionsgüter), und solche, in denen das Underlying hauptsächlich zu Konsumzwecken gehalten wird (Konsumgüter, z. B. Rohstoffe, Energie oder landwirtschaftliche Produkte).

Die Berechnung des Forward-Preises für *Investitionsgüter* erfolgt entsprechend der Beziehung (1.9) bzw. (1.11). Sie gilt (mit geringen Modifikationen) für Forward-Geschäfte auf Zinsinstrumente, Aktien, Währungen, Gold und Silber. Beispielsweise lautet der Forward-Preis bei einem Forward-Geschäft auf eine *Fremdwährung* mit heutigem Wechselkurs S_0 und Fälligkeit in T:

$$S_0^{fwd} = S_0 \cdot e^{(L_{st}(0,T)_{Euro}-L_{st}(0,T)_{Fremdwährung})\cdot T}.$$

Dies ist der sog. *Devisenterminkurs*. Die Zinssätze beziehen sich auf die Heimatwährung (in diesem Fall Euro) und die jeweilige Fremdwährung. Forward-Geschäfte auf Währungen heißen auch *Devisentermingeschäfte* und werden häufig zur Wechselkursabsicherung eingesetzt.

Übung 1.9 *Begründen Sie, warum der Devisenterminkurs bezogen auf den heutigen Wechselkurs S_0 wie folgt dargestellt werden kann:*

$$S_0^{fwd} \approx S_0 \cdot (1 + (L(0,T)_{Euro} - L(0,T)_{Fremdwährung}) \cdot T).$$

*Der Summand $(L(0,T)_{Euro} - L(0,T)_{Fremdwährung}) \cdot T$ wird **Terminzuschlag** oder **Terminabschlag** genannt, je nachdem, ob er positiv oder negativ ist.*

Bei *Konsumgütern* ist es nicht immer möglich, den Forward-Preis als Funktion von S_0 und anderer beobachtbarer Variablen auszudrücken. Hier ist es so, dass die Forward-Preise sich durch Angebot und Nachfrage nach Terminprodukten am Markt bilden. Setzt man den beobachtbaren Forward-Preis und den Preis S_0 in Beziehung zueinander, so kann man die so genannte *Convenience Yield* berechnen. Diese gibt an, in welchem Ausmaß Konsumenten (z. B. Rohstoffverbraucher) Nutzen in dem Besitz der Ware sehen, der von den Haltern von Forward-Positionen nicht erzielt werden kann.

1.2.7   No-Arbitrage-Prinzip und Law of one Price

Das maßgebliche Prinzip zur Bewertung aller Arten von Derivaten ist das sog. *No-Arbitrage-Prinzip*. Dieses besagt, dass ohne den Einsatz von eigenem Kapital und ohne das Eingehen von Risiken niemals ein Gewinn am Kapitalmarkt erzielt werden kann. Wir werden den Arbitragebegriff in den nachfolgenden Kapiteln mathematisch präzisieren und dann zeigen, wie man allgemein aus dem No-Arbitrage-Prinzip folgern kann, dass der Barwert (Preis) eines Derivats als diskontierter Erwartungswert der künftigen Zahlung(en) zu berechnen ist.

Wir erinnern in diesem Zusammenhang an den folgenden Sachverhalt: Zwei Finanzinstrumente, die zu einem zukünftigen Zeitpunkt $T > 0$ unter allen Marktumständen denselben Preis haben und im Zeitintervall $[0;T)$ keine Auszahlung leisten, müssen auch heute (in $t = 0$) denselben Wert haben (*Law of one Price*). Um dies einzusehen, bezeichnen wir mit X_t bzw. Y_t die Preise der beiden Instrumente zum Zeitpunkt t. Nach Voraussetzung gilt $X_T = Y_T$. Wäre nun bspw. $X_0 < Y_0$, so würden wir eine Minusposition (short Position) im zweiten Finanzinstrument eingehen, was uns den Betrag $+Y_0$ einbrächte. Davon würden wir das erste Finanzinstrument kaufen. Es verbleibt der positive Geldbetrag $B := Y_0 - X_0$, den wir risikolos bis T zum Zinssatz $L(0,T)$ anlegen. Bis zum Zeitpunkt T erfolgen keine Zahlungen. Zum Zeitpunkt T hat unser Portfolio dann insgesamt den Wert

$$X_T - Y_T + B \cdot (1 + L(0,T))^T = B \cdot (1 + L(0,T))^T > 0,$$

also haben wir ohne Einsatz von eigenem Kapital und ohne Verlustrisiken einen sicheren Gewinn erzielt. Die ist eine Arbitrage. Da dies aber ausgeschlossen ist, muss unsere Annahme $X_0 < Y_0$ falsch sein. Analog zeigt man, dass auch $X_0 > Y_0$ falsch ist – es bleibt also nur $X_0 = Y_0$.

Beispiel 1.8

1. *Wir betrachten ein Portfolio X, bestehend aus einer long Forward-Position auf eine dividendenlose Aktie (Fälligkeitstermin T, Strike K) und einer short Position in der Aktie, sowie ein Portfolio Y, bestehend aus einer Kreditaufnahme bis zum Zeitpunkt T mit Rückzahlungsbetrag K. Die Portfolien bestehen zwar aus ganz unterschiedlichen Instrumenten, haben aber zum Zeitpunkt T immer den gleichen Wert, denn es gilt:*

$$\text{Wert von X} = S_T - K - S_T = -K \qquad \text{und} \qquad \text{Wert von Y} = -K.$$

Beide Portfolien haben dieselbe Auszahlungsfunktion! Gemäß dem Law of one Price folgt, dass X und Y auch in $t = 0$ denselben Wert haben. Folglich gilt (mit Anwendung der stetigen Verzinsung) für den heutigen Wert Fwd(0,T) der long Forward-Position:

$$\underbrace{Fwd(0,T) - S_0}_{\text{Wert von X in 0}} = \underbrace{-K \cdot e^{-L_{st}(0,T) \cdot T}}_{\text{Wert von Y in 0}} \qquad \Longleftrightarrow \qquad Fwd(0,T) = S_0 - K \cdot e^{-L_{st}(0,T) \cdot T}.$$

Damit haben wir die Bewertungsformel für eine long Forward-Position hergeleitet.

2. *Nun betrachten wir ein Portfolio X, bestehend aus einer long Position in einem Europäischen Call und einer short Position in einem Europäischen Put auf ein Underlying (welches keine Auszahlungen leistet) mit Kurs S_t, wobei die Optionen den Strike K und die Laufzeit T haben sollen. Die Summe der Auszahlungsfunktionen ist*

$$C_T - P_T = max\{S_T - K, 0\} - max\{K - S_T, 0\} = S_T - K,$$

wie man leicht nachrechnet. Dies bedeutet, dass der Wert unseres Optionsportfolios gerade mit dem Wert einer long Forward-Position auf das Underlying mit Terminpreis K und Laufzeit T übereinstimmt – und zwar für jeden möglichen Wert S_T des Underlyings. Daher müssen auch für $t = 0$ der Wert des Optionsportfolios und des Forwards gleich sein:

$$C_0 - P_0 = S_0 - K \cdot e^{-L_{st}(0,T) \cdot T}.$$

*Dies ist die **Put-Call-Parität**.*

1.2.8 Preisbildung bei Futures

Preisbildung beim Bund-Future

Wir behandeln zunächst die *Preisbildung beim Bund-Future*. Zur Erinnerung: Der Bund-Future bezieht sich auf eine *fiktive* Bundesanleihe mit Restlaufzeit 8,5 bis 10 Jahren, Kupon 6% und einem Nominalvolumen von 100.000 Euro.

Aus Sicht der Finanzmathematik ist die Bestimmung des *theoretisch korrekten* Future-Preises relevant. Wir verwenden zur Herleitung die folgenden Bezeichnungen:

- PV_0: heutiger Barwert des Underlyings (lieferbare Anleihe) als Prozentzahl bezogen auf den Nominalbetrag

- PV_0^{clean}: Clean-Preis des Underlyings: $PV_0^{clean} = PV_0 -$ Stückzinsen (in Prozent bezogen auf den Nominalbetrag),

- PV_0^{fut}: theoretisch korrekter Future-Preis pro Kontrakt (als Prozentzahl),

- $L(0,T)$: Zinssatz für die Periode von 0 bis zum Settlementtermin T des Bund-Futures (T wird in der Einheit Jahre gemessen),

- E: Ertrag aus der lieferbaren Anleihe zwischen heute ($t = 0$) und T (als Prozentzahl bezogen auf den Nominalbetrag),

- f: Konversionsfaktor.

Die Überlegungen verlaufen nun ganz entsprechend wie in Abschnitt 1.2.6: Der Future-Preis (bezogen auf den Clean-Preis der Anleihe) ergibt sich aus dem heutigen Clean-Preis der Anleihe, zuzüglich der Aufwendungen bis T für den Erwerb der Anleihe in $t = 0$ abzüglich der erzielten Erträge aus dem Besitz der Anleihe von 0 bis T:

$$PV_0^{fut} = (PV_0^{clean} + L(0,T) \cdot T \cdot PV_0 - E)/f. \tag{1.13}$$

Beachten Sie bei der Formel, dass die Aufwendungen sich aus den zu zahlenden Kreditzinsen bezogen auf den Barwert PV_0 der Anleihe und dem heutigen Clean-Preis der Anleihe PV_0^{clean} zusammensetzen. Die Erträge E entsprechen den Kuponerträgen von 0 bis T.

Der *Konversionsfaktor f* dient dazu, wie in Abschnitt 1.1.2 bereits erwähnt, den Preis der ausgewählten lieferbaren Anleihe (mit einem Kupon von C) umzurechnen auf die fiktive Anleihe. Dies erfolgt dadurch, dass für den Konversionsfaktor der um die Stückzinsen bereinigte Preis einer Anleihe mit Nominal 1, jährlich nachschüssigem Kupon C (in Prozent) und Rendite von 6% zum ersten Tag des Liefermonats verwendet wird. Ist t die Anzahl der ganzen Monate zwischen dem ersten Tag des Liefermonats und dem Monat des nächsten Kupontermins der lieferbaren Anleihe und hat diese zu Beginn des Liefermonats noch genau $n + 1$ Kupontermine, so folgt

$$f = \sum_{j=0}^{n} \frac{C}{1{,}06^{j+t/12}} + \frac{1}{1{,}06^{n+t/12}} - C \cdot (1 - t/12).$$

Übung 1.10   *Vollziehen Sie diese Formel gedanklich nach!*

Der zu bezahlende Rechnungsbetrag des Anleihekäufers bei Lieferung der Anleihen insgesamt ergibt sich bei einem Bund-Future-Kontrakt am Settlementtag nach dem folgenden Ausdruck:

Schlusskurs des Bund-Futures(in Prozent) $\cdot$ Konversionsfaktor f $\cdot$ 100.000
+ Stückzinsbetrag der gelieferten Anleihe.

Beachten Sie, dass der Konversionsfaktor für Anleihen mit einem Kupon kleiner als 6% zu einem geringeren Rechnungsbetrag führt als bei der fiktiven Anleihe. Analoges gilt für Anleihen mit einem Kupon größer als 6%.

Übung 1.11   *Heute sei der 30. Juni 2009. Berechnen Sie den theoretisch korrekten Future-Preis (in Prozent) für den nächsten Bund-Future Settlementtermin am 10. September 2009 bezogen auf eine lieferbare Anleihe mit heutigem Kurs (Clean-Preis) 110%, die noch bis zum 31. Dezember 2018 läuft und einen jährlichen nachschüssigen Kupon von 5,5% jeweils am 31. Dezember zahlt. Der Zinssatz $L(0,T)$ von heute bis zum 10. September 2009 betrage 0,8%. Verwenden Sie die Tageszählkonvention act/act.*
Lösung: *Es gilt hier*

$$S := Stückzinsen = \frac{181 \cdot 5{,}5\%}{365} \approx 2{,}73\%,$$

also

$$PV_0 = PV_0^{clean} + S = 110\% + 2{,}73\% = 112{,}73\%.$$

Mit $T = 72/365 = $ *Anzahl der Tage zwischen dem 30. Juni und dem 10. September 2009 /365* *(in der Praxis würde $T = 70/365$ verwendet, da ein heute vereinbartes Geschäft (Kreditaufnahme und Anleihekauf) erst nach zwei Tagen beginnt) ergibt sich*

$$L(0,T) \cdot T \cdot PV_0 \approx 0{,}18\%.$$

Weiterhin ist $E = \frac{5{,}5\% \cdot 72}{365} = 1{,}08\%$ *und damit schließlich*

$$PV_0^{fut} = (110 + 0{,}18 - 1{,}08)\% / f = 109{,}1\% / f.$$

Nun ist

$$f = \sum_{j=0}^{9} \frac{0{,}055}{1{,}06^{j+4/12}} + \frac{1}{1{,}06^{9+4/12}} - 0{,}055 \cdot (8/12) \approx 0{,}96,$$

und somit

$$PV_0^{fut} \approx 113{,}65\%.$$

Die Cheapest-to-Deliver-Anleihe (CtD-Anleihe)

Meistens existiert nicht nur eine einzige, sondern verschiedene Anleihen, die zu einem Settlementtermin beim Bund-Future lieferbare Anleihen sind. Die Marktteilnehmer sind frei in ihrer Wahl, welche Anleihe sie liefern wollen. Allerdings wird in der Praxis die zu liefernde Anleihe nach ganz bestimmten Kriterien ausgewählt – im Ergebnis fällt die Wahl dann auf eine bestimmte Anleihe, sie sog. *Cheapest-to-Deliver-Anleihe* (*CtD-Anleihe*). Im Folgenden beschreiben wir eine Möglichkeit zur Bestimmung der CtD-Anleihe.

Für jede in Frage kommende lieferbare Anleihe eines Bund-Future-Kontrakts wird die folgende Rechnung aufgestellt: Man überlegt sich, welcher Ertrag entstünde, wenn man die Anleihe heute an der Börse kaufte und gleichzeitig eine short Position im Bund-Future einginge, um dann am Liefertermin die gewählte Anleihe zu liefern. Ein evtl. positiver Ertrag entsteht dann, wenn der Aufwand für den Kaufpreis plus die Summe aus den Stückzinsen bis zum Settlementtag und dem dann erzielbaren Preis aus der Lieferung der Anleihe in den Bund-Future-Kontrakt positiv ist. Diese Vorgehensweise nennt man eine *Cash und Carry Arbitrage*.

Beispiel 1.9 *Wir erläutern die Cash und Carry Arbitrage anhand der Anleihe aus Übung 1.11. Der aktuell am Markt gehandelte Bund-Future-Kurs sei 113,80%, also geringfügig über dem theoretisch korrekten Future-Preis. Die Rechnung zur Cash und Carry Arbitrage lautet:*
1. *Clean-Kaufpreis der Anleihe:* $-110{,}00\%$.
2. *Rechnerischer Clean-Verkaufspreis der Anleihe am Settlementtag aus dem Bund-Future Verkauf:* $113{,}80\% \cdot f = 109{,}25\%$.

3. *Zinsertrag aus Anleihe vom Kauftag bis zum Settlementtermin:* $5,5 \cdot 72/365 = 1,08\%$.
4. *Gesamtertrag:* $-110,00\% + 109,25\% + 1,08\% = 0,33\%$.
5. *Annualisierter Gesamtertrag im Verhältnis zum investierten Kapital:*
   $0,33 \cdot 360/(112,73 \cdot 72) = 1,5$.

Der im letzten Beispiel berechnete prozentuale Ertrag wird *Implied Repo Rate* (*IRR*) genannt. Er ist allgemein wie folgt definiert:

$$IRR = \frac{\text{Ertrag aus Cash und Carry Arbitrage}}{\text{Preis der Anleihe inkl. Stückzinsen}} \cdot T,$$

wobei T wie oben angegeben definiert ist. Damit können wir nun festhalten:
Die CtD-Anleihe ist diejenige unter allen lieferbaren Anleihen, die bei der Cash and Carry Arbitrage den höchsten Ertrag abwirft, die also die größte IRR besitzt. Die Preisbildung des Bund-Futures an der Börse orientiert sich immer am aktuellen Preis der CtD-Anleihe, denn dies ist die Anleihe, die die Marktteilnehmer gemäß der aktuellen Marktlage am Settlementtag liefern werden.

Risikoabsicherung mit Bund-Futures

In Abschnitt 1.2.1 haben wir das Zinsänderungsrisiko von Anleihen angesprochen. Dieses Risiko stellt für die meisten Finanzinstitutionen einen signifikanten Anteil am Gesamtrisiko dar und soll häufig abgesichert werden.
Stellen wir uns eine typische Bank vor, die einen großen Betrag in verschiedene Anleihen investiert hat. Die Bank hat also eine long Position und sie sieht sich dem Risiko ausgesetzt, dass die Anleihen an Wert verlieren, wenn die Renditen am Markt steigen. Nun könnte die Bank die Anleihen verkaufen, um diesem Risiko zu entgehen. Nicht immer jedoch ist es sinnvoll, die Anleihen zu verkaufen, z. B. dann nicht, wenn die Bank nur einen kurzfristigen Renditeanstieg erwartet, langfristig aber wieder von sinkenden Renditen ausgeht. Um sich vorübergehend abzusichern, kann die Bank (neben anderen Instrumenten) u. a. auch börsengehandelte Futures verwenden.
Die Idee dabei ist, dass ein Bund-Future-Kontrakt sich bei Renditeänderungen prozentual in etwa verändert wie die zu Grunde liegende CtD-Anleihe, dividiert durch den Konversionsfaktor. Dies kann man rechnerisch (mit (1.13)) begründen – es genügt aber auch die Feststellung, dass der Bund-Future nichts anderes ist als ein Terminkauf der CtD-Anleihe (Nominal 100.000). Somit kann eine long Position in Anleihen (mit Laufzeiten bei etwa zehn Jahren) durch eine geeignet gewählte gegenläufige Position (eine short Position) in Bund-Future-Kontrakten abgesichert werden, in dem Sinne, dass die Wertentwicklungen beider Positionen genau gegenläufig sind. Die Frage ist, wie viele Bund-Future-Kontrakte zur Absicherung (auch *Hedge* genannt) jeweils benötigt werden.
Um dies zu klären, machen wir den folgenden Ansatz, der sich zunächst auf eine Renditeänderung von einem Basispunkt bezieht:

$$PVBP(x \text{ Bund-Future-Kontrakte}) + PVBP(\text{Anleiheposition}) \overset{!}{=} 0.$$

Nun gilt $PVBP(x\,\text{Bund-Future-Kontrakte}) = x \cdot PVBP(1\,\text{Bund-Future-Kontrakt})$, so dass wir sagen können: Eine Position von

$$x := -\frac{PVBP(\text{Anleiheposition})}{PVBP(1\,\text{Bund-Future-Kontrakt})}$$

führt dazu, dass sich der PVBP der Bund-Future-Kontrakte und der PVBP der Anleiheposition gerade zu 0 addieren, dass also bei einer Renditeänderung von einem Basispunkt insgesamt keine Wertänderung des Portfolios eintritt. Eine entsprechende Überlegung gilt auch (näherungsweise) für Renditeänderungen um mehr als einen Basispunkt, wobei wir allerdings darauf achten müssen, dass der PVBP nur eine lineare Annäherung der Wertänderung der Anleihen ist. Je größer also die betrachtete Renditeänderung, um so größer der Approximationsfehler (auch *Konvexitätsfehler* genannt)! Die oben eingeführte Größe x ohne das Minuszeichen nennt man auch die *Hedge-Ratio*. Wir können jetzt schreiben:

$$\begin{aligned}\text{Hedge-Ratio} \;&=\; \frac{PVBP(\text{Anleiheposition})}{PVBP(1\,\text{Bund-Future-Kontrakt})}\\[2mm] &=\; \frac{PVBP(\text{Anleiheposition})}{PVBP(CtD(\text{Nominal }100.000))/f}.\end{aligned}$$

Beachten Sie bitte, dass sich ein Bund-Future-Kontrakt auf Anleihen im Nominal von 100.000 bezieht.

Beispiel 1.10 *Eine Anleiheposition, bestehend aus Bundesanleihen mit einer Restlaufzeit von neun Jahren und Gesamtnominal 100.000.000 Euro, soll durch Bund-Futures abgesichert werden. Der aktuelle PVBP des Anleiheportfolios betrage 70.000 Euro. Welche Position im Bund-Future wird benötigt, wenn bekannt ist, das der PVBP einer CtD-Anleihe mit Nominal 100 Euro den Wert 0,0750 Euro hat und dass der Konversionsfaktor den Wert 1 hat?*
Antwort: *Die Hedge-Ratio beträgt*

$$\text{Hedge-Ratio} = \frac{70.000}{1.000 \cdot 0,0750} \approx 933,33.$$

Es müssen 933 Bund-Future-Kontrakte zur Risikoabsicherung verkauft werden.

Funktioniert die Hedge-Strategie auch für Anleihen, deren Laufzeit deutlich kleiner oder größer als zehn Jahre ist? Dies ist zu verneinen, denn im Allgemeinen wird man davon ausgehen, dass die Renditeänderung im zehnjährigen Laufzeitbereich, die den Wert des Bund-Futures beeinflussen, deutlich abweichen von den Renditeänderungen im Bereich unter oder über zehn Jahren. Ferner reagieren Anleihen unterschiedlicher Laufzeiten im unterschiedlichen Ausmaß auf Renditeänderungen. Es macht also nur Sinn, Anleihen zu hedgen mit einem Future, dessen Underlying eine zur Anleihe vergleichbare Laufzeit besitzt. So wird man für Anleihen mit einer Laufzeit von vier bis fünf Jahren zur Absicherung typischerweise den ebenfalls an der EUREX gehandelten sog. *Euro-Bobl-Future* wählen, dessen Underlying eine fiktive Bundesanleihe mit Laufzeit 4,5 bis 5 Jahre ist. Außerdem gibt es noch den *Euro-Schatz-Future*, dessen Underlying Schatzanweisungen mit einer Laufzeit von 1,75 und 2,25 Jahren sind.

Preisbildung beim DAX-Future

Wir verwenden zur Herleitung die folgenden Bezeichnungen:

- S_0: heutiger Kurs des Underlyings (DAX-Index-Stand),

- S_0^{fut}: theoretisch korrekter Preis des DAX-Futures ($=$ DAX-Future-Index-Stand als Forward-Preis für die Lieferung einer DAX-Index-Position),

- $L(0,T)$: Zinssatz für die Periode von 0 bis zum Settlementtermin T des DAX-Futures (T wird in der Einheit Jahre gemessen).

Der Preis des DAX-Futures ergibt sich aus dem heutigen Kurs des Underlyings zuzüglich den Aufwendungen bis T für den "Erwerb" des DAX-Indexes in $t = 0$:

$$S_0^{fut} = S_0 + S_0 \cdot L(0,T) \cdot T. \tag{1.14}$$

Beachten Sie bei der Formel, dass keine Erträge aus den DAX-Aktien (d. h. Dividendenzahlungen) in die Berechnung mit einfließen. Dies hängt damit zusammen, dass der DAX-Index ein sog. *Performance-Index* ist, bei dem Dividendenausschüttungen nicht zu einer Verminderung des Index-Standes führen. Während für jede Einzelaktie der Kurs nach einer Dividendenausschüttung rechnerisch um den entsprechenden Dividendenbetrag zu kürzen ist, wird bei der DAX-Indexberechnung davon ausgegangen, dass der ausgeschüttete Betrag sofort wieder in die jeweilige Aktie investiert wird – damit ist eine rechnerische Verminderung des Index-Standes nicht vorzunehmen. Dies impliziert auch, dass Dividendenzahlungen in der Formel (1.14) zunächst auf beiden Seiten der Gleichung auftauchen und sich im Ergebnis damit wegheben. Für Futures auf Aktienindices, bei denen keine rechnerische Wiederanlage der Dividendenausschüttung erfolgt (z. B. der amerikanische Dow Jones Industrial Index oder SP 500 Index; sog. *Preis-Indices*) wären Dividendenzahlungen auf der rechten Seite der Gleichung (1.14) anzusetzen.

Risikoabsicherung mit DAX-Futures

DAX-Futures können dazu verwendet werden, Positionen in einzelnen Aktien oder ganze Aktienportfolien gegen Wertverluste abzusichern. Wir betrachten dazu ein typisches Beispiel.

Eine Bank besitzt eine Reihe verschiedener Aktien, die alle Bestandteile des DAX-Index sind. Jede dieser Aktien erfährt permanente Kursveränderungen. Die Erfahrung zeigt jedoch, dass die Kursveränderungen einzelner DAX-Aktien mehr oder minder zusammenhängend sind mit den Kursveränderungen des DAX-Index. Wenn also der Index steigt (fällt), so werden typischerweise auch die meisten der darin enthaltenen Aktien tendenziell im Wert zunehmen (abnehmen) – denn der Index spiegelt ja gerade die durchschnittliche Kursentwicklung der Einzeltitel wider. Allerdings ist es klar, dass nicht alle Aktien diesem Trend immer folgen und dass die Einzelaktien in unterschiedlichem Maß die Kursentwicklung des Index nachvollziehen.

Der Zusammenhang zwischen der Kursentwicklung einer bestimmten Einzelaktie und dem DAX-Index wird durch eine Kennzahl namens *Beta* angegeben. Diese Zahl beschreibt allgemein die Veränderung einer abhängigen Variablen, z. B. einer Aktienkursänderung, die durch eine Veränderung einer bestimmenden Variablen, z. B. der DAX-Indexänderung, bewirkt wird. Mit den Hilfsmitteln der Statistik ist es möglich, basierend auf einer Kurszeitreihe (z. B. der Länge ein Jahr oder drei Monate), das Beta zu "schätzen", wie man sagt. Dabei werden die täglichen relativen Veränderungen des DAX aus der Kurszeitreihe bestimmt und in Abhängigkeit davon die Veränderungen der betrachteten Aktie in ein Koordinatensystem eingezeichnet. Im Rahmen der statistischen *Regressionsrechnung* kann nun der Zusammenhang zwischen den Daten ermittelt werden. Dabei handelt es sich mathematisch um die Steigung einer Geraden (der sog. *Trendgeraden* oder *Regressionsgeraden*), welche den Verlauf der erhobenen Daten möglichst gut widerspiegelt. Die diesbezüglichen Einzelheiten werden im nächsten Kapitel ausführlicher dargestellt.

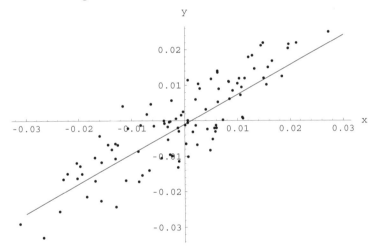

Abbildung 5: Regressionsgerade mit Gleichung $y = 0,8403x - 0,001$, wobei
x = relative DAX-Änderung, y = relative Aktienkursänderung

Beachten Sie, dass die Kursveränderung einer Aktie natürlich nicht perfekt über die Gleichung der Regressionsgeraden an die Kursveränderungen des DAX-Index gekoppelt ist. Die Regressionsgerade beschreibt lediglich den mittleren linearen Zusammenhang zwischen beiden. Wie "nah" die in der Grafik eingetragenen Punkte tatsächlich an der Regressionsgeraden liegen, wird durch den sog. *Korrelationskoeffizienten* beschrieben (den wir im nächsten Kapitel näher behandeln). Der Korrelationskoeffizient liegt immer zwischen +1 und −1, wobei ein Wert von +1 bzw. −1 aussagt, dass die gemessenen Werte exakt auf einer steigenden (fallenden) Geraden, eben der Regressionsgeraden, liegen.

Die grundlegende Idee der Aktienkursabsicherung mit Futures besteht nun darin, dass die täglichen relativen Preisänderungen eines DAX-Future-Kontrakts näherungsweise gleich dem 25-fachen der relativen Kursänderung des DAX-Indexes sind (da sich ein Kontrakt auf die "Lieferung" von 25 DAX-Index-Positionen bezieht) und dass der DAX-Future-Index-Stand am Fälligkeitstag mit dem DAX-Index-Stand identisch ist (beides folgt aus (1.14)).

Eine long Position in Aktien des DAX wird durch eine entsprechende short Position im DAX-Future abgesichert und umgekehrt. Die Zahl der DAX-Future-Kontrakte ist so zu bemessen, dass die Wertentwicklung der abzusichernden Position und der DAX-Future-Position sich gegenseitig annähernd aufheben. Bei der skizzierten Vorgehensweise wird von einer hohen Korrelation (nahe an 1) zwischen den Kursänderungen der Einzelaktien und denen des DAX-Indexes ausgegangen und die Betas spielen eine wichtige Rolle:

Für ein Portfolio aus n Aktien mit long Positionen in den Einzelaktien (Positionswerte $x_1, x_2, \ldots, x_n$) ist das *Portfoliobeta* definiert durch

$$\beta_{Portfolio} = \frac{x_1 \cdot \beta_1 + \ldots + x_n \cdot \beta_n}{x_1 + \ldots + x_n}.$$

Dabei ist $x_1 + \ldots + x_n$ gleich dem Portfoliowert und $\beta_1, \ldots, \beta_n$ sind die zu den Aktien gehörenden *Aktienbetas*. Ein Wert des Portfoliobetas von 0,8 bedeutet bspw., dass die prozentuale Wertänderung des Portfolios im Mittel gleich dem 0,8-fachen der prozentualen Wertänderung des DAX-Index ist. Beachten wir andererseits, dass die prozentuale Preisänderung eines DAX-Future-Kontrakts (der sich ja auf 25 DAX-Index-Positionen bezieht) gerade dem 25-fachen der Änderung des DAX-Indexes entspricht, so können wir festhalten:

prozentuale Portfoliowertänderung · Portfoliowert ≈

$$\beta_{Portfolio} \cdot \frac{\text{prozentuale Wertänderung des DAX-Future-Index-Standes}}{25 \cdot \text{DAX-Index-Stand}} \cdot \text{Portfoliowert}.$$

Somit folgt: Zur Absicherung künftiger Wertänderungen des Portfolios sind

$$\beta_{Portfolio} \cdot \frac{\text{Portfoliowert}}{25 \cdot \text{DAX-Index-Stand}}$$

Kontrakte des DAX-Futures zu verkaufen (short Position).

Übung 1.12 *Welche Position im DAX-Future ist erforderlich, um ein Aktienportfolio, bestehend aus zwei long Positionen mit den Positionswerten 10.000 und 20.000, abzusichern, wenn der DAX-Index aktuell bei 5.200 steht und die Betas der beiden Aktien die Werte 1,1 bzw. 0,9 haben?*

Kapitel 2

Grundlagen aus der Stochastik

2.1 Wahrscheinlichkeitsräume

Wir behandeln hier die grundlegenden Begriffe aus der Stochastik und verweisen für eine vertiefende Betrachtung auf die sehr gut lesbaren Darstellungen in [17], [18], [26].

Ein Vorgang, der (zumindest prinzipiell) beliebig oft wiederholt werden kann und dessen *Ergebnis* außerdem vom Zufall abhängt, heißt ein *Zufallsexperiment*. Bei der Modellierung von Zufallsexperimenten wird jedem Ergebnis ein Element ω einer *Ergebnismenge* Ω zugeordnet.

Die zufälligen Ergebnisse bei der Finanzmarktmodellierung sind z. B. die beobachtbaren Werte künftiger Finanzdaten (wie z. B. Zinssätze, Renditen, Credit Spreads usw.). Auch andere Ergebnisse spielen eine Rolle, etwa die Feststellung, ob ein bestimmter Kreditnehmer bis zu einem vorgegebenen Zeitpunkt zahlungsunfähig ist oder nicht.

Beispiel 2.1 (Einperiodenmodell)
Ein einfaches Einperiodenmodell besteht aus einem einzigen Finanzinstrument, dessen Kurs zum Zeitpunkt 0 den Wert $S_0 > 0$ hat, der sich zum Zeitpunkt 1 um den Faktor $u > 1$ zufällig nach oben oder um den Faktor d, $0 < d < 1$ nach unten bewegt. Weitere Zeitpunkte, an denen Kurse beobachtbar sind, gibt es nicht. In diesem Modell gibt es die möglichen Kursverläufe (Ergebnisse)

$$\Omega = \{\omega_1 = (S_0, S_0 \cdot u), \quad \omega_2 = (S_0, S_0 \cdot d)\}.$$

Es ist im Allgemeinen nicht ausgeschlossen, die Ergebnismenge Ω bei der Modellierung größer als "nötig" zu wählen. So hätte man im Beispiel auch das Ergebnis $\omega_3 = (S_0, S_0)$ zu Ω hinzufügen können, obwohl es gar nicht auftreten kann.

Teilmengen $A, B, C, \ldots$ von Ω heißen *Ereignisse*. Man sagt, "das Ereignis A tritt ein", wenn ein Ergebnis ω mit $\omega \in A$ auftritt.

Beispiel 2.2

1. *Der zweifache Würfelwurf: Hier ist* $\Omega = \{(1,1),(1,2),\ldots,(6,6)\}$. *Mögliche Ereignisse sind z. B.: "Beide Augenzahlen sind gerade" (A) oder "Die Summe der Augenzahlen ist höchstens 3" (B). Es ist* $A = \{(2,2),(4,4),(6,6)\}$ *und* $B = \{(1,1),(1,2),(2,1)\}$.

2. *Der* n*-fache Münzwurf: Hier ist* $\Omega = \{(x_1,\ldots,x_n) : x_i = Kopf, oder\ x_i = Zahl.\}$ *Das Ereignis "Alle Münzwürfe sind gleich" ist* $A = \{(Kopf,\ldots,Kopf), (Zahl,\ldots,Zahl)\}$.

3. *Das Ereignis "Der Wert des Finanzinstruments in* $t = 1$ *ist mindestens so groß wie in* $t = 0$*" in obigem Beispiel ist* $A = \{(S_0, S_0 \cdot u)\}$.

Häufig interessieren Ereignisse, die durch Zusammensetzen anderer Ereignisse entstehen. Wir sagen:

Das Ereignis "A oder B" tritt ein, wenn ein $\omega \in A \cup B$ auftritt,

das Ereignis "A und B" tritt ein, wenn ein $\omega \in A \cap B$ auftritt,

das Ereignis A tritt nicht ein, wenn ein $\omega \in A^C = \Omega \setminus A$ auftritt.

A^C nennen wir das zu A *komplementäre Ereignis*. Zwei Ereignisse A und B heißen *disjunkt*, wenn $A \cap B = \emptyset$ (leere Menge). $\emptyset$ heißt das *unmögliche Ereignis*. Die einelementigen Teilmengen $\{\omega\}$ von Ω heißen *Elementarereignisse*.

Mit zwei Ereignissen A und B sollen die Mengen $A \cup B, A \cap B, A^C, B^C$ auch zum "System der Ereignisse" gehören. Betrachtet man eine unendliche Folge $(A_i)_{i \in \mathbb{N}}$ von Ereignissen, so kann man fragen, ob mindestens ein Ereignis der Folge eintritt; dies führt uns zu dem neuen Ereignis $\bigcup_{i=1}^{\infty} A_i$. Interessiert man sich dafür, ob alle Ereignisse gleichzeitig eintreten, so betrachtet man $\bigcap_{i=1}^{\infty} A_i$.

Aus den bisherigen Überlegungen ergibt sich, dass das "System der Ereignisse", das üblicherweise mit $\mathscr{A}$ bezeichnet wird, die Eigenschaft hat, dass Vereinigungen, Schnittmengenbildungen und Komplemente von Ereignissen aus $\mathscr{A}$ wiederum zu $\mathscr{A}$ gehören. Für $\mathscr{A}$ wird folgende Bezeichnung verwendet:

Definition 2.1 *Ein System* $\mathscr{A}$ *von Teilmengen einer nichtleeren Menge* Ω *heißt* σ*-Algebra über* Ω, *falls folgende Eigenschaften erfüllt sind:*

1. $\Omega \in \mathscr{A}$.

2. *Für* $A \in \mathscr{A}$ *gilt auch* $A^C \in \mathscr{A}$.

3. *Aus* $A_i \in \mathscr{A}$ *für alle* $i \in \mathbb{N}$ *folgt* $\bigcup_{i=1}^{\infty} A_i \in \mathscr{A}$.

Alle Mengen $A \in \mathscr{A}$ *werden als* *Ereignisse* *bezeichnet.*

Offensichtlich ist die *Potenzmenge* $\mathcal{P}(\Omega)$ einer beliebigen nichtleeren Menge Ω, d. h. die Menge aller Teilmengen von Ω eine σ-Algebra, denn sie hat die drei oben genannten

Eigenschaften. Aus der *de Morganschen Regel*

$$\bigcap_{i=1}^{\infty} A_i = \left(\bigcup_{i=1}^{\infty} A_i^C \right)^C \tag{2.1}$$

und den Eigenschaften 2. und 3. einer $\sigma-$Algebra folgt, dass mit den Ereignissen $A_i \in \mathscr{A}$ auch deren Durchschnitt $\bigcap_{i=1}^{\infty} A_i$ wieder zu $\mathscr{A}$ gehört, also ein Ereignis ist.

Aus 1. und 2. folgt, dass mit Ω auch $\emptyset = \Omega^C$ zu $\mathscr{A}$ gehört. Setzt man $A_{n+1} = A_{n+2} = \ldots = \emptyset$, so folgt aus 3., dass auch *endliche Vereinigungen* von Ereignissen wieder Ereignisse sind. Auch *endliche Durchschnitte* von Ereignissen sind wieder Ereignisse: Dazu setzt man $A_{n+1} = A_{n+2} = \ldots = \Omega$ in (2.1). Somit sind auch Differenzen $A_1 \backslash A_2 = A_1 \cap A_2^C$ von Ereignissen wiederum Ereignisse.

Übung 2.1 *Es sei Ω nichtleer, $B \subseteq \Omega$, $\mathscr{A} := \{\emptyset, \Omega, B, B^C\}$. Zeigen Sie, dass dies eine $\sigma-$Algebra ist.*

Ist Ω eine endliche Menge oder ist Ω abzählbar unendlich (lässt sich also mit den natürlichen Zahlen abzählen), so wird in den meisten Fällen für $\mathscr{A}$ die Potenzmenge $\mathcal{P}(\Omega)$ gewählt. Ist Ω die Menge der reellen Zahlen $\mathbb{R}$ oder die Menge $\{x \in \mathbb{R} : x \geq 0\}$, so interessieren meist Ereignisse vom Typ "ω liegt in einem bestimmten Intervall".

Beispiel 2.3 *Die für die Finanzmathematik relevanten Ereignisse sind oftmals von der Form: "Der Preis S_t eines Finanzinstruments liegt zwischen a und b" oder "S_t ist mindestens a" oder "S_t ist höchstens b". Diese Ereignisse lassen sich als Teilmengen von $\Omega = \mathbb{R}$ oder $\Omega = [0;\infty)$ auffassen. Das erste Ereignis ist $\{S_t : S_t \in (a;b)\}$, das zweite Ereignis $\{S_t : S_t \in [a;\infty)\}$ und das dritte $\{S_t : S_t \in [0;b]\}$. In allen Fällen handelt es sich um Intervalle.*

Aus dem bisher Gesagten ergibt sich, dass sinnvollerweise alle (beschränkten oder unbeschränkten) Intervalle zu $\mathscr{A}$ gehören, sofern Ω die Menge der reellen Zahlen ist. Es ist jedoch aus tieferliegenden Gründen nicht möglich, *alle* Teilmengen von $\Omega = \mathbb{R}$ als Ereignisse zuzulassen, da dann Wahrscheinlichkeiten nicht mehr sinnvoll definiert werden können. Die kleinstmögliche $\sigma-$Algebra, die alle Intervalle und deren Durchschnitte, Vereinigungen sowie Komplemente umfasst, ist die sog. *Borel-σ-Algebra*.

Allen Ereignissen A der $\sigma-$Algebra $\mathscr{A}$ werden nun *Wahrscheinlichkeiten*, also Zahlen aus $[0;1]$ zugeordnet: $P(A) \in [0;1]$. Sinnvollerweise verlangen wir dabei

$$P(\emptyset) = 0, \quad P(\Omega) = 1, \quad \text{sowie} \quad P(A \cup B) = P(A) + P(B),$$

falls A und B disjunkt sind (*Additivitätseigenschaft*).

Die Additivitätseigenschaft wird auch für *unendliche* Folgen paarweise disjunkter Ereignisse gefordert; man spricht dabei von σ-*Additivität*.

Definition 2.2 *Eine Abbildung* $P : \mathscr{A} \to \mathbb{R}$ *heißt ein Wahrscheinlichkeitsmaß, wenn gilt:*

1. $P(A) \in [0;1]$ *für alle* $A \in \mathscr{A}$,
2. $P(\Omega) = 1$,
3. $P\left(\bigcup_{i=1}^{\infty} A_i\right) = \sum_{i=1}^{\infty} P(A_i)$ *für paarweise disjunkte* $A_1, A_2, \ldots \in \mathscr{A}$ ($\sigma-$*Additivität*).

   Speziell für $A_{n+1} = A_{n+2} = \ldots = \varnothing : P\left(\bigcup_{i=1}^{n} A_i\right) = \sum_{i=1}^{n} P(A_i)$.

$(\Omega, \mathscr{A}, P)$ *heißt Wahrscheinlichkeitsraum.* $P(A)$ *heißt Wahrscheinlichkeit von A.*

Die Eigenschaften 1. bis 3. werden als *Kolmogoroff-Axiome der Wahrscheinlichkeitstheorie* bezeichnet. Es gelten immer die folgenden Rechenregeln:

Satz 2.1

1. $P(\varnothing) = 0$,
2. $P(A^C) = 1 - P(A)$ *für alle Ereignisse* $A \in \mathscr{A}$,
3. $A \subseteq B \Rightarrow P(A) \leq P(B)$ *für alle Ereignisse* $A, B \in \mathscr{A}$,
4. $P(A \cup B) = P(A) + P(B) - P(A \cap B)$ *für alle Ereignisse* $A, B \in \mathscr{A}$.

Beweis 1. zur Übung.

2. $A \cup A^C = \Omega$, A und A^C sind disjunkt, woraus mit Definition 2.2, 3. folgt:

$$P(\Omega) = P(A) + P(A^C) \Rightarrow P(A^C) = 1 - P(A).$$

3. $A \subseteq B \Rightarrow A \cup (B \backslash A) = B$, A und $B \backslash A$ sind disjunkt, also gilt wegen Definition 2.2, 3.:

$$P(B) = P(A) + \underbrace{P(B \backslash A)}_{\geq 0} \geq P(A).$$

Bemerkung: Wir haben damit auch $P(B \backslash A) = P(B) - P(A)$ für $A \subseteq B$ gezeigt.

4. Es ist $A \cup B = (A \backslash (A \cap B)) \cup (A \cap B) \cup (B \backslash (A \cap B))$ und diese Mengen sind disjunkt, also:

$$
\begin{aligned}
P(A \cup B) &= P(A \backslash (A \cap B)) + P(A \cap B) + P(B \backslash (A \cap B)) \\
&= P(A) - P(A \cap B) + P(A \cap B) + P(B) - P(A \cap B) \\
&= P(A) + P(B) - P(A \cap B).
\end{aligned}
$$

■

Übung 2.2 *Leiten Sie eine allgemeine Formel für* $P(A \cup B \cup C)$ *her.*

Laplace-Annahme

Ist die Ergebnismenge $\Omega = \{\omega_1, \ldots, \omega_n\}$ endlich und sind alle Ergebnisse als gleich wahrscheinlich anzusehen, so gilt für jedes $i \in \{1, \ldots, n\}$:

$$n \cdot P(\{\omega_i\}) = P(\{\omega_1\}) + \cdots + P(\{\omega_n\}) = P(\Omega) = 1 \quad \Longrightarrow \quad P(\{\omega_i\}) = \frac{1}{n}.$$

Man nennt dies die *Laplace-Annahme*: Alle Ergebnisse haben die Wahrscheinlichkeit $\frac{1}{n}$. Die Wahrscheinlichkeit eines beliebigen Ereignisses $A \in \mathscr{A}$, das aus k $(0 \leq k \leq n)$ Ergebnissen besteht, können wir dann wie folgt berechnen:

$$P(A) = \frac{k}{n}.$$

$P(A)$ ist also das Verhältnis der Anzahl aller Elemente von A zur Zahl n.

2.2 Bedingte Wahrscheinlichkeit und Unabhängigkeit

Definition 2.3 *Sind $A, B \in \mathscr{A}$ Ereignisse in einem Wahrscheinlichkeitsraum und gilt $P(B) > 0$, so heißt*

$$P(A|B) = \frac{P(A \cap B)}{P(B)}$$

die bedingte Wahrscheinlichkeit von A unter der Bedingung B. Zwei Ereignisse A und B heißen (stochastisch) unabhängig, falls gilt

$$P(A \cap B) = P(A) \cdot P(B).$$

Beispiel 2.4 *In der Finanzmathematik werden typischerweise die zeitlich aufeinander folgenden Ereignisse von Kursveränderungen eines Finanzinstruments als unabhängig betrachtet. Ist also A das Ereignis "Kurs steigt am Tag t" und B das Ereignis "Kurs fällt am darauf folgenden Tag $t+1$", so sind A und B unabhängige Ereignisse.*

Sind die Ereignisse A und B unabhängig, so sind es auch die Ereignisse A und B^C, die Ereignisse A^C und B sowie die Ereignisse A^C und B^C. Wir zeigen dies für A und B^C:

$$\begin{aligned} P(A) \cdot P(B^C) &= P(A) \cdot (1 - P(B)) = P(A) - P(A) \cdot P(B) \\ &= P(A) - P(A \cap B) = P(A \setminus (A \cap B)) = P(A \cap B^C) \end{aligned}$$

Definition 2.4 *Die Ereignisse $A_1, \ldots, A_n$ heißen (stochastisch) unabhängig, falls für* **jede** *Zahl $k \in \{2, \ldots, n\}$ und jede $k-$elementige Teilmenge $\{i_1, i_2, \ldots, i_k\}$ von $\{1, \ldots, n\}$ gilt*

$$P(A_{i_1} \cap A_{i_2} \cap \ldots \cap A_{i_k}) = P(A_{i_1}) \cdot P(A_{i_2}) \cdot \ldots \cdot P(A_{i_k}).$$

Beachten Sie, dass es bei der Unabhängigkeit von n Ereignissen darauf ankommt, dass alle oben genannten Gleichungen für jedes k erfüllt sind. Es reicht nicht aus, sich je zwei Ereignisse herauszugreifen und deren Unabhängigkeit nachzuweisen.

2.3   Zufallsvariablen und Verteilungsfunktionen

Oftmals tritt als Versuchsergebnis ein Zahlenwert auf. Dies ist z. B. der Fall, wenn wir künftige Kurse oder Kursveränderungen von Finanzinstrumenten betrachten: Es handelt sich dann um eine nichtnegative bzw. eine beliebige reelle Zahl als Ergebnis.

Beispiel 2.5 *In Beispiel 2.1 hatten wir die Modellierung eines Kurses zu den Zeitpunkten 0 und 1 beschrieben. Hier ist S_1 eine Zufallsvariable, deren mögliche Werte $S_0 \cdot u$ oder $S_0 \cdot d$ sind.*

Die mathematische Beschreibung von Zufallsvariablen erfolgt dadurch, dass jedem möglichen Ergebnis ω des Zufallsexperiments ein fester Zahlenwert $X(\omega)$ zugeordnet wird. Es handelt sich dabei formal gesprochen um eine Abbildung $X : \Omega \mapsto \mathbb{R}$.

Beispiel 2.6

1. *Wurf zweier Würfel, $\Omega = \{\omega = (i, j) : i, j \in \{1, \ldots, 6\}\}$. Wir ordnen jedem Ergebnis die Summe der Augenzahlen zu und erhalten die Zufallsvariable $X : \Omega \to \mathbb{R}$ mit*

$$X(\omega) = X((i, j)) = i + j.$$

2. *Kurs eines Finanzinstruments im Einperiodenmodell, $\Omega = \{\omega_1 = (S_0, S_1), \omega_2 = (S_0, S_1)\}$. Jedem der beiden möglichen Kursverläufe wird der Kurs zum Zeitpunkt 1 zugeordnet:*

$$X(\omega_i) = S_1.$$

3. *Die relative Kursänderung eines Finanzinstruments zwischen zwei gegebenen Betrachtungszeitpunkten. Ist etwa S_t der Kurs zum Zeitpunkt t, so ist*

$$X_t := \frac{S_{t+\Delta t} - S_t}{S_t}$$

eine Zufallsvariable, welche die relative Kursänderung zwischen t und $t + \Delta t$ modelliert.

4. *Die Anzahl der Kreditnehmer einer Bank, die innerhalb eines Jahres ausfallen, ist eine Zufallsvariable. Ebenso die Höhe des dann entstehenden Ausfallbetrages.*

Offenbar ist der Zahlenwert $X(\omega)$ zufällig, weil ja das Ergebnis ω eines Zufallsexperiments selber schon zufällig ist. Wie die Beispiele 3. und 4. zeigen, wird die Menge Ω oftmals nicht explizit angegeben.

Es stellt sich die Frage, mit welchen Wahrscheinlichkeiten eine Zufallsvariable X bestimmte Werte annimmt. Wie wahrscheinlich ist es z. B., dass der Wert von X in einem vorgegebenen Intervall I liegt? Um dies berechnen zu können, muss die Menge

$$A_I := \{\omega \in \Omega : X(\omega) \in I\} \subseteq \Omega$$

zu der σ-Algebra $\mathscr{A}$ derjenigen Ereignisse gehören, für die die Wahrscheinlichkeiten definiert sind. Diese Menge beinhaltet alle Ergebnisse, für die $X(\omega)$ in I liegt:

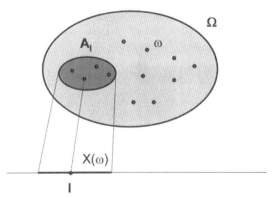

Abbildung 6: Die Menge A_I

Es ist also $P(A_I) = P(\{\omega \in \Omega : X(\omega) \in I\})$ die Wahrscheinlichkeit dafür, dass $X \in I$ gilt. Wir schreiben dafür auch kurz

$$P(X \in I)$$

sowie $P(a < X < b)$ (für $I = (a;b)$), $P(X \geq a)$ (für $I = [a;\infty)$) usw. Auch einelementige "Intervalle" sind hierbei zugelassen.

Definition 2.5 *Eine Abbildung $X : \Omega \to \mathbb{R}$ heißt eine **Zufallsvariable**, falls für alle Intervalle I die Menge A_I zur σ-Algebra $\mathscr{A}$ gehört.*

Ein wichtiges Beispiel für eine Zufallsvariable ist die sog. *Indikatorvariable*. Dies ist eine Abbildung $1_A : \Omega \to \{0,1\}$ (wobei A ein fest vorgegebenes Ereignis ist) mit

$$1_A(\omega) = \begin{cases} 1, & \text{falls} \quad \omega \in A \\ 0, & \text{falls} \quad \omega \notin A. \end{cases}$$

Die Indikatorvariable zeigt also an, ob ω zu A gehört. Wir werden Indikatorvariablen bei der Darstellung von Auszahlungsfunktionen bestimmter Optionen sowie bei der Modellierung von Kreditausfällen benötigen.

Übung 2.3 *Begründen Sie die Aussage* $1_{A \cap B}(\omega) = 1_A(\omega) \cdot 1_B(\omega)$ *für* $A, B \in \mathscr{A}$.

Zur Berechnung von Wahrscheinlichkeiten dient die sog. Verteilungsfunktion:

Definition 2.6 *Die folgende Funktion* $F : \mathbb{R} \to [0; 1]$ *heißt Verteilungsfunktion von X:*

$$F(x) := P(X \le x), \ x \in \mathbb{R}.$$

Aus der Definition der Verteilungsfunktion F kann man schließen, dass F eine monoton wachsende Funktion mit Werten im Intervall $[0; 1]$ sein muss. Des Weiteren gilt $F(-\infty) = 0$ und $F(\infty) = 1$ sowie die Aussage, dass F *rechtsseitig stetig* ist, d. h. es gilt $\lim_{h \to 0, h > 0} F(x + h) = F(x)$ für alle $x \in \mathbb{R}$. Weitere wichtige Eigenschaften der Verteilungsfunktion beinhaltet der nachfolgende Satz. Wir wollen den Nachweis hier nicht führen – er kann in den Standardlehrbüchern zur Stochastik (z. B. [17], [26]) gefunden werden.

Satz 2.2 *Ist F die Verteilungsfunktion einer Zufallsvariablen X, so gilt für* $a, b \in \mathbb{R}, a < b$:

1. $P(a < X \le b) = F(b) - F(a)$,
2. $P(a \le X \le b) = F(b) - F(a) + P(X = a) = F(b) - \lim_{h \to 0, h < 0} F(a + h)$,
3. $P(X > a) = 1 - F(a)$,
4. $P(X = a) = F(a) - \lim_{h \to 0, h < 0} F(a + h)$.

Satz 2.2 besagt, dass bestimmte Wahrscheinlichkeiten stets mit Hilfe der Verteilungsfunktion F errechnet werden können. In der Wahrscheinlichkeitstheorie wird gezeigt, dass durch F Wahrscheinlichkeiten $P(X \in B)$ für zahlreiche "wichtige" Arten von Teilmengen B von $\mathbb{R}$ (wie z. B. Durchschnitte und Vereinigungen von endlich und abzählbar unendlich vielen Intervallen sowie beliebige offene und abgeschlossene Teilmengen von $\mathbb{R}$) eindeutig bestimmt sind. Man sagt auch, F bestimmt die *Verteilung von X*.

Definition 2.7   *Eine Zufallsvariable heißt* diskret *(verteilt), wenn ihr Wertebereich endlich oder abzählbar unendlich ist.*

Sie heißt stetig *(verteilt) mit der* Dichte(-funktion) *f, falls sich ihre Verteilungsfunktion $F:$ $\mathbb{R} \to [0;1]$ in der folgenden Weise schreiben lässt:*

$$F(x) = \int_{-\infty}^{x} f(t)\,dt, \; x \in \mathbb{R}, \quad f(t) \geq 0.$$

Beispiel 2.7 (Binomialverteilung)
Die Binomialverteilung *ist ein wichtiges Beispiel einer diskreten Verteilung. Eine Zufallsvariable X heißt* binomialverteilt mit Parametern n und p *($n \in \mathbb{N}$, $p \in [0;1]$) (kurz: $Bin(n,p)$-verteilt), wenn sie die Werte $k \in \{0,1,\ldots,n\}$ annimmt, und zwar mit den Wahrscheinlichkeiten*

$$\binom{n}{k} \cdot p^k \cdot (1-p)^{n-k}.$$

Dies ist die Wahrscheinlichkeit, bei n stochastisch unabhängigen *Versuchen, in denen jeweils mit Wahrscheinlichkeit p ein bestimmtes Ereignis A eintritt und mit Wahrscheinlichkeit $1-p$ das Ereignis B, genau k-mal das Ereignis A zu beobachten. Der* Binomialkoeffizient *$\binom{n}{k}$ ist die Anzahl der Möglichkeiten, aus n Dingen genau k Dinge auszuwählen (ohne Zurücklegen).*

Bei der Modellierung von Finanzmärkten werden sowohl diskrete als auch stetige Verteilungen benötigt. Wir betrachten zunächst das *Mehrperiodenmodell* als Beispiel für das Auftreten von diskreten Zufallsvariablen.

Beim Mehrperiodenmodell wird (im einfachsten Fall) ein Markt mit zwei Finanzinstrumenten – einer risikolosen Anleihe und einem risikobehafteten handelbaren Finanzinstrument, z. B. einer Aktie – betrachtet, und zwar über den Zeitraum $t = 0$ (heute) bis $t = T$. Das Zeitintervall $[0;T]$ wird dabei in n gleichlange Teilintervalle (Perioden) $[t_k;t_{k+1}]$ mit $t_k = k \cdot T/n$ ($k \in \{0,1,\ldots,n\}$) unterteilt. Es sei B_t bzw. S_t der Kurs der Anleihe bzw. der Aktie zum Zeitpunkt $t = t_k \in [0,T]$. Für die Anleihe gelte:

$$B_0 = 1, \qquad B_{t_{k+1}} = B_{t_k} \cdot (1 + r \cdot \Delta),$$

wobei $\Delta := t_{k+1} - t_k = T/n$ und r der annualisierte *risikolose Zinssatz* für risikolose Geldanlagen, also solche mit sicherer Rückzahlung, sei.
Der Aktienkurs entwickelt sich in jeder Periode zufällig nach oben oder nach unten, beginnend bei $S_0 = s$:

$$S_{t_{k+1}} = S_{t_k} \cdot U_k.$$

Die Zufallsvariablen U_k sind unabhängig und diskret verteilt mit

$$P(U_k = u) = p_u, \quad P(U_k = d) = p_d, \qquad 0 < d < u.$$

Das Mehrperiodenmodell kann als *Binomialbaum* veranschaulicht werden, wobei s der heutige Aktienkurs ist und in jedem *Knoten* der jeweils gültige Aktienkurs steht:

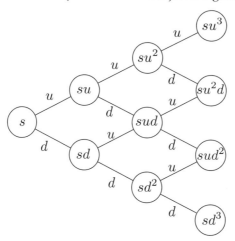

Abbildung 7: Biniomialbaum im Mehrperiodenmodell

Da alle Zufallsvariablen U_k dieselbe Verteilung haben, sagt man auch, sie seien *identisch verteilt*. Den Begriff "unabhängige" Zufallsvariablen werden wir später formal definieren. Vorerst genügt es festzustellen, dass sich die Wahrscheinlichkeiten für Auf- und Abwärtsbewegungen von Zeitschritt zu Zeitschritt multiplizieren. So ist z. B. die Wahrscheinlichkeit für l Auf- und $n - l$ Abwärtsbewegungen gegeben durch

$$p_u^l \cdot p_d^{n-l}.$$

Es gelte $0 < d < 1 < u$ und $p_u + p_d = 1$. Wie können wir uns u und d vorstellen? Wir könnten z. B. für die betrachtete Aktie eine Analyse vergangener Kursdaten vornehmen und daraus typische Kursbewegungen nach oben und nach unten für Perioden der Länge Δ bestimmen. Tatsächlich ist die Vorgehensweise eine ganz andere – wir werden später noch darauf zu sprechen kommen.

Bitte beachten Sie, dass **nur** im Fall $d = 1/u$ eine Auf- und Abwärtsbewegung wieder zum gleichen Kurs führt. Überlegen Sie sich, wie die Situation im Fall $d \neq 1/u$ ist. Offensichtlich ist $S_{t_n} = S_T$ eine diskrete Zufallsvariable. Ihre Verteilungsfunktion lautet im Fall $n = 2$:

$$F(x) = P(S_{t_2} \leq x) = \begin{cases} 0, & \text{falls} \quad x < s \cdot d^2, \\ p_d^2, & \text{falls} \quad s \cdot d^2 \leq x < s \cdot u \cdot d, \\ 2 \cdot p_u \cdot p_d + p_d^2, & \text{falls} \quad s \cdot u \cdot d \leq x < s \cdot u^2, \\ 1, & \text{falls} \quad s \cdot u^2 \leq x. \end{cases}$$

Übung 2.4 *Die nachfolgende Abbildung zeigt den Verlauf der Verteilungsfunktion. Machen Sie sich diesen klar. Überlegen Sie sich auch die Verteilungsfunktion von S_{t_n} im Fall $n = 3$.*

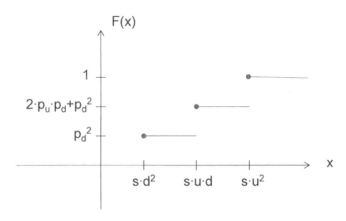

Abbildung 8: Diskrete Verteilungsfunktion im Mehrperiodenmodell ($n = 2$)

Bei **stetigen Verteilungen** entspricht der Wert $F(x)$ offenbar der Fläche zwischen der x-Achse und dem Graph der Dichtefunktion im Bereich von $-\infty$ bis zur Stelle x. Es ist F eine stetige, monoton wachsende Funktion mit Werten in $[0;1]$. Ferner gilt

$$F'(x) = f(x), \quad x \in \mathbb{R}, \quad \text{falls} \quad f \quad \text{stetig ist.}$$

Des Weiteren gilt die Aussage $P(-\infty < X < \infty) = 1$, d. h. $\int_{-\infty}^{\infty} f(t)\,dt = 1$.

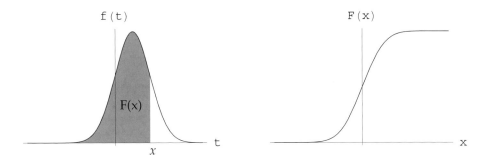

Abbildung 9: Dichtefunktion und Verteilungsfunktion einer stetigen Verteilung

Wahrscheinlichkeiten $P(a \leq X \leq b)$ können als Flächen zwischen dem Graphen der Dichtefunktion von a bis b und der horizontalen Achse interpretiert werden (siehe Abbildung 11), denn es ist

$$P(a \leq X \leq b) = F(b) - F(a) = \int_a^b f(t)dt.$$

Definition 2.8 (Normalverteilung)

Es sei $\mu \in \mathbb{R}$ und $\sigma > 0$. Eine Zufallsvariable X heißt normalverteilt mit den Parametern μ und σ^2 (kurz: $N(\mu,\sigma^2)$-verteilt), falls X stetig verteilt ist mit der folgenden Dichte:

$$f(t) = \frac{1}{\sigma\sqrt{2\pi}} \cdot e^{-\frac{1}{2}\left(\frac{t-\mu}{\sigma}\right)^2}, \quad t \in \mathbb{R}.$$

Im Falle der *Standard-Normalverteilung* gilt $\mu = 0$ und $\sigma = 1$ und es werden die Bezeichnungen φ bzw. Φ für die Dichte- bzw. die Verteilungsfunktion verwendet.

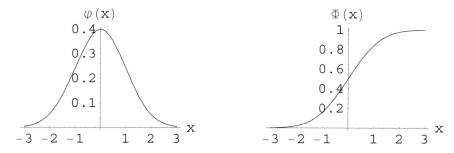

Abbildung 10: Dichtefunktion und Verteilungsfunktion der Standard-Normalverteilung

Es ist

$$\Phi(x) = \frac{1}{\sqrt{2\pi}} \int_{-\infty}^{x} e^{-\frac{1}{2}t^2} \, dt, \quad x \in \mathbb{R}, \quad \text{sowie} \quad \varphi(x) = \frac{1}{\sqrt{2\pi}} e^{-\frac{1}{2}x^2} = \Phi'(x).$$

Im Folgenden sei X eine Zufallsvariable mit Verteilung $N(\mu,\sigma^2)$, $\mu \in \mathbb{R}$ und $\sigma > 0$. Es zeigt sich, dass die Verteilungsfunktion von X auf die Verteilungsfunktion der Standard-Normalverteilung zurückgeführt werden kann. Mit Hilfe der Substitution $u := \frac{t-\mu}{\sigma}$ folgt nämlich

$$P(X \leq x) = \frac{1}{\sigma\sqrt{2\pi}} \int_{-\infty}^{x} e^{-\frac{1}{2}\left(\frac{t-\mu}{\sigma}\right)^2} \, dt = \frac{1}{\sqrt{2\pi}} \int_{-\infty}^{\frac{x-\mu}{\sigma}} e^{-\frac{1}{2}u^2} \, du = \Phi\left(\frac{x-\mu}{\sigma}\right). \quad (*)$$

Daraus erhalten wir

$$P\left(\frac{X-\mu}{\sigma} \leq x\right) = P(X \leq \mu + \sigma \cdot x) = \Phi(x), \quad x \in \mathbb{R},$$

weshalb die Zufallsvariable $U := \frac{X-\mu}{\sigma}$, die man auch *Standardisierung* von X nennt, die Verteilungsfunktion Φ besitzt und daher $N(0,1)$-verteilt ist. Allgemein gilt:

Satz 2.3 *Es sei X eine $N(\mu,\sigma^2)$-verteilte Zufallsvariable und $a \neq 0$, b reelle Zahlen. Dann ist $Y = a \cdot X + b$ eine $N(a \cdot \mu + b, a^2 \cdot \sigma^2)$-verteilte Zufallsvariable*

Beweis Die Zufallsvariable $U = \frac{X-\mu}{\sigma}$ ist $N(0,1)$-verteilt. Zuerst betrachten wir den Fall $a > 0$. Es gilt

$$P(Y \leq y) = P(a \cdot (\sigma U + \mu) + b \leq y) = P\left(U \leq \frac{y - (a \cdot \mu + b)}{a \cdot \sigma}\right) = \Phi\left(\frac{y - (a \cdot \mu + b)}{a \cdot \sigma}\right).$$

Für Y erhalten wir also die Verteilungsfunktion einer $N(a \cdot \mu + b, a^2 \cdot \sigma^2)$-verteilten Zufallsvariablen (vergleichen Sie dies mit $(*)$). Im Falle $a < 0$ bemerken wir, dass wegen der Symmetrie der Normalverteilung auch $-U$ eine $N(0,1)$-verteilte Zufallsvariable ist. Somit können wir rechnen

$$P(Y \leq y) = P\left(-U \leq \frac{y - (a \cdot \mu + b)}{(-a) \cdot \sigma}\right) = \Phi\left(\frac{y - (a \cdot \mu + b)}{(-a) \cdot \sigma}\right).$$

Die ist erneut die Verteilungsfunktion einer $N(a \cdot \mu + b, a^2 \cdot \sigma^2)$-verteilten Zufallsvariablen! ∎

Speziell ergibt sich für eine normalverteilte Zufallsvariable X aus

$$P(X \leq \mu + z \cdot \sigma) = \Phi(z), \quad z \in \mathbb{R},$$

zum Beispiel $P(\mu - 3 \cdot \sigma \leq X \leq \mu + 3 \cdot \sigma) = \Phi(3) - \Phi(-3) = 2 \cdot \Phi(3) - 1 = 0{,}997$.

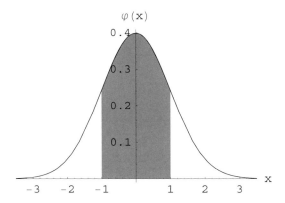

Abbildung 11: Standard-Normalverteilung, Bereich zwischen -1 und 1

Normalverteilte Zufallsvariablen sind von großer Bedeutung bei der *stetigen Modellierung* von Finanzmärkten: Hier werden relative Kursveränderungen im einfachsten Fall als normalverteilte Zufallsvariablen beschrieben. Wir werden später ausführlich auf diesen Sachverhalt zurückkommen.

Neben der Normalverteilung tritt die *logarithmische Normalverteilung* oder *Lognormalverteilung* bei der Bewertung von Derivaten häufig auf. Eine Zufallsvariable X, die nur positive Werte annimmt, heißt lognormalverteilt mit Parametern μ und σ, wenn $\ln(X)$ normalverteilt ist gemäß $N(\mu, \sigma^2)$. Daraus ergibt sich für $x > 0$:

$$F(x) = P(X \le x) = P(\ln(X) \le \ln(x)) = P\left(\frac{\ln(X) - \mu}{\sigma} \le \frac{\ln(x) - \mu}{\sigma}\right) = \Phi\left(\frac{\ln(x) - \mu}{\sigma}\right).$$

Übung 2.5 *Überlegen Sie sich (durch Differenzieren der Verteilungsfunktion), dass die Dichtefunktion einer Lognormalverteilung* $f(x) = \frac{1}{\sqrt{2\pi \cdot \sigma^2} \cdot x} \cdot e^{-0,5 \cdot (\ln(x) - \mu)/\sigma^2}$ *für $x > 0$ lautet.*

Wir erwähnen abschließen noch die *Exponentialverteilung*, eine stetige Verteilung, die bei der Modellierung von Lebensdauern oder Zeitdauern bis zum (ersten) Auftreten von Kreditausfallereignissen benötigt wird.

Definition 2.9 (Exponentialverteilung)
Eine Zufallsvariable X heißt exponentialverteilt mit Parameter $\lambda > 0$, wenn sie folgende Dichte besitzt:

$$f(t) = \lambda \cdot e^{-\lambda \cdot t} \quad \text{für } t \ge 0, \qquad f(t) = 0 \quad \text{für } t < 0.$$

2.4   Erwartungswert und Varianz

Definition 2.10
1. *Ist X eine diskrete Zufallsvariable mit (endlich oder unendlich vielen) Werten $x_1, x_2, \ldots$, so heißt*

$$E(X) := \sum_{i \ge 1} x_i \cdot P(X = x_i)$$

   Erwartungswert von X, falls $\sum_{i \ge 1} |x_i| \cdot P(X = x_i)$ endlich ist.
2. *Ist X eine stetig verteilte Zufallsvariable mit der Dichte f, so heißt*

$$E(X) := \int_{-\infty}^{\infty} x \cdot f(x) \, dx$$

   Erwartungswert von X, falls $\int_{-\infty}^{\infty} |x| \cdot f(x) \, dx$ endlich ist.

Es gelten folgende **Rechenregeln**, deren Beweis in jedem Lehrbuch der Stochastik zu finden ist:

$$E(X + Y) = E(X) + E(Y), \qquad E(a \cdot X + b) = a \cdot E(X) + b.$$

Der Erwartungswert ist der "wahrscheinlichkeitsgewichtete Durchschnitt" aller Werte der Zufallsvariablen X. Bei der Definition des Erwartungswerts für eine diskrete Zufallsvariable mit unendlich vielen Werten x_i wird die Konvergenz der Reihe $\sum_{i \geq 1} |x_i| \cdot P(X = x_i)$ vorausgesetzt, damit sichergestellt ist, dass sich der Reihenwert bei Umordnung der Summanden nicht ändert. Eine entsprechende Begründung gibt es für die im Teil 2 geforderte Konvergenz des uneigentlichen Integrals $\int_{-\infty}^{\infty} |x| \cdot f(x)\, dx$.

Beispiel 2.8 *Wir berechnen den Erwartungswert von S_{t_n} im Mehrperiodenmodell. Offenbar kann die Zufallsvariable S_{t_n} genau $n + 1$ verschiedene Werte annehmen, nämlich*

$$s \cdot u^n \cdot d^0, \quad s \cdot u^{n-1} \cdot d^1, \quad \ldots, \quad s \cdot u^k \cdot d^{n-k}, \quad \ldots, \quad s \cdot u^0 \cdot d^n$$

mit den Wahrscheinlichkeiten

$$p_u^n \cdot p_d^0, \quad n \cdot p_u^{n-1} \cdot p_d^1, \quad \ldots, \quad \binom{n}{k} \cdot p_u^k \cdot p_d^{n-k}, \quad \ldots, \quad p_u^0 \cdot p_d^n.$$

Die Wahrscheinlichkeiten ergeben sich dabei durch Abzählen der Pfade und Multiplikation der Wahrscheinlichkeiten für jede Verzweigung im Binomialbaum. Der gesuchte Erwartungswert errechnet sich zu

$$
\begin{aligned}
E(S_{t_n}) &= \sum_{k=0}^{n} s \cdot u^k \cdot d^{n-k} \cdot \binom{n}{k} \cdot p_u^k \cdot p_d^{n-k} = s \cdot \sum_{k=0}^{n} \binom{n}{k} \cdot (u \cdot p_u)^k \cdot (d \cdot p_d)^{n-k} \\
&= s \cdot (u \cdot p_u + d \cdot p_d)^n.
\end{aligned}
\tag{2.2}
$$

Übung 2.6

1. *Begründen Sie, dass für eine Zufallsvariable X mit Verteilung $\mathrm{Bin}(n, p)$ gilt: $E(X) = n \cdot p$.*

2. *Überlegen Sie sich mit Hilfe der Substitution $u = x - \mu$, dass der Erwartungswert einer $N(\mu, \sigma^2)$-verteilten Zufallsvariable gleich μ ist.*

3. *Zeigen Sie, dass $E(X) = 1/\lambda$ für eine exponentialverteilte Zufallsvariable mit Parameter $\lambda > 0$ gilt.*

Häufig wird statt des Erwartungswerts $E(X)$ die Größe $E(h(X))$ mit einer vorgegebenen Funktion h benötigt, bspw. bei der Bewertung von Optionen, wo h später die Auszahlungsfunktion sein wird. Für geeignete Funktionen h (nämlich solche, bei denen $h(X)$ die Bedingungen aus Definition 2.5 erfüllt), gilt der nachfolgende Satz:

Satz 2.4   *Es sei X eine Zufallsvariable und $h : \mathbb{R} \to \mathbb{R}$ eine Funktion, so dass $h(X)$ wieder eine Zufallsvariable ist.*

1. *Ist X eine diskrete Zufallsvariable mit den Werten $x_1, x_2, \ldots$, so gilt für den Erwartungswert von $h(X)$*

$$E(h(X)) = \sum_{i \geq 1} h(x_i) \cdot P(X = x_i),$$

   falls $\sum_{i \geq 1} |h(x_i)| \cdot P(X = x_i)$ endlich ist.

2. *Ist X stetig verteilt mit der Dichte f, so gilt*

$$E(h(X)) = \int_{-\infty}^{\infty} h(x) \cdot f(x) \, dx,$$

   falls das uneigentliche Integral $\int_{-\infty}^{\infty} |h(x)| \cdot f(x) \, dx$ einen endlichen Wert hat.

Es gilt die wichtige **Rechenregel**:

$$P(X = x) = P(1_{\{X=x\}} = 1) = 1 \cdot P(1_{\{X=x\}} = 1) + 0 \cdot P(1_{\{X=x\}} = 0) = E(1_{\{X=x\}}).$$

Definition 2.11   *Ist X eine Zufallsvariable, für die sowohl $E(X)$ als auch $E([X - E(X)]^2)$ existieren, so heißt*

$$Var(X) = E([X - E(X)]^2)$$

die Varianz von X. Die nichtnegative Wurzel aus der Varianz ist die Standardabweichung: $\sigma = \sqrt{Var(X)}$.

Für eine normalverteilte X haben wir oben erwähnt, dass $E(X) = \mu$ gilt. Wir wollen nun die Varianz von X berechnen. Die Berechnung der Varianz gelingt mit einer Anwendung von Satz 2.4, wobei wir die Kenntnis des Integralwerts $\int_{-\infty}^{\infty} t^2 \cdot e^{-\frac{t^2}{2}} \, dt = \sqrt{2\pi}$ als bekannt voraussetzen:

$$
\begin{aligned}
Var(X) &= E([X - \mu]^2) = \int_{-\infty}^{\infty} (x - \mu)^2 \frac{1}{\sigma\sqrt{2\pi}} e^{-\frac{1}{2}\left(\frac{x-\mu}{\sigma}\right)^2} \, dx \\
&= \frac{1}{\sigma\sqrt{2\pi}} \int_{-\infty}^{\infty} \sigma^2 \cdot t^2 \cdot e^{-\frac{t^2}{2}} \cdot \sigma \, dt = \frac{\sigma^2}{\sqrt{2\pi}} \cdot \int_{-\infty}^{\infty} t^2 \cdot e^{-\frac{t^2}{2}} \, dt = \sigma^2.
\end{aligned}
$$

Für die Varianz einer Zufallsvariablen X gelten die folgenden **Rechenregeln**, die leicht nachzuweisen sind:

$$Var(X) = E(X^2) - [E(X)]^2, \qquad Var(a \cdot X + b) = a^2 \cdot Var(X) \quad \text{für} \quad a, b \in \mathbb{R}.$$

Übung 2.7
1. *Zeigen Sie Var(X) = n · p · (1 − p), falls X eine Bin(n,p)-Verteilung hat.*
2. *Begründen Sie die Aussage Var(X) = 1/λ² für eine exponentialverteilte Zufallsvariable X.*
3. *Überlegen Sie sich die Gültigkeit der o. g. Rechenregeln für die Varianz.*

Ist X eine *lognormalverteilte Zufallsvariable*, so gilt

$$E(X) = e^{\mu + \sigma^2/2}, \quad Var(X) = e^{2 \cdot \mu + \sigma^2} \cdot \left(e^{\sigma^2} - 1 \right). \tag{2.3}$$

2.5 Zweidimensionale Zufallsvariablen

Bei der Analyse von Zufallsexperimenten hat man es häufig mit Situationen zu tun, in denen mehrere zufällige Größe gleichzeitig zu betrachten sind. Typische Beispiele aus der Finanzmathematik sind etwa die Kurse verschiedener Finanzinstrumente zu einem künftigen Zeitpunkt $t > 0$, deren gemeinsames zufälliges Verhalten modelliert werden soll. Zur Beschreibung derartiger Phänomene gehen wir wieder von einem Wahrscheinlichkeitsraum $(\Omega, \mathscr{A}, P)$ aus und ordnen jedem Ergebnis ω *mehrere* reelle Zahlen zu: Im zweidimensionalen Fall ergibt sich so eine Abbildung der Form

$$(X,Y) : \Omega \to \mathbb{R}^2$$

mit den beiden *Komponenten* $X : \Omega \to \mathbb{R}$ und $Y : \Omega \to \mathbb{R}$. Das Paar (X,Y) wird auch *zweidimensionale Zufallsvariable* oder (*zweidimensionaler*) *Zufallsvektor* genannt. Die Funktion $F : \mathbb{R}^2 \to [0;1]$ mit

$$F(x,y) = P(X \leq x, Y \leq y), \quad x,y \in \mathbb{R},$$

heißt die (*gemeinsame*) *Verteilungsfunktion* von (X,Y), wobei mit $P(X \leq x, Y \leq y)$ die Wahrscheinlichkeit des Ereignisses $\{\omega \in \Omega : X(\omega) \leq x\} \cap \{\omega \in \Omega : Y(\omega) \leq y\}$ gemeint ist. In diesem Zusammenhang heißen

$$F_X(x) = P(X \leq x) = \lim_{y \to \infty} F(x,y) \quad \text{und} \quad F_Y(y) = P(Y \leq y) = \lim_{x \to \infty} F(x,y)$$

Randverteilungsfunktionen von X und Y. Es ist wichtig zu erkennen, dass die gemeinsame Verteilungsfunktion nur unter zusätzlichen Annahmen über die gegenseitige Abhängigkeit von X und Y aus den Randverteilungen angegeben werden kann.

Definition 2.12 *Zwei Zufallsvariablen X und Y heißen (stochastisch) unabhängig, wenn sich ihre gemeinsame Verteilungsfunktion das Produkt der Randverteilungsfunktionen ist:*

$$F(x,y) = F_X(x) \cdot F_Y(y).$$

Wie im eindimensionalen Fall kann man mit der gemeinsamen Verteilungsfunktion die Wahrscheinlichkeit von Ereignissen des Typs $\{\omega \in \Omega : (X(\omega), Y(\omega)) \in B\}$ für gewisse Teilmengen B von $\mathbb{R}^2$ berechnen. Dabei handelt es sich um zweidimensionale Intveralle $\{(x,y) : a \le x \le b, \text{ und } c \le y \le d\}$ sowie (vereinfacht gesprochen) um deren (endliche oder unendliche) Vereinigungen, Durchschnitte und Komplemente. Dazu gehören auch alle abgeschlossenen und offenen Teilmengen von $\mathbb{R}^2$, wie man zeigen kann.

Definition 2.13 *Ein Zufallsvektor* (X,Y) *heißt stetig verteilt, wenn sich die Verteilungsfunktion als zweidimensionales Integral darstellen lässt:*

$$F(x,y) = \int_{-\infty}^{x} \int_{-\infty}^{y} f(s,t)\, dt\, ds \quad (x,y) \in \mathbb{R}^2.$$

Hierbei ist f *eine nichtnegative Funktion, die sog. Dichte(-funktion). Es gilt*

$$P((X,Y) \in B) = \iint_{B} f(s,t)\, dt\, ds$$

für jede Menge B *der o. g. Art, sofern das Integral existiert.*

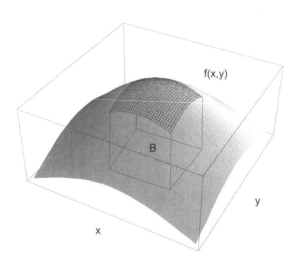

Abbildung 12: Zweidimensionale Dichtefunktion

Diese Wahrscheinlichkeit ist als Integral gleich dem Volumen des "Zylinders" über B zwischen der $xy-$Ebene und dem Graphen von f.

Aus der Definition von Verteilungsfunktion und Dichte im zweidimensionalen Fall ergeben sich einige wichtige Eigenschaften, die wir hier kurz nennen wollen:

1. Aus $\lim_{x \to \infty} \lim_{y \to \infty} F(x,y) = 1$ folgt $\int_{-\infty}^{\infty} \int_{-\infty}^{\infty} f(s,t)\, dt\, ds = 1$.

2. Es gilt für stetiges f:

$$f(x,y) = \frac{\partial^2 F(x,y)}{\partial x\, \partial y}$$

3. Für $(x,y) \in \mathbb{R}^2$ gilt $P(X = x, Y = y) = 0$.

4. Wegen

$$F_X(x) = \lim_{y \to \infty} F(x,y) = \int_{-\infty}^{x} \left(\int_{-\infty}^{\infty} f(s,t)\, dt \right) ds$$

und

$$F_Y(y) = \lim_{x \to \infty} F(x,y) = \int_{-\infty}^{y} \left(\int_{-\infty}^{\infty} f(s,t)\, ds \right) dt$$

ergeben sich durch Ableiten nach x bzw. y für X bzw. Y die *Randdichten*:

$$f_X(x) = \int_{-\infty}^{\infty} f(x,t)\, dt \quad \text{und} \quad f_Y(y) = \int_{-\infty}^{\infty} f(s,y)\, ds, \quad x,y \in \mathbb{R}.$$

5. Sind X und Y stetig verteilt mit den Dichten f_X und f_Y, so ist die Funktion

$$f(x,y) = f_X(x) \cdot f_Y(y), \quad (x,y) \in \mathbb{R}^2,$$

genau dann eine Dichte von (X,Y), wenn X und Y stochastisch unabhängig sind.

Eine wichtige Rechenregel, die in der Stochastik bewiesen und häufig verwendet wird, lautet: Sind X und Y **stochastisch unabhängige** Zufallsvariablen und existiert der Erwartungswert $E(X \cdot Y)$, so gilt

$$E(X \cdot Y) = E(X) \cdot E(Y).$$

Definition 2.14 *Für zwei Zufallsvariablen X und Y ist die Kovarianz definiert als*

$$Cov(X,Y) = E(X \cdot Y) - E(X) \cdot E(Y), \quad \text{sofern die Erwartungswerte existieren.}$$

Die Korrelation ist (im Falle endlicher und positiver Varianzen) definiert als

$$Corr(X,Y) = \frac{Cov(X,Y)}{\sqrt{Var(X) \cdot Var(Y)}} \in [-1;1].$$

Übung 2.8 *Überlegen Sie sich die Gültigkeit der folgenden Aussagen:*
1. X,Y unabhängig $\Longrightarrow Cov(X,Y) = 0$.
2. $Var(X + Y) = Var(X) + Var(Y) + 2Cov(X,Y)$.
3. X,Y unabhängig $\Longrightarrow Var(X + Y) = Var(X) + Var(Y)$.

Die Herleitung der folgenden wichtigen Rechenregel ist in den gängigen Lehrbüchern zur Stochastik nachzulesen:

$$Var\left(\sum_{i=1}^{n} X_i\right) = \sum_{i,j=1}^{n} Cov(X_i, X_j). \tag{2.4}$$

2.6 Empirische Größen und Kursmodellierung

Wichtige Kenngrößen der Verteilung von Zufallsvariablen können *empirisch geschätzt* werden. Damit ist gemeint, dass für eine (oder auch mehrere) vorgegebene Zufallsvariablen X beobachtete Werte (*Realisationen*) in Form einer Datenreihe vorliegen: $x_1, x_2, \ldots, x_n$. Daraus lässt sich das arithmetische Mittel, die empirische Varianz, die empirische Standardabweichung sowie (im zweidimensionalen Fall) die empirischen Kovarianzen und Korrelationen berechnen. Diese Größe stellen *statistische Schätzer* für die zuvor definierten Größen Erwartungswert, Varianz, Standardabweichung sowie Kovarianz bzw. die Korrelation dar.

Das *arithmetische Mittel* lautet

$$\bar{x} := \frac{1}{n} \cdot \sum_{i=1}^{n} x_i.$$

Es ist ein sog. *Lagemaß*, weil es die (mittlere) "Lage" der Daten beschreibt.

Die *empirische Varianz* bzw. *empirische Standardabweichung* sind definiert durch

$$s_x^2 := \frac{1}{n-1} \sum_{i=1}^{n} (x_i - \bar{x})^2 \quad \text{bzw.} \quad s_x := \sqrt{s_x^2} \geq 0.$$

Diese gehören zu den *Streuungsmaßen*: Sie beschreiben die Streubreite der Daten. Schließlich ergeben sich die *empirische Kovarianz* bzw. *empirische Korrelation* zweier Datenreihen $x_1, \ldots, x_n$ und $y_1, \ldots, y_n$ im Fall $s_x > 0$, $s_y > 0$ zu

$$s_{xy} := \frac{1}{n-1} \sum_{i=1}^{n} (x_i - \bar{x}) \cdot (y_i - \bar{y}) \quad \text{bzw.} \quad \rho_{xy} := \frac{s_{xy}}{s_x \cdot s_y} \in [-1; 1].$$

Korrelationskoeffizient und Regressionsgerade

Die empirische Korrelation ρ_{xy} (auch *Korrelationskoeffizient* genannt) ist ein Maß für den linearen Zusammenhang von zwei Datenreihen $x_1, \ldots, x_n$ und $y_1, \ldots, y_n$. Es wird dabei gemessen, wie stark die Daten in einem xy-Diagramm (*Streudiagramm*) in der Nähe einer ansteigenden Geraden ($\rho_{xy} > 0$) oder einer fallenden Geraden ($\rho_{xy} < 0$) konzentriert sind. Diese Gerade ist die sog. *Regressionsgerade* oder *Trendgerade*.

Abbildung 13: Daten mit Korrelationskoeffizient 0,99; 0,8; 0; −0,8; −0,99

Wenn man wissen möchte, wie sich der Zusammenhang zwischen den auf der x-Achse und der y-Achse abgetragenen Messwerte funktional beschreiben lässt, wählt man einen Ansatz $y = f(x)$ für die Form des Zusammenhangs. Die Funktion f enthält im Allgemeinen noch gewisse Parameter, deren Werte man dann mit Hilfe der vorliegenden Datenreihen schätzt.

Im einfachsten Fall arbeitet man mit einem *linearen Ansatz*

$$y = f(x) = \alpha + \beta \cdot x.$$

Um eine Schätzfunktion für die unbekannten Parameter α und β zu erhalten, geht man bei den Messwerten von einem Zusammenhang der Form

$$y_i = \alpha + \beta \cdot x_i + \varepsilon_i$$

aus und wählt die Parameter so, dass die (unbekannten) Fehler ε_i möglichst klein werden. Dazu bildet man eine geeignete Fehlerfunktion, die dann minimiert wird. Die gebräuchlichste Fehlerfunktion ist die *Summe der Fehlerquadrate*, also

$$\sum_{i=1}^{n} \varepsilon_i^2 = \sum_{i=1}^{n} (y_i - \alpha - \beta \cdot x_i)^2.$$

Durch Minimierung dieser Summe in Abhängigkeit von α und β (Ableitungen Null setzen!) ergeben sich die folgenden Schätzwerte für die Parameter (für $s_x^2 > 0$):

$$\hat{\beta} = \frac{s_{xy}}{s_x^2}, \qquad \hat{\alpha} = \bar{y} - \hat{\beta} \cdot \bar{x}.$$

Mit den Schätzwerten lautet dann die Gleichung für die Regressionsgerade:

$$y = \hat{\alpha} + \hat{\beta} \cdot x.$$

Gesucht ist ein Maß dafür, wie gut das lineare Modell die Daten "erklärt". Ein häufig verwendetes Maß ist das *Bestimmtheitsmaß* R^2, das wie folgt definiert ist:

$$R^2 := \rho_{xy}^2.$$

Je näher der Wert von R^2 an 1 liegt, um so näher liegt ρ_{xy} an ± 1, um so besser ist also die Approximation durch die Regressionsgerade.

In Kapitel 1 haben wir bereits die Anwendung der Regressionsrechnung bei der Risikoabsicherung mit DAX-Futures kennen gelernt. Dabei wird für jede Einzelaktie das zugehörige *Aktienbeta* bestimmt. Diese Größe spielt auch eine zentrale Rolle beim *Capital Asset Pricing Model (CAPM)*, bei dem untersucht wird, welcher Teil des Gesamtrisikos eines Finanzinstruments nicht durch Risikostreuung (*Diversifikation*) zu beseitigen ist, und erklärt wird, wie risikobehaftete Anlagemöglichkeiten im Kapitalmarkt bewertet werden. Der Kern des CAPM beschreibt eine lineare Abhängigkeit der zu erwartenden Rendite einer Kapitalanlage von nur einer Risikoeinflussgröße (Ein-Faktor-Modell): Ist r der risikolose Zins für sichere Geldanlagen, μ_M die erwartete relative Änderung des allgemeinen Aktienmarktes und β_i das Aktienbeta der Aktie i, so gilt für die erwartete relative Änderung des Aktienkurses μ_i (jeweils bezogen auf ein Jahr):

$$\mu_i = r + \beta_i \cdot (\mu_M - r).$$

Die erwartete Rendite aus der Aktie ist gleich dem risikolosen Zinssatz plus der betagewichteten Differenz zwischen dem Ertrag des Aktienmarktes und dem risikolosen Zinssatz.

Anwendung der Normalverteilung bei der Kursmodellierung

Die relativen oder absoluten Änderungen von Marktdaten werden in zahlreichen Modellierungsansätzen als (annähernd) normalverteilt angenommen. Betrachten wir etwa die täglichen relativen Änderungen eines Aktienkurses, so ergibt sich typischerweise die folgende Häufigkeitsverteilung in Form eines *Histogramms*:

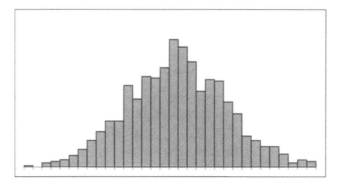

Abbildung 14: Histogramm von relativen Aktienkursveränderungen

Dieses Histogramm beschreibt die Häufigkeitsverteilung der Daten $x_1, \ldots, x_n$. Es kann durch eine Normalverteilungsdichte mit den Parametern $\mu = \bar{x}$ und $\sigma = s_x$ approximiert werden (wir nennen dies die *angepasste Normalverteilung* $N(\mu, \sigma^2)$), was die Verwendung der Normalverteilung als grundlegende Modellannahme rechtfertigt.

Ein häufig anzutreffendes Phänomen bei Finanzmarktdaten besteht darin, dass die durch das Histogramm veranschaulichte *empirische Verteilung* systematisch von der Normalverteilung abweicht: An den Rändern befinden sich mehr Beobachtungen und im Zentrum weniger Beobachtungen als dies der Fall sein müsste, wenn die Daten tatsächlich durch die angepasste Normalverteilung beschrieben würden. Eine solche Verteilungsform nennt man auch *leptokurtisch*. Ob die Abweichung von der Normalverteilung rein zufällig oder aber *statistisch signifikant* ist, kann im Rahmen der statistischen Testtheorie entschieden werden.

Die empirische Verteilung kann mit Hilfe von *Quantilen* untersucht werden: Dazu werden die Datenpunkte zunächst der Größe nach geordnet. Die geordnete Datenreihe wird mit $x_{(1)} \leq x_{(2)} \leq \ldots \leq x_{(n)}$ bezeichnet. Zu einer gegebenen Zahl α zwischen 0 und 1 ist das α-*Quantil* q_α eine Zahl mit der Eigenschaft, dass mindestens $\alpha \cdot 100\%$ der sortierten Daten kleiner oder gleich und mindestens $(1 - \alpha) \cdot 100\%$ größer oder gleich q_α sind. Das Quantil teilt also die sortierten Daten im Verhältnis $\alpha : (1 - \alpha)$.

Auch für Zufallsvariablen X mit **stetigen Verteilungen** wird das Quantil q_α definiert: Hier lautet die Bedingung $P(X \leq q_\alpha) = \alpha$ und $P(X \geq q_\alpha) = 1 - \alpha$.

Mittels des Quantils ergibt sich ein einfacher Test, ob eine vorliegende empirische Verteilung einer Normalverteilung entspricht: Es werden sämtliche Quantile (für alle $\alpha \in (0;1)$) der empirischen Verteilung mit den Quantilen der angepassten Normalverteilung verglichen. Stimmen die Quantile annähernd überein, so kann von normalverteilten Daten ausgegangen werden. Das α-Quantil der Normalverteilung $N(\mu, \sigma^2)$ ergibt sich dabei aus der Überlegung

$$P(X \leq q_\alpha) = \alpha \quad \Longleftrightarrow \quad \Phi\left(\frac{q_\alpha - \mu}{\sigma}\right) = \alpha \quad \Longleftrightarrow \quad q_\alpha = \mu + \sigma \cdot \Phi^{-1}(\alpha). \quad (2.5)$$

Übung 2.9 *Für die täglichen relativen Aktienkursänderungen einer Aktie sei aufgrund empirischer Daten der arithmetische Mittelwert $\bar{x} = 0$ und die empirische Standardabweichung $\sigma_x = 0,025$ ermittelt worden.*
1. *Welche Normalverteilung kann an die empirische Verteilung angepasst werden?*
2. *Mit welcher Wahrscheinlichkeit wird der Aktienkurs von heute auf morgen um mindestens 5% sinken?*
3. *Welche relative Änderung wird der Aktienkurs von heute auf morgen mit 99%iger Wahrscheinlichkeit mindestens aufweisen?*

2.7 Grundlegende Begriffe der Portfoliotheorie

In der *Portfoliotheorie* geht es um den Zusammenhang von Ertrag und Risiko von Portfolien. Wir betrachten hier den Fall zweier Finanzinstrumente, deren relative Wertveränderungen über eine Anzahl n von Perioden gemessen wird (z. B. tägliche relative Kursänderungen). Die gemessenen Werte für das erste Finanzinstrument seien $x_1, \ldots, x_n$ und für das zweite Finanzinstrument $y_1, \ldots, y_n$. Wir nehmen (ohne Einschränkung der Allgemeinheit) an, dass insgesamt der Betrag 1 investiert wird, und zwar in den Anteilen g bzw. $1 - g$ ($0 \leq g \leq 1$) für das erste bzw. zweite Finanzinstrument. Offenbar gilt dann für die relative Wertänderung z_i des Portfolios (den *Portfolioertrag*)

$$z_i = g \cdot x_i + (1 - g) \cdot y_i \quad \text{sowie} \quad \bar{z} = g \cdot \bar{x} + (1 - g) \cdot \bar{y}$$

(überprüfen Sie diese Aussagen!).

Die *empirische Varianz der Wertänderungen* ist ein Maß für die mittlere quadratische Abweichung der Einzelbeobachtungen von ihrem jeweiligen arithmetischen Mittel. Daher handelt es sich um ein *Risikomaß*, denn es wird die Abweichung vom "erwarteten Wert" gemessen. Auch die empirische Standardabweichung ist ein Risikomaß. Beachten Sie, dass ein Finanzinstrument, bei dem die relativen Wertänderungen x_i in allen n Perioden einen konstanten negativen Wert haben (also immer ein konstanter Verlust auftritt), ein Risiko von 0 hat, denn wenn alle x_i konstant sind, ist der Wert von s_x^2 und damit das soeben definierte Risikomaß gleich 0 (vgl. nachfolgende Übung)!

Übung 2.10 *Zeigen Sie: Genau dann haben alle x_i einen konstanten Wert c, wenn gilt $s_x^2 = 0$.*

Für das Portfolio können wir (unter Beachtung von $s_{xy} = \rho_{xy} \cdot s_x \cdot s_y$) jetzt rechnen:

$$
\begin{aligned}
s_z^2 &= \frac{1}{n-1} \sum_{i=1}^{n} (z_i - \bar{z})^2 \\
&= \frac{1}{n-1} \sum_{i=1}^{n} (g \cdot x_i + (1-g) \cdot y_i - g \cdot \bar{x} - (1-g) \cdot \bar{y})^2 \\
&= g^2 \cdot s_x^2 + (1-g)^2 \cdot s_y^2 + 2 \cdot g \cdot (1-g) \cdot s_{xy}.
\end{aligned}
$$

Die empirische Varianz s_z^2 bzw. die empirische Standardabweichung s_z misst das *Portfoliorisiko*.

Übung 2.11 *Für welchen Wert von ρ_{xy} wird die empirische Standardabweichung s_z maximal bzw. minimal?*
Lösung: *Wegen $-1 \le \rho_{xy} \le 1$ gilt*

$$
\sqrt{g^2 \cdot s_x^2 + (1-g)^2 \cdot s_y^2 - 2 \cdot g \cdot (1-g) \cdot s_x \cdot s_y} \le s_z \quad \text{und}
$$

$$
s_z \le \sqrt{g^2 \cdot s_x^2 + (1-g)^2 \cdot s_y^2 + 2 \cdot g \cdot (1-g) \cdot s_x \cdot s_y}, \quad \text{also}
$$

$$
|g \cdot s_x - (1-g) \cdot s_y| \le s_z \le |g \cdot s_x + (1-g) \cdot s_y|.
$$

Das Risiko kann also durch Verwendung von Finanzinstrumenten mit negativer Korrelation verringert werden und wird minimal bei einer Korrelation von -1 (vorausgesetzt, es besteht eine long Position in beiden Finanzinstrumenten). Dies nennt man Diversifikationseffekt.

Ein wichtiger Aspekt in der Portfoliotheorie ist die Frage nach *Portfolien mit minimalem Risiko* bei gegebenem erwarteten Portfolioertrag und der Bedingung $s_x > 0$, $s_y > 0$. Es stellt sich hier die Frage der optimalen Portfoliozusammensetzung. Sind die Größen s_x, s_y und ρ_{xy} vorgegeben, so kann diejenige Zahl g berechnet werden, für die das Portfoliorisiko s_z^2 minimal wird. Hierzu ist die Ableitung nach der Variablen g zu bilden und deren Nullstelle zu suchen. Als Ergebnis der Rechnung erhalten wir

$$
g = \frac{s_y^2 - s_{xy}}{s_x^2 + s_y^2 - 2 \cdot s_{xy}}.
$$

Für unser Beispielportfolio aus zwei Finanzinstrumenten können wir bei gegebenen Werten von s_x, s_y und ρ_{xy} die Risiko-Ertrags-Relation für verschiedene Werte von g untersuchen:

Beispiel 2.9 *Es gelte $\bar{x} = 0{,}06$, $\bar{y} = 0{,}08$, $s_x = 0{,}3$, $s_y = 0{,}4$, $\rho_{xy} = 0{,}5$ (jeweils bezogen auf eine Periode der Länge ein Jahr). Das folgende Diagramm zeigt die Risiko-Ertrags-Relation für verschiedene Werte von g:*

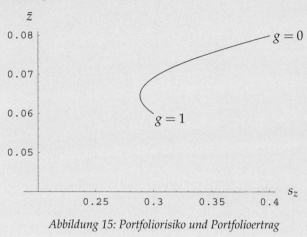

Abbildung 15: Portfoliorisiko und Portfolioertrag

Unsere Betrachtungen lassen sich auf Portfolien mit m Finanzinstrumenten verallgemeinern: Es sei g_i der Anteil der Position im i-ten Finanzinstrument ($g_i \geq 0$; $\sum_{i=1}^{m} g_i = 1$), μ_i das arithmetische Mittel der Wertänderung des i-ten Finanzinstruments und

$$\sigma_{ij} := \begin{cases} \text{empirische Varianz bzgl. Finanzinstrument } i, & \text{falls } i = j \\ \text{empirische Kovarianz bzgl. der Finanzinstrumente } i \text{ und } j, & \text{falls } i \neq j. \end{cases}$$

Es lässt sich zeigen, dass für die Varianz der relativen Portfoliowertänderung s_z^2 gilt

$$s_z^2 = \sum_{i,j=1}^{m} g_i \cdot g_j \cdot \sigma_{ij},$$

und diese kann unter der Nebenbedingung eines vorgegebenen Portfolioertrags

$$\bar{z} = \sum_{i=1}^{m} g_i \cdot \mu_i$$

mit den Hilfsmitteln der Analysis minimiert werden. Beachten Sie, dass wir bisher die Nebenbedingung $g_i \geq 0$; $\sum_{i=1}^{m} g_i = 1$ gestellt haben. Verzichtet man auf die Bedingung $g_i \geq 0$, so sind auch short Positionen im Portfolio zugelassen. Es ergibt sich dann eine andere Lösung des o. g. Minimierungsproblems.

Effiziente Portfolien

Wir betrachten ein Portfolio aus 3 Finanzinstrumenten mit den Gewichten $g_1 \geq 0$, $g_2 \geq 0$ und $g_3 \geq 0$, $g_1 + g_2 + g_3 = 1$. Für vorgegebene Werte von $\sigma_{i,j}$ stellen wir für die möglichen Risiko-Ertrags-Relationen bei verschiedenen Festlegungen der Gewichte g_i dar:

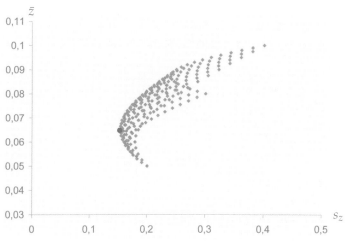

Abbildung 16: Portfoliorisiko und Portfolioertrag

In der obigen Abbildung variieren die Gewichte jeweils im Bereich von 0 bis 1 in Schritten zu $0,05$. Der schwarz markierte Punkt zeigt den Ertrag und das Risiko für das Portfolio mit minimalem Risiko an.

Eine Portfolio P (mit einer beliebigen Anzahl von Finanzinstrumenten) heißt *effizient*, wenn folgende äquivalente Bedingungen erfüllt sind:

- Jedes andere Portfolio aus den gleichen Finanzinstrumenten, dessen Ertrag mindestens so hoch ist wie derjenige von P, hat ein höheres Portfoliorisiko als P.

- Jedes andere Portfolio aus den gleichen Finanzinstrumenten, dessen Portfoliorisiko höchstens so groß ist wie dasjenige von P, hat einen geringeren Ertrag.

Anschaulich bedeuten die beiden Bedingungen, dass in Abbildung 16 die effizienten Portfolien durch genau diejenigen Punkte (x, y) gekennzeichnet sind, für die kein Punkt links oberhalb von (x, y) liegt. Die Gesamtheit aller effizienten Portfolien entspricht genau den Punkten, welche die obere Begrenzungslinie der Punktemenge in Abbildung 16 bis zum schwarz markierten Punkt bildet; dies ist die sog. *Effizienzlinie*. Rationale Investoren werden nur in effiziente Portfolien investieren.

Die Zusammensetzung eines effizienten Portfolios ist nicht eindeutig bestimmt. Für welches Portfolio sich ein Investor entscheidet, hängt von seiner Risikopräferenz ab, also von seiner Zielvorstellung, wie hoch der Ertrag in Abhängigkeit vom übernommenen Risiko sein sollte.

2.8 Die mehrdimensionale Normalverteilung

Sind $X_1, \ldots, X_n$ reelle Zufallsvariablen, die auf $(\Omega, \mathscr{A}, P)$ definiert sind, so heißt

$$\vec{X} := (X_1, \ldots, X_n) : \Omega \to \mathbb{R}^n$$

eine $n-$*dimensionale Zufallsvariable* oder ein *Zufallsvektor*. Die zugehörige Verteilungsfunktion $F : \mathbb{R}^n \to [0;1]$ lautet $F(x_1, \ldots, x_n) = P(X_1 \leq x_1, \ldots, X_n \leq x_n)$.

Ein Zufallsvektor heißt *stetig verteilt*, falls sich F als Integral darstellen lässt:

$$F(x_1,\ldots,x_n) = \int_{-\infty}^{x_1} \cdots \int_{-\infty}^{x_n} f(t_1,\ldots,t_n)\, dt_n \cdots dt_1, \quad (x_1,\ldots,x_n) \in \mathbb{R}^n.$$

Hierbei ist f eine nicht-negative Funktion, die sog. *Dichte(-funktion)*. Die Wahrscheinlichkeit dafür, dass $(X_1,\ldots,X_n)$ Werte einer Teilmenge B von $\mathbb{R}^n$ annimmt (die wie im Fall zweier Dimensionen beschaffen sein muss), ist

$$P((X_1,\ldots,X_n) \in B) = \int \cdots \int_B f(t_1,\ldots,t_n)\, d(t_1,\ldots,t_n).$$

Die Zufallsvariablen $X_1,\ldots,X_n$ heißen *(stochastisch) unabhängig*, wenn für jede Wahl von $x_1,\ldots,x_n$ gilt: $F(x_1,\ldots,x_n) = F_{X_1}(x_1) \cdot \ldots F_{X_n}(x_n)$.

Sind $f_1,\ldots,f_n$ Dichten der Zufallsvariablen $X_1,\ldots,X_n$, so sind $X_1,\ldots,X_n$ genau dann unabhängig, wenn die folgende Funktion f die Dichte von $(X_1,\ldots,X_n)$ ist:

$$f(x_1,\ldots,x_n) = f_1(x_1) \cdot \ldots \cdot f_n(x_n), \quad (x_1,\ldots,x_n) \in \mathbb{R}^n.$$

Beispiel 2.10 *Sind $X_1,\ldots,X_n$ unabhängige identisch normalverteilte Zufallsvariablen mit Verteilung $N(\mu,\sigma^2)$ und Dichtefunktionen $f_i(x_i)$, so ist*

$$f(x_1,\ldots,x_n) = \frac{1}{(2\pi\sigma^2)^{n/2}} \cdot e^{-\sum_{i=1}^n (x_i-\mu)^2/2\sigma^2}, \quad (x_1,\ldots,x_n) \in \mathbb{R}^n,$$

eine Dichte von $(X_1,\ldots,X_n)$, denn es gilt:

$$\begin{aligned}
f(x_1,\ldots,x_n) &= \frac{1}{\sqrt{2\pi\sigma^2}} \cdot e^{-\frac{(x_1-\mu)^2}{2\sigma^2}} \cdot \frac{1}{\sqrt{2\pi\sigma^2}} \cdot e^{-\frac{(x_2-\mu)^2}{2\sigma^2}} \cdot \ldots \cdot \frac{1}{\sqrt{2\pi\sigma^2}} \cdot e^{-\frac{(x_n-\mu)^2}{2\sigma^2}} \\
&= f_1(x_1) \cdot \ldots \cdot f_n(x_n).
\end{aligned}$$

Das obige Beispiel können wir verallgemeinern.

Definition 2.15 *Der Zufallsvektor $\vec{X} = (X_1,\ldots,X_n)$ heißt mehrdimensional (oder multivariat) normalverteilt, falls für die Dichtefunktion gilt*

$$f(x_1,\ldots,x_n) = \frac{1}{\sqrt{(2\pi)^n \cdot \det(\Sigma)}} \cdot e^{-\frac{1}{2}(x_1-\mu_1,\ldots,x_n-\mu_n)\cdot\Sigma^{-1}\cdot(x_1-\mu_1,\ldots,x_n-\mu_n)^T}$$

wobei

$$\Sigma := \begin{pmatrix}
Var(X_1) & Cov(X_1,X_2) & \ldots & Cov(X_1,X_n) \\
Cov(X_2,X_1) & Var(X_2) & \ldots & Cov(X_2,X_n) \\
\vdots & \vdots & \vdots & \vdots \\
Cov(X_n,X_1) & Cov(X_n,X_2) & \ldots & Var(X_n)
\end{pmatrix} \in \mathbb{R}^{n\times n}$$

die *Kovarianzmatrix* ist, für die die Voraussetzung $det(\Sigma_k) > 0$ *für alle* $k \in \{1,\dots,n\}$ *gelte* (Σ_k *ist die linke obere Teilmatrix von* Σ *mit k Zeilen und Spalten und* $det(A)$ *bezeichnet die Determinante einer Matrix A). Der Vektor* $\vec{\mu} := (\mu_1,\dots,\mu_n)$ *heißt* Erwartungswertvektor. *Die Matrix, auf deren Hauptdiagonalen jeweils der Wert 1 steht und an Position* (i,j) *die Korrelation* $Corr(X_i, X_j)$, *heißt die* Korrelationsmatrix.

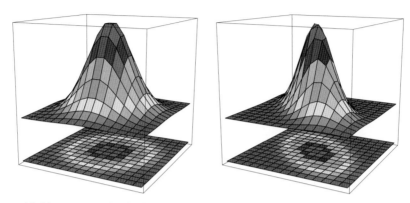

Abbildung 17: Dichtefunktion der zweidimensionalen Normalverteilung mit

$$\sigma_1 = \sigma_2 = 1,\ \mu_1 = \mu_2 = 0 \text{ und } \rho = 0 \text{ (links) bzw. } \rho = 0{,}6 \text{ (rechts)}$$

Offenbar ist Σ eine *symmetrisch* Matrix. Sie hat ferner die Eigenschaft $\vec{x} \cdot \Sigma \cdot \vec{x}^T > 0$ für alle $\vec{x} \in \mathbb{R}^n \setminus \{\vec{0}\}$, d. h. sie ist *positiv definit*. Im Fall $Cov(X_i, X_j) = 0$ für $i \neq j$ und $Var(X_i) = \sigma^2 > 0$ und $\mu_i = \mu$ für alle i,j folgt:

$$\Sigma^{-1} = \begin{pmatrix} \frac{1}{\sigma^2} & & 0 \\ & \ddots & \\ 0 & & \frac{1}{\sigma^2} \end{pmatrix}, \quad det(\Sigma) = \sigma^{2n}.$$

Ferner gilt

$$f(x_1,\dots,x_n) \overset{\text{Def. 2.15}}{=} \frac{1}{\sqrt{(2\pi)^n \cdot \sigma^{2n}}} \cdot e^{-\frac{1}{2}(x_1-\mu,\dots,x_n-\mu)\cdot\Sigma^{-1}\cdot(x_1-\mu,\dots,x_n-\mu)^T}$$

$$= \frac{1}{(2\pi \cdot \sigma^2)^{n/2}} \cdot e^{-\sum_{i=1}^{n}(x_i-\mu)^2/(2\sigma^2)},$$

d. h. es handelt sich hier um die Dichtefunktion eines Vektors unabhängiger Zufallsvariablen, deren Verteilung jeweils $N(\mu,\sigma^2)$ ist. Man kann zeigen:

Satz 2.5 *Ist X ein mehrdimensional verteilter Zufallsvektor wie in Definition 2.15, so gilt*

1) X_i hat die Verteilung $N(\mu_i, \sigma_i^2)$ für alle $i \in \{1, \ldots, n\}$.
2) $a_1 \cdot X_1 + \ldots + a_n \cdot X_n$ hat die Verteilung

$$N\big(a_1 \cdot \mu_1 + \cdots + a_n \cdot \mu_n, (a_1, \ldots, a_n) \cdot \Sigma \cdot (a_1, \ldots, a_n)^T\big).$$

Bemerkung *Beachten Sie, dass eine Summe von normalverteilten Zufallsvariablen im Allgemeinen nicht normalverteilt ist – dies gilt nur unter der Zusatzvoraussetzung, dass ein mehrdimensional normalverteilter Zufallsvektor vorliegt. Bei* **unabhängigen** *normalverteilten Zufallsvariablen $X_1, \ldots, X_n$ gilt jedoch immer:*

$a_1 \cdot X_1 + \ldots + a_n \cdot X_n$ ist verteilt gemäß $N(a_1 \cdot \mu_1 + \ldots + a_n \cdot \mu_n, a_1^2 \cdot \sigma_1^2 + \ldots + a_n^2 \cdot \sigma_n^2)$.

Übung 2.12 *Gegeben sei ein mehrdimensional normalverteilter Zufallsvektor $(X_1, \ldots, X_n)$, wobei die X_i jeweils standard-normalverteilt seien und eine paarweiser Korrelation ρ haben. Geben Sie die Parameter (d. h. den Erwartungswertvektor und die Kovarianzmatrix) der mehrdimensionalen Normalverteilung an. Wie ist die Varianz von $X_1 + \cdots + X_n$?*

2.9 Stochastische Prozesse und bedingte Erwartungen

Zur Beschreibung von Finanzdaten eignet sich das Konzept der *stochastischen Prozesse*. Ein stochastischer Prozess ist eine Menge von ein- oder mehrdimensionalen Zufallsvariablen X_t, die auf einem Wahrscheinlichkeitsraum $(\Omega, \mathscr{A}, P)$ definiert sind. Der Parameter $t \geq 0$ ist ein Zeitpunkt, dem der Wert $X_t(\omega)$ zugeordnet wird.

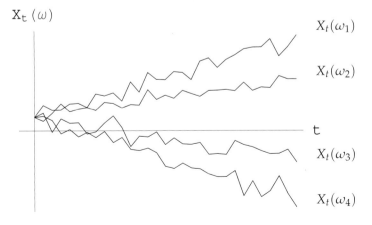

Abbildung 18: Pfade eines stochastischen Prozesses

Bei einem *stochastischen Prozess in diskreter Zeit* kommen für t nur endlich viele Werte aus $I := \{0, t_1, t_2, \ldots, t_n\}$ oder abzählbar unendlich viele Werte aus $I := \{0, t_1, t_2, \ldots\}$ in Frage, bei einem *stochastischen Prozess in stetiger Zeit* durchläuft t alle Werte eines Intervalls $I := [0; T]$ oder $I := [0; \infty)$. Für jedes feste ω ist $(X_t(\omega))_{t \in I}$ ein *Pfad* des Prozesses. Der stochastische Prozess $(X_t)_{t \in I}$ besteht aus der Menge der möglichen Pfade.

Beispiel 2.11 *Die Modellierung eines Finanzinstruments im Mehrperiodenmodell ergibt einen stochastischen Prozess in diskreter Zeit: Jedem Zeitpunkt $t_0 = 0 < t_1 < \ldots t_n = T$ mit $\Delta t := t_{k+1} - t_k = T/n$ wird der zufällige Kurs S_{t_k} zu geordnet. Dabei hat jede Zufallsvariable S_{t_k} eine andere Verteilung. Es gilt*

$$S_{t_k} \in \{u^k \cdot d^0, u^{k-1} \cdot d^1, \ldots, u^0 \cdot d^k\}, \quad P(S_{t_k} = u^l \cdot d^{k-l}) = \binom{l}{k} \cdot p_u^l \cdot p_d^{k-l}.$$

Wir untersuchen das *Mehrperiodenmodell* ausführlicher. Dazu sei $X_k := \ln\left(\frac{S_{t_{k+1}}}{S_{t_k}}\right)$ die *logarithmische Kursänderung* zwischen t_k und t_{k+1}. Die Summe aller logarithmischen Kursänderungen entspricht der logarithmischen Änderung von 0 bis $t_n = T$:

$$\sum_{k=0}^{n-1} X_k = \sum_{k=0}^{n-1} (\ln(S_{t_{k+1}}) - \ln(S_{t_k})) = \ln(S_{t_n}) - \ln(S_0) = \ln(S_T/S_0).$$

Alle X_k sind unabhängig und sie haben die gleiche Verteilung, denn es gilt im Mehrperiodenmodell

$$P(X_k = \ln(u)) = p_u, \quad P(X_k = \ln(d)) = p_d.$$

An den Finanzmärkten sind die Größen $Var(\ln(S_1/S_0))$, also die Varianzen der logarithmischen Kursänderungen bezogen auf einen *einjährigen Zeitraum* ($t_0 = 0, T = 1$) für zahlreiche Finanzinstrumente (z. B. Aktien, Währungen) bekannt und werden wie üblich mit σ^2 bezeichnet. Dabei ist σ die sog. *(annualisierte) Volatilität*.

Aus der obigen Gleichung erhalten wir für $t_n = T := 1$, also $n = 1/\Delta t$, wegen der Unabhängigkeit der X_k die Beziehung $n \cdot Var(X_k) = \sigma^2$ und somit

$$Var(X_k) = \frac{\sigma^2}{n} = \Delta t \cdot \sigma^2 \quad \Longleftrightarrow \quad \sqrt{Var(X_k)} = \sqrt{\Delta t} \cdot \sigma. \tag{2.6}$$

Die Standardabweichung der logarithmischen Kursänderung für ein Intervall der Länge Δt ist also gleich der mit Δt multiplizierten annualiserten Volatilität.

Wir wollen uns im Folgenden überlegen, was passiert, wenn wir Mehrperiodenmodell den Grenzübergang $n \to \infty$ durchführen, also "unendlich viele" Betrachtungszeitpunkte zulassen. Dazu fixieren wir einen beliebigen Zeitpunkt $t > 0$ und bilden eine Unterteilung des Intervalls $[0; t]$ in n *gleich lange* Teilintervalle $[t_k; t_{k+1}]$ mit $t_0 = 0 < t_1 < \ldots <$

$t_n = t$. Es sei $\Delta t := t_{k+1} - t_k = t/n$. Des Weiteren nehmen wir für die folgenden Überlegungen an, es gelte

$$p_u = p_d = \frac{1}{2}.$$

Bevor wir fortfahren, erwähnen wir den *Zentralen Grenzwertsatz*, der für Grenzübergänge mit Zufallsvariablen eine zentrale Bedeutung hat (für einen Beweis vgl. etwa [18], Kapitel 6):

Satz 2.6 *Es sei $X_1, X_2, \ldots$ eine unendliche Folge von **unabhängigen** Zufallsvariablen, die alle die gleiche Verteilung haben sollen mit $E(X_k) = \mu$ und $Var(X_k) = \sigma^2, 0 < \sigma^2 < \infty$. Betrachtet wird die mit $1/\sqrt{n}$ multiplizierte Summe der standardisierten Zufallsvariablen:*

$$Z_n := \frac{1}{\sqrt{n}} \cdot \sum_{k=1}^{n} \frac{X_k - \mu}{\sigma}.$$

Dann konvergiert die Verteilungsfunktion von Z_n immer gegen die Verteilungsfunktion der Standard-Normalverteilung, gleichgültig, welche Verteilung die Zufallsvariablen X_k haben:

$$P(Z_n \leq x) \to \Phi(x) \quad \text{für} \quad n \to \infty.$$

Der Zentrale Grenzwertsatz wird auf die Zufallsvariablen

$$X_k = \ln\left(\frac{S_{t_{k+1}}}{S_{t_k}}\right)$$

angewendet. Dabei beachten wir, dass für $t_{k+1} - t_k = t/n \to 0$ $(n \to \infty)$ gilt $S_{t_k+1} - S_{t_k} \to 0$ und damit gilt für große n:

$$S_{t_{k+1}}/S_{t_k} \approx 1 \quad \text{also} \quad \ln\left(\frac{S_{t_{k+1}}}{S_{t_k}}\right) \approx \frac{S_{t_{k+1}}}{S_{t_k}} - 1 = \frac{S_{t_{k+1}} - S_{t_k}}{S_{t_k}}. \tag{2.7}$$

Es ist also X_k eine Annäherung für die relative Kursänderung zwischen t_k und t_{k+1}. Im Folgenden gelte $d = 1/u$. Dann folgt $E(X_k) = \frac{1}{2} \cdot (\ln(u) - \ln(u)) = 0$ sowie

$$\Delta t \cdot \sigma^2 = Var(X_k) = E(X_k^2) - (E(X_k))^2 = \frac{1}{2} \cdot (\ln(u)^2 + \ln(u)^2) = \ln(u)^2. \tag{2.8}$$

Gemäß dem Zentralen Grenzwertsatz gilt, dass

$$Z_t = Z_{t_n} := \frac{1}{\sqrt{n}} \cdot \sum_{k=0}^{n-1} \frac{X_k - \mu}{\sqrt{\Delta t} \cdot \sigma} = \frac{1}{\sqrt{n}} \cdot \sum_{k=0}^{n-1} \frac{X_k}{\sqrt{\Delta t} \cdot \sigma}$$

für $n \to \infty$ standard-normalverteilt ist. Wir setzen $W_t := \sqrt{t} \cdot Z_t$ und erhalten

$$Var(W_t) = Var\left(\frac{\sqrt{t}}{\sqrt{n}} \cdot \sum_{k=0}^{n-1} \frac{X_k}{\sqrt{\Delta t} \cdot \sigma}\right) = \frac{t}{n} \cdot n = t.$$

Die soeben durchgeführte Überlegung kann entsprechend auch für jeden Zwischen-
punkt t_k der Folge $0 = t_0 < t_1 < \ldots < t_n$ durchgeführt werden. Für $\Delta t \to 0$ ergibt sich
auf diese Weise eine unendliche Folge von Zwischenpunkten, die eine dichte Teilmenge
des Intervalls $[0;t]$ bilden. Für jeden dieser Zwischenpunkte $s = t_k$ ist $W_s := \sqrt{s} \cdot Z_s$ im
Grenzfall $\Delta t \to 0$ eine $N(0,s)$-verteilte Zufallsvariable. Aus der Konstruktion ergibt sich
weiter, dass die Zuwächse $W_s - W_u$ für $u < s \leq t$ jeweils stochastisch unabhängig sind
von der Zufallsvariable W_u und dass sie die Verteilung $N(0, s - u)$ besitzen.
Beachten Sie, dass die Zufallsvariablen W_s im Grenzfall $\Delta t \to 0$ zwar auf einer unendli-
chen und in $[0;t]$ dichten Teilmenge definiert sind, dass es aber noch überabzählbar viele
weitere Punkte in $[0;t]$ gibt, an denen die Zufallsvariablen durch den Grenzprozess zunächst noch nicht definiert sind. Eine Vertiefung unserer bisherigen Überlegungen, die
wir hier nicht weiter ausführen wollen, führt schließlich zu der folgenden Erkenntnis:
Für jede reelle Zahl $t > 0$ lässt sich eine Zufallsvariable W_t definieren, deren Verteilung
(im Grenzfall) $N(0,t)$ ist und deren zeitliche Änderungen unabhängig von den vorhergehenden Zufallsvariablen sind. Ergänzen wir $W_0 := 0$, so erhalten wir einen wichtigen
stochastischen Prozess in stetiger Zeit, den wir fortan mit $(W_t)_{t \geq 0}$ bezeichnen.

Definition 2.16   *Ein Wiener-Prozess (auch Brownsche Bewegung genannt)* $W = (W_t)_{t \geq 0}$
ist ein durch folgende Eigenschaften charakterisierter stochastischer Prozess:

- $W_0 = 0$

- *Die Änderungen* $W_s - W_t$ *sind für* $s > t$ *stochastisch unabhängig von den Zufallsvariablen* $(W_u)_{u \leq t}$.

- $W_s - W_t$ *ist für* $s > t$ *normalverteilt mit Erwartungswert 0 und Varianz* $s - t$.

- *Die Pfade des Wiener-Prozesses sind mit Wahrscheinlichkeit 1 stetig.*

Es folgt:

$$W_t = W_t - W_0 \quad \text{ist } N(0,t)\text{-verteilt.}$$

Abbildung 19: Ein Pfad des Wiener-Prozesses

Übung 2.13 *Bestimmen Sie*
1. *den Erwartungswert $E(W_t^2)$ für $t > 0$,*
2. *die Verteilung der Zufallsvariablen $W_t - W_{t/2}$ $(t > 0)$,*
3. *den Erwartungswert und die Varianz der Zufallsvariablen $X := \sum_{j=0}^{n-1} j \cdot (W_{j+1} - W_j)$.*

Bedingte Erwartungswerte

Es sei (X, Y) ein Zufallsvektor, wobei X und Y beide stetig oder beide diskret verteilt seien. Wir wollen den *bedingten Erwartungswert* $E(X|Y = y)$ sowie $E(X|Y)$ definieren. Zunächst betrachten wir den Fall, dass X diskret ist und die endlich vielen Werte $\{x_1, \dots, x_n\}$ jeweils mit positiver Wahrscheinlichkeit annimmt. Entsprechendes gelte für Y und die Werte $\{y_1, \dots, y_m\}$. Eine sinnvolle Definition von $E(X|Y = y_l)$ ist dann: $E(X|Y = y_l) := \sum_{k=1}^{n} x_k \cdot P(X = x_k|Y = y_l)$. Aus den Rechenregeln für bedingte Wahrscheinlichkeiten erhalten wir

$$P(X = x_k|Y = y_l) = \frac{P(X = x_k \text{ und } Y = y_l)}{\sum_{k=1}^{n} P(X = x_k \text{ und } Y = y_l)},$$

wobei im Nenner gerade die Wahrscheinlichkeit des Ereignisses $Y = y_l$ steht, das in die Einzelereignisse $\{X = x_1, Y = y_l\}, \dots, \{X = x_n, Y = y_l\}$ zerlegt wird (das Komma steht jeweils für "und"). Insgesamt ergibt sich

$$E(X|Y = y_l) = \sum_{k=1}^{n} x_k \cdot \frac{P(X = x_k, Y = y_l)}{\sum_{k=1}^{n} P(X = x_k, Y = y_l)}.$$

Im Falle stetiger Verteilungen ersetzen wir die bedingte Wahrscheinlichkeit durch

$$f_{X|Y=y}(x) := \frac{f(x, y)}{\int_{-\infty}^{\infty} f_{X,Y}(x, y) dx} \quad \left(\text{sofern } f_Y(y) := \int_{-\infty}^{\infty} f_{X,Y}(x, y) dx > 0\right).$$

Der Ausdruck $f_Y(y)$ im Nenner ist die in Abschnitt 2.5 eingeführte Randdichte. Nun lässt sich der diskrete bedingte Erwartungswert leicht auf den stetigen Fall übertragen:

$$E(X|Y = y) = \int_{-\infty}^{\infty} x \cdot f_{X|Y=y}(x) dx.$$

Wir führen (im diskreten und stetigen Fall) die *bedingte Erwartung* $E(X|Y)$ als diejenige *Zufallsvariable* ein, die den Wert $E(X|Y = y)$ annimmt, falls Y den Wert y annimmt. Beachten Sie, dass $E(X|Y)$ eine zufällige Größe und kein fester Zahlenwert ist!

Beispiel 2.12 *Im Mehrperiodenmodell mit $n = 2$, $t_0 = 0 < t_1 < t_2$ und $S_0 = s$ gilt*

$$
\begin{aligned}
E(S_{t_2}|S_{t_1} = s \cdot u) &= s \cdot u^2 \cdot \frac{p_u^2}{p_u} + s \cdot u \cdot d \cdot \frac{p_u \cdot p_d}{p_u} + s \cdot d^2 \cdot \frac{0}{p_u} \\
&= s \cdot u^2 \cdot p_u + s \cdot u \cdot d \cdot p_d \\
&= s \cdot u \cdot (u \cdot p_u + d \cdot p_d).
\end{aligned}
$$

Entsprechend ist $E(S_{t_2}|S_{t_1} = s \cdot d) = s \cdot d \cdot (u \cdot p_u + d \cdot p_d)$, und die Zufallsvariable $E(S_{t_2}|S_{t_1})$ schreibt sich als $E(S_{t_2}|S_{t_1}) = S_{t_1} \cdot (u \cdot p_u + d \cdot p_d)$.

Für bedingte Erwartungen gelten die folgenden *Rechenregeln*:

Satz 2.7
1. $E(E(X|Y)) = E(X)$ *(Regel vom iterierten Erwartungswert)*,
2. $E(X|Y) = E(X)$, *falls X und Y unabhängig sind*,
3. $E((a_1 \cdot X_1 + a_2 \cdot X_2)|Y) = a_1 \cdot E(X_1|Y) + a_2 \cdot E(X_2|Y)$,
4. $E(c|Y) = c$ *für jede Konstante c*,
5. $E(X \cdot Y|Y) = Y \cdot E(X|Y)$ *(Zufallsvariablen, die in der Bedingung auftreten, können herausgezogen werden)*.

Die Nachweise dieser Rechenregeln ergeben sich aus der Definition der bedingten Erwartung und sind in den Lehrbüchern der Stochastik nachzulesen. Wir betrachten beispielhaft die erste Regel im stetigen Fall. Es gilt

$$
\begin{aligned}
E(E(X|Y)) &= \int_{-\infty}^{\infty} E(X|Y = y) \cdot f_Y(y)dy = \int_{-\infty}^{\infty} \left(\int_{-\infty}^{\infty} x \cdot f_{X|Y=y}(x)dx \right) \cdot f_Y(y)dy \\
&= \int_{-\infty}^{\infty} x \cdot \left(\int_{-\infty}^{\infty} f(x,y)dy \right) dx = \int_{-\infty}^{\infty} x \cdot f_X(x)dx = E(X).
\end{aligned}
$$

Übung 2.14 *Berechnen Sie $E(W_u|W_s)$ ($u > s$) für einen Wiener-Prozess $(W_t)_{t \geq 0}$.*
Lösung: *Es gilt*

$$
\begin{aligned}
E(W_u|W_s) &= E(((W_u - W_s) + W_s)|W_s) = E(W_u - W_s|W_s) + E(W_s|W_s) \\
&= E(W_u - W_s) + W_s \cdot E(1|W_s) = W_s,
\end{aligned}
$$

wobei die Unabhängigkeit von $W_u - W_s$ und W_s sowie die Tatsache benutzt wurde, dass die Zufallsvariable $W_u - W_s$ normalverteilt ist mit Mittelwert 0.

Die Definition des bedingten Erwartungswertes $E(X|Y = y)$ kann verallgemeinert werden auf einen Zufallsvektor $\vec{Y}$. Es ergibt sich dann die bedingte Erwartung $E(X|\vec{Y})$, die wiederum eine Zufallsvariable ist. Im Falle $\vec{Y} = (Y_1, \ldots, Y_t)$ schreibt sich die bedingte Erwartung in der Form

$$E(X|Y_1, Y_2, \ldots, Y_t).$$

Es gilt die Rechenregel:

$$E(Z \cdot X|Y_1, \ldots, Y_t) = Z \cdot E(X|Y_1, \ldots, Y_t), \quad \text{falls } Z \text{ durch } Y_1, \ldots, Y_t \text{ bestimmt ist,} \quad (2.9)$$

d. h. falls sich Z als (geeignete) Funktion der Zufallsvariablen $Y_1, \ldots, Y_t$ darstellen lässt.

Eine noch weitergehende Verallgemeinerung des bedingten Erwartungswertes besteht darin, dass man statt $E(X|Y_1, Y_2, \ldots, Y_t)$ den Ausdruck $E(X|\mathcal{F}_t^Y)$ definiert, wobei $\mathcal{F}_t^Y$ eine sog. *Filtration* ist und die gesamte "Historie" eines beliebigen stochastischen Prozesses $(Y_s)_{s \in I}$ bis zum Zeitpunkt t enthält. Damit ist gemeint, dass $\mathcal{F}_t^Y$ alle Ereignisse umfasst, bei denen zum Zeitpunkt t aufgrund der Pfadverläufe $(Y_s)_{s \leq t}$ entschieden werden kann, ob sie eintreten oder nicht.

Ein Beispiel mag dies verdeutlichen: Bezeichnet $(Y_s)_{s \leq t}$ die zufälligen Kursverläufe eines Finanzinstruments von heute bis zum künftigen Zeitpunkt $t > 0$, so kann in t entschieden werden, ob das Ereignis A: "Der maximale Kurs im Intervall $[0; t]$ war 100" eingetreten ist oder nicht. Hingegen kann in t nicht entschieden werden, ob das Ereignis B: "Der Kurs Y_{t+1} ist höher als alle Kurse zuvor" eintritt, denn dieser Kurs ist aus der vorliegenden Kurshistorie nicht bekannt.

Formal erfolgt die Definition von $\mathcal{F}_t^Y$ dadurch, dass man alle Ereignisse A zu einer σ-Algebra zusammenfasst, deren Eintreten in t durch die Kurshistorie $(Y_s)_{s \leq t}$ festgelegt ist. Die bedingte Erwartung $E(X|\mathcal{F}_t^Y)$ beschreibt dann die zu erwartenden Werte von X, gegeben die Informationen aus der Historie. Da die Information im Zeitablauf zunimmt, wird die Filtration "immer größer", d. h. es gilt $\mathcal{F}_{t_1}^Y \subseteq \mathcal{F}_{t_2}^Y$ für $t_1 \leq t_2$.

Die praktische Berechnung der hier betrachteten bedingten Erwartungen erfolgt meist unter Anwendung der Rechenregeln aus Satz 2.7, die dann natürlich auf die genannten Fälle auszudehnen sind. Wir bemerken noch die **Rechenregeln:**

$$
\begin{aligned}
E(X|\mathcal{F}_0^Y) &= E(X), & (2.10) \\
E(X \cdot Z|\mathcal{F}_t^Y) &= X \cdot E(Z|\mathcal{F}_t^Y), \quad \text{falls } X \text{ durch } (Y_u)_{0 \leq u \leq t} \text{ bestimmt ist.} & (2.11) \\
E(E(X|\mathcal{F}_t^Y)|\mathcal{F}_s^Y) &= E(X|\mathcal{F}_s^Y) \quad \text{für } s \leq t. & (2.12)
\end{aligned}
$$

Beispiel 2.13 *Es sei $\mathcal{F}_t^W$ die zum Prozess Wiener-Prozess gehörende Filtration. Dann gilt zunächst aufgrund der Rechenregeln*

$$E(W_u|\mathcal{F}_s^W) = E(((W_u - W_s) + W_s)|\mathcal{F}_s^W) = E(W_u - W_s|\mathcal{F}_s^W) + E(W_s|\mathcal{F}_s^W).$$

Da die Veränderungen $W_u - W_s$ des Wiener-Prozesses jeweils unabhängig *von den vorhergehenden Werten sind, können wir schreiben*

$$E(W_u - W_s|\mathcal{F}_s^W) = E(E_u - W_s) = 0.$$

Es folgt damit unter Anwendung der letzten Regel von Satz 2.7

$$E(W_u|\mathcal{F}_s^W) = E(W_s|\mathcal{F}_s^W) = W_s \cdot E(1|\mathcal{F}_s^W) = W_s.$$

Zu den wichtigsten Arten von stochastischen Prozessen in der Wahrscheinlichkeitstheorie gehören die *Martingale*: Ein Martingal ist ein stochastischer Prozess $(X_t)_{t\in I}$, der "im Mittel konstant" ist, d. h. für den zu jedem Zeitpunkt t der Erwartungswert von X_s (für $s > t$) (bedingt auf die zur Zeit t vorliegenden Informationen) gleich X_t ist.

Das Konzept der Martingale eignet sich zur Beschreibung **fairer Spiele**: Als Beispiel betrachten wir ein Spiel, bei dem der Teilnehmer in jeder Runde mit Wahrscheinlichkeit $0{,}5$ einen Euro gewinnen bzw. verlieren kann; der Einsatz ist jeweils 0. Es sei X_n das Vermögen des Teilnehmers nach n Runden, $X_0 := 0$. Offenbar gilt für $m > n$: $E(X_m|X_0,\ldots,X_n) = X_m$, da bei jedem Spiel im Mittel weder etwas gewonnen noch verloren wird. Daher ist der Prozess $(X_n)_{n\in\mathbb{N}_0}$ ein Martingal.

Definition 2.17 *Es sei $(X_t)_{t\in I}$ ein stochastischer Prozess mit $E(|X_t|) < \infty$ für alle t und $\mathcal{F}_t^Y$ eine vorgegebene Filtration. $(X_t)_{t\in I}$ heißt ein Martingal (bzgl. der Filtration), wenn X_s als geeignete Funktion der Zufallsvariablen $Y_u, u \leq s$ ohne Rückgriff auf die Zufallsvariablen $Y_u, u > s$ dargestellt werden kann und wenn und ferner gilt*

$$E(X_s|\mathcal{F}_t^Y) = X_t \quad \text{für alle } 0 \leq t \leq s, \ s,t \in I. \tag{2.13}$$

Übung 2.15 *Zeigen Sie, dass $(W_t)_{t\geq 0}$ ein Martingal bzgl. der Filtration $\mathcal{F}_t^W$ ist.*
Lösung: *Es gilt $E(|W_t|) < \infty$ und aufgrund des obigen Beispiels*

$$E(W_s|\mathcal{F}_t^W) = W_t,$$

so dass die Martingaleigenschaft erfüllt ist.

Woran erkennen wir, ob $(X_t)_{t\in I}$ kein Martingal ist? Das ist z. B. dann der Fall, wenn $(X_t)_{t\in I}$ einen positiven oder negativen Trend aufweist, also im Mittel nicht konstant ist.

Übung 2.16 *Zeigen Sie, dass $X_t := \mu \cdot t + W_t$ für $\mu > 0$ kein Martingal bzgl. $\mathcal{F}_t^W$ ist.*
Lösung: *Die Martingaleigenschaft ist nicht erfüllt, denn es gilt für $s > t$:*

$$E(X_s|\mathcal{F}_t^W) = E(\mu \cdot s|\mathcal{F}_t^W) + E(W_s|\mathcal{F}_t^W) = \mu \cdot s + W_t > X_t.$$

Kapitel 3

Das diskrete Mehrperiodenmodell

In diesem Kapitel werden wir die Bewertung von Derivaten im einfachsten Modell zur Beschreibung von Finanzmärkten behandeln – dem diskreten Mehrperiodenmodell.

Jedes Modell ist eine vereinfachte Abbildung der Realität und arbeitet mit gewissen Annahmen. Bei der Derivatebewertung lauten diese typischerweise:

- Es gibt eine gewisse Anzahl von (börsengehandelten) *Basisinstrumenten* (Wertpapiere, Devisen, Rohstoffe usw.), deren heutige Werte (oder Preise) wir kennen, die jederzeit in beliebiger Menge gekauft oder verkauft werden können, und deren künftige Preisentwicklung (bis zu einem gegebenen Endzeitpunkt T) geeignet modelliert wird.

- Es können Kredite in beliebiger Höhe aufgenommen werden bzw. Geld angelegt werden zum risikolosen Zinssatz r. Die Leihgebühr für Wertpapiere ist 0.

- Die Kursentwicklungen der Basisinstrumente bis zum künftigen Zeitpunkt T sind aus heutiger Sicht ($t = 0$) unbekannt. Es tritt genau ein Kursverlauf aus der Menge aller möglichen Kursentwicklungen Ω ein, die beim Mehrperiodenmodell endlich viele Elemente enthält. Das Wahrscheinlichkeitsmaß wird zunächst mit P bezeichnet – später werden wir ein neues Wahrscheinlichkeitsmaß Q einführen.

3.1 Das Einperiodenmodell

Wir beginnen mit dem Einperiodenmodell, das später zum Mehrperiodenmodell ausgebaut wird.

3.1.1 Modellbeschreibung

Wir wiederholen an dieser Stelle kurz die bereits in Kapitel 2 eingeführten Bezeichnungen. Der Markt besteht zunächst nur aus zwei handelbaren Finanzinstrumenten – einer Anleihe und einem weiteren Finanzinstrument, dessen Kurs sich zufällig verändert (der Einfachheit halber betrachten wir in den folgenden Abschnitten stets eine Aktie). Es sei B_t bzw. S_t der Preis der Anleihe bzw. der Aktie zum Zeitpunkt t. Der Anleihepreis ist deterministisch (also nicht zufällig) und es gibt nur die beiden Zeitpunkte $t = 0$ sowie $t = 1$. Wir nehmen Folgendes an (es ist r der risikolose Zinssatz):

$$
\begin{aligned}
B_0 &= 1, \\
B_1 &= 1 + r \cdot \Delta t = 1 + r \qquad \text{(Verzinsung für die Periode von } t = 0 \text{ bis } t = 1 = \Delta t) \\
S_0 &= s \quad (s \in (0; \infty)), \quad S_1 = \begin{cases} s \cdot u & \text{mit Wahrscheinlichkeit } p_u, \\ s \cdot d & \text{mit Wahrscheinlichkeit } p_d. \end{cases}
\end{aligned}
$$

Wir schreiben auch $S_1 = S_0 \cdot U$, wobei U eine (diskrete) Zufallsvariable ist, für die gilt:

$$
U = \begin{cases} u & \text{mit Wahrscheinlichkeit } p_u, \\ d & \text{mit Wahrscheinlichkeit } p_d. \end{cases}
$$

Es gelte $0 < d < u$ und $p_u + p_d = 1$.

3.1.2 Portfolien und Arbitrage

Ein *Portfolio* besteht aus einer (in $t = 0$ gebildeten) Anzahl von Anleihen und Aktien. Mathematisch beschreiben wir ein Portfolio durch einen Vektor $h = (x, y) \in \mathbb{R}^2$ mit folgender Bedeutung: Das Portfolio besteht aus x Stücken der Anleihe und y Stücken der Aktie; negative Werte kennzeichnen eine short Position, positive Werte eine long Position.

Grundannahmen

- Jede beliebige Anzahl (auch negativ oder nicht ganzzahlig) von Anleihen oder Aktien kann sich im Portfolio befinden (also $h \in \mathbb{R}^2$).

- Kauf- und Verkaufspreise stimmen überein, es gibt keine Gebühren beim Handel.

- Es gibt keine Kreditrisiken.

- Es können jederzeit am Markt beliebig viele Stücke der Anleihe bzw. der Aktie ge- oder verkauft werden.

Definition 3.1 *Der Barwert (oder kurz Wert) eines Portfolios $h = (x,y)$, das in $t = 0$ gebildet wird und bis $t = 1$ gehalten wird, ist*

$$PV_t^h := x \cdot B_t + y \cdot S_t \qquad (t \in \{0,1\})$$

d. h. $PV_0^h = x + y \cdot s$, $\quad PV_1^h = x \cdot (1 + r) + y \cdot s \cdot U$.

Offenbar ist PV_0^h ein fester Zahlenwert und PV_1^h eine Zufallsvariable.

Wir wissen bereits, dass eine *Arbitrage* das Erzielen eines risikolosen Gewinns ohne Einsatz von eigenem Kapital ist. Dieser Begriff ist fundamental für die Modellierung von Finanzmärkten.

Definition 3.2 *Ein Arbitrage-Portfolio ist ein Portfolio $h = (x,y)$ mit den Eigenschaften*

$$PV_0^h = 0, \qquad PV_1^h > 0 \;\; \text{mit Wahrscheinlichkeit 1.}$$

Ein Arbitrage-Portfolio besteht also aus einer (sehr geschickten) Kombination von Anleihe und Aktie in $t = 0$ (und zwar eine short, die andere long), so dass in $t = 0$ kein Geld zu zahlen ist ($PV_0^h = 0$), aber in $t = 1$ ein sicherer positiver Gewinn zu erzielen ist. Lässt dies unser einfacher Markt im Einperiodenmodell überhaupt zu?

Satz 3.1 *Das Einperiodenmodell ist arbitragefrei, genau dann, wenn gilt*

$$d \leq 1 + r \leq u. \tag{3.1}$$

Nach Voraussetzung gilt immer $0 < d < u$. Daher muss mindestens eine der obigen Ungleichungen echt sein, wenn der Markt arbitragefrei ist. Die ökonomische Bedeutung von (3.1) besteht darin, dass der aus der Anleihe erzielte Ertrag $(1 + r)$ durch die beiden möglichen Erträge aus der Aktie begrenzt wird (die Aktie ist riskanter und weist daher nach oben und nach unten größere Kursschwankungen auf als die Anleihe).

Beweis

1. Der Markt sei arbitragefrei. Wir zeigen, dass dann (3.1) gelten muss. Angenommen, (3.1) gilt nicht, also $1 + r > u$ oder $d > 1 + r$.
   Wir betrachten den ersten Fall: Es gilt: $s \cdot (1 + r) > s \cdot u > s \cdot d$. Wir behaupten, dass das Portfolio $h = (s, -1)$ ein Arbitrage-Portfolio darstellt, im Widerspruch zur Voraussetzung. Das Portfolio besteht aus einer long Position von s Anleihen (beachten Sie, dass s den Aktienkurs in $t = 0$ bezeichnet) und einer short Position von einer

Aktie und es gilt:

$$PV_0^h = s \cdot 1 - 1 \cdot s = 0,$$

$$PV_1^h = s \cdot (1 + r) - s \cdot U = \begin{cases} s \cdot (1 + r) - s \cdot u > 0 & \text{mit Wahrscheinlichkeit } p_u, \\ s \cdot (1 + r) - s \cdot d > 0 & \text{mit Wahrscheinlichkeit } p_d. \end{cases}$$

also $PV_1^h > 0$ mit Wahrscheinlichkeit 1. Somit liegt eine Arbitrage vor, Widerspruch. Der zweite Fall geht analog.

2. Es gelte (3.1) und wir zeigen, dass der Markt arbitragefrei ist. Angenommen, es gibt ein Arbitrage-Portfolio, d. h. ein Portfolio $h = (x, y)$ mit $PV_0^h = 0$, $PV_1^h > 0$ (mit Wahrscheinlichkeit 1).

Wegen $PV_0^h = x + y \cdot s = 0$ folgt $x = -y \cdot s$ und damit in $t = 1$:

$$PV_1^h = \begin{cases} x \cdot (1 + r) + y \cdot s \cdot u = y \cdot s \cdot (u - (1 + r)) & \text{mit Wahrscheinlichkeit } p_u, \\ x \cdot (1 + r) + y \cdot s \cdot d = y \cdot s \cdot (d - (1 + r)) & \text{mit Wahrscheinlichkeit } p_d. \end{cases}$$

Es muss $y \neq 0$ gelten, weil sonst $PV_1^h = 0$ wäre. Für $y > 0$ ist also h ein Arbitrage-Portfolio, falls $d > 1 + r$, im Widerspruch zur Voraussetzung. Also kann für $y > 0$ keine Arbitrage existieren. Analog zeigt man, dass für $y < 0$ nur dann ein Arbitrage-Portfolio vorliegen kann, falls $u < 1 + r$, im Widerspruch zur Voraussetzung.

∎

Welchen Schluss können wir aus diesem Satz ziehen? Offenbar ist der Markt arbitragefrei, genau dann, wenn $d \leq 1 + r \leq u$ und letzteres ist äquivalent zu der Aussage

$$1 + r = q_u \cdot u + q_d \cdot d$$

mit zwei geeignet zu wählenden Zahlen $q_u, q_d \geq 0$, $q_u + q_d = 1$ (stellen Sie sich diese als Gewichte vor). Wir interpretieren die so bestimmten Zahlen q_u und q_d nun als (neue) Wahrscheinlichkeiten, und weisen diese den beiden möglichen Ereignissen $U = u$ bzw. $U = d$ zu:

$$Q(U = u) = q_u, \quad Q(U = d) = q_d.$$

Die neue Bezeichnung Q (statt P) für die Wahrscheinlichkeit der Ereignisse wurde gewählt, um den Unterschied zu den "alten" Wahrscheinlichkeiten

$$P(U = u) = p_u, \quad P(U = d) = p_d$$

deutlich zu machen. Wir berechnen den Erwartungswert des Aktienkurses S_1 einmal mit P und einmal mit Q:

$$E_P(S_1) = p_u \cdot s \cdot u + p_d \cdot s \cdot d \quad \text{und} \quad E_Q(S_1) = q_u \cdot s \cdot u + q_d \cdot s \cdot d.$$

Wegen $q_u \cdot u + q_d \cdot d = 1 + r$ können wir schreiben

$$E_Q(S_1) = s \cdot (q_u \cdot u + q_d \cdot d) = s \cdot (1 + r), \quad \text{also}$$

$$\boxed{S_0 = s = \frac{1}{1 + r} \cdot E_Q(S_1)} \qquad (*)$$

Dies besagt: Der heutige Aktienkurs ist gleich dem diskontierten Erwartungswert des zukünftigen Aktienkurses S_1. Dies gilt jedoch nur für das Wahrscheinlichkeitsmaß Q, nicht für das Wahrscheinlichkeitsmaß P. Man nennt Q auch das *risikoneutrale Maß*. Diese Bezeichnung kommt daher, dass wir in der Gleichung $(*)$ den risikolosen Zinssatz r verwenden, um vom künftigen Aktienkurs S_1 auf den heutigen Aktienkurs S_0 zu schließen, also "risikoneutral" abzinsen.

Definition 3.3 *Ein Wahrscheinlichkeitsmaß Q mit $Q(U = u) = q_u$, $Q(U = d) = q_d$ heißt ein* risikoneutrales Maß *(oder auch* Martingalmaß*), falls gilt*

$$s = S_0 = \frac{1}{1+r} \cdot E_Q(S_1).$$

Beachten Sie bitte, dass es (zunächst) mehr als eine Möglichkeit geben könnte, die Wahrscheinlichkeiten q_u und q_d eines risikoneutralen Maßes Q festzulegen – wir wissen noch nicht, ob es eindeutig ist!

Satz 3.2 *Ein Markt ist arbitragefrei genau dann, wenn ein risikoneutrales Maß Q existiert.*

Dies folgt unmittelbar aus unseren obigen Überlegungen.

Satz 3.3 *Für das arbitragefreie Einperiodenmodell ist Q eindeutig bestimmt. Es gilt*

$$q_u = \frac{1+r-d}{u-d}, \quad q_d = 1 - q_u = \frac{u-(1+r)}{u-d}.$$

Beweis Wir haben für q_u und q_d zwei Gleichungen, die eindeutig aufgelöst werden können – prüfen Sie dies nach! ∎

3.1.3 Derivate im Einperiodenmodell

Definition 3.4 *Ein (*Europäisches*) Derivat ist ein Finanzinstrument, dessen Wert in $t = 1$ durch eine vom Kurs S_1 abhängige* Auszahlungsfunktion *festgelegt ist:*

$$X = f(S_1).$$

Beispiel 3.1 *Wir betrachten eine Europäische Aktien Call-Option mit Strike K, also*

$$X = f(S_1) = \max\{S_1 - K, 0\}.$$

Im Einperiodenmodell lässt sich dies wie folgt veranschaulichen:

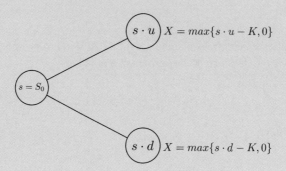

Abbildung 20: Call im Einperiodenmodell

Es sei s · d < K < s · u. Dann folgt:

$$X = \begin{cases} s \cdot u - K, & \text{falls } U = u, \\ 0, & \text{falls } U = d. \end{cases}$$

Die Frage ist: Wie ist der Barwert (oder Preis) unseres Derivats in $t = 0$? Um ein allgemeines Modell für die Berechnung des Preises im Einperioden-Binomialbaum zu erhalten, gehen wir von der folgenden Überlegung aus: Wir konstruieren in $t = 0$ ein Portfolio $h = (x, y) \in \mathbb{R}^2$ aus Anleihe und Aktie, welches in $t = 1$ **immer** denselben Barwert wie unser Derivat hat. Die Forderung lautet also in beiden Fällen $U = u$ und $U = d$:

$$PV_1^h = X$$

Definition 3.5 *Ein Portfolio mit den o. g. Eigenschaften heißt **Replikationsportfolio**. Falls für **jedes** beliebige Derivat ein Replikationsportfolio $h = (x, y) \in \mathbb{R}^2$ aus Anleihe und Aktie existiert, so heißt der Markt **vollständig**.*

In einem arbitragefreien vollständigen Markt ist die Bewertung beliebiger Derivate zum Zeitpunkt $t = 0$ damit problemlos möglich:

1. Finde ein Replikationsportfolio $h = (x, y) \in \mathbb{R}^2$ mit $PV_1^h = X$.
2. Berechne den Barwert (oder Preis) des Derivats zum Zeitpunkt 0 als

$$\text{Barwert(Derivat)} = PV_0^h = x \cdot 1 + y \cdot S_0 = x + y \cdot s.$$

Begründung: Das Derivat und das Replikationsportfolio h stimmen in $t = 1$ in beiden Fällen ($U = d$ oder $U = u$) überein. Damit müssen sie auch in $t = 0$ den gleichen Barwert haben (Law of one Price).

Übung 3.1 *Vorgegeben ist das folgende Einperiodenmodell:*

$$S_0 = 20, \quad u = 1{,}1, \quad d = 0{,}9, \quad r = 2\%.$$

Geben Sie die Auszahlungsfunktion $X = f(S_1)$ und das Replikationsportfolio einer Call-Option auf die Aktie mit Strike 20 und Fälligkeit in $t = 1$ an.
Lösung: *Es gilt*

$$f(S_1) = \max\{S_1 - 20, 0\}.$$

Das Replikationsportfolio $h = (x, y)$ berechnet sich aus

$$\left\{ \begin{array}{l} x \cdot 1{,}02 + y \cdot 22 = 2 \\ x \cdot 1{,}02 + y \cdot 18 = 0 \end{array} \right\}.$$

Die Lösung dieses linearen Gleichungssystems ist $h = (-8{,}82; 0{,}5)$, also besteht das Replikationsportfolio aus einer short Position in 8,82 Stücken der risikolosen Anleihe und einer long Position in 0,5 Stücken des Underlyings.
Damit erhalten wir als Barwert des Derivats zum Zeitpunkt $t = 0$:

$$PV_0^h = x \cdot 1 + y \cdot 20 = -8{,}82 \cdot 1 + 0{,}5 \cdot 20 = 1{,}18.$$

Beachten Sie, dass wir hier keine Wahrscheinlichkeiten bei der Berechnung verwendet haben!

Satz 3.4 *Ist das Einperiodenmodell arbitragefrei, so ist der zugehörige Markt vollständig und jedes Derivat hat einen eindeutigen Barwert in $t = 0$.*

Beweis Wir müssen zeigen, dass für jedes Derivat mit Auszahlungsfunktion X ein Replikationsportfolio $h = (x, y) \in \mathbb{R}^2$ existiert. Dazu muss Folgendes gelten:

$$PV_1^h = X, \text{ also } \left\{ \begin{array}{ll} (1 + r) \cdot x + s \cdot u \cdot y = f(s \cdot u) & \text{(falls } U = u\text{)}, \\ (1 + r) \cdot x + s \cdot d \cdot y = f(s \cdot d) & \text{(falls } U = d\text{)}. \end{array} \right.$$

Wegen $d < u$ (gilt immer im Einperiodenmodell!) ergibt sich als eindeutige Lösung (x, y) des obigen linearen Gleichungssystems:

$$x = \frac{1}{1 + r} \cdot \frac{u \cdot f(s \cdot d) - d \cdot f(s \cdot u)}{u - d}, \tag{3.2}$$

$$y = \frac{1}{s} \cdot \frac{f(s \cdot u) - f(s \cdot d)}{u - d}. \tag{3.3}$$

Somit existiert ein Replikationsportfolio $h = (x, y)$. Aufgrund der Arbitragefreiheit gilt in $t = 0$:

$$\text{Barwert(Derivat)} = PV_0^h = x + y \cdot s.$$

■

3.1.4 Risikoneutrale Bewertung

Setzen wir (3.2) und (3.3) in die Gleichung Barwert(Derivat)$= x + y \cdot s$ ein, so folgt:

$$\text{Barwert(Derivat)} = \frac{1}{1+r} \cdot \left(\frac{u \cdot f(s \cdot d) - d \cdot f(s \cdot u)}{u - d} + \frac{f(s \cdot u) - f(s \cdot d)}{u - d} \cdot (1 + r) \right)$$

Einsetzen der Größen q_u und q_d (Satz 3.3) zeigt nun:

$$\begin{aligned} \text{Barwert(Derivat)} &= \frac{1}{1+r} \cdot (f(s \cdot u) \cdot q_u + f(s \cdot d) \cdot q_d) \\ &= \frac{1}{1+r} \cdot E_Q(f(S_1)) = \frac{1}{1+r} \cdot E_Q(X). \end{aligned}$$

Satz 3.5 *Im arbitragefreien Einperiodenmodell (ohne Kreditrisiken) besitzt ein Derivat in $t = 0$ den eindeutigen Preis*

$$\text{Barwert(Derivat)} = \frac{1}{1+r} \cdot E_Q(X) \tag{3.4}$$

("abgezinster Erwartungswert der Auszahlungsfunktion unter dem risikoneutralen Maß Q"). Formel (3.4) heißt auch risikoneutrale Bewertungsformel.

Beachten Sie, dass in die Formel (3.4) nur das risikoneutrale Maß Q, nicht aber die Wahrscheinlichkeiten p_u und p_d eingehen! Es ist also unerheblich, wie jeder Investor die Wahrscheinlichkeiten p_u bzw. p_d für das Steigen bzw. Fallen der Aktienkurse einschätzt.

Beispiel 3.2 *Es sei $S_0 = s = 100$, $u = 1,2$, $d = 0,8$, $p_u = 0,6$, $p_d = 0,4$, $r = 0$ (zur Vereinfachung!). Dieses Modell ist arbitragefrei, denn es gilt $d = 0,8 < 1 + r < 1,2 = u$. Somit folgt*

$$S_1 = \begin{cases} 120 & \textit{mit Wahrscheinlichkeit } 0,6, \\ 80 & \textit{mit Wahrscheinlichkeit } 0,4. \end{cases}$$

Die Auszahlungsfunktion eines Calls auf die Aktie mit Fälligkeit in $t = 1$ und Strike $K = 110$ ist

$$X = \begin{cases} 10, & \textit{falls } S_1 = 120, \\ 0, & \textit{falls } S_1 = 80. \end{cases}$$

Es folgt in $t = 0$: Barwert(Call-Option)$= \dfrac{1}{1+r} \cdot (10 \cdot q_u + 0 \cdot q_d) \overset{r=0}{=} 10 \cdot q_u$.

Nun ist $q_u = \dfrac{1+r-d}{u-d} = \dfrac{1+0-0,8}{0,4} = \dfrac{1}{2}$, *also:* $Barwert(Call\text{-}Option) = \frac{1}{2} \cdot 10 = 5$.

Wie sieht das Replikationsportfolio $h = (x,y)$ *aus? Es gilt*

$$x \overset{(3.2)}{=} \frac{1}{1+r} \cdot \frac{u \cdot f(s \cdot d) - d \cdot f(s \cdot u)}{u-d} = 1 \cdot \frac{1,2 \cdot 0 - 0,8 \cdot 10}{0,4} = -20,$$

$$y \overset{(3.3)}{=} \frac{1}{s} \cdot \frac{f(s \cdot u) - f(s \cdot d)}{u-d} = \frac{1}{100} \cdot \frac{10-0}{0,4} = \frac{1}{4}.$$

Wir haben $PV_0^h = x \cdot 1 + y \cdot s = -20 + \frac{1}{4} \cdot 100 = 5$ *(= Barwert der Call-Option) und*

$$PV_1^h = \begin{cases} x \cdot (1+r) + s \cdot u \cdot y = x + 120 \cdot y = -20 + 30 = 10, & \text{falls } S_1 = 120, \\ x \cdot (1+r) + s \cdot d \cdot y = x + \;\;80 \cdot y = 0, & \text{falls } S_1 = \;\;80, \end{cases}$$

also $PV_1^h = X$ *in beiden Fällen!*

Übung 3.2 *In einem Einperiodenmodell gelte* $S_0 = 20$, $u = 0,05$, $d = 1/u$. *Für welche Werte von* r *ist das Einperiodenmodell arbitragefrei und vollständig? Geben Sie eine Bewertungsformel (in Abhängigkeit von* r) *für einen long Put mit Strike* $K = 20$ *und Fälligkeit in* $T = 1$ *an. Berechnen Sie den Wert* $E_Q(X)$ *in Abhängigkeit von* r, *wobei* X *die Auszahlungsfunktion des Puts ist. Wie lautet das zugehörige Replikationsportfolio?*

Wir haben gezeigt, dass im Einperiodenmodell unter der Annahme der Arbitragefreiheit der Barwert eines beliebigen Derivats stets eindeutig bestimmt ist und dass er mit der risikoneutralen Bewertungsformel (3.4) zu berechnen ist. Diese Formel beruht auf der Tatsache, dass der Markt vollständig ist, und daher für jedes Derivat ein Replikationsportfolio bestimmt werden kann.

Allerdings ist das Einperiodenmodell zur Beschreibung der Realität nicht besonders geeignet – wir gehen daher über zum Mehrperiodenmodell.

3.2 Das Mehrperiodenmodell

3.2.1 Portfolien und Arbitrage

Wir untersuchen einen Markt ohne Kreditrisiken mit zwei handelbaren Finanzinstrumenten – einer Anleihe und einem weiteren Instrument (Wertpapier, Fremdwährung, Rohstoff usw.), und zwar über den Zeitraum $t = 0$ (heute) bis $t = T$ mit Betrachtungszeitpunkten $t_k := k \cdot T/n$, $\Delta t := t_{k+1} - t_k = T/n$. Die grundlegenden Bezeichnungen wurden in Kapitel 2 eingeführt. Wie im Einperiodenmodell analysieren wir Portfolien aus Aktien und Anleihen, deren Zusammensetzung nun aber zeitveränderlich sind:

Definition 3.6 *Eine Portfoliostrategie ist gegeben durch eine Folge*

$$\{h_{t_k} = (x_{t_k}, y_{t_k}) : k \in \{0, 1, \ldots, n-1\}\},$$

von zeitveränderlichen Portfolien, wobei x_{t_k} die Anzahl der Anleihen und y_{t_k} die Anzahl der Aktien zum Zeitpunkt t_k im Portfolio bezeichnen. Die Größen x_{t_k} und y_{t_k} hängen von den jeweils vorliegenden Aktienkursen bis t_{k-1} ab (für $k \geq 1$). Der Wert-Prozess

$$\{PV_{t_k}^h := x_{t_k} \cdot B_{t_k} + y_{t_k} \cdot S_{t_k} : k \in \{0, 1, \ldots, n-1\}\}, \quad PV_{t_n}^h := x_{t_{n-1}} \cdot B_{t_n} + y_{t_{n-1}} \cdot S_{t_n}$$

gibt die Portfoliowerte zu den Zeitpunkten $t_0 = 0, t_1, \ldots, t_n = T$ an. Sie sind für $t_k > 0$ zufällig. Die Größe $PV_{t_k}^h$ ist der Barwert (oder Wert) zum Zeitpunkt t_k.

Beachten Sie, dass die Portfoliozusammensetzung in t_k für $k \geq 1$ nur auf *vorhergehenden* Kursinformationen der Aktie beruht – erst *nachdem* das Portfolio für t_k gebildet wurde, wird der neue Kurs S_{t_k} beobachtbar!

Wir interessieren uns für spezielle Portfoliostrategien, nämlich solche, bei denen im Zeitablauf kein Geld von Außen hinzugefügt oder entnommen wird. Stellen Sie sich dabei ein Wertpapierdepot bei Ihrer Bank vor, das Sie zwar gelegentlich umschichten, aber niemals Geld entnehmen oder neu hinzufügen. Dies bedeutet, dass für die Wertentwicklung des Portfolios zwischen zwei Betrachtungszeitpunkten t_k und t_{k+1} gilt:

$$PV_{t_{k+1}}^h - PV_{t_k}^h = x_{t_k} \cdot \Delta B_{t_k} + y_{t_k} \cdot \Delta S_{t_k},$$

wobei $\Delta B_{t_k} := B_{t_{k+1}} - B_{t_k}, \ \Delta S_{t_k} := S_{t_{k+1}} - S_{t_k} \quad (k \in \{0, 1, \ldots, n-1\}).$

Definition 3.7

1. *Eine Portfoliostrategie heißt* **selbstfinanzierend**, *falls für alle Zeitpunkte t_k gilt:*

$$PV_{t_{k+1}}^h - PV_{t_k}^h = x_{t_k} \cdot \Delta B_{t_k} + y_{t_k} \cdot \Delta S_{t_k}.$$

2. *Eine selbstfinanzierende Portfoliostrategie heißt* **Arbitragestrategie**, *falls*

$$PV_0^h = 0, \quad P(PV_T^h \geq 0) = 1, \quad P(PV_T^h > 0) > 0.$$

Eine Arbitragestrategie erlaubt es uns also, ohne Einsatz von eigenem Kapital ($PV_0^h = 0$) risikolos ($P(PV_T^h \geq 0) = 1$) einen Gewinn mit positiver Wahrscheinlichkeit zu erzielen. Wir können nun wieder festhalten (Beweis analog zu Satz 3.1):

Satz 3.6 *Im Mehrperiodenmodell gibt es keine Arbitragestrategie (der Markt ist arbitragefrei), genau dann, wenn gilt*

$$d \leq 1 + r \cdot \Delta t \leq u. \tag{3.5}$$

Wie im Einperiodenmodell folgt aus (3.5) die Existenz zweier Zahlen $q_u \geq 0$, $q_d \geq 0$ mit $q_u + q_d = 1$ und

$$\boxed{1 + r \cdot \Delta t = q_u \cdot u + q_d \cdot d.}$$

Wir fassen q_u und q_d wieder als Wahrscheinlichkeiten auf:

$$Q(U_k = u) = q_u, \quad Q(U_k = d) = q_d,$$

und haben damit das *risikoneutrale Maß* oder *Martingalmaß* im Mehrperiodenmodell definiert. Auch hier gilt:

Satz 3.7 *Im arbitragefreien Mehrperiodenmodell berechnen sich die Wahrscheinlichkeiten q_u und q_d des risikoneutralen Maßes Q zu*

$$q_u = \frac{1 + r \cdot \Delta t - d}{u - d}, \quad q_d = \frac{u - (1 + r \cdot \Delta t)}{u - d},$$

und es ist $s_{t_k} = \dfrac{1}{1 + r \cdot \Delta t} \cdot E_Q(S_{t_{k+1}} | S_{t_k} = s_{t_k}).$

Beweis Die Herleitung der Wahrscheinlichkeiten erfolgt analog zu Satz 3.3. Ferner gilt

$$E_Q(S_{t_{k+1}} | S_{t_k} = s_{t_k}) = s_{t_k} \cdot u \cdot q_u + s_{t_k} \cdot d \cdot q_d = s_{t_k} \cdot (u \cdot q_u + d \cdot q_d) = s_{t_k} \cdot (1 + r \cdot \Delta t).$$

∎

Die Bezeichnung Martingalmaß erklärt sich wie folgt:

Satz 3.8 (Martingaleigenschaft diskontierter Preise)
Unter dem Wahrscheinlichkeitsmaß Q ist der stochastische Prozess der diskontierten Preise

$$(S_{t_k}^*)_{0 \leq t_k \leq T} := (S_{t_k} / (1 + r \cdot \Delta t)^k)_{0 \leq t_k \leq T}$$

ein Martingal in Bezug auf die Filtration $\mathcal{F}_t^S$, welche die Informationen über die Kurshistorie der Aktie bis t beschreibt.

Beweis Zu zeigen ist für $k < l \leq n$:

$$E_Q(S_{t_l}^* | \mathcal{F}_{t_k}^S) = E_Q(S_{t_k}^*).$$

Die Kursentwicklung der Aktie zwischen t_k und t_l besteht aus $l - k$ unabhängigen Auf- bzw. Abwärtsbewegungen. Demnach gilt

$$
E_Q(S_{t_l} \mid S_{t_k}) = S_{t_k} \cdot \sum_{j=0}^{l-k} \binom{l-k}{j} \cdot u^j \cdot q_u^j \cdot d^{l-k-j} \cdot q_d^{l-k-j}
$$

$$
= S_{t_k} \cdot (q_u \cdot u + q_d \cdot d)^{l-k} = S_{t_k} \cdot (1 + \Delta \cdot r)^{l-k}.
$$

Hieraus ergibt sich

$$
E_Q(S_{t_l}^* \mid \mathcal{F}_{t_k}^S) = E_Q\left(\frac{S_{t_l}}{(1 + r \cdot \Delta t)^l} \,\Big|\, S_{t_k}, \ldots, S_{t_0} \right) \overset{(*)}{=} E_Q\left(\frac{S_{t_l}}{(1 + r \cdot \Delta t)^l} \,\Big|\, S_{t_k} \right)
$$

$$
= \frac{1}{(1 + r \cdot \Delta t)^l} \cdot E_Q(S_{t_l} \mid S_{t_k}) = \frac{1}{(1 + r \cdot \Delta t)^l} \cdot (1 + r \cdot \Delta t)^{l-k} \cdot S_{t_k}
$$

$$
= \frac{S_{t_k}}{(1 + r \cdot \Delta t)^k} = S_{t_k}^*.
$$

Zur Begründung von $(*)$ ist zu beachten, dass S_{t_l} nur von S_{t_k}, nicht aber von den vorhergehenden Kursen abhängig ist! ∎

3.2.2   Derivate im Mehrperiodenmodell, Binomialbäume

Definition 3.8   *Ein (Europäisches) Derivat ist ein Finanzinstrument, dessen Wert in $t = T$ durch die Auszahlungsfunktion*

$$
X = f(S_T)
$$

festgelegt ist, wobei S_T der zufällige Kurs des Underlyings in T ist.

Gesucht ist der Barwert (Preis) des Derivats in den Zeitpunkten t_k; wir schreiben dafür

$$
D_{t_k} \quad (k \in \{0, 1, \ldots, n\}).
$$

Für $t_k > 0$ handelt es sich um eine Zufallsvariable. Offenbar gilt

$$
D_{t_n} = D_T = X = f(S_T).
$$

Die weitere Vorgehensweise ist nun wie im Einperiodenmodell: Wir versuchen, für ein beliebig gegebenes Derivat (z. B. eine Option) eine *selbstfinanzierende Replikationsportfoliostrategie* zu finden, also eine Portfoliostrategie $\{h_{t_k} = (x_{t_k}, y_{t_k}) : k \in \{0, 1, \ldots, n-1\}\}$, die selbstfinanzierend ist und die die Eigenschaft

$$
PV_T^h = X = f(S_T) \tag{3.6}
$$

für *jeden* möglichen Aktienkurs S_T hat. Falls uns dies für jedes Derivat gelingt, so heißt der Markt *vollständig*.

Der Barwert Derivats zu jedem Zeitpunkt t_k kann dann berechnet werden als Wert des Replikationsportfolios:

Satz 3.9 *Der Barwert eines Europäischen Derivats, für das eine selbstfinanzierende Replikationsportfoliostrategie existiert (d. h. es gilt $PV_T^h = X = D_T$), ist in einem* **arbitragefreien** *Markt*

$$D_{t_k} = PV_{t_k}^h \quad (k \in \{0, 1, \dots, n\}).$$

Beweis Wir nehmen an, es gilt $D_{t_k} < PV_{t_k}^h$ (der Fall $D_{t_k} > PV_{t_k}^h$ ist analog zu behandeln). In diesem Fall bilden wir zum Zeitpunkt t_k zunächst eine short Position im Replikationsportfolio (das bringt uns den Betrag $+PV_{t_k}^h$ in die Kasse) und eine long Position im Derivat (das kostet uns den Betrag D_{t_k}). Insgesamt bleibt ein positiver Betrag $PV_{t_k}^h - D_{t_k}$ übrig, den wir risikolos anlegen. Nun warten wir bis zum Zeitpunkt $t_n = T$. Beachten Sie, dass zwischenzeitlich weder aus dem Derivat noch aus dem Portfolio (welches ja selbstfinanzierend ist – das ist hier der entscheidende Punkt!) irgendwelche Zahlungen anfallen oder zu leisten sind. In $t_n = T$ ist der Wert unserer Gesamtposition (ohne die risikolose Geldanlage):

$$-PV_T^h + D_T = -PV_T^h + X = 0$$

Übrig bleibt der risikolos verzinste Betrag, den wir angelegt hatten. Es wurde also ein Gewinn ohne Einsatz von eigenem Kapital erzielt. Da der Markt aber als arbitragefrei vorausgesetzt war, liegt ein Widerspruch vor. Es kann also nicht $D_{t_k} < PV_{t_k}^h$ gelten! Da auch der Fall $D_{t_k} > PV_{t_k}^h$ ausscheidet, folgt $D_{t_k} = PV_{t_k}^h$. ∎

Wichtig ist die folgende Erkenntnis:

Satz 3.10 (Arbitragefreiheit und Vollständigkeit)
1. *Das Mehrperiodenmodell ist im Fall $d \leq 1 + r \cdot \Delta t \leq u$ arbitragefrei und auch vollständig; d. h. für jedes (Europäische) Derivat existiert eine selbstfinanzierende Replikationsportfoliostrategie.*
2. *Das Mehrperiodenmodell ist* genau dann *arbitragefrei und vollständig, wenn ein* eindeutig bestimmtes Martingalmaß Q existiert mit den Wahrscheinlichkeiten q_u und q_d aus Satz 3.7.

Statt eines formalen Beweises dieses Satzes betrachten wir ein Zahlenbeispiel, bei dem die Zusammensetzung des Replikationsportfolios in jedem Knoten über ein lineares Gleichungssystem bestimmt wird:

Beispiel 3.3 *Es gelte $T = 3$, $S_0 = s = 100$, $u = 1,25$, $d = 0,8$. und $r = 0$ (aus Vereinfachungsgründen), also $d \leq 1 + r \cdot \Delta t \leq u$! Wir wählen $n = 3$ und wollen eine Europäische Call-Option mit Fälligkeit in $T = 3$ und Auszahlungsfunktion*

$$X = f(S_3) = \max\{S_3 - 100, 0\}$$

bewerten. Die folgende Abbildung zeigt den Binomialbaum mit den Werten von X:

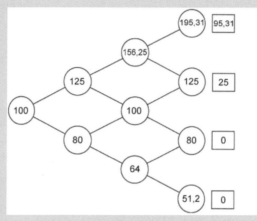

Abbildung 21: Binomialbaum zum Beispiel

Wie sieht das Replikationsportfolio zum Zeitpunkt $t_2 = 2$ *im Knoten* $s_{t_2} = 156,25$ *aus? Es ist*

$$x_{t_2} \cdot B_{t_2} \cdot (1 + r \cdot \Delta t) + y_{t_2} \cdot 195,31 \ = \ 95,31 \quad \textit{und}$$
$$x_{t_2} \cdot B_{t_2} \cdot (1 + r \cdot \Delta t) + y_{t_2} \cdot 125 \ = \ 25,$$

was wegen $r = 0$, *also* $B_{t_2} = B_{t_0} = B_0 = 1$ *auf das lineare Gleichungssystem*

$$x_{t_2} + y_{t_2} \cdot 195,31 = 95,31 \quad \textit{und} \quad x_{t_2} + y_{t_2} \cdot 125 = 25$$

führt. Daraus folgt $x_{t_2} = -100$, $y_{t_2} = 1$ *in diesem Knoten. Somit ist der Wert des Replikations-portfolios gegeben durch* $PV^h_{t_2} = x_{t_2} \cdot B_{t_2} + y_{t_2} \cdot S_{t_2} = -100 \cdot 1 + 1 \cdot 156,25 = 56,25$, *also gilt im betrachteten Knoten:* $D_{t_2} = PV^h_{t_2} = 56,25$.

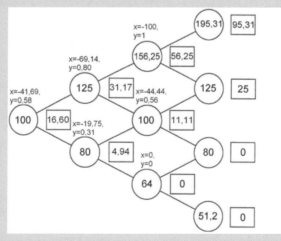

Abbildung 22: Die Zusammensetzung der Replikationsportfoliostrategie

Auf diese Weise fahren wir fort und wir durchlaufen den Binomialbaum dabei von rechts nach links bzw. spaltenweise jeweils von oben nach unten. Beachten Sie, dass in jedem Knoten gilt: $\Delta PV_{t_k} = x_{t_k} \cdot \Delta B_{t_k} + y_{t_k} \cdot \Delta S_{t_k}$, also handelt es sich um eine selbstfinanzierende Replikationsportfoliostrategie!

Es ergibt sich für den heutigen Barwert des Calls: $D_0 = 16{,}60$.

Bestätigen Sie die Aussagen $q_u = 4/9$, $q_d = 5/9$ und die in allen Knoten gültige Gleichung $PV_{t_k}^h = \frac{1}{1+r\cdot\Delta t} \cdot (q_u \cdot PV_{t_{k+1}}^{h,u} + q_d \cdot PV_{t_{k+1}}^{h,d})$. Wir können also die Werte des Replikationsportfolios sehr viel leichter ausrechnen. Allerdings erst, nachdem wir die zuletzt genannte Aussage bewiesen haben. Dies ist der Inhalt des nächsten Satzes!

3.2.3 Risikoneutrale Bewertung

Satz 3.11 *Im arbitragefreien Mehrperiodenmodell (ohne Kreditrisiken) gilt für den Barwert des selbstfinanzierenden Replikationsportfolios zu einem Derivat mit Auszahlungsfunktion X:*

$$PV_{t_k}^h = \frac{1}{1+r\cdot\Delta t} \cdot E_Q(PV_{t_{k+1}}^h | S_{t_k}) \quad (k \in \{0,1,\ldots,n-1\}).$$

Beweis Es gilt für $k \in \{0,1,\ldots,n-1\}$:

$$
\begin{aligned}
PV_{t_k}^h &= x_{t_k} \cdot B_{t_k} + y_{t_k} \cdot S_{t_k} \\[4pt]
&\overset{\text{(Satz 3.7)}}{=} x_{t_k} \cdot B_{t_k} + y_{t_k} \cdot \frac{1}{1+r\cdot\Delta t} \cdot E_Q(S_{t_{k+1}} | S_{t_k}) \\[4pt]
&= x_{t_k} \cdot \frac{B_{t_{k+1}}}{1+r\cdot\Delta t} + y_{t_k} \cdot \frac{1}{1+r\cdot\Delta t} \cdot E_Q(S_{t_{k+1}} | S_{t_k},\ldots,S_{t_0}) \\[4pt]
&= \frac{1}{1+r\cdot\Delta t} \cdot \left(x_{t_k} \cdot B_{t_{k+1}} + y_{t_k} \cdot E_Q(S_{t_{k+1}} | S_{t_k},\ldots,S_{t_0}) \right) \\[4pt]
&= \frac{1}{1+r\cdot\Delta t} \cdot \left(x_{t_k} \cdot E_Q(B_{t_{k+1}} | S_{t_k},\ldots,S_{t_0}) + y_{t_k} \cdot E_Q(S_{t_{k+1}} | S_{t_k},\ldots,S_{t_0}) \right) \\[4pt]
&\overset{(2.9)}{=} \frac{1}{1+r\cdot\Delta t} \cdot E_Q\left((x_{t_k} \cdot B_{t_{k+1}} + y_{t_k} \cdot S_{t_{k+1}}) | S_{t_k},\ldots,S_{t_0} \right) \\[4pt]
&= \frac{1}{1+r\cdot\Delta t} \cdot E_Q\left((x_{t_k} \cdot \Delta B_{t_k} + y_{t_k} \cdot \Delta S_{t_k} + PV_{t_k}^h) | S_{t_k},\ldots,S_{t_0} \right) \\[4pt]
&\overset{\text{(Definition 3.7)}}{=} \frac{1}{1+r\cdot\Delta t} \cdot E_Q\left((PV_{t_{k+1}}^h - PV_{t_k}^h + PV_{t_k}^h) | S_{t_k} \right) \\[4pt]
&= \frac{1}{1+r\cdot\Delta t} \cdot E_Q(PV_{t_{k+1}}^h | S_{t_k}).
\end{aligned}
$$

■

Satz 3.12 (Risikoneutrale Bewertung)
Im arbitragefreien und vollständigen Mehrperiodenmodell (ohne Kreditrisiken) gilt für den Preis eines (Europäischen) Derivats mit Auszahlungsfunktion $X = f(S_T)$ zum Zeitpunkt t_k:

$$D_{t_k} = \frac{1}{1 + r \cdot \Delta t} \cdot E_Q(D_{t_{k+1}} | S_{t_k}). \tag{3.7}$$

Beachten Sie, dass diese Formel im Fall $k = n - 1$ lautet: $D_{t_{n-1}} = \frac{1}{1+r\cdot\Delta t} \cdot E_Q(X | S_{t_{n-1}})$.

Durch wiederholte Anwendung der Formel (für $k = n - 1, \ldots, 0$) ergibt sich der folgende abgezinste Erwartungswert der Auszahlungsfunktion:

$$D_0 = \frac{1}{(1 + r \cdot \Delta t)^n} \cdot E_Q(X) = \frac{1}{(1 + r \cdot \Delta t)^n} \cdot \sum_{l=0}^{n} \binom{n}{l} q_u^l \cdot q_d^{n-l} \cdot f(S_0 \cdot u^l \cdot d^{n-l}).$$

Diese Formel heißt auch risikoneutrale Bewertungsformel.

Beweis Aus dem vorhergehenden Satz folgt zunächst:

$$PV_{t_k}^h = \frac{1}{1 + r \cdot \Delta t} \cdot E_Q(PV_{t_{k+1}}^h | S_{t_k}), \text{ also } D_{t_k} = \frac{1}{1 + r \cdot \Delta t} \cdot E_Q(D_{t_{k+1}} | S_{t_k}).$$

Dies gilt für alle $k \in \{n - 1, n - 2, \ldots, 0\}$. Daher können wir festhalten:

$$D_{t_{n-1}} = \frac{1}{1 + r \cdot \Delta t} \cdot E_Q(X | S_{t_{n-1}}),$$

$$D_{t_{n-2}} = \frac{1}{1 + r \cdot \Delta t} \cdot E_Q(D_{t_{n-1}} | S_{t_{n-2}}),$$

$$\vdots$$

und schließlich

$$D_{t_0} = \frac{1}{1 + r \cdot \Delta t} \cdot E_Q(D_{t_1} | S_{t_0}).$$

Setzt man nun alle Gleichungen von unten nach oben ineinander ein, so folgt:

$$D_{t_0} = D_0 = \frac{1}{(1 + r \cdot \Delta t)^n} \cdot E_Q(E_Q(\ldots(E_Q(X | S_{t_{n-1}}))\ldots | S_{t_1}) | S_{t_0}).$$

Die Rechenregeln für bedingte Erwartungen besagen, dass der letzte Ausdruck gleich $E(X | S_{t_0}) = E(X)$ ist, also haben wir:

$$D_0 = \frac{1}{(1 + r \cdot \Delta t)^n} \cdot E_Q(X) = \frac{1}{(1 + r \cdot \Delta t)^n} \cdot E_Q(f(S_T)).$$

Die Zufallsvariable $S_T = S_{t_n}$ kann im n-periodigen Binomialbaum genau $n + 1$ verschiedene Werte annehmen. Es gilt unter dem Martingalmaß Q:

$$Q(S_T = S_0 \cdot u^l \cdot d^{n-l}) = \binom{n}{l} \cdot q_u^l \cdot q_d^{n-l} \quad \text{für } l \in \{0, 1, \ldots, n\}.$$

Daher haben wir:

$$D_{t_0} = \frac{1}{(1 + r \cdot \Delta t)^n} \cdot E_Q(f(S_T)) = \frac{1}{(1 + r \cdot \Delta t)^n} \cdot \sum_{l=0}^{n} \binom{n}{l} q_u^l \cdot q_d^{n-l} \cdot f(S_0 \cdot u^l \cdot d^{n-l}).$$

∎

Beispiel 3.4 *Betrachten Sie nochmals Beispiel 3.3: Dort gilt $q_u = q_d = 0,5$, $r = 0$, $n = 3$ und daher gemäß der risikoneutralen Bewertungsformel:*

$$\begin{aligned}
D_0 &= \frac{1}{(1+0)^3} \cdot \sum_{l=0}^{3} \binom{3}{l} 0,5^l \cdot 0,5^{3-l} \cdot \underbrace{\max\{80 \cdot 1,5^l \cdot 0,5^{3-l} - 80, 0\}}_{= f(S_0 \cdot u^l \cdot d^{3-l})} \\
&= \sum_{l=0}^{3} \binom{3}{l} 0,5^3 \cdot \max\{80 \cdot 1,5^l \cdot 0,5^{3-l} - 80, 0\} = 27,5.
\end{aligned}$$

Übung 3.3 *Gegeben ist ein Mehrperiodenmodell mit den Zeitpunkten $t_0 = 0, t_1 = 1, \ldots t_n = n$, $\Delta t = 1$, den Martingalwahrscheinlichkeiten $q_u = q_d = 0,5$ und dem risikolosen Zinssatz $r > 0$.*

1. *In jedem Zeitschritt bewegt sich der Kurs S_t einer Aktie um den Faktor $u > 1 + r$ nach oben und um $d = 1/r$ nach unten. Bestimmen Sie Formeln für u und d aus den o. g. Größen.*
2. *Welche beiden für die Bewertung von Finanzinstrumenten wichtigen Eigenschaften hat dieses Modell (mit ausführlicher Begründung)?*
3. *Im Binomialbaum gilt bekanntlich $S_{t_n} = S_0 \cdot u^k \cdot d^{n-k}$ $(k \in \{0, 1, \ldots, n\})$.*

   Bestimmen Sie die Anzahl der Aufwärtsbewegungen im Binomialbaum, die erforderlich ist, damit S_{t_n} mindestens den Wert $2 \cdot S_0$ hat.
4. *Bewerten Sie eine Digitaloption mit Fälligkeit in $T = t_n$ und Auszahlung*

$$X = \begin{cases} 1, \text{falls} & S_T \geq S_0, \\ 0, \text{falls} & S_T < S_0 \end{cases}$$

anhand der risikoneutralen Bewertungsformel im Mehrperiodenmodell.

Binomialbäume in der Praxis

In diesem Abschnitt zeigen wir anhand der Bewertung *Amerikanischer Optionen*, wie Binomialbäume in der Praxis verwendet werden. Amerikanische Optionen können jederzeit während der Laufzeit ausgeübt werden. Insofern unterscheiden Sie sich von den Europäischen Derivaten und erfordern eine Sonderbehandlung. Wir wollen die einschlägige Theorie nicht darstellen, sondern lediglich die Vorgehensweise bei der Konstruktion eines Binomialbaums in der Bewertung Amerikanischer Optionen darlegen. Betrachtet wird eine Amerikanische Option, deren Underlying eine Aktie mit Kurs S_t ist. Bei der Aktie gebe es keine Dividendenzahlungen.

Zunächst wir der Aufbau des Binomialbaums skizziert. Es sei T der Fälligkeitstermin der Option. Wir bilden einen Binomialbaum mit Zeitpunkten $t_0 = 0 < t_1 < \ldots < t_n = T$, $t_{k+1} - t_k = \Delta t = T/n$. Alle Zeitpunkte werden in Jahren gemessen, d. h. für eine dreimonatige Option ist $T = 1/4$.

Die entscheidenden Parameter sind die Faktoren u und d sowie die Verzweigungswahrscheinlichkeiten q_u und q_d. Wir haben gesehen, dass letztere aus u, d und dem risikolosen Zinssatz r in einem arbitragefreien Markt eindeutig berechnet werden können.

Zu Wahl von u und d orientieren wir uns an der Gleichung (2.8), die im Falle $p_u = p_d = 0,5$ die Beziehung

$$u := e^{\sigma \cdot \Delta t} \quad \text{und} \quad d := 1/u = e^{-\sigma \cdot \Delta t}$$

liefert. Diese Festlegung wird auch für andere Werte von p_d und p_d beibehalten.

Damit sind alle Parameter des Binomialbaums bestimmt (der risikolose Zinssatz r lässt sich aus den Geldmarktsätzen ablesen).

In jedem Zeitpunkt t_k kann die Option ausgeübt werden oder nicht. Wir fixieren bei der nachfolgenden Betrachtung einen Knoten mit Aktienkurs s_{t_k} im Baum. Zwei Fälle sind möglich:

1. Im Falle der Ausübung in t_k erhält man eine Zahlung und hat keine weiteren Ansprüche mehr aus der Option. Der Wert der Option in t_k ist dann gleich der Ausübungszahlung

$$D_{t_k, s_{t_k}, \text{ausüben}}.$$

2. Übt man die Option nicht aus, so errechnet sich ihr Wert in t_k aus dem Wert in t_{k+1} durch Rückwärtsrechnen in Binomialbaum. Wir betrachten einen speziellen Knoten, an dem der Aktienkurs s_{t_k} sei, und schreiben für diesen Knoten:

$$D_{t_k, s_{t_k}, \text{halten}} = \frac{1}{1 + r \cdot \Delta t} \cdot \left(q_u \cdot D_{t_{k+1}, s_{t_k} \cdot u} + q_d \cdot D_{t_{k+1}, s_{t_k} \cdot d} \right).$$

In t_k wird man genau dann ausüben, wenn der Wert bei Ausüben größer ist als der Wert bei Halten. Damit gilt für den Wert der Option im betrachteten Knoten:

$$D_{t_k, s_{t_k}} := \max \{ D_{t_k, s_{t_k}, \text{ausüben}}, \, D_{t_k, s_{t_k}, \text{halten}} \}.$$

Hier ein Beispiel für die Anwendung der Vorgehensweise:

Beispiel 3.5 *Gegeben ist eine Amerikanische Put-Option auf eine Aktie mit heutigem Kurs $S_0 = 280$. Die Laufzeit der Option sei $T = 0,25$ Jahre und der Strike sei $K = 280$. Es gelte ferner $r = 3\%$ sowie $\sigma = 28\%$. Wir unterteilen das Intervall $[0; T]$ in $n = 4$ Teilintervalle der Länge $\Delta t = T/4$. Aus den Daten ergibt sich $u = 1,0725$, $d = 0,9324$, $q_u = 0,4959$, $q_d = 1 - q_u = 0,5041$. Der nachfolgende Binomialbaum zeigt die Entwicklung des Aktienkurses (jeweils unter den Knoten eingetragen) sowie die Preise der Put-Option (über der Knoten).*

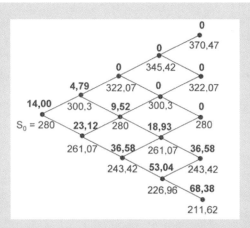

Abbildung 23: Binomialbaum für die Amerikanische Put-Option

Der Wert $s_{t_3} = 18{,}93$ in t_3 kommt bspw. wie folgt zustande: Zunächst wird durch Rückwärts-rechnen für diesen Knoten die Zahl

$$D_{t_3, s_{t_3}, halten} = \frac{1}{1 + 0{,}03 \cdot 0{,}0625} \cdot (q_u \cdot 0 + q_d \cdot 36{,}58) = 18{,}41$$

bestimmt. Ferner gilt

$$D_{t_3, s_{t_3}, ausüben} = 18{,}93,$$

also $D_{t_3, s_{t_3}} = 18{,}93$ - in diesem Knoten würde die Option ausgeübt!

Der heutige Barwert der Option gemäß des obigen Binomialbaums beträgt $14{,}00$ Euro. Allerdings hängt dieser Wert von der Anzahl n der Zeitschritte ab. Mit wachsendem n wird sich der Optionswert stabilisieren gegen einen Grenzwert. Typischerweise wird man n so lange vergrößern, bis die Schwankungen des Optionswerts weniger als $0{,}01$ Euro sind. Es lässt sich beweisen, dass der Grenzwert dem Optionspreis des zeitstetigen Black-Scholes-Modells entspricht (vgl. nächstes Kapitel).

In [18], Abschnitt 7.5, findet sich ein allgemeines Resultat zur optimalen Ausübungs-strategie Amerikanischer Optionen im Binomialbaummodell.

Bei der Optionsbewertung mit Binomialbäumen besteht die Problematik, dass Aktien-kurse nach einem Dividendentermin, der während der Laufzeit der Option stattfindet, rechnerisch um den Betrag der ausgeschütteten Dividende pro Aktie zu kürzen sind. Somit "springt" der Aktienkurs um den Wert der Dividende nach unten.

Beispiel 3.6   *Es sei $S_0 = 40$, $u = 1,25$, $d = 0,8$ und zum Zeitpunkt 1 gebe es die Dividendenzahlung $Div_1 = 1$. Der folgende Binomialbaum beschreibt die Aktienkursentwicklung für $t_0 = 0, t_1 = 1, t_2 = 2$ ohne und mit Berücksichtigung der Dividendenzahlung:*

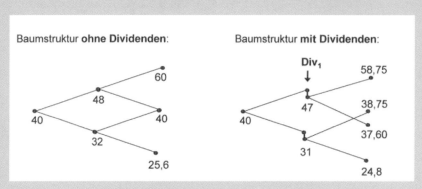

Abbildung 24: Binomialbaum mit Dividenden

Wie man sieht, wird die Baumstruktur durch die Dividendenzahlungen "zerstört": Der Baum ist nicht mehr rekombinierend, *wie man sagt.*

Um die Baumstruktur auch im Falle von Dividendenzahlungen nicht zu zerstören, gibt es verschiedene Vorgehensweisen: Eine besteht darin, statt diskreter Dividendenzahlungen eine stetige Dividendenrendite anzunehmen - diesen Ansatz werden wir bei der Modellierung in stetiger Zeit wählen. Eine anderer Ansatz betrachtet den sog. *Clean-Aktienkurs S_t^**, wobei es sich um den zum Zeitpunkt t gültigen Aktienkurs vermindert um den Barwert aller nach t folgenden Dividendenzahlungen handelt:

$$S_t^* := S_t - \sum_{\tau_i \geq t} \frac{Div_{\tau_i}}{(1 + L(0, t, \tau_i))^{t - \tau_i}}.$$

Hier sind τ_i die Dividendenzahlungszeitpunkte und $L(0, t, \tau_i)$ die Forwardzinssätze. Offenbar gilt

$$\lim_{t \to \tau_i, \, t < \tau_i} S_t^* = S_{\tau_i}^*.$$

Der stochastische Prozess $(S_t^*)_{t \geq 0}$ weist keine Sprünge auf, und kann somit wie eine dividendenlose Aktie in einem Binomialbaum modelliert werden, der dann auch rekombinierend ist. Anschließend werden in diesem Baum die Clean-Aktienkurse an den Dividendenzahlungszeitpunkten korrigiert, indem die Höhe der Dividende pro Aktie hinzu addiert wird – ohne jedoch die Baumstruktur zu verändern.

Kapitel 4

Bewertung in stetiger Zeit

Von nun an befassen wir uns mit Modellen, in denen zu *jedem* Zeitpunkt aus dem Intervall $[0; T]$ gehandelt werden kann (nicht nur zu endlich vielen Zeitpunkten t_k) und in denen es unendlich viele mögliche Werte für die Kurse von Finanzinstrumenten gibt. Dies führt zu Bewertungsformeln, wie sie heutzutage in der Finanzwelt vielfach eingesetzt werden. Es werden dabei einige Hilfsmittel aus der Stochastischen Analysis, z. B. stochastische Differenzialgleichungen, benötigt.

Unsere Darstellung wird nicht in allen Fällen auf die technischen Einzelheiten und formalen Beweise der verwendeten Resultate eingehen, da dies den Rahmen sprengen würde. Leser, die insbesondere die Sätze und Beweise aus der Stochastischen Analysis genauer kennen lernen wollen, seien auf die einschlägige und umfangreiche Literatur verwiesen (z. B. [24]).

4.1 Vom Mehrperiodenmodell zum stetigen Modell

Wir betrachten das Mehrperiodenmodell für das Zeitintervall $[0; T]$ mit Zwischenpunkten t_k, wobei gilt $t_0 = 0$, $t_n = T$ und $\Delta t := t_{k+1} - t_k = T/n$ für alle k. Im Folgenden studieren wir, was beim Grenzübergang $n \to \infty$ geschieht.

Aus der Reihendarstellung $e^x = 1 + x + x^2/2 + \ldots = 1 + x + \text{Rest}$, $|\text{Rest}| \leq |x|^2$ folgern wir:

$$e^{\pm\sqrt{\Delta t} \cdot \sigma} = 1 \pm \sqrt{\Delta t} \cdot \sigma + \text{Rest}, \qquad \lim_{\Delta t \to 0} \text{Rest} = 0.$$

Weiterhin ist

$$e^{\sqrt{\Delta t} \cdot \sigma} - e^{-\sqrt{\Delta t} \cdot \sigma} = 2 \cdot \sqrt{\Delta t} \cdot \sigma + \text{Rest},$$

wobei der Rest aus Termen besteht, die allesamt Faktoren der Form $(\sqrt{\Delta t} \cdot \sigma)^k$ mit $k \geq 1$ enthalten. Dies ergibt wegen $u = e^{\sigma \cdot \sqrt{\Delta t}}$, $d = e^{-\sigma \cdot \sqrt{\Delta t}}$ für q_u die Aussage

$$q_u = \frac{1 + \Delta t \cdot r - (1 - \sqrt{\Delta t} \cdot \sigma) + \text{Rest}}{2 \cdot \sqrt{\Delta t} \cdot \sigma + \text{Rest}} = \frac{\sqrt{\Delta t} \cdot r + \sigma + \text{Rest}}{2 \cdot \sigma + \text{Rest}} \longrightarrow \frac{1}{2}$$

für $\Delta t \to 0$, also $n \to \infty$. Somit folgt auch $q_d = 1 - q_u \longrightarrow \frac{1}{2}$.

Nun erinnern wir uns an die Darstellung

$$S_{t_{k+1}} = S_{t_k} \cdot U_k, \qquad \text{d. h.} \quad S_T = S_{t_0} \cdot U_1 \cdot \ldots \cdot U_n.$$

Es folgt

$$\ln(S_T) = \ln(S_0) + \ln(U_1) + \cdots + \ln(U_n).$$

Wir verwenden die Bezeichnung $X_k := \ln(U_k)$. Dann gilt

$$
\begin{aligned}
E_Q(X_k) &= q_u \cdot \ln(u) + q_d \cdot \ln(d) = \frac{1}{2} \cdot (\ln(u) - \ln(u)) = 0, \\
Var_Q(X_k) &= E_Q(Y_k^2) - (E_Q(Y_k))^2 = q_u \cdot \ln(u)^2 + q_d \cdot \ln(d)^2 - 0 = \Delta t \cdot \sigma^2.
\end{aligned}
$$

Damit haben wir folgendes Zwischenergebnis erzielt: Die Zufallsvariable $\ln(S_T)$ lässt sich in der Form

$$\ln(S_T) = \ln(S_0) + \sum_{k=1}^{n} X_k$$

schreiben mit unabhängigen, identisch verteilten Zufallsvariablen X_k, wobei hier gilt $E_Q(X_k) = 0$, $Var_Q(X_k) = \sqrt{\Delta t} \cdot \sigma^2$. Mit dem Zentralen Grenzwertsatz können wir jetzt ähnlich zu den Überlegungen in Abschnitt 2.9 für $n \to \infty$ folgern:

$$\ln(S_T) \quad \text{ist normalverteilt gemäß} \quad N(\ln(S_0), T \cdot \sigma^2).$$

Ergebnis: Das Mehrperiodenmodell führt im Grenzfall $n \to \infty$ auf ein Modell, in dem die logarithmierten Aktienkurse normalverteilt sind. Dies ist der Ausgangspunkt für die *zeitstetigen Modelle*, die wir nun behandeln werden.

4.2   Modellierung von Kursen in stetiger Zeit

Der Aufbau der Modellierung in stetiger Zeit ähnelt demjenigen des Mehrperiodenmodells. Sie können sich vorstellen, dass die Modellierung in stetiger Zeit durch einen Grenzprozess entsteht, bei dem der Wert von n im Mehrperiodenmodell gegen ∞ konvergiert. Aus dem vorhergehenden Abschnitt wissen wir, dass die Aktienkurse im Grenzfall logarithmisch normalverteilt sind. In Abschnitt 2.9 hatten wir gesehen, dass dabei der Wiener-Prozess ins Spiel kommt. Dieser steht im Zentrum der zeitstetigen Modellierung.

Es gelten im stetigen Modell die gleichen vereinfachenden Grundannahmen, die wir zu Beginn des letzten Kapitels genannt hatten; Kreditrisiken werden zunächst nicht berücksichtigt. Im Unterschied zum diskreten Mehrperiodenmodell ist Ω nun einen unendliche Menge von möglichen künftigen Kursverläufen der (börsengehandelten) Basisinstrumente. Das Wahrscheinlichkeitsmaß wird zunächst wieder mit P bezeichnet – erst später werden wir das Martingalmaß Q einführen. Darüber hinaus sind einige technische Bedingungen zu treffen, die für die Konstruktion des mathematischen Modells relevant sind. Dabei geht es z. B. um die Art der zulässigen Portfoliostrategien, die gewissen Einschränkungen unterworfen sind. Wir verweisen für die technischen Einzelheiten wiederum auf die Literatur (z. B. [4]).

4.2.1 Kursmodellierung mit stochastischen Differenzialgleichungen

Die Entwicklung ökonomischer Größen wie Aktienkursen, Anleihepreisen, Wechselkursen oder Zinssätzen kann als *stochastischer Prozess* in stetiger Zeit beschrieben werden. Wir führen das Verhalten allgemeiner stochastischer Prozesse für die uns interessierenden Finanzinstrumente auf das Verhalten des *Wiener-Prozesses* im Zeitablauf zurück.

Es sei S_t der zufällige Preis (Kurs) eines Finanzinstruments zum Zeitpunkt $t \in [0; T]$.

In einem zeitstetigen Modell wird die Kursänderung im Zeitablauf in Form einer *stochastischen Differenzialgleichung* beschrieben.

Eine solche Differenzialgleichung beinhaltet eine zufallsabhängige (stochastische) Komponente und wird auch als *SDE*, als Abkürzung für den englischen Begriff "stochastic differential equation" bezeichnet. Zu Beschreibung ökonomischer (und anderer) zufallsabhängiger Prozesse gibt es eine ganze Reihe verschiedenartiger stochastischer Differenzialgleichungen, die zu ganz unterschiedlichen stochastischen Prozessen führen.

Als erstes Beispiel betrachten wir die *arithmetische Brownsche Bewegung*. Sie wird durch die SDE

$$dS_t = \mu \cdot dt + \sigma \cdot dW_t$$

mit $\mu \in \mathbb{R}, \sigma > 0$ beschrieben. Dies bedeutet Folgendes: In einem Zeitintervall der Länge dt (die gedanklich "kürzest mögliche Zeiteinheit") wird die Kursänderung

$$dS_t = S_{t+dt} - S_t$$

dargestellt durch einen deterministischen *Driftterm* $\mu \cdot dt$ (dieser beschreibt den nicht zufallsabhängigen Trend des Kurses und ist proportional zur Länge des Zeitintervalls) und zusätzlich durch einen normalverteilten Zufallsterm σdW_t, wobei

$$dW_t = W_{t+dt} - W_t$$

die normalverteilte Änderung des Wiener-Prozesses zwischen t und $t + dt$ ist. Betrachten wir das Zeitintervall von 0 bis t und addieren wir gedanklich alle Änderungen in diesem Intervall auf, so können wir die SDE auch umformen zu

$$S_t - S_0 = \mu \cdot (t - 0) + \sigma \cdot (W_t - W_0) \quad \Longleftrightarrow \quad S_t = S_0 + \mu \cdot t + \sigma \cdot W_t.$$

Wir haben damit eine Darstellung von S_t, also eine *Lösung der SDE* gefunden! Hieraus lassen sich die Eigenschaften der arithmetischen Brownschen Bewegung ableiten:

- S_t ist normalverteilt mit Erwartungswert $S_0 + \mu \cdot t$ und Varianz $\sigma^2 \cdot t$.
  Begründung: Es gilt W_t hat die Verteilung $N(0, t)$ und daher folgt

$$S_0 + \mu \cdot t + \sigma \cdot W_t \quad \text{hat die Verteilung} \quad N(S_0 + \mu \cdot t, \sigma^2 \cdot t).$$

- S_t nimmt mit positiver Wahrscheinlichkeit negative Werte an.

- Die absoluten Änderungen dS_t sind jeweils unabhängig von der Vergangenheit.

Wir sehen, dass die arithmetische Brownsche Bewegung zur Modellierung von Aktienkursen nicht geeignet scheint, denn es können negative Werte vorkommen und die Kursänderung zwischen t und $t + dt$ ist nicht proportional zum Kurs S_t – beides steht im Widerspruch zum Verhalten von Aktienkursen in der Realität. Die arithmetische Brownsche Bewegung wird aber in manchen Modellen zur Beschreibung des stochastischen Verhaltens von Zinssätzen benutzt; darauf werden wir noch zurück kommen.

Das zweite Beispiel ist die *geometrische Brownsche Bewegung*. Diese wird beispielsweise im *Modell von Black und Scholes* (1973) für den Aktienkurs angenommen. Die zugehörige SDE lautet

$$dS_t = \mu \cdot S_t \cdot dt + \sigma \cdot S_t \cdot dW_t \quad \Longleftrightarrow \quad \frac{dS_t}{S_t} = \mu \cdot dt + \sigma \cdot dW_t.$$

Hierbei bezeichnet man die Konstante μ als *Drift(-rate)* und die positive Konstante σ ist die *(annualisierte) Volatilität*. Beachten Sie, dass die Zufallsvariable dS_t / S_t die *relative* (oder prozentuale) *Kursänderung* beschreibt. Die Lösung dieser SDE lautet

$$
\begin{aligned}
S_t &= S_0 \cdot \exp\left\{ \left(\mu - \frac{1}{2}\sigma^2 \right) t + \sigma \cdot W_t \right\} \quad \Longleftrightarrow \quad S_t = S_0 \cdot e^{R_t}, \\
R_t &:= (\mu - \sigma^2/2) \cdot t + \sigma \cdot W_t,
\end{aligned}
$$

also hat R_t die Verteilung $N(\mu^* \cdot t, \sigma^2 \cdot t)$, $\quad \mu^* := \mu - \frac{\sigma^2}{2}$.

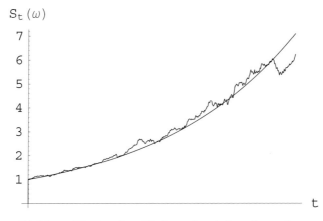

Abbildung 25: Einzelner Pfad von S_t mit $S_0 = 1$, $\mu = 1$, $\sigma = 0{,}2$.

Um dieses Ergebnis herzuleiten und um nachzuweisen, dass S_t tatsächlich die obige SDE erfüllt, benötigt man einige Überlegungen und Begriffe aus der Stochastischen Analysis, die wir in den nachfolgenden Abschnitten darstellen.

Die wichtigsten Eigenschaften der geometrischen Brownschen Bewegung sind:

- Die Zufallsvariable S_t ist lognormalverteilt und für $S_0 > 0$ immer positiv.

- Die relativen Kursänderungen im Zeitablauf sind unabhängig voneinander, da sie durch die Änderungen des Wiener-Prozesses modelliert werden.

Vor allem die erste Eigenschaft macht die geometrische Brownsche Bewegung zu einem attraktiven Modell für die Beschreibung des zufälligen Verhaltens von Aktienkursen und anderen Finanzinstrumenten.

Beispiel 4.1 *Für eine Aktie mit Kurs $S_0 = 50$ bestimmen wir anhand einer Zeitreihe von 250 Kursen den Mittelwert und die Standardabweichung der täglichen logarithmischen Kursänderungen und skalieren diese auf ein Jahr hoch: $\mu = 0,05$, $\sigma = 0,3$ (es ist also $\mu = 250 \cdot \mu_{1Tag}$ und $\sigma = \sqrt{250} \cdot \sigma_{1Tag}$).*

Die Aktie wird mit Hilfe der geometrischen Brownschen Bewegung

$$dS_t / S_t = 0,05dt + 0,3dW_t$$

modelliert, wobei hier $dt = 1/250$ Jahr = 1 Tag gilt. Somit folgt:

$$S_t = 50 \cdot \exp((0,05 - 0,5 \cdot 0,09) \cdot t + 0,3 \cdot W_t) = 50 \cdot \exp(0,005 \cdot t + 0,3 \cdot W_t).$$

Hierbei ist W_t eine normalverteilte Zufallsvariable mit Varianz t. Durch eine Simulationsrechnung können wir einen möglichen künftigen Pfadverlauf des Aktienkurses erzeugen. Beachten Sie, dass es unendliche *viele mögliche Pfadverläufe gibt, die die Lösung der o. g. SDE bilden.*

Übung 4.1 *Der Kurs einer Aktie erfüllt die SDE $dS_t = \mu \cdot S_t \cdot dt + \sigma \cdot S_t \cdot dW_t$, $\sigma > 0$.*

1. *Welche Gleichung ergibt sich für $\sigma \to 0$? Lösen Sie diese gewöhnliche DGL!*

2. *Es gelte $S_0 = 50, \mu = 0,01, \sigma = 0,4$ sowie $W_1 = 0,5, W_2 = -0,5, W_3 = -1, W_4 = 1,2$. Welchen Kurs hat die Aktie zu den Zeitpunkten $t_1 = 1, t_2 = 2, t_3 = 3, t_4 = 4$?*

3. *Geben Sie eine Lösung der SDE $dS_t = \mu dt + \sigma dW_t$ mit $S_0 = 10$ an.*

4.2.2 Aktien- und Wechselkurse in stetiger Zeit

Aktienkurse

Aus dem letzten Abschnitt wissen wir, dass ein künftiger zufälliger Aktienkurs S_t im zeitstetigen Modell sinnvollerweise wie folgt modelliert wird:

$$S_t = S_0 \cdot e^{R_t}, \qquad S_0 > 0, \qquad R_t = \ln\left(\frac{S_t}{S_0}\right) \sim N(\mu^* \cdot t, \sigma^2 \cdot t), \quad t \in [0;T]. \qquad (4.1)$$

R_t ist die logarithmische Kursänderung und es gilt

$$R_t \approx \frac{S_t - S_0}{S_0} \qquad \text{(relative Kursänderung)}.$$

Da R_t eine normalverteilte Zufallsvariable ist, kann die Verteilung des Aktienkurses auf die *Lognormalverteilung* zurück geführt werden. Es gilt für $x > 0$:

$$
\begin{aligned}
P(S_t \leq x) &= P(S_0 \cdot e^{R_t} \leq x) = P(R_t \leq \ln(x/S_0)) \\[2mm]
&= P\left(\frac{R_t - \mu^* \cdot t}{\sigma \cdot \sqrt{t}} \leq \frac{\ln(x/S_0) - \mu^* \cdot t}{\sigma \cdot \sqrt{t}}\right) \\[2mm]
&= \Phi\left(\frac{\ln(x/S_0) - \mu^* \cdot t}{\sigma \cdot \sqrt{t}}\right). \qquad (4.2)
\end{aligned}
$$

Der Aktienkurs S_t kann wegen (4.1) nur Werte im Intervall $(0;\infty)$ annehmen. Daher ist die *Dichtefunktion* von S_t wie folgt definiert:

$$f(x) = \begin{cases} \left(\Phi\left(\frac{\ln(x/S_0)-\mu^*\cdot t}{\sigma\cdot\sqrt{t}}\right)\right)' = \frac{1}{\sigma\cdot\sqrt{t}}\cdot\frac{1}{x}\cdot\varphi\left(\frac{\ln(x/S_0)-\mu^*\cdot t}{\sigma\cdot\sqrt{t}}\right), & x > 0, \\[4mm] 0, & x \leq 0. \end{cases}$$

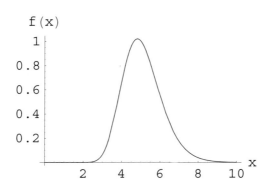

Abbildung 26: Dichtefunktion mit $S_0 = 5$, $\sigma = 0{,}2$, $\mu^* = 0$, $t = 1$

Wir berechnen den Erwartungswert $E(S_t) = E(S_0 \cdot e^{R_t})$. Mit Satz 2.4 folgt:

$$E(S_t) = E\left(S_0 \cdot e^{R_t}\right) = \int_{-\infty}^{\infty} S_0 \cdot e^x \cdot f(x)dx = \frac{S_0}{\sqrt{2\pi\sigma^2 t}} \cdot \int_{-\infty}^{\infty} e^x \cdot e^{-\frac{1}{2}\cdot\left(\frac{x-\mu^* t}{\sigma\sqrt{t}}\right)^2} dx.$$

Wir substituieren $s := \frac{x - \mu^* t}{\sigma \sqrt{t}}$, d. h. $dx = ds \cdot \sigma \sqrt{t}$, und erhalten

$$E(S_t) = \frac{S_0}{\sqrt{2\pi}} \cdot \int_{-\infty}^{\infty} e^{\sigma \sqrt{t} \cdot s + \mu^* t} \cdot e^{-0,5 s^2} ds = \frac{S_0}{\sqrt{2\pi}} \cdot e^{\mu^* t} \cdot \int_{-\infty}^{\infty} e^{\sigma \sqrt{t} \cdot s - 0,5 s^2} ds.$$

Wegen $\sigma \sqrt{t} \cdot s - 0,5 s^2 = -0,5(s - \sigma \sqrt{t})^2 + 0,5 \sigma^2 t$ folgt weiter

$$E(S_t) = \frac{S_0}{\sqrt{2\pi}} \cdot e^{\mu^* t} \cdot e^{0,5 \sigma^2 t} \cdot \int_{-\infty}^{\infty} e^{-0,5(s - \sigma \sqrt{t})^2} ds.$$

Die Substitution $v = s - \sigma \sqrt{t}$, d. h. $ds = dv$, liefert schließlich

$$E(S_t) = S_0 \cdot e^{(\mu^* + 0,5 \sigma^2)t} \cdot \underbrace{\frac{1}{\sqrt{2\pi}} \cdot \int_{-\infty}^{\infty} e^{-0,5 v^2} dv}_{=1}$$

$$= S_0 \cdot e^{(\mu^* + 0,5 \sigma^2)t}.$$

Für die Varianz von S_t erhalten wir

$$Var(S_t) = E(S_t^2) - (E(S_t))^2 = E(S_0^2 \cdot \underbrace{e^{2R_t}}_{2R_t \sim N(2\mu^* t, 4 \cdot \sigma^2 t)}) - (E(S_t))^2$$

$$\underset{\text{siehe oben}}{=} S_0^2 \cdot e^{(2\mu^* + 2\sigma^2)t} - S_0^2 \cdot e^{2(\mu^* + 0,5 \sigma^2)t}$$

$$= S_0^2 \cdot e^{(2\mu^* + 2\sigma^2)t} - S_0^2 \cdot e^{(2\mu^* + \sigma^2)t}$$

$$= S_0^2 \cdot e^{(2\mu^* + \sigma^2)t} \cdot \left(e^{\sigma^2 t} - 1\right).$$

Wechselkurse

Während wir bisher Aktienkurse betrachtet haben, gehen wir nun zu *Wechselkursen*, z. B. EUR/USD über. Es stellt sich heraus, dass diese im Zeitablauf ein weitgehend analoges Verhalten wie Aktienkurse haben. Bezeichnet S_t den Wert eines Dollars in Euro zum Zeitpunkt t, also

$$S_t = \left(\frac{EUR}{USD}\right)_t,$$

so sind auch hier die logarithmischen Änderungen

$$R_t := \ln\left(\frac{S_t}{S_0}\right)$$

normalverteilt, also $R_t \sim N(\mu^* t, \sigma^2 t)$. Es können somit alle bisherigen Aussagen auf Wechselkurse übertragen werden. Wir erhalten:

Satz 4.1 *Bezeichnet die Zufallsvariable S_t einen zum Zeitpunkt $t > 0$ gültigen zufälligen Aktien- bzw. Wechselkurs im zeitstetigen Modell, so gilt:*

$$S_t = S_0 \cdot e^{R_t}, \qquad R_t \sim N(\mu^* t, \sigma^2 t) \tag{4.3}$$

und

$$E(S_t) = S_0 \cdot e^{(\mu^* + 0{,}5\sigma^2)t}, \tag{4.4}$$

$$Var(S_t) = S_0^2 \cdot e^{(2\mu^* + \sigma^2)t} \cdot \left(e^{\sigma^2 t} - 1\right). \tag{4.5}$$

Mehrdimensionale Modellierung

Es ist auch möglich, mehrere Aktien- oder Wechselkurse unter Berücksichtigung der gegenseitigen Abhängigkeiten zu modellieren. Hierzu betrachten wir einen mehrdimensional normalverteilten Zufallsvektor

$$\vec{R}_t := (R_{t,1}, \ldots, R_{t,n})$$

mit Erwartungswertvektor $\vec{\mu} = (\mu_1^* \cdot t, \ldots, \mu_n^* \cdot t)$ und Kovarianzmatrix

$$\Sigma := \begin{pmatrix} \sigma_1^2 \cdot t & \sigma_1 \cdot \sigma_2 \cdot \rho_{1,2} \cdot t & \ldots & \sigma_n^2 \cdot t \\ \sigma_2 \cdot \sigma_1 \cdot \rho_{2,1} \cdot t & \sigma_2^2 \cdot t & \ldots & \sigma_2 \cdot \sigma_n \cdot \rho_{2,n} \cdot t \\ \vdots & \vdots & \vdots & \vdots \\ \sigma_n \cdot \sigma_1 \cdot \rho_{n,1} \cdot t & \sigma_n \cdot \sigma_2 \cdot \rho_{n,2} \cdot t & \ldots & \sigma_n^2 \cdot t \end{pmatrix} \in \mathbb{R}^{n \times n}$$

Gemäß Satz 2.5 gilt, dass $R_{t,i}$ die Verteilung $N(\mu_i^* \cdot t, \sigma_i^2 \cdot t)$ hat.

Damit können dann die Zufallsvariablen

$$S_{t,i} := S_{0,i} \cdot e^{R_{t,i}}, \quad i \in \{1, \ldots, n\}, \ t \geq 0$$

gebildet werden, welche die Kurse von n Finanzinstrumenten im Zeitablauf beschreiben. Aufgrund der Modellannahmen gilt für die paarweisen Korrelation

$$Corr(R_{t,i}, R_{t,j}) = \rho_{i,j}.$$

Die relativen Kursveränderungen haben hier also die vorgegebene Korrelation $\rho_{i,j}$. Zur Bestimmung der Parameter können die entsprechenden empirischen Parameter aus Zeitreihen von Kursdaten berechnet werden.

Übung 4.2 *Die künftigen Kurse zweier Aktien A und B werden über den Ansatz*

$$A_t = A_0 \cdot e^{U_t} \quad bzw. \quad B_t = B_0 \cdot e^{V_t}$$

modelliert, wobei U_t und V_t unabhängig seien mit Verteilung $N(0, t \cdot \sigma_U^2)$ bzw. $N(0, t \cdot \sigma_V^2)$.

1. *Geben Sie die Verteilung von $U_t - V_t$ mit ihren Parametern an.*
2. *Ermitteln Sie im Fall $A_0 = B_0 > 0$ die Wahrscheinlichkeit dafür, dass der Aktienkurs von A heute in einem Jahr mindestens so groß ist wie der Aktienkurs von B.*
3. *Nun gelte $A_0 = 50, B_0 = 60, \sigma_u = 0,4, \sigma_V = 0,3$. Berechnen Sie denjenigen Zeitpunkt t^*, für den der erwartete Aktienkurs $E(A_{t^*})$ gleich dem erwarteten Aktienkurs $E(B_{t^*})$ ist.*

4.3 Einige Grundlagen aus der Stochastischen Analysis

4.3.1 Einführung

Wir betrachten einen stochastischen Prozess $(X_t)_{t \geq 0}$, der sich zwischen t und $t + \Delta t$ ($\Delta t > 0$) wie folgt verhält:

$$\underbrace{X_{t+\Delta t} - X_t}_{\text{zufällige Änderung}} = \underbrace{\mu(t, X_t) \cdot \Delta t}_{\text{Driftterm}} + \underbrace{\sigma(t, X_t)}_{\text{Standardabweichung}} \cdot \underbrace{(W_{t+\Delta t} - W_t)}_{N(0, \Delta t)\text{-verteilt}}.$$

Sind $\Delta X_t := X_{t+\Delta t} - X_t$, $\Delta W_t := W_{t+\Delta t} - W_t$ die zufälligen Änderungen, so folgt:

$$\Delta X_t = \mu(X_t, t) \cdot \Delta t + \sigma(t, X_t) \cdot \Delta W_t. \qquad (*)$$

Nun erinnern wir uns an das Vorgehen in der Analysis bei differenzierbaren Funktionen: Dort schreibt man

$$\frac{\Delta f(x)}{\Delta x} = \frac{f(x + \Delta x) - f(x)}{\Delta x} \xrightarrow{\Delta x \to 0} f'(x) =: \frac{df}{dx}.$$

Diese symbolische Notation wollen wir auf $(*)$ übertragen – obwohl wir natürlich wissen, dass es sich bei $(X_t)_{t \geq 0}$ nicht um eine differenzierbare Funktion, sondern um einen Zufallsprozess handelt. Dennoch schreiben wir für $\Delta t \to 0$:

$$dX_t = \mu(t, X_t)\, dt + \sigma(t, X_t)\, dW_t. \qquad (4.6)$$

Dies ist eine typische *stochastische Differenzialgleichung* (*SDE*), die in der Finanzmathematik häufig auftritt. Wir können die Gleichung (4.6) "symbolisch" nach X_t auflösen, indem wir auf beiden Seiten "integrieren". Was ist damit gemeint?
Dazu werfen wir wieder einen Blick zurück in die Analysis und schreiben für eine differenzierbare Funktion f:

$$\int_0^t df(s) = \int_0^t \frac{df(s)}{ds} \cdot ds = \int_0^t f'(s)\, ds = [f(s)]_0^t = f(t) - f(0).$$

Übertragen wir dies auf X_t, so erhalten wir:

$$\int_0^t dX_s = [X_s]_0^t = X_t - X_0.$$

Somit ergibt sich aus Gleichung (4.6):

$$\int_0^t dX_s \;=\; \int_0^t \mu(s, X_s)\,ds + \int_0^t \sigma(s, X_s)\,dW_s$$

$$\Longleftrightarrow\quad X_t - X_0 \;=\; \int_0^t \mu(s, X_s)\,ds + \int_0^t \sigma(s, X_s)\,dW_s. \tag{4.7}$$

Zunächst ist unklar, wie die "Integrale" in (4.7) zu interpretieren sind – denn es wird bzgl. stochastischen Prozessen und nicht bzgl. "normalen" Funktionen integriert.

Unsere Ziele in den folgenden Abschnitten sind:

1. Eine exakte Definition der stochastischen Integrale

$$\int_0^t Y_s\,dW_s \qquad ((Y_s)_{s\geq 0}:\text{ stochastischer Prozess}),$$

2. Formulieren wichtiger Rechenregeln,
3. Lösung wichtiger SDEs.

4.3.2 Das Itô-Integral

Das klassische *Riemann-Integral* wird über den Grenzwert von *Riemann-Summen*

$$\int_0^t g(s)\,ds := \lim_{n\to\infty} \sum_{i=0}^{n-1} g(s_i)\cdot(s_{i+1} - s_i)$$

definiert, wobei $(s_0, \ldots, s_n)$ eine immer feiner werdende Zerlegung des Intervalls $[0;t]$ mit $s_0 = 0$, $s_n = t$ ist. Daneben werden auch allgemeinere Integrale der Form

$$\int_0^t g(s)\,df(s) := \lim_{n\to\infty} \sum_{i=0}^{n-1} g(s_i)\cdot\big(f(s_{i+1}) - f(s_i)\big), \tag{4.8}$$

die sog. *Riemann-Stieltjes-Integrale*, betrachtet. Diese existieren nur unter bestimmten Voraussetzungen, wenn nämlich f nicht zu stark schwankt (man sagt, wenn f von *beschränkter Variation* ist) und wenn g stetig ist. Analog zu (4.8) schreiben wir:

$$"\int_0^t Y_s\,dW_s := \lim_{n\to\infty} \sum_{i=0}^{n-1} Y_{s_i}\cdot(W_{s_{i+1}} - W_{s_i})."$$

Hier treten allerdings verschiedene Probleme auf: Der Grenzwert existiert im Allgemeinen nicht, denn die Pfade $(W_s(\omega))_{s\geq 0}$ des Wiener-Prozesses sind sehr stark schwankend – sie sind zwar stetig, aber an keiner Stelle s differenzierbar und auch nicht von beschränkter Variation. Wir müssen daher die Schwankung der Zufallspfade des Wiener-Prozesses "ausgleichen", indem wir geeignete Bedingungen an den stochastischen Prozess $(Y_s)_{s\geq 0}$ stellen. Die beiden Bedingungen werden in der nachfolgenden Definition als Voraussetzung genannt; wir verzichten auf die Ausführung der weiteren technischen Einzelheiten und verweisen auf die Literatur, z. B. [24].

Definition 4.1 (Itô-Integral)

Ein stochastischer Prozess $(Y_s)_{s\in[0;t]}$ *erfülle die folgenden Voraussetzungen:*

1. $(Y_s)_{s\in[0;t]}$ *ist* $\mathcal{F}_s^W-$**adaptiert** *für alle* $s \in [0;t]$ *(vereinfacht gesprochen bedeutet dies, dass jede Zufallsvariable* Y_s *als eine Funktion der Zufallsvariablen* W_u *für* $0 \leq u \leq s$ *dargestellt werden kann ohne Verwendung der Zufallsvariablen* W_u *mit* $u > s$) *und*

2. $E[\int_0^t Y_s^2 \, ds] < \infty.$

Dann kann gezeigt werden, dass die Summen $J_n := \sum_{i=0}^{n-1} Y_{s_i} \cdot (W_{s_{i+1}} - W_{s_i})$ *gegen eine Zufallsvariable* J *konvergieren, und zwar in der Weise, dass gilt*

$$\lim_{n\to\infty} E((J_n - J)^2) = 0. \quad (*)$$

Die so definierte Zufallsvariable J *wird als* **Itô-Integral** $\int_0^t Y_s \, dW_s$ *bezeichnet. Der stochastische Prozess* $(Y_s)_{s\in[0;t]}$ *heißt* **Itô-integrierbar**. *Wir schreiben im Folgenden abkürzend*

$$\int_0^t Y_s \, dW_s := \lim_{n\to\infty} \sum_{i=0}^{n-1} Y_{s_i} \cdot (W_{s_{i+1}} - W_{s_i}). \quad (4.9)$$

Bemerkung

1. *Beachten Sie, dass durch* $X_t := \int_0^t Y_s \, dW_s$ *ein neuer stochastischer Prozess* $(X_t)_{t\geq 0}$ *definiert wird. Die "Werte" des Itô-Integrals sind also zufällig.*

2. *Es ist wichtig zu verstehen, dass die Gleichung (4.9) und alle daraus folgenden Gleichungen, die auf Itô-Integralen beruhen (also auch alle Aussagen zur Wertentwicklung von Underlyings und Derivaten) immer nur im Sinne von* $(*)$, *also im* **quadratischen Mittel** *gelten.*

3. *Prozesse* $(Y_s)_{s\in[0;t]}$ *mit* $Y_s = c, c \in \mathbb{R}$ *oder* $Y_s = g(s)$ (*g stetig*) *oder* $Y_s = f(W_s)$ *mit einer differenzierbaren Funktion* f *erfüllen die in der Definition genannten Bedingungen.*

Einige **Eigenschaften des Itô-Integrals**:
1.

$$\int_0^t (a \cdot Y_s + b \cdot Z_s) \, dW_s = a \cdot \int_0^t Y_s \, dW_s + b \cdot \int_0^t Z_s \, dW_s \qquad \text{für } a,b \in \mathbb{R}. \quad (4.10)$$

Begründung:

$$\int_0^t (a \cdot Y_s + b \cdot Z_s) \, dW_s \overset{(4.9)}{=} \lim_{n\to\infty} \sum_{i=0}^{n-1} (a \cdot Y_{s_i} + b \cdot Z_{s_i}) \cdot (W_{s_{i+1}} - W_{s_i})$$

$$= \lim_{n\to\infty} \left(a \cdot \sum_{i=0}^{n-1} Y_{s_i} \cdot (W_{s_{i+1}} - W_{s_i}) + b \cdot \sum_{i=0}^{n-1} Z_{s_i} \cdot (W_{s_{i+1}} - W_{s_i}) \right)$$

$$= a \cdot \int_0^t Y_s \, dW_s + b \cdot \int_0^t Z_s \, dW_s.$$

2.

$$\int_0^t c \cdot dW_s = c \cdot \int_0^t dW_s = c \cdot W_t \qquad \text{für alle } c \in \mathbb{R}. \tag{4.11}$$

Begründung:

$$\int_0^t c \cdot dW_s \overset{(4.9)}{=} \lim_{n \to \infty} \sum_{i=0}^{n-1} c \cdot (W_{s_{i+1}} - W_{s_i}) = c \cdot \lim_{n \to \infty} \sum_{i=0}^{n-1} (W_{s_{i+1}} - W_{s_i})$$

$$= c \cdot \lim_{n \to \infty} (W_{s_n} - W_0) \overset{s_n = t}{=} c \cdot \lim_{n \to \infty} (W_t - \underbrace{W_0}_{=0}) = c \cdot W_t.$$

3. Es gilt für alle stetigen Funktionen f:

$$Z := \int_s^t f(u) dW_u \quad \text{ist normalverteilt gemäß} \quad N\left(0, \int_s^t f(u)^2 du\right). \tag{4.12}$$

Begründung: Wir bilden eine Zerlegung von $[s;t]$ mit gleichlangen Teilintervallen der Länge $\Delta := (t - s)/m$ und schreiben

$$Z = \lim_{m \to \infty} \sum_{k=0}^{m-1} f(s + k \cdot \Delta) \cdot (W_{s+(k+1)\cdot\Delta} - W_{s+k\cdot\Delta}).$$

Hier tritt eine Summe unabhängiger, gemäß $N(0, (f(s + k \cdot \Delta))^2 \cdot \Delta)$-verteilter Zufallsvariablen auf und diese Summe hat die Verteilung

$$N\left(0, \sum_{k=0}^{m-1} (f(s + k \cdot \Delta))^2 \cdot \Delta\right).$$

Die Varianz dieser Verteilung ist eine Riemann-Summe für das Integral $\int_s^t f(u)^2 du$, so dass die gewünschte Aussage durch Grenzübergang $m \to \infty$ folgt.

4.4 Die Itô-Formel

In den Anwendungen der Stochastischen Analysis stellt sich häufig das folgende Problem: Gegeben ist ein stochastischer Prozess $(X_t)_{t \geq 0}$, z. B. $X_t = W_t$ (Wiener-Prozess) oder allgemeiner als Lösung einer SDE

$$dX_t = \mu(t, X_t) dt + \sigma(t, X_t) dW_t.$$

Ferner ist $f = f(t, x)$ eine (geeignet zu wählende) Funktion mit $t \geq 0$, $x \in \mathbb{R}$. Mit dieser Funktion bilden wir einen neuen stochastischen Prozess

$$(f(t, X_t))_{t \geq 0},$$

d. h. wir setzen X_t für die Variable x ein.

Frage: Welche SDE erfüllt der neue Prozess $(f(t, X_t))_{t \geq 0}$?

Diese Frage beantwortet die *Itô-Formel*, der wir uns nun zuwenden wollen. Wir beginnen mit $X_t = W_t$ und einer Funktion *einer* Variablen $f(x)$. Es sei $(s_0, \ldots, s_n)$ eine mit wachsendem n immer feiner werdende Zerlegung von $[0;t]$ mit $s_0 = 0$, $s_n = t$. Ist $f(x)$ zweimal stetig differenzierbar bzgl. x, so gilt die *Taylorformel*:

$$f(x + h) - f(x) = f'(x) \cdot h + \frac{1}{2} \cdot f''(x) \cdot h^2 + \text{Rest}(x, h),$$

wobei der Rest mindestens so schnell gegen 0 geht wie h^3, sofern die Funktion eine konvergierende Taylorreihe besitzt. Mit $x = W_{s_i}$, $x + h = W_{s_{i+1}}$ (also $h = W_{s_{i+1}} - W_{s_i}$) können wir schreiben:

$$
\begin{aligned}
f(W_{s_{i+1}}) - f(W_{s_i}) &= f'(W_{s_i}) \cdot (W_{s_{i+1}} - W_{s_i}) + \frac{1}{2} \cdot f''(W_{s_i}) \cdot (W_{s_{i+1}} - W_{s_i})^2 \\
&+ \text{Rest}(W_{s_i}, W_{s_{i+1}} - W_{s_i}).
\end{aligned}
$$

Wir summieren von $i = 0$ bis $i = n - 1$ und erhalten:

$$
\begin{aligned}
f(\underbrace{W_{s_n}}_{=W_t}) - f(\underbrace{W_{s_0}}_{=0}) &= \sum_{i=0}^{n-1} f'(W_{s_i}) \cdot (W_{s_{i+1}} - W_{s_i}) + \frac{1}{2} \cdot \sum_{i=0}^{n-1} f''(W_{s_i}) \cdot (W_{s_{i+1}} - W_{s_i})^2 \\
&+ \sum_{i=0}^{n-1} \text{Rest}(W_{s_i}, W_{s_{i+1}} - W_{s_i}).
\end{aligned}
$$

Was passiert für $n \to \infty$?

$$
\begin{aligned}
f(W_t) - f(0) &= \lim_{n \to \infty} \sum_{i=0}^{n-1} f'(W_{s_i}) \cdot (W_{s_{i+1}} - W_{s_i}) + \frac{1}{2} \cdot \lim_{n \to \infty} \sum_{i=0}^{n-1} f''(W_{s_i}) \cdot (W_{s_{i+1}} - W_{s_i})^2 \\
&+ \lim_{n \to \infty} \sum_{i=0}^{n-1} \text{Rest}(W_{s_i}, W_{s_{i+1}} - W_{s_i}). \tag{4.13}
\end{aligned}
$$

Für den ersten Summanden auf der rechten Seite wenden wir Definition 4.1 an (mit $Y_s = f'(W_s)$). Es gilt nach (4.9):

$$\lim_{n \to \infty} \sum_{i=0}^{n-1} f'(W_{s_i}) \cdot (W_{s_{i+1}} - W_{s_i}) = \int_0^t f'(W_s) \, dW_s$$

(die Voraussetzungen aus Definition 4.1 sind erfüllt).

Nun wenden wir uns dem zweiten Summanden in obiger Gleichung zu. Mit $Y_s := f''(W_s)$ kann man sich überlegen, dass gilt

$$\sum_{i=0}^{n-1} f''(W_{s_i}) \cdot (W_{s_{i+1}} - W_{s_i})^2 \overset{n \to \infty}{\longrightarrow} \int_0^t f''(W_s) \, ds.$$

Diesen Schritt lassen wir hier aus. Ähnliche Überlegungen, die wir ebenfalls übergehen, führen zu der Erkenntnis

$$\lim_{n \to \infty} \sum_{i=0}^{n-1} \text{Rest}(W_{s_i}, W_{s_{i+1}} - W_{s_i}) = 0.$$

Zusammenfassend können wir festhalten: Sind die genannten Bedingungen an f erfüllt, so folgt aus (4.13) für $n \to \infty$:

$$f(W_t) - f(0) = \int_0^t f'(W_s) \, dW_s + \frac{1}{2} \cdot \int_0^t f''(W_s) \, ds.$$

Satz 4.2 (Itô-Formel für Wiener-Prozesse)

Ist $(W_t)_{t \geq 0}$ ein Wiener-Prozess, f eine zweimal stetig differenzierbare Funktion, so gilt:

$$f(W_t) = f(0) + \int_0^t f'(W_s) \, dW_s + \frac{1}{2} \cdot \int_0^t f''(W_s) \, ds.$$

Gleichbedeutend dazu ist die Schreibweise

$$df(W_t) = f'(W_t) \, dW_t + \frac{1}{2} \cdot f''(W_t) \, dt. \tag{4.14}$$

Dieser Satz entspricht in seiner Bedeutung dem *Hauptsatz der Differenzial- und Integralrechnung*, welcher für differenzierbare Funktionen folgende Aussage liefert:

$$f(t) = f(0) + \int_0^t f'(s) \, ds.$$

Beispiel 4.2

Die Funktion $f(x) := x^2$ ist zweimal stetig differenzierbar, es gilt $f'(x) = 2x$, $f''(x) = 2$.

$$\overset{(4.14)}{\Longrightarrow} f(W_t) = W_t^2 = \underbrace{f(0)}_{=0} + \int_0^t f'(W_s) \, dW_s + \frac{1}{2} \cdot \int_0^t f''(W_s) \, ds = \int_0^t 2 \cdot W_s \, dW_s + \frac{1}{2} \cdot \int_0^t 2 \, ds,$$

also $\quad W_t^2 = 2 \cdot \int_0^t W_s \, dW_s + t \quad \Longleftrightarrow \quad \int_0^t W_s \, dW_s = \frac{1}{2} \cdot W_t^2 - \frac{t}{2} \quad$ *für alle $t \geq 0$.*

Für zahlreiche Anwendungen wird die Itô-Formel aus Satz 4.2 nicht nur bzgl. des Wiener-Prozesses, sondern auch bzgl. allgemeinerer Prozesse benötigt. Solche allgemeineren Prozesse sind die sog. *Itô-Prozesse*, die wir zunächst definieren wollen:

Definition 4.2 *Ein stochastischer Prozess $(X_t)_{t \geq 0}$ heißt Itô-Prozess, wenn er als Summe eines Itô-Integrals und eines gewöhnlichen Integrals dargestellt werden kann:*

$$X_t = X_0 + \underbrace{\int_0^t Y_s \, dW_s}_{\text{Itô-Integral}} + \underbrace{\int_0^t Z_s \, ds}_{\text{gewöhnliches Integral}} \quad \Longleftrightarrow \quad dX_t = Y_t \, dW_t + Z_t \, dt. \tag{4.15}$$

Hierbei muss $(Y_s)_{s\geq 0}$ Itô-integrierbar sein und $(Z_s)_{s\geq 0}$ muss die erste Voraussetzung von Definition 4.1 erfüllen sowie die Bedingung $\int_0^t |Y_s|\,ds < \infty$.

Beispiel 4.3

1. $(X_t)_{t\geq 0} = (a \cdot W_t + b \cdot t)_{t\geq 0}$ *ist für* $a,b \in \mathbb{R}$ *ein Itô-Prozess, denn es gilt*

$$X_t = \underbrace{0}_{=X_0} + \int_0^t \underbrace{a}_{=Y_s}\,dW_s + \int_0^t \underbrace{b}_{=Z_s}\,ds.$$

Im Fall $a=1, b=0$ *ist* $X_t = W_t$*, also ist der Wiener-Prozess ein Itô-Prozess.*

2. $(X_t)_{t\geq 0} = (W_t^2)_{t\geq 0}$ *ist ein Itô-Prozess, denn es gilt nach Beispiel 4.2*

$$X_t = W_t^2 = \underbrace{0}_{=X_0} + \int_0^t \underbrace{2 \cdot W_s}_{=Y_s}\,dW_s + \int_0^t \underbrace{1}_{=Z_s}\,ds.$$

3. *Man kann zeigen, dass für jedes Itô-Prozess* $(X_t)_{t\geq 0}$ *immer gelten muss:* $E(X_t^2) < \infty$ *für alle* $t \geq 0$*. Daraus folgt, dass z. B. alle stochastischen Prozesse* $(X_t)_{t\geq 0}$*, für die* $E(X_t^2) = +\infty$ *gilt, keine Itô-Prozesse sein können.*

Übung 4.3 *Begründen Sie, warum jeder Prozess der Form* $(f(W_t))_{t\geq 0}$ *die Bedingung (4.15) erfüllt, sofern* f *eine zweimal stetig differenzierbare Funktion ist.*

Die Itô-Formel kann verallgemeinert werden auf Funktionen der Form $f(t,x)$:

Satz 4.3 (Allgemeine Itô-Formel)

Es sei $f = f(t,x)$ *eine bzgl.* $t \geq 0$ *einmal stetig differenzierbare Funktion und bzgl.* $x \in \mathbb{R}$ *zweimal stetig differenzierbare Funktion. Ferner sei* $(X_t)_{t\geq 0}$ *ein Itô-Prozess. Dann gilt*

$$
\begin{aligned}
f(t,X_t) &= f(0,X_0) + \int_0^t Y_s \cdot \frac{\partial f}{\partial x}(s,X_s)\,dW_s \\
&\quad + \int_0^t \left(\frac{\partial f}{\partial s}(s,X_s) + Z_s \cdot \frac{\partial f}{\partial x}(s,X_s) + \frac{1}{2} \cdot Y_s^2 \cdot \frac{\partial^2 f}{\partial x^2}(s,X_s) \right) ds. \quad (4.16)
\end{aligned}
$$

Der Beweis dieser Formel verläuft ähnlich zum Beweis von Satz 4.2. Beachten Sie, dass aus der Gleichung (4.16) folgt, dass der stochastische Prozess $(f(t,X_t))_{t\geq 0}$ wieder ein

Itô-Prozess im Sinne von Definition 4.2 ist, denn es gilt

$$f(t, X_t) = f(0, X_0) + \int_0^t \widetilde{Y}_s \, dW_s + \int_0^t \widetilde{Z}_s \, ds$$

mit $\widetilde{Y}_s := Y_s \cdot \frac{\partial f}{\partial x}(s, X_s)$ und $\widetilde{Z}_s := \frac{\partial f}{\partial s}(s, X_s) + Z_s \cdot \frac{\partial f}{\partial x}(s, X_s) + \frac{1}{2} \cdot Y_s^2 \cdot \frac{\partial^2 f}{\partial x^2}(s, X_s)$.

Wir können also festhalten, dass unter den Voraussetzungen des obigen Satzes gilt:

Ist $(X_t)_{t \geq 0}$ ein Itô-Prozess, so auch $(f(t, X_t))_{t \geq 0}$.

Die Gleichung (4.16) wird häufig in *Differenzialform* hingeschrieben – dies ist aber nichts anderes als eine abkürzende Form für (4.16):

$$df(t, X_t) = \left(\frac{\partial f}{\partial t}(t, X_t) + Z_t \cdot \frac{\partial f}{\partial x}(t, X_t) + \frac{1}{2} \cdot Y_t^2 \cdot \frac{\partial^2 f}{\partial x^2}(t, X_t) \right) dt$$

$$+ \quad Y_t \cdot \frac{\partial f}{\partial x}(t, X_t) \, dW_t. \tag{4.17}$$

Beispiel 4.4

1. *Es sei $X_t = W_t$ und $f(t, x) = a \cdot x + b \cdot t$. Dann gilt $Y_t = 1$, $Z_t = 0$ (vgl. Beispiel 4.3), sowie $\frac{\partial f}{\partial x} = a$, $\frac{\partial^2 f}{\partial x^2} = 0$, $\frac{\partial f}{\partial t} = b$ und somit nach (4.17):*

$$df(t, X_t) = \left(b + 0 \cdot a + \frac{1}{2} \cdot 1 \cdot 0 \right) dt + 1 \cdot a \, dW_t = b \cdot dt + a \cdot dW_t.$$

2. *Es sei $X_t = W_t$, $s > 0$, $\sigma > 0$, $\mu \in \mathbb{R}$ und*

$$f(t, x) = s \cdot e^{\left(\mu - \frac{\sigma^2}{2} \right) t + \sigma \cdot x} > 0,$$

also $\frac{\partial f}{\partial t} = \left(\mu - \frac{\sigma^2}{2} \right) \cdot f(t, x)$, $\frac{\partial f}{\partial x} = \sigma \cdot f(t, x)$, $\frac{\partial^2 f}{\partial t^2} = \sigma^2 \cdot f(t, x)$. Daher liefert (4.17)

$$df(t, X_t) = \left(\left(\mu - \frac{\sigma^2}{2} \right) f(t, X_t) + \frac{1}{2} \cdot 1 \cdot \sigma^2 \cdot f(t, X_t) \right) dt + 1 \cdot \sigma \cdot f(t, X_t) \, dW_t$$

$$\iff \frac{df(t, X_t)}{f(t, X_t)} = \mu \, dt + \sigma \, dW_t.$$

Mit den bisherigen Resultaten sind wir in der Lage, wichtige Typen von SDEs zu lösen:

Satz 4.4 (Ornstein-Uhlenbeck-Prozess)

Ein stochastischer Prozess, der die SDE

$$dX_t = -\lambda \cdot X_t \, dt + dW_t, \quad X_0 = 0$$

erfüllt, ist gegeben durch $X_t = e^{-\lambda \cdot t} \cdot \int_0^t e^{\lambda \cdot s} \, dW_s$. Ein solcher für die Anwendungen wichtiger Prozess heißt Ornstein-Uhlenbeck-Prozess. *Es gilt $E(X_t) = 0$.*

Beweis Wir wollen die allgemeine Itô-Formel anwenden. Dazu müssen wir einen Itô-Prozess $(\widetilde{X}_t)_{t \geq 0}$ und eine Funktion $f(t,x)$ finden. Wir setzen

$$\widetilde{X}_t := \int_0^t e^{\lambda \cdot s} \, dW_s = 0 + \int_0^t e^{\lambda \cdot s} \, dW_s + \int_0^t 0 \, ds$$

und stellen fest, dass $(\widetilde{X}_t)_{t \geq 0}$ ein Itô-Prozess ist. Wir setzen weiter $f(t,x) := e^{-\lambda \cdot t} \cdot x$, und haben

$$\frac{\partial f}{\partial t} = -\lambda \cdot f(t,x), \quad \frac{\partial f}{\partial x} = e^{-\lambda \cdot t}, \quad \frac{\partial^2 f}{\partial x^2} = 0.$$

Gemäß Formel (4.17) gilt für $X_t = f(t, \widetilde{X}_t) = e^{-\lambda \cdot t} \cdot \int_0^t e^{\lambda \cdot s} \, dW_s$ die folgende SDE:

$$
\begin{aligned}
dX_t = df(t, \widetilde{X}_t) &= \left(-\lambda \cdot e^{-\lambda \cdot t} \cdot \widetilde{X}_t + 0 \cdot \frac{\partial f}{\partial x}(t, \widetilde{X}_t) + \frac{1}{2} \cdot e^{2\lambda \cdot t} \cdot 0 \right) dt \\
&\quad + e^{\lambda \cdot t} \cdot e^{-\lambda \cdot t} \, dW_t \\
&= -\lambda \cdot X_t \, dt + dW_t,
\end{aligned}
$$

und es ist $X_0 = 0$. Die Aussage $E(X_t) = 0$ folgt aus (4.12). ∎

Der im letzten Satz genannte Prozess ist deshalb so wichtig, weil er alle Vorgänge modelliert, die zufällig schwanken und langfristig immer wieder gegen den Mittelwert $E(X_t) = 0$ tendieren: Für $X_0 = 0$ wird durch den Driftterm $-\lambda \cdot X_t dt$ bei positivem Wert von λ der Wert X_t immer "in Richtung 0 gezogen". Man nennt dies auch *mean reversion*.

Als nächstes behandeln wir die noch ausstehende Herleitung der Lösung zur SDE der *geometrischen Bronwschen Bewegung*. Wir betrachten die SDE

$$dS_t \mu \cdot S_t \, dt + \sigma \cdot S_t \, dW_t \quad \Longleftrightarrow \quad \frac{dS_t}{S_t} = \mu \, dt + \sigma \, dW_t \quad (\sigma > 0, \mu \in \mathbb{R}),$$

und fragen uns nach einer Lösung mit vorgegebener Anfangsbedingung

$$S_0 = s > 0.$$

Aus Beispiel 4.4 folgt mit $S_t := f(t, W_t) = s \cdot e^{\left(\mu - \frac{\sigma^2}{2} \right) t + \sigma \cdot W_t}$:

Satz 4.5 (Geometrische Brownsche Bewegung)
Eine Lösung der SDE

$$\frac{dS_t}{S_t} = \mu\,dt + \sigma\,dW_t \quad \Longleftrightarrow \quad dS_t = \mu \cdot S_t\,dt + \sigma \cdot S_t\,dW_t$$

mit Anfangsbedingung $S_0 = s > 0, \sigma > 0, \mu \in \mathbb{R}$ ist

$$S_t = s \cdot e^{\left(\mu - \frac{\sigma^2}{2}\right)t + \sigma \cdot W_t} > 0 \quad (t \geq 0).$$

Der stochastische Prozess $(S_t)_{t \geq 0}$ heißt geometrische Brownsche Bewegung.
Für $\sigma \to 0$ geht die SDE über in $\frac{dS_t}{S_t} = \mu \cdot dt \Longleftrightarrow S_t = s \cdot e^{\mu \cdot t}$.

4.5   Arbitragefreiheit, Martingalmaß und Numéraires

Auch bei der Modellierung in stetiger Zeit geht es darum, wie beim diskreten Mehrperiodenmodell, ein *Martingalmaß* Q zu bestimmen, mit dem dann die risikoneutrale
Bewertung von Finanzinstrumenten durchgeführt werden kann. Wir erinnern uns: Im
Ein- bzw. Mehrperiodenmodell ergab sich die Existenz des Martingalmaßes jeweils aus
der Bedingung der Arbitragefreiheit. Hier wird es genauso sein!

Wir gehen von einem Wahrscheinlichkeitsraum $(\Omega, \mathscr{A}, P)$ aus, bei dem Ω die Menge
aller möglichen Kursverläufe von n (börsengehandelten) *Basisinstrumenten* (Aktien,
Anleihen, Devisen, Rohstoffe usw.) im Intervall $[0;T]$ repräsentiert. Eine formale Defi-
nition von Ω ist nicht erforderlich. Ist $(\vec{S}_u)_{u \in [0;T]} = (S_{u,1}, \ldots, S_{u,n})_{u \in [0;T]}$ der Vektor aller
Kursverläufe, so wird die in der Kurshistorie $(\vec{S}_u)_{u \leq t}$ bis zum Zeitpunkt t wiederum
über eine σ-Algebra $\mathcal{F}_t^S$ beschrieben. Dieser formale Aspekt tritt bei der konkreten Modellierung oft in den Hintergrund.
Analog zum Mehrperiodenmodell betrachten wir eine risikolose Geldanlage zum *risikolosen Zinssatz*, der sich aus den Zerorates des Interbankenhandels ableitet. Im Unterschied zum Mehrperiodenmodell arbeiten wir nun meist mit der *stetigen Verzinsung*.
Folgende Begriffe spielen eine wichtige Rolle:

1. Ein *Portfolio* besteht zunächst nur aus (börsengehandelten) Basisinstrumenten; es
   hat im Allgemeinen eine zeitveränderlicher Zusammensetzung. Später kommen
   auch Derivate hinzu.

2. *Arbitragefreiheit*: Arbitragemöglichkeiten, d. h. das Erzielen risikoloser Gewinne
   ohne Einsatz von eigenem Kapital, werden bei der Modellierung ausgeschlossen.

Zu formalen Einführung der erwähnten Begriffe sind technische Definitionen unter Verwendung stochastischer Integrale und spezieller stochastischer Prozesse erforderlich.
Ein Portfolio zur Zeit t wird charakterisiert durch einen Vektor $(h_{t,1}, \ldots, h_{t,n})$ mit $h_{t,i}$
als der Anzahl des i-ten Basisinstruments im Portfolio. Eine *Portfoliostrategie* besteht

aus einem Portfolio, dessen Zusammensetzung sich jederzeit ändern kann. Sie wird beschrieben durch den n-dimensionalen Prozess $(\vec{h}_t)_{t\in[0;T]} = (h_{t,1},\ldots,h_{t,n})_{t\in[0;T]}$. Die Größen $h_{t,i}$ können selbst auf zufällig sein; sie müssen jedoch so beschaffen sein, dass sie nur aus **vor** dem Zeitpunkt t vorliegenden Informationen bestimmt werden können – die präzise mathematische Formalisierung dieses Sachverhalts lassen wir hier aus.

Der *Portfoliowert* zum Zeitpunkt t für die *Portfoliostrategie* $(\vec{h}_t)_{t\in[0;T]}$ ist

$$PV_t^h := \sum_{i=1}^{n} h_{t,i} \cdot S_{t,i}.$$

Die *Kursprozesse* $(S_{t,i})_{t\in[0;T]}$ der Basisinstrumente werden üblicherweise als *Itô-Prozesse* modelliert (vgl. Definition 4.2). Wegen Gleichung (4.15) gilt also

$$dS_{t,i} = Y_{t,i} dW_{t,i} + Z_{t,i} dt$$

mit geeignet zu wählenden Größen $Y_{t,i}$ und $Z_{t,i}$. Im Fall der geometrischen Brownschen Bewegung ist $Y_{t,i} = \sigma \cdot S_{t,i}$ und $Z_{t,i} = \mu \cdot S_{t,i}$.

Der *Gewinn eines Portfolios* ohne Mittelzu- oder -abflüsse (welcher auch negativ sein kann und dann eher als Verlust zu bezeichnen wäre), ist bei einer vorgegebenen Unterteilung von $[0;t]$ in m Teilintervalle der Länge $\Delta t = t/m$ gegeben durch

$$G_t^h = \sum_{i=1}^{n} \sum_{k=0}^{m-1} h_{k\cdot\Delta t,i} \cdot (S_{(k+1)\cdot\Delta t,i} - S_{k\cdot\Delta t,i})$$

(= Summe der Wertveränderungen aller Basisinstrumente). Bei der Modellierung in stetiger Zeit bildet man den Grenzwert $\Delta t \to 0$ und definiert dann (mit einigen zusätzlichen technischen Voraussetzungen an $h_{t,i}$, auf die wir hier nicht eingehen):

$$G_t^h := \sum_{i=1}^{n} \int_0^t h_{u,i}\, dS_{u,i}.$$

Definition 4.3 *Eine selbstfinanzierende Portfoliostrategie ist eine Portfoliostrategie mit*

$$PV_t^h = PV_0^h + G_t^h \quad \Longleftrightarrow \quad dPV_t^t = dG_t^h = \sum_{i=1}^{n} h_{t,i} dS_{t,i}, \tag{4.18}$$

d. h. Wertveränderungen entstehen nur durch Wertveränderungen der Basisinstrumente, nicht durch Mittelzu- oder abflüsse von außen.

Eine Arbitragestrategie ist eine selbstfinanzierende Portfoliostrategie, so dass für $T > 0$ gilt

$$PV_0^h = 0, \quad P(PV_T^h \geq 0) = 1, \quad P(PV_T^h > 0) > 0.$$

Beispiel 4.5 *Ist die Portfoliozusammensetzung konstant, also $h_{u,i} = h_{0,i}$, so liegt eine selbst-finanzierende Portfoliostrategie vor mit*

$$G_t^h = \sum_{i=1}^n \int_0^t h_{0,i}\, dS_{u,i} = \sum_{i=1}^n h_{0,i} \cdot \int_0^t dS_{u,i} = \sum_{i=1}^n h_{0,i} \cdot (S_{t,i} - S_{0,i}).$$

Mit Hilfe des Begriffes des *Numéraires* kann man das fundamentale Resultat zur Bewertung von Finanzinstrumenten formulieren: Ein Numéraire ist der Preisprozess (als Itô-Prozess modelliert) eines beliebigen *handelbaren* Finanzinstruments, bei dem keine Dividenden oder Kupons anfallen und das immer einen positiven Wert hat. Wir schreiben N_t für den Wert des Numéraires (also den Preis des Finanzinstruments) in t. Ein wichtiges Beispiel für einen Numéraire ist das sog. *Sparbuch* (*savings account*) mit stetiger Verzinsung: Dies ist eine risikolose, stetig verzinste Geldanlage von 1:

$$N_t = 1 \cdot e^{L(0,t)\cdot t} = e^{r \cdot t} \qquad (r := L_{st}(0,t)).$$

Bei der Modellierung von Finanzinstrumenten wird oftmals der *diskontierte* Wert

$$\frac{S_{t,i}}{N_t}$$

betrachtet, wobei $(N_t)_{t\geq 0}$ ein beliebiger Numéraire ist. Für den o. g. Numéraire entspricht der diskontierte Wert dem abgezinsten Preis des Finanzinstruments. Im Allgemeinen lässt sich $S_{t,i}/N_t$ interpretieren als der relative Wert des i-ten Basisinstruments im Verhältnis zum Numéraire.

Satz 4.6 (Fundamentalsatz zur Arbitragefreiheit)
In einem **arbitragefreien** *Markt gibt es zu jedem Numéraire $(N_t)_{t\geq 0}$ ein zugehöriges Wahrscheinlichkeitsmaß Q_N (das sog.* **risikoneutrale Maß** *oder* **Martingalmaß**), *so dass die diskontierten Preisprozesse*

$$\left(\frac{S_{t,i}}{N_t}\right)_{t\in[0;T]} \qquad \text{sowie} \qquad \left(\frac{PV_t^h}{N_t}\right)_{t\in[0;T]}$$

für selbstfinanzierende Portfoliostrategien (mit gewissen technischen Zusatzvoraussetzungen) **Martingale** *bzgl. des Wahrscheinlichkeitsmaßes Q_N sind. Dies bedeutet*

$$\frac{S_{t,i}}{N_t} = E_{Q_N}\left(\frac{S_{T,i}}{N_T}\bigg|\mathcal{F}_t^S\right), \quad \frac{PV_t^h}{N_t} = E_{Q_N}\left(\frac{PV_T^h}{N_T}\bigg|\mathcal{F}_t^S\right) \tag{4.19}$$

für alle $t \in [0;T]$, insbesondere also für $t = 0$ (beachte (2.10))

$$\frac{S_{0,i}}{N_0} = E_{Q_N}\left(\frac{S_{T,i}}{N_T}\right), \quad \frac{PV_0^h}{N_0} = E_{Q_N}\left(\frac{PV_T^h}{N_T}\right). \tag{4.20}$$

Da wir Arbitragefreiheit angenommen haben, können wir im Folgenden somit stets die Existenz eines Martingalmaßes zu einem gegebenen Numéraire als gegeben annehmen.

Der **Beweis des Fundamentalsatzes** ist sehr aufwendig und wir verweisen hierzu auf die Literatur ([4]). Für die Anwendungen des Satzes ist die Kenntnis des Beweises nicht erforderlich. Zur Plausibilisierung der Aussage des Satzes können die entsprechenden Resultate für diskrete Modelle (Sätze 3.2 und 3.7) herangezogen werden.

Als erste Folgerung aus dem Fundamentalsatz notieren wir

$$S_{0,i} = N_0 \cdot E_{Q_N}\left(\frac{S_{T,i}}{N_T}\right), \quad PV_0^h = N_0 \cdot E_{Q_N}\left(\frac{PV_T^h}{N_T}\right).$$

Übung 4.4 *Berechnen Sie im arbitragefreien Modell mit Numéraire $N_t = e^{r \cdot t}$ und dividendenloser Aktie (Kurs S_t):*

    1. $E_{Q_N}(S_t)$,   2. $E_{Q_N}(N_t)$,   3. $E_{Q_N}(\alpha \cdot N_t + \beta \cdot S_t)$ $(\alpha, \beta \in \mathbb{R})$.

Eine wichtige Anwendung des Fundamentalsatzes ist das *Black-Scholes-Modell zur Modellierung von dividendenlosen Aktien*:

Satz 4.7 (Black-Scholes-Modell für dividendenlose Aktien)
Gegeben sei ein arbitragefreier Markt mit risikolosem Zinssatz r für alle Laufzeiten $t \in [0; T]$ und einer dividendenlosen Aktie, deren Kursprozess $(S_t)_{t \in [0;T]}$ einer geometrischen Bronwschen Bewegung folge:

$$dS_t/S_t = \mu\, dt + \sigma dW_t.$$

Als Numéraire wird das savings account gewählt. Ist Q_N das zugehörige gehörende Martingalmaß, so ist die Drifrate μ unter diesem Maß gleich dem risikolosen Zinssatz r, also

$$dS_t/S_t = r\, dt + \sigma dW_t \iff S_t = S_0 \cdot e^{(r-\sigma^2/2)\cdot t + \sigma W_t}. \tag{4.21}$$

Beweis Wir setzen $\widetilde{S}_t := S_t / N_t = S_t \cdot e^{-r \cdot t}$ und erhalten durch Anwendung der Allgemeinen Itô-Formel aus Satz 4.3 mit $f(t, S_t) := S_t \cdot e^{-r \cdot t}$:

$$d\widetilde{S}_t/\widetilde{S}_t = (\mu - r)\, dt + \sigma dW_t.$$

Nun ist der diskontierte Prozess $(\widetilde{S}_t)_{t \in [0;T]}$ nach Satz 4.6 ein Martingal - damit muss die Drifrate der relativen Kursänderung $d\widetilde{S}_t/\widetilde{S}_t$ also 0 sein! Somit folgt

$$\mu = r.$$

    ■

Bemerkung   *Es ist μ die Driftrate der in der* **Realität** *beobachtbaren relativen Kursänderungen der Aktie, während r die "modelltheoretische" Driftrate unter dem Martingalmaß ist, die nur im Zusammenhang mit der Bewertung von Derivaten relevant ist.*

Übung 4.5
1. *Weisen Sie die Gültigkeit der im Beweis behaupteten SDE für $\widetilde{S}_t$ nach.*
2. *Zeigen Sie: $\sigma^2 = Var(\ln(S_1/S_0))$.*
2. *Zeigen Sie mit Satz 4.1, dass gilt: $E_{Q_N}(S_t) = S_0 \cdot e^{r \cdot t}$.*

Der klassische Black-Scholes-Ansatz beinhaltet vereinfachende Annahmen in Bezug auf den Zinssatz r und die Volatilität σ: Beide sind nicht zeitabhängig. Dies stellt insbesondere für die Volatilität eine zu starke Vereinfachung dar, denn empirische Befunde zeigen, dass eine zeitveränderliche Modellierung dieser Größe in Abhängigkeit vom Betrachtungszeitpunkt t und vom Aktienkurs S_t zu plausibleren Optionspreisen führt. Weitergehende Ansätze verwenden zur Beschreibung der Volatilität einen eigenständigen stochastischen Prozess (vgl. Abschnitt 4.9.1).

Satz 4.8 (Exponentialmartingal)
Der durch
$$X_t := X_0 \cdot e^{\int_0^t \sigma(s)\,dW_s - D_t}, \quad t \geq 0,$$
gegebene Prozess $(X_t)_{t \in [0;T]}$ ist genau dann ein Martingal, wenn gilt $D_t = \frac{1}{2} \cdot \int_0^t (\sigma(s))^2\,ds$. Hierbei ist $(\sigma(t))_{t \in [0;T]}$ ein zeitabhängiger Prozess, der deterministisch (und integrierbar) ist oder zufällig ist (und die Voraussetzungen von Definition 4.1 erfüllt).

Beweis   Wir geben hier nur eine *Beweisskizze* und beschränken uns auf den Fall, dass D_t und $\sigma(s)$ deterministisch sind. Es sei
$$Z_t := \int_0^t \sigma(s)\,dW_s - D_t.$$
Welche Verteilung hat diese Zufallsvariable? Aus (4.12) folgt, dass Z_t die Verteilung $N(-D_t, \int_0^t \sigma(s)^2 ds)$ hat. Durch Anwendung von (4.4) und (4.5) und der Rechenregel (2.11) für bedingte Erwartungen ergibt sich für $u > t$:

$$\begin{aligned}
E(X_u|\mathcal{F}_t^W) &= E((X_u/X_t) \cdot X_t|\mathcal{F}_t^W) = E((X_u/X_t)|\mathcal{F}_t^W) \cdot X_t = E\left(e^{Z_u - Z_t}\Big|\mathcal{F}_t^W\right) \cdot X_t \\
&= e^{D_t - D_u + 0{,}5 \cdot Var(Z_u - Z_t)} \cdot X_t = e^{D_t - D_u + 0{,}5 \cdot \int_u^t (\sigma(s))^2 ds} \cdot X_t.
\end{aligned}$$

Wir sehen also
$$E(X_u|\mathcal{F}_t^W) = X_t \quad \Longleftrightarrow \quad D_t - D_u = 0{,}5 \cdot \int_u^t (\sigma(s))^2 ds \quad \text{für alle} \quad 0 \leq t \leq u,$$

und letzteres ist äquivalent zu der Aussage $D_t = \frac{1}{2} \cdot \int_0^t (\sigma(s))^2 \, ds$, so dass die Behauptung gezeigt ist. ∎

Wir kommen nun zur Ermittlung des *Barwerts* oder (*fairen*) *Werts* eines Derivats.

Ein (*Europäisches*) *Derivat* wird charakterisiert durch eine in $T \geq 0$ stattfindende Auszahlung X, die durch die Kursentwicklung der Basisinstrumente bestimmt ist:

$$X = f(S_{t,i}, \, t \in [0;T], \, i \in \{1, \ldots, n\})$$

Die *Auszahlungsfunktion* f kann (muss aber nicht) von der kompletten Kurshistorie $(S_{t,i})_{t \in [0;T]}$ abhängen – letzteres ist bei den sog. *pfadabhängigen Derivaten* der Fall, wie z. B. *Asiatischen Optionen*, deren Auszahlung durch das arithmetische oder geometrische Mittel eines Kurspfades $(S_{t,i})_{t \in [0;T]}$ bestimmt ist.

Übung 4.6 *Überlegen Sie sich noch einmal die Auszahlungsfunktionen einer long (bzw. short) Position in einer Europäischen Call- bzw. Put-Option und eines Forwards auf eine Aktie mit Kurs S_t (Strike K, Fälligkeit T).*

Ein Markt heißt *vollständig*, wenn für **jede** Auszahlungsfunktion eine *selbstfinanzierende Replikationsportfoliostrategie* (mit gewissen technischen Zusatzbedingungen) existiert, also eine selbstfinanzierende Portfoliostrategie, deren Barwert PV_T^h mit Sicherheit gleich der Auszahlung des Derivats ist:

$$PV_T^h = X \quad \text{mit Wahrscheinlichkeit 1.}$$

Aufgrund des *Law of one Price* können wir nun wieder schließen, dass der Barwert des Derivats damit zu jedem Zeitpunkt t mit dem Wert PV_t^h übereinstimmen muss (beachten Sie, dass die Replikationsportfoliostrategie selbstfinanzierend ist, und daher keine Ein- oder Auszahlung bis T erfolgen).

Satz 4.9 (Risikoneutrale Bewertungsformel)
In einem arbitragefreien Markt (ohne Kreditrisiken) gilt für den Barwert $D_t := PV_t^h$ eines Europäischen Derivats mit Auszahlung X in T, zu dem eine selbstfinanzierende Replikationsportfoliostrategie existiert, die risikoneutrale Bewertungsformel:

$$D_t = N_t \cdot E_{Q_N}\left(\frac{X}{N_T} \Big| \mathcal{F}_t^S\right), \quad t \in [0;T], \quad \text{speziell} \quad D_0 = N_0 \cdot E_{Q_N}\left(\frac{X}{N_T}\right). \quad (4.22)$$

Dabei ist $(N_t)_{t \in [0;T]}$ ein beliebiger Numéraire und Q_N das zugehörige Martingalmaß.
*Falls der Markt vollständig ist, so gilt obige Gleichung für **jedes** Derivat und Q_N ist **eindeutig** bestimmt.*

Beweis Wir zeigen nur die risikoneutrale Bewertungsformel, nicht aber die Eindeutigkeit des Martingalmaßes Q_N. Es gilt wegen der Eigenschaften von PV_t^h und Satz 4.6:

$$D_t = PV_t^h = N_t \cdot E_{Q_N}\left(\frac{PV_T^h}{N_T}\Big|\mathcal{F}_t^S\right) = N_t \cdot E_{Q_N}\left(\frac{X}{N_T}\Big|\mathcal{F}_t^S\right). \qquad \blacksquare$$

Beachten Sie, dass die Aussage des Satzes auch in der Form $\frac{D_t}{N_t} = E_{Q_N}\left(\frac{X}{N_T}\Big|\mathcal{F}_t^S\right)$ geschrieben werden kann, so dass $(D_t/N_t)_{t\in[0;T]}$ ein *Martingal* ist.

Man kann zeigen, dass das Black-Scholes-Modell mit der geometrischen Brownschen Bewegung als Modellannahme für die Kursvariablen einen vollständigen Markt beschreibt. Daher können wir in diesem Modell stets die risikoneutrale Bewertungsformel für Europäische Derivate anwenden.

4.6 Aktien-, Devisen-, Rohstoff- und Energiederivate im Black-Scholes-Modell

4.6.1 Aktienoptionen

Satz 4.10 (Black-Scholes-Formel für Europäische Optionen)
Im Black-Scholes-Modell für Aktienkurse ist der heutige Barwert einer Europäischen Call- (bzw. Put-)Option mit Laufzeit T, Strike K auf eine dividendenlose Aktie mit Kurs S_t:

$$C_0 = S_0 \cdot \Phi(d_1) - K \cdot e^{-r \cdot T} \cdot \Phi(d_2) \quad bzw. \quad P_0 = e^{-r \cdot T} \cdot K \cdot \Phi(-d_2) - S_0 \cdot \Phi(-d_1), \quad (4.23)$$

wobei $d_{1,2} := (\ln(S_0/K) + (r \pm 0{,}5 \cdot \sigma^2) \cdot T)/(\sigma \cdot \sqrt{T})$ *und* $\sigma^2 = Var(\ln(S_1/S_0))$.

Beweis Wir wählen als Numéraire das savings account mit $N_t := e^{r \cdot t}$. Für den Call gilt nach der risikoneutralen Bewertungsformel

$$C_0 = N_0 \cdot E_Q(\max\{S_T - K, 0\}/N_T) = e^{-r \cdot T} \cdot E_Q(\max\{S_T - K, 0\}).$$

Im Black-Scholes-Modell ist $S_T = S_0 \cdot e^{Z + r \cdot T}$, wobei Z eine gemäß $N(-\frac{\sigma^2}{2} \cdot T, \sigma^2 \cdot T)$ verteilte Zufallsvariable ist (mit $\sigma^2 = Var(\ln(S_1/S_0))$). Es folgt

$$C_0 = e^{-r \cdot T} \cdot \int_{-\infty}^{\infty} \max\{S_0 \cdot e^{x + r \cdot T} - K, 0\} \cdot \underbrace{\frac{1}{\sqrt{2\pi \cdot \sigma^2 \cdot T}} \cdot \exp\left\{-\frac{1}{2} \cdot \frac{\left(x + \frac{\sigma^2}{2} \cdot T\right)^2}{\sigma^2 \cdot T}\right\}}_{\text{Dichtefunktion von } Z} dx.$$

Nun gilt $S_0 \cdot e^{x + r \cdot T} - K \geq 0 \iff x \geq \ln(K/S_0) - r \cdot T$, also erhalten wir für C_0 den

Ausdruck

$$e^{-r \cdot T} \cdot \int_{\ln(K/S_0)-r \cdot T}^{\infty} (S_0 \cdot e^{x+r \cdot T} - K) \cdot \frac{1}{\sqrt{2\pi \cdot \sigma^2 \cdot T}} \cdot \exp\left\{-\frac{1}{2} \cdot \left(\frac{\left(x + \frac{\sigma^2}{2} \cdot T\right)^2}{\sigma^2 \cdot T}\right)\right\} dx,$$

der sich auch wie folgt schreiben lässt:

$$\frac{1}{\sqrt{2\pi \cdot \sigma^2 \cdot T}} \cdot \int_{\ln(K/S_0)-r \cdot T}^{\infty} (S_0 \cdot e^x - K \cdot e^{-r \cdot T}) \cdot \exp\left\{-\frac{1}{2} \cdot \left(\frac{\left(x + \frac{\sigma^2}{2} \cdot T\right)^2}{\sigma^2 \cdot T}\right)\right\} dx.$$

Durch mehrfache Anwendung der Substitutionsregel (ganz ähnlich zur Vorgehensweise bei der Herleitung von Satz 4.1) wird dieses Integral schließlich zu

$$\begin{aligned}
C_0 &= S_0 \cdot \frac{1}{\sqrt{2\pi}} \cdot \int_{-\infty}^{d_1} e^{-\frac{x^2}{2}} dx - K \cdot e^{-r \cdot T} \cdot \frac{1}{\sqrt{2\pi}} \int_{-\infty}^{d_2} e^{-\frac{x^2}{2}} dx \\[2mm]
&= S_0 \cdot \Phi(d_1) - K \cdot e^{-r \cdot T} \cdot \Phi(d_2).
\end{aligned}$$

Aus der Put-Call-Parität $P_0 = C_0 - S_0 + K \cdot e^{-r \cdot T}$ folgt dann auch die Formel für P_0. ∎

Neben einfachen Calls und Puts gibt es eine ganze Reihe weiterer Optionsarten, die sich damit behandeln lassen, z. B. die sog. *Exotischen Optionen* (Optionen mit besonderer Auszahlungsstruktur). Als Beispiel geben wir an:

Übung 4.7 (Digitaloptionen)
Bewerten Sie im Black-Scholes-Modell ein Europäisches Derivat auf eine dividendenlose Aktie mit Laufzeit T, Strike K und Auszahlungsfunktion

$$X = D_T = \begin{cases} 1, & falls\ S_T \geq K, \\ 0, & sonst. \end{cases}$$

Lösung: *Die Variable D_t beschreibt den Barwert des Derivats zum Zeitpunkt t. Gesucht ist hier D_0. Nach der risikoneutralen Bewertungsformel mit $N_t := e^{r \cdot t}$ gilt hier*

$$\begin{aligned}
D_0 &= N_0 \cdot E_{Q_N}(X/N_T) = e^{-r \cdot T} \cdot E_{Q_N}(1_{\{S_T \geq K\}}) \\[2mm]
&= e^{-r \cdot T} \cdot (1 \cdot Q_N(S_T \geq K) + 0 \cdot Q_N(S_T < K)) \\[2mm]
&= e^{-r \cdot T} \cdot Q_N\left(\ln\left(\frac{S_T}{K}\right) \geq 0\right).
\end{aligned}$$

Setzen wir hier den Ausdruck für S_T im Black-Scholes-Modell ein, so folgt

$$D_0 = e^{-r \cdot T} \cdot Q_N \left(\ln \left(\frac{S_0}{K} \right) + \left(r - \frac{\sigma^2}{2} \right) \cdot T + \sigma \cdot W_T \geq 0 \right)$$

$$= e^{-r \cdot T} \cdot Q_N \left(\frac{W_T}{\sqrt{T}} \geq - \frac{\ln \left(\frac{S_0}{K} \right) + \left(r - \frac{\sigma^2}{2} \right) \cdot T}{\sigma \cdot \sqrt{T}} \right).$$

Da $W_T / \sqrt{T}$ standard-normalverteilt ist und der letzte Ausdruck gleich $-d_2$ ist, ergibt sich

$$D_0 = e^{-r \cdot T} \cdot (1 - \Phi(-d_2)) = e^{-r \cdot T} \cdot \Phi(d_2).$$

Bemerkung   *Nach obiger Rechnung ist $\Phi(d_2)$ die Wahrscheinlichkeit dafür, dass $S_T \geq K$ gilt, dass also eine Call-Option mit Strike K bei Fälligkeit im Geld ist!*

Übung 4.8   *Wie lautet im Black-Scholes-Modell die Bewertungsformel für den Barwert $Fwd(0,T)$ eines long Forwards mit Fälligkeit in T und Strike K auf eine Aktie mit Kurs S_t?*

Die "Griechen"

Ist $D = D(s, \sigma, r, t)$ die Barwertfunktion eines Derivats in Abhängigkeit vom Wert des Underlyings s, vom Zinssatz r, von der Volatilität des Underlyings σ und vom Betrachtungszeitpunkt t, so werden für die *partiellen Ableitungen* nach den einzelnen Variablen in $t = 0$ (also $s = S_0$) üblicherweise die folgenden Bezeichnungen verwendet:

$$\Delta \quad := \quad \frac{\partial D}{\partial s} = D_s = D_{S_0} \qquad\qquad \textbf{(Delta)},$$

$$\Gamma \quad := \quad \frac{\partial^2 D}{\partial s^2} = D_{ss} = D_{S_0 S_0} \qquad\qquad \textbf{(Gamma)},$$

$$\Theta \quad := \quad \frac{\partial D}{\partial t} = \lim_{t \to 0} \frac{D(S_0, \sigma, r, t) - D(S_0, \sigma, r, 0)}{t} \quad \textbf{(Theta)},$$

$$\rho \quad := \quad \frac{\partial D}{\partial r} = D_r \qquad\qquad \textbf{(Rho)},$$

$$v \quad := \quad \frac{\partial D}{\partial \sigma} = D_\sigma \qquad\qquad \textbf{(Vega)}$$

Man nennt diese Größen auch die sog. *Griechen* oder *Sensitivitäten*. Sie geben die Abhängigkeit der Barwertänderung eines Derivats von den verschiedenen Einflussgrößen an.

Satz 4.11   *Für eine* **long Call Position** *lauten die Griechen in* $t = 0$:

$$\Delta_C = \Phi(d_1), \quad \Gamma_C = \frac{\varphi(d_1)}{S_0 \cdot \sigma \cdot \sqrt{T}}, \quad \upsilon_C = S_0 \cdot \sqrt{T} \cdot \varphi(d_1) \tag{4.24}$$

$$\Theta_C = -\frac{S_0 \cdot \varphi(d_1) \cdot \sigma}{2 \cdot \sqrt{T}} - r \cdot K \cdot e^{-r \cdot T} \cdot \Phi(d_2), \quad \rho_C = K \cdot T \cdot e^{-r \cdot T} \cdot \Phi(d_2). \tag{4.25}$$

Für eine **short Call Position** *sind die Werte jeweils mit einem "-" zu versehen. Aus der Put-Call-Parität lassen sich die Griechen für eine* **long- oder short Put Position** *berechnen.*

Beweis Es sind die Ableitungen der Black-Scholes-Formel nach den jeweiligen Variablen zu berechnen. Wir verzichten hier auf die Durchführung der Rechnungen. ∎

Das Delta, das Gamma und das Vega sind gemäß des obigen Satzes bei einer long Call-Position offensichtlich positiv, d. h. der Call gewinnt an Wert, sofern der Aktienkurs steigt (und die anderen Einflussgrößen unverändert bleiben) – vgl. auch die nachfolgende Abbildung 27. Auch bei steigender Volatilität gewinnt der Call an Wert – weshalb man auch von einer "long Volatilitäts-Position" spricht.

Übung 4.9
1. *Zeigen Sie* $\varphi(d_2) = \varphi(d_1) - \sigma \cdot \sqrt{T}$ *und damit dann* $\varphi(d_1) = \varphi(d_2) \cdot (K/S_0) \cdot e^{-r \cdot T}$.
2. *Berechnen Sie mit Hilfe der in 1. gezeigten Beziehung das Delta einer Call-Option. Begründen Sie die Aussage* $0 \le \Delta_C \le 1$ *und* $\lim\limits_{S_0 \to 0} \Delta_C = 0$ *sowie* $\lim\limits_{S_0 \to \infty} \Delta_C = 1$.
3. *Berechnen Sie die Griechen einer long Put-Option mittels Put-Call-Parität.*

Bewertung von Zertifikaten

Zertifikate sind Wertpapiere, deren Wertentwicklung von Basisinstrumenten, z. B. Aktien oder Währungen, abhängen. Ihre Bewertung kann zurückgeführt werden auf Bewertungsformeln für Derivate. Als Beispiel betrachten wir ein sog. *Discountzertifikat*, dessen Kurs D_t ($t \in [0; T]$) vom Kurs S_t einer Aktie abhängig ist. Es sei $X = D_T$ der Rückzahlungsbetrag zum Fälligkeitstermin. Es gilt $D_0 < S_0$ (das Zertifikat ist in $t = 0$ günstiger als die Aktie; daher die Bezeichnung Discountzertifikat) und weiter

$$X = D_T = \min\{S_T, K\} = S_T - \max\{S_T - K, 0\}.$$

Der Investor erhält also den Gegenwert der Aktie als Rückzahlungsbetrag, sofern dieser kleiner oder gleich dem vordefinierten Wert K ist ($K > S_0$). Andernfalls ist der Rückzahlungsbetrag gleich K. Die Auszahlung lässt sich zerlegen in eine Auszahlung einer short Position in einem Call mit Strike K, Fälligkeit in T auf die Aktie und einer long Position in einer Aktie. Daraus folgt für die Bewertungsfunktion D_0 des Zertifikats:

$$D_0 = \text{Kurs der Aktie} - \text{Wert der Call-Option} = S_0 - C_0 < S_0.$$

Die Änderung des Kurses des Discountzertifikats in Abhängigkeit vom Aktienkurs kann mittels des Deltas bestimmt werden. In diesem Fall gilt

$$\Delta(\text{Zertifikat}) = 1 - \Delta_C = 1 - \Phi(d_1).$$

Anwendung der Griechen

Die Griechen werden benötigt um abzuschätzen, wie der Barwert eines Derivats bei einer *Veränderung der Einflussgrößen* (Underlying, Zinssatz, Volatilität, Betrachtungszeitpunkt) variiert. Letztere werden im Folgenden mit $\delta S_0, \delta\sigma, \delta r, \delta t$ bezeichnet.

Eine Änderung des Aktienkurses um einen Euro nach unten bei einer gleichzeitigen Erhöhung des Zinssatzes r um $0,1\%$ nach oben bedeutet dann $\delta S_0 = -1, \delta r = 0,1\%$. Die Wertänderung des Derivats wird über die *Taylorformel* bestimmt:

$$D(S_0 + \delta S_0, \sigma + \delta\sigma, r + \delta r, 0 + \delta t) \approx D(S_0, \sigma, r, 0) + \frac{\partial D}{\partial s}\bigg|_{s=S_0} \cdot \delta S_0$$

$$+ \frac{1}{2} \cdot \frac{\partial^2 D}{\partial s^2}\bigg|_{s=S_0} \cdot (\delta S_0)^2 + \frac{\partial D}{\partial\sigma} \cdot \delta\sigma + \frac{\partial D}{\partial r} \cdot \delta r + \frac{\partial D}{\partial t} \cdot \delta t + \dots \text{(höhere Ableitungen)}$$

$$= D(S_0, \sigma, r, 0) + \Delta \cdot \delta S_0 + \frac{1}{2} \cdot \Gamma \cdot (\delta S_0)^2 + v \cdot \delta\sigma + \rho \cdot \delta r + \Theta \cdot \delta t.$$

Berücksichtigt man nur die Ableitungen bzgl. des Underlyings, so erhält man

$$\Delta D := D(S_0 + \delta S_0, \sigma, r, 0) - D(S_0, \sigma, r, 0) \approx \Delta \cdot \delta S_0 + \frac{1}{2} \cdot \Gamma \cdot (\delta S_0)^2. \qquad (4.26)$$

Man spricht in diesem Zusammenhang auch von der *Delta-Gamma-Approximation*.

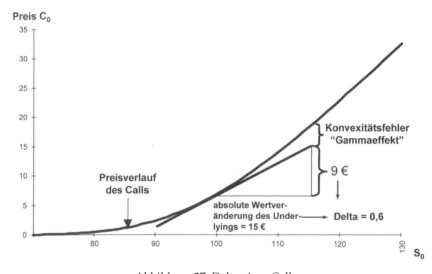

Abbildung 27: Delta eines Calls

Beispiel 4.6 (Hebelwirkung von Derivaten)
Das besondere Risiko (bzw. die Chance) bei Derivaten besteht in der Hebelwirkung, d. h. Gewinne und Verluste fallen prozentual zum investierten Betrag u. U. deutlich größer aus als die Gewinne und Verluste im Underlying. Wir betrachten dazu einen Investitionsbetrag von 1.000 Euro, der einmal in 20 Stücke einer Aktie (mit Kurs $S_0 = 50$) und einmal in 277 Stücke einer long Call-Option auf die Aktie ($K = 50$, $\sigma = 40\%$, $r = 1\%$, $T = 0{,}2$, $C_0 \approx 3{,}61$) investiert wird. Während bei der Aktienposition ein Kursverfall der Aktie um 10% zu einem Verlust von 10% des investierten Betrags führt, vermindert sich der Wert der Optionsposition in etwa um

$$\frac{277 \cdot \Delta_C \cdot (-5) + 0{,}5 \cdot \Gamma_C \cdot 25}{1.000} \approx -59\%.$$

Die Sensitivitäten spielen bei der *Risikoabsicherung von Optionen* eine wichtige Rolle. Ist $D = D(s,t)$ die Barwertfunktion eines Derivats mit Underlying S_t zum Betrachtungszeitpunkt t, so gilt analog zu (4.26) mit den in t gültigen Griechen Δ_t und Γ_t:

$$\Delta D(S_t, t) = D(S_t + \delta S_t, \sigma, r, t) - D(S_t, \sigma, r, t) \approx \Delta_t \cdot \delta S_t + \frac{1}{2} \cdot \Gamma_t \cdot (\delta S_t)^2.$$

Hat der Investor eine long Position im Derivat und möchte sich gegen Wertänderungen des Derivats absichern, so bildet er eine Position im Underlying der Größe

$$-\Delta_t \cdot S_t.$$

Die Position im Underlying wird permanent angepasst (da Δ_t von t abhängt!). Man spricht auch von einem *Hedge-Portfolio*. Die Gesamtposition (bestehend aus long Derivat und $-\Delta_t$ Stücken im Underlying) hat den Barwert $PV_t = D_t - \Delta_t \cdot S_t$, also

$$\Delta PV_t \approx \Delta_t \cdot \delta S_t + \frac{1}{2} \cdot \Gamma_t \cdot (\delta S_t)^2 - \Delta_t \cdot \delta S_t = \frac{1}{2} \cdot \Gamma_t \cdot (\delta S_t)^2.$$

Wenn nun die Wertänderung des Underlyings sehr klein ist (z. B. $\delta S_t < 1$ Euro), so folgt:

$$\Delta PV_t \approx \frac{1}{2} \cdot \Gamma_t \cdot (\delta S_t)^2 \approx 0,$$

d. h. die Wertänderung aus dem Derivat und dem Underlying heben sich gegenseitig in etwa auf – das Portfolio ist (nahezu) risikolos! Hierbei muss das Hedge-Portfolio ständig angepasst werden und δS_t sehr klein sein. Beachten Sie ferner, dass die Effekte aus den anderen Griechen unberücksichtigt bleiben.
Der Einfluss von Γ_t auf die Wertänderung eines Derivats ist die sog. *Konvexität*. Sie führt dazu, dass der Barwertverlauf des Derivats eine gekrümmte Kurve darstellt.

Beispiel 4.7 *Werteverlauf einer long Call-Option ($S_0 = K = 20$, $\sigma = 20\%$, $r = 3\%$, $T = 1$ Jahr) mit Approximation $C(S_0 + \delta S_0) \approx C(S_0) + \Delta_0 \cdot \delta S_0 + \frac{1}{2} \cdot \Gamma_0 \cdot (\delta S_0)^2$ (mit $\delta S_0 = S - 20$):*

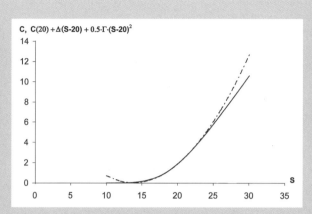

Abbildung 28: Approximation des Call-Werteverlaufes (gestrichelte Linie)
und exakter Werteverlauf (durchgezogene Linie)

Das Hedge-Portfolio besteht aus der Option und $-\Delta_0 = -0,599$ Stücken des Underlyings. Für $\Delta PV_0 = \Delta C - \Delta_0 \cdot \delta S_0$ ergibt sich in Abhängigkeit von δS_0 der folgende Verlauf (im Vergleich mit ΔC):

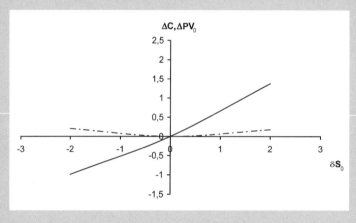

Abbildung 29: Vergleich von ΔPV_0 (gestrichelte Linie) mit ΔC

Übung 4.10   *Berechnen Sie eine allgemeine Formel für das Delta zum Zeitpunkt $t = 0$ für die Digitaloption aus Beispiel 4.7. Berechnen Sie auch eine Formel für den Wert PV_0 des Hedge-Portfolios.*

Weitere Optionstypen

Bisher haben wir Europäische Optionen auf dividendenlose Aktien betrachtet. Auch andere Typen von Aktienoptionen sind denkbar:

Amerikanische Aktienoptionen können zu einem *beliebigen* Zeitpunkt während der Laufzeit (einmalig) ausgeübt werden. Im arbitragefreien Markt ist der Barwert in $t = 0$ (mit c_0 bezeichnet) einer Amerikanischen Call-Option auf eine dividendenlose Aktie gleich dem Barwert einer entsprechenden Europäischen Call-Option C_0 (selbes Underlying, selbe Laufzeit, selber Strike).

Begründung: Angenommen, es gilt $c_0 > C_0$. Wir befinden uns im Zeitpunkt 0 und besitzen zunächst keine Finanzinstrumente und auch kein Geld. Nun bauen wir das folgende Portfolio auf: Es besteht einerseits aus einer short Position in einer Amerikanischen Call-Option (Geldeinnahme c_0). Von dem eingenommenen Geld bilden wir andererseits eine long Position in einer Europäischen Call-Option mit derselben Laufzeit, demselben Strike und demselben Underlying – dies kostet uns den Geldbetrag C_0. Die positive Differenz $\varepsilon := c_0 - C_0$ legen wir zum Zinssatz r risikolos an. Es wurde dabei kein eigenes Kapital eingesetzt. Es sind zwei Fälle möglich:

1. Die Amerikanische Option wird zur Zeit $t \leq T$ ausgeübt. Dann müssen wir eine Aktie zum Preis K liefern. Da wir jedoch keine Aktie im Bestand haben, leihen wir uns eine, liefern sie dem Inhaber der Call-Option und erhalten dafür den Betrag K, den wir bis zum Zeitpunkt T mit Zinssatz r risikolos anlegen. Später, zum Zeitpunkt T, üben wir unsere Europäische Call-Option aus, d. h. wir erhalten eine Aktie und zahlen dafür den Betrag K, den wir unserem Konto entnehmen. Die gekaufte Aktie geben wir demjenigen zurück, von dem wir die Aktie vorher geliehen hatten. Damit sind alle Verpflichtungen erfüllt, ohne dass uns irgendwelche Verluste entstanden sind. Es bleibt am Ende (mindestens) der Betrag $\varepsilon \cdot e^{r \cdot T} > 0$ übrig. Da wir kein eigenes Kapital eingesetzt hatten, liegt eine Arbitrage vor.

2. Die Amerikanische Option wird nicht ausgeübt. Dann verbleibt uns zum Zeitpunkt T der Europäische Call und der ursprünglich angelegte Geldbetrag, d. h. unser Portfolio hat den Wert $C_T + \varepsilon \cdot e^{r \cdot T} > 0$ Auch hier liegt eine Arbitragesituation vor.

Da beide Fälle zu einer Arbitragemöglichkeit führen, ist unsere Annahme falsch und es muss gelten $c_0 \leq C_0$. Da aber auch gilt $c_0 \geq C_0$, folgt schließlich $c_0 = C_0$, wie behauptet.

Daher können wir für Amerikanische Calls auch die Black-Scholes-Formel für Europäische Calls verwenden. Für Put-Optionen und Optionen auf Aktien mit Dividenden weichen die Barwerte von Amerikanischen und Europäischen Optionen allerdings voneinander ab.

Übung 4.11 *Begründen Sie, dass im arbitragefreien Markt für den Barwert p_t einer Amerikanischen Put-Option auf eine dividendenlose Aktie mit Fälligkeit in T und Strike K für alle $t \in [0; T]$ gilt:*

$$K \geq p_t \geq P_t,$$

wobei P_t der Barwert der entsprechenden Europäischen Option ist.

Eine *vorzeitige Ausübung Amerikanischer Optionen* lohnt sich bei Call-Optionen auf dividendenlose Aktien niemals – denn sonst hätten sie ja einen Vorteil gegenüber den entsprechenden Europäischen Optionen und müssten teurer sein als diese, was aber nach den obigen Überlegungen gerade nicht der Fall ist. Bei Amerikanischen Call-Optionen auf Aktien *mit Dividenden* ist eine vorzeitige Ausübung im Allgemeinen nur unmittelbar vor dem letzten Dividendentermin vor dem Fälligkeitszeitpunkt T vorteilhaft, wie man zeigen kann – sofern die Option hinreichend tief im Geld ist ($S_t > K$) und eine hohe Dividendenzahlung erfolgt, welche man bei Ausübung der Option erhält, da man dann im Besitz der Aktie ist. Eine Amerikanische Put-Option sollte immer dann ausgeübt werden, wenn sie sehr tief im Geld ist ($S_T < K$), da dann die maximal mögliche Auszahlung K annähernd erreicht wird und der frühzeitige Erhalt des Auszahlungsbetrag dem späteren Erhalt vorzuziehen ist (vor allem bei hohen Zinsen).

Basketoptionen: Häufig werden auch Optionen gehandelt, deren Underlying nicht eine einzelne Aktie, sondern ein ganzes Portfolio von Aktien (d. h. eine Linearkombination von Aktien) ist. Man spricht dann von Basketoptionen. Diese können auch mit der Black-Scholes-Formel behandelt werden. Allerdings benötigt man dazu die mehrdimensionale Variante des Black-Scholes-Modells.

Aktienindexoptionen beziehen sich oft auch auf Aktienindices, z. B. den DAX, den MDAX, den S&P500 usw. Indexoptionen werden mit der Black-Scholes-Formel bewertet: Dazu wird der Indexstand wie ein Aktienkurs als Variable S_t modelliert:

$$\frac{dS_t}{S_t} = r \cdot dt + \sigma \cdot dW_t.$$

Europäische Optionen auf Aktien mit Dividenden: Wir nehmen vereinfachend an, die Dividende werde nicht einmal jährlich, sondern permanent gezahlt, und zwar als Prozentsatz q (*Dividendenrendite*) des jeweiligen Aktienkurses S_t. Analog zur Zinsrechnung erhalten wir damit einen Dividendenertrag der Höhe

$$q \cdot S_t \cdot dt$$

für ein Zeitintervall der Länge dt. Es gilt dann für den Aktienkurs S_t:

$$\frac{dS_t}{S_t} = (r - q) \cdot dt + \sigma \cdot dW_t.$$

Begründung: Durch die (permanente) Auszahlung der Dividende vermindert sich der Gewinn und damit der Unternehmenswert pro Zeiteinheit und Aktie um $qS_t dt$. Relativ zum Wert S_t bedeutet dies eine Verminderung um $qS_t dt / S_t = qdt$, daher tritt auf der rechten Seiten der obigen Gleichung der Term $-qdt$ auf. Die Lösung dieser SDE ist

$$S_t = S_0 \cdot \exp\left\{ \left(r - q - \frac{\sigma^2}{2} \right) \cdot t + \sigma \cdot W_t \right\}. \tag{4.27}$$

Hierdurch wird ein Aktienkurs mit stetiger Dividendenrendite q beschrieben.

Um nun ein Derivat, bspw. eine Europäische Call-Option, auf diese Aktie zu bewerten, berechnen wir mit $N_t = e^{r \cdot t}$:

$$C_0 = e^{-r \cdot T} \cdot E_{Q_N}(\max\{S_T - K, 0\})$$

$$= e^{-r \cdot T} \cdot E_{Q_N}\left(\max\left\{S_0 \cdot \exp\left\{\left(r - q - \frac{\sigma^2}{2}\right) \cdot T + \sigma \cdot W_T\right\} - K, 0\right\}\right)$$

und erhalten, analog zur Herleitung der Black-Scholes-Formel, das Resultat:

$$C_0 = e^{-r \cdot T} \cdot \left[F \cdot \Phi(\tilde{d}_1) - K \cdot \Phi(\tilde{d}_2)\right], \tag{4.28}$$

wobei hier gilt

$$F = e^{(r-q) \cdot T} \cdot S_0 \quad \text{und} \quad \tilde{d}_{1,2} = \frac{\ln\left(\frac{F}{K}\right) \pm \frac{1}{2} \cdot \sigma^2 \cdot T}{\sigma \cdot \sqrt{T}}.$$

Pfadabhängige Optionen sind solche, bei denen die Auszahlung in T vom gesamten Kursverlauf des Underlyings zwischen 0 und T abhängt. Dazu gehören z. B. *Asiatische Optionen*, deren Auszahlung durch das arithmetische (oder geometrische) Mittel von Kursen zu den Zeitpunkten t_i mit $0 < t_1 < \ldots < t_n \leq T$ bestimmt wird, z. B. in der Form

$$\max\left\{\frac{1}{n} \cdot (S_{t_1} + \cdots S_{t_n}) - K, 0\right\} \quad \text{oder} \quad \max\left\{K - \frac{1}{n} \cdot (S_{t_1} + \cdots S_{t_n}), 0\right\}$$

(Call bzw. Put). Auch *Barrier-Optionen* gehören in diese Kategorie: Hier erlischt die Option, sofern der Kursverlauf eine gewisse bzw. untere Barriere überschreitet (*Knock-Out-Optionen*) oder aber die Option wird erst "aktiv", sofern der Kursverlauf eine Barriere erreicht (*Knock-In-Optionen*).

Kombinationen aus Calls- und Puts sind Optionen, deren Auszahlungsfunktionen sich durch eine (beliebig komplizierte) Linearkombination der Auszahlungsfunktionen einfacher Calls und Puts darstellen lassen. Dazu gehört z. B. der *Straddle*, eine Kombination aus einem Europäischen Call und Put mit identischer Laufzeit, identischem Strike und identischem Underlying. Die Auszahlungsfunktion lautet

$$\max\{S_T - K\} + \max\{K - S_T\}.$$

Übung 4.12 *Zeichnen Sie die Auszahlungsfunktion eines Straddles. Welche Auszahlungsfunktion ergibt eine Kombination aus long Call und short Put mit identischer Ausstattung?*

4.6.2 Derivate auf Devisen, Rohstoffe und Energie

Wir betrachten hier Derivate auf Devisen, Rohstoffe und Energie.

Beginnen wir mit Devisen. Ein *Devisentermingeschäft* (*Devisen-Forward*) ist eine vertragliche Vereinbarung, eine bestimmte Menge (der *Nominalbetrag*) einer Fremdwährung zu einem heute bereits festgelegten Wechselkurs (Strike K) an einem künftigen

Termin T zu kaufen bzw. zu verkaufen (long Forward-Position bzw. short Forward-Position).

Beispiel 4.8 *Der heutige Dollarkurs betrage*

$$1 \, USD = 0{,}8 \, Euro.$$

Eine long Forward-Position mit $K = 0{,}9$, $T = \frac{1}{2}$, Nominal $= 1$ Mio. USD bedeutet, dass man in einem halben Jahr eine Million Dollar zum Preis von 900.000 Euro kauft.

Die Auszahlungsfunktion eines Devisen-Forwards ist

$$N \cdot (S_T - K) \quad \text{(long)} \qquad \text{bzw.} \qquad N \cdot (K - S_T) \quad \text{(short)},$$

wobei S_t ($t \in [0; T]$) den zum Zeitpunkt t gültigen Wechselkurs beschreibt.

Zu Berechnung des **Barwerts eines Forwards** (bezogen auf den EUR-USD Wechselkurs) modellieren wir den Wechselkurs unter dem risikoneutralen Maß Q_N (mit $N_t := e^{r_{Euro} \cdot t}$):

$$\frac{dS_t}{S_t} = (r_{Euro} - r_{USD}) \cdot dt + \sigma \cdot dW_t, \qquad \sigma > 0. \tag{4.29}$$

Hier bezeichnet r_{USD} den risikolosen Dollarzinssatz und r_{Euro} den risikolosen Eurozinssatz. Wie kommt der Term $r_{Euro} - r_{USD}$ zu Stande?

Machen Sie dazu folgendes Gedankenexperiment: Stellen Sie sich den Dollar als eine "Aktie mit Dividendenzahlung" vor, wobei die Höhe der Dividende δ gerade dem Dollarzinssatz r_{USD} entspricht. Dann können wir wie bei der Modellierung von Aktien mit Dividenden schreiben:

$$\frac{dS_t}{S_t} = (r_{Euro} - \delta) \cdot dt + \sigma \cdot dW_t,$$

und daraus resultiert der Ansatz (4.29). Aus (4.29) folgt

$$S_t = S_0 \cdot \exp\left\{ \left(r_{Euro} - r_{USD} - \frac{\sigma^2}{2} \right) \cdot t + \sigma \cdot W_t \right\}. \tag{4.30}$$

Jetzt lässt sich Barwert eines *long Forwards* berechnen:

$$Fwd(0, T) = e^{-r_{Euro} \cdot T} \cdot E_{Q_N}(N \cdot (S_T - K))$$

Setzen wir hier den obigen Ausdruck für S_T ein, so erhalten wir für $Fwd(0, T)$ den Wert

$$e^{-r_{Euro} \cdot T} \cdot N \cdot \underbrace{E_Q\left(S_0 \cdot \exp\left\{ \left(r_{Euro} - r_{USD} - \frac{\sigma^2}{2} \right) \cdot T + \sigma \cdot W_T \right\} \right)}_{= S_0 \cdot e^{(r_{Euro} - r_{USD}) \cdot T}} - K \cdot e^{-r_{Euro} \cdot T},$$

also

$$Fwd(0, T) = N \cdot (S_0 \cdot e^{-r_{USD} \cdot T} - K \cdot e^{-r_{Euro} \cdot T}).$$

Beispiel 4.9 *Die Firma ABC schließt zur Finanzierung ihrer Produktion in Nordamerika einen Dollar-Terminkauf ab, bei dem sie in einem Jahr ($T = 1$) einen Betrag von $N = 10$ Mio. USD von einer Bank zum vereinbarten Terminpreis von $K = 0{,}7$ Euro pro Dollar kauft. Es gelte $S_0 = 0{,}8$ Euro / USD, $r_{USD} = r_{Euro} = 2\%$. Der von ABC zu zahlende Preis beträgt*

$$Fwd(0,T) = 10\,Mio.\,USD \cdot (0{,}8 \cdot e^{-0{,}02} - 0{,}7 \cdot e^{-0{,}02})\,Euro/USD = 980.198{,}67\,Euro.$$

Ein *Devisentermingeschäft* hat den Barwert 0, wenn für K der *faire Terminkurs (Devisenterminkurs)* gewählt wird, wenn also gilt

$$0 = Fwd(0,T) = N \cdot (S_0 \cdot e^{-r_\$ \cdot T} - K \cdot e^{-r_{Euro} \cdot T}),\quad \text{d. h.}$$

$$\boxed{K = F := S_0 \cdot e^{(r_{Euro} - r_{USD}) \cdot T}.}\tag{4.31}$$

Eine *Devisenoption* ist eine Option, deren Underlying ein Wechselkurs ist, z. B. eine Europäische Call- oder Put-Option mit Nominal $N = 1$ und Auszahlungsfunktion

$$\max\{S_T - K, 0\}\quad \text{(long Call)}\qquad \text{bzw.}\qquad \max\{K - S_T, 0\}\quad \text{(long Put).}$$

Der Barwert eines long Calls mit Fälligkeit T und Underlying 1 USD (also $N = 1$) ist

$$C_0 \;=\; e^{-r_{Euro} \cdot T} \cdot E_Q(\max\{S_T - K, 0\})$$

$$\overset{(4.30)}{=}\; e^{-r_{Euro} \cdot T} \cdot E_Q\left(\max\left\{S_0 \cdot \exp\left\{\left(r_{Euro} - r_{USD} - \frac{\sigma^2}{2}\right) \cdot T + \sigma \cdot W_T\right\} - K, 0\right\}\right).$$

Eine Berechnung des Erwartungswerts mittels Integration und mehrmaliger Anwendung der Substitutionsregel liefert schließlich die sog. *Garman-Kohlhagen-Formel*:

$$C_0 \;=\; e^{-r_{Euro} \cdot T} \cdot [F \cdot \Phi(\tilde{d}_1) - K \cdot \Phi(\tilde{d}_2)],\tag{4.32}$$

$$\text{wobei}\quad F = S_0 \cdot e^{(r_{Euro} - r_{USD}) \cdot T},\quad \tilde{d}_{1,2} = \frac{\ln\left(\frac{F}{K}\right) \pm \frac{1}{2} \cdot \sigma^2 \cdot T}{\sigma \cdot \sqrt{T}}.$$

Vergleichen Sie dies mit dem Barwert einer long Position in einem Call auf eine Aktie mit Dividenden (Formel(4.28)) – was fällt Ihnen auf?

Die **Griechen** von Devisenoptionen berechnen sich analog zu den Griechen bei Aktienoptionen. Allerdings treten in der Bewertungsformel von Devisenoptionen zwei verschiedene Zinssätze auf – dementsprechend gibt es pro Zinssatz jeweils einen Rho-Wert.

Übung 4.13 *Berechnen Sie die Griechen einer Devisen-Call-Option.*

Rohstoff- und Energiederivate

Auch Derivate, deren Underlyings *Rohstoffe* sind, können nach demselben Muster bewertet werden: Beschreibt $(S_t)_{t \in [0;T]}$ den Verlauf des Preises des Underlyings, so gilt
unter Martingalmaß Q_N wieder

$$\frac{dS_t}{S_t} = (r - \delta) \cdot dt + \sigma \cdot dW_t, \tag{4.33}$$

wobei δ nun für die Kosten bzw. den Nutzen steht, welche die Lagerung des Underly-
ings verursacht. Wir können δ als (evtl. negative) "Dividende" interpretieren.
Für eine long Call-Option gilt – analog zur Bewertung von Optionen auf Aktien mit
Dividende – die Formel (4.28).

Der *faire Terminpreis* ist in diesem Fall $K = S_0 \cdot e^{(r-\delta) \cdot T}$.

Im *Energiehandel* (z. B. Gas- und Stromhandel) gibt es spezielle Derivate, die dazu dienen, die vorhandenen Preis- und Volumenrisiken, die aus Verbrauchsschwankungen
resultieren, zu managen. Ein Beispiel hierfür ist die sog. *Swing-Option*.
Der Käufer einer Swing-Option hat das Recht, während der Optionslaufzeit zu einem
festgelegten Preis in festgelegten Perioden eine bestimmte Strommenge zu kaufen ("Up-
Swing") oder zu verkaufen ("Down-Swing"). Im Allgemeinen wird die Gesamtzahl der
Up-Swings und Down-Swings beschränkt sein. Zusätzlich kann es Strafzahlungen geben, die fällig werden, wenn die gesamte zum Vertragsende abgenommene Menge außerhalb vorgegebener Schranken liegt. Aufgrund der Konstruktion der Option hängt
die Ausübungsentscheidung nicht nur vom aktuellen Strompreis relativ zum Strike ab,
sondern auch von seiner Historie und seiner künftigen Verteilung.

Bei der *Modellierung von Energiepreisen* (z. B. Gaspreisen) ist zu beachten, dass diese
ein sehr komplexes Verhalten aufweisen können, da sie durch die verschiedensten Faktoren wie Fördermenge, Lagerungskosten, Transportkosten, Wetter, Politik und techno-
logischer Fortschritt beeinflusst werden. Anhand der Beobachtung der Entwicklung der
Energiepsreise über längere Zeiträume lassen sich einige interessante Sachverhalte feststellen: So zeigen z. B. Gaspreise ein typisches mean reversion Verhalten, d. h. es kann
beobachtet werden, dass der Preis im Zeitverlauf fällt und steigt, aber langfristig oft
um eine bestimmte Höhe, den langfristigen Mittelwert, pendelt. Diese Eigenschaft von
Gaspreisen spiegelt gewisse Ereignisse wie Temperaturschwankungen, die ein neues
und unerwartetes Ungleichgewicht zwischen Angebot und Nachfrage am Markt schaf-
fen, wider. Es kommt z. B. zu einer Korrektur auf der Angebotsseite, um die veränderte
Nachfrage zu decken, oder das auslösende Ereignis selbst "verschwindet" wieder (wenn
die Temperatur z. B. wieder auf ihren gewohnten Mittelwert der entsprechenden Jah-
reszeit fällt oder steigt), so dass der Gaspreis zu seiner typischen Höhe zurückkehrt. Wie
schnell der Preis aber zurückkehrt, hängt davon ab, wie schnell Angebot und Nachfrage wieder ins Gleichgewicht kommen.
Ein anderes wichtiges Merkmal von Energiepreisen ist der Saisoneffekt. Dieser resultiert hauptsächlich von der regulären Nachfragefluktuation, welche gesteuert wird von
wetterabhängigen Faktoren (beispielsweise der Tatsache, dass im Winter mehr geheizt
wird). Die schwierige Lagerung und die limitierte Erzeugung von Energie machen die

Angebotsseite nicht elastisch genug, um die plötzlich höhere Nachfrage befriedigen zu können. Dieses Ungleichgewicht zwischen Angebot und Nachfrage beeinflusst den Energiepreis.

Die genannten Sachverhalte führen dazu, dass bei der Modellierung von Energiepreisen ein stochastischer Prozess verwendet wird, der sowohl den Saisoneffekt als auch den mean reversion Effekt abbildet, z. B.

$$S_t = a_t + \sum_{j=1}^{n} \left(\alpha_j \cdot \cos(2 \cdot \pi \cdot j \cdot t/250) + \beta_j \cdot \sin(2 \cdot \pi \cdot j \cdot t/250) \right) + X_t,$$

wobei X_t mitteles eines verallgemeinerten Ornstein-Uhlenbeck-Prozesses definiert wird:

$$dX_t = a \cdot (u_t - \lambda \cdot X_t)\, dt + \sigma_t \cdot X_t\, dW_t.$$

Der Summenterm in der Gleichung für S_t bildet den Saisoneffekt ab, denn es handelt sich um eine Überlagerung verschiedener deterministischer periodischer Funktionen. Die Größe X_t schwankt zufällig um einen (zeitabhängigen) langfristigen Mittelwert, wobei der Parameter a die "Geschwindigkeit" dieses mean reversion Verhaltens steuert.

4.7 Bewertung unter dem Zeit-T-Forward-Maß

Ein häufig verwendeter Numéraire bei der Derivatebewertung ist

$$(N_t)_{t \in [0;T]} := (B(t,T))_{t \in [0;T]},$$

wobei im Folgenden $B(t,T)$ stets für den Barwert eines *Zerobonds* zum Zeitpunkt t steht, dessen Rückzahlungsbetrag in T die Höhe 1 hat. Es gilt $N_T = B(T,T) = 1$.

Definition 4.4 (Zeit-T-Forward-Maß)
Das zu obigem Numéraire gehörende Martingalmaß wird mit Q_T bezeichnet und heißt Zeit-T-Forward-Maß.

Diese Bezeichnung erklärt sich dadurch, dass der *faire Terminpreis* eines Basisinstruments (ohne Dividenden- oder Kuponzahlungen) bezogen auf den Termin T immer gleich dem Erwartungswert des Basisinstruments unter dem Maß Q_T ist: Wie bereits zuvor erwähnt, ist der faire Terminpreis (Forward-Preis) definitionsgemäß gleich demjenigen Strike K, der den heutigen Barwert eines long Forwards mit Fälligkeit T auf das Underlying (Kurs S_t) zu Null macht:

$$0 = N_0 \cdot E_{Q_T}((S_T - K)/N_T) = B(0,T) \cdot E_{Q_T}(S_T - K) \quad \Longleftrightarrow \quad K = E_{Q_T}(S_T).$$

Wegen Satz 4.6 ist $(S_t/N_t)_{t \in [0;T]}$ ein Martingal, also haben wir

$$K = E_{Q_T}(S_T) = E_{Q_T}(S_T/N_T) = S_0/N_0 = S_0/B(0,T).$$

Wir verwenden auch die Bezeichnung

$$S_t^{fwd} := S_t / B(t, T)$$

für den Forward-Preis.

Aus unserer Überlegung ergibt sich der folgende Sachverhalt:

Satz 4.12 *Der Prozess der Forward-Preise $(S_t^{fwd})_{t \in [0;T]}$ ist ein Martingal unter dem Maß Q_T.*

Beweis Es gilt für $0 \leq s \leq t \leq T$ aufgrund von Satz 4.6 (wähle dort $S_{t,i} := S_t$ und $N_t := B(t,T)$): $(S_t^{fwd})_{t \in [0;T]} = (S_t / B(t,T))_{t \in [0;T]}$ ist ein Martingal unter Q_T. ∎

Das Zeit-T-Forward-Maß hat den entscheidenden Vorteil, dass bei der Bewertung einer in T stattfindenden Auszahlung X der Term $1/N_T$ im Erwartungswert den Wert 1 annimmt, dass also gilt

$$D_0 = N_0 \cdot E_{Q_T} \left(\frac{X}{N_T} \right) = B(0,T) \cdot E_{Q_T} \left(\frac{X}{1} \right) = B(0,T) \cdot E_{Q_T}(X). \qquad (4.34)$$

Dies erleichtert die Berechnung des Erwartungswerts in vielen Fällen.

Oftmals ist die Barwertberechnung eines Derivats nur möglich, wenn man eine möglichst geschickte Wahl für den Numéraire trifft. Es stellt sich die Frage, ob der Barwert eines Derivats von der Wahl des Numéraires abhängig ist. Dass dies nicht der Fall ist und wie man von einem Numéraire zu einem anderen wechselt, ist der Inhalt des folgenden Satzes, den wir hier nicht beweisen wollen:

Satz 4.13 (Numéraire-Wechsel-Theorem)
In einem arbitragefreien, vollständigen Markt seien zwei Numéraires $(N_t)_{t \in [0;T]}$ bzw. $(M_t)_{t \in [0;T]}$ mit zugehörigen Martingalmaßen Q_N bzw. Q_M gegeben. Dann gilt für den Barwert eines Europäischen Derivats mit Auszahlungsfunktion X in T:

$$D_0 = N_0 \cdot E_{Q_N}(X/N_T) = M_0 \cdot E_{Q_M}(X/M_T),$$

wobei

$$E_{Q_N}(X/N_T) = E_{Q_M} \left(\frac{M_0 \cdot N_T}{N_0 \cdot M_T} \cdot X/M_T \right).$$

Eine wichtige Anwendung dieses Satzes ist die Herleitung der *allgemeinen Optionspreisformel*: Dabei handelt es sich um eine Bewertungsformel für eine Europäische Call-Option (analog für eine Put-Option) auf ein Underlying (ohne Dividenden- oder Kuponzahlungen) mit Kurs S_t, wobei für die Kursentwicklung des Underlyings keine speziellen Vorgaben in Form einer geometrischen Brownschen Bewegung gemacht werden. Dies ist deshalb vorteilhaft, weil damit dann auch die Optionsbewertung unter der Annahme zufälliger Zinsen oder zufälliger Volatilitäten vorgenommen werden kann.

Satz 4.14 (Allgemeine Optionspreisformel)
Im arbitragefreien, vollständigen Markt gilt die folgende Barwertformel für eine Europäische Call-Option mit Fälligkeit in T und Strike K:

$$C_0 = S_0 \cdot Q_S(S_T > K) - B(0,T) \cdot K \cdot Q_T(S_T > K).$$

Hierbei bezeichnet Q_S das Martingalmaß bzgl. des Numéraires $(S_t)_{t \in [0;T]}$ und Q_T das Zeit-T-Forward-Maß.

Beachten Sie, dass die Formel eine ganz ähnliche Struktur wie die klassische Black-Scholes-Formel hat!

Beweis Wir arbeiten zunächst mit dem Zeit-T-Forward-Maß und rechnen

$$
\begin{aligned}
C_0 &= B(0,T) \cdot E_{Q_T}(\max\{S_T - K, 0\}) \\
&= B(0,T) \cdot E_{Q_T}(1_{\{S_T > K\}} \cdot (S_T - K)) \\
&= B(0,T) \cdot E_{Q_T}(1_{\{S_T > K\}} \cdot S_T) - B(0,T) \cdot E_{Q_T}(1_{\{S_T > K\}} \cdot K) \\
&= B(0,T) \cdot E_{Q_T}(1_{\{S_T > K\}} \cdot S_T) - B(0,T) \cdot K \cdot Q_T(S_T > K).
\end{aligned}
$$

Wir führen beim ersten Erwartungswert einen Numéraire-Wechsel durch und verwenden $(S_t)_{t \in [0;T]}$ als Numéraire. Mit dem Numéraire-Wechsel-Theorem folgt dann:

$$
\begin{aligned}
C_0 &= B(0,T) \cdot E_{Q_S}\left(1_{\{S_T > K\}} \cdot S_T \cdot \frac{S_0 \cdot B(T,T)}{B(0,T) \cdot S_T}\right) - B(0,T) \cdot K \cdot Q_T(S_T > K) \\
&= E_{Q_S}(1_{\{S_T > K\}} \cdot S_0) - B(0,T) \cdot K \cdot Q_T(S_T > K) \\
&= S_0 \cdot Q_S(S_T > K) - B(0,T) \cdot K \cdot Q_T(S_T > K).
\end{aligned}
$$

∎

Jetzt sind wir in der Lage, dass Black-Scholes-Modell auch bei zufälligen Zinsen herzuleiten: Dazu wählen wir für $(S_t)_{t \in [0;T]}$ statt (4.21) den Ansatz

$$S_t = \frac{S_0}{B(0,t)} \cdot e^{-0,5 \cdot \sigma^2 \cdot t + \sigma W_t} \quad (*)$$

und arbeiten mit dem Zeit-T-Forward-Maß. Beachten Sie, dass im Falle $B(0,t) = e^{-r \cdot t}$ dieser neue Ansatz mit dem ursprünglichen Ansatz des Black-Scholes-Modell übereinstimmt. Das jetzige Modell ist insofern allgemeiner, als wir auch zeitabhängige, **zufällige** Zinssätze (statt r) zur Beschreibung von $B(0,t)$ verwenden können, wie wir es später bei den Zinsstrukturmodellen tun werden. Eine Anwendung der allgemeinen Optionspreisformel und die Berechnung der dort auftretenden Größen $Q_S(S_T > K)$ bzw. $Q_T(S_T > K)$ mit dem Ansatz $(*)$ führt auf die Black-Scholes-Formel bei stochastischen Zinsen (sog. *Black-76-Formel*). Diese Formel ist für die Bewertung von Standard-Zinsoptionen wichtig. Wir geben hier nur das Resultat der Rechnung an:

Satz 4.15 (Black-76-Formel)

Für einen Europäischen Call mit Laufzeit T und Strike K gilt die Bewertungsformel

$$C_0 = B(0,T) \cdot (S_0^{fwd} \cdot \Phi(d_1) - K \cdot \Phi(d_2)),$$

wobei $d_{1,2} = (\ln(S_0^{fwd}/K) \pm 0{,}5 \cdot \sigma^2 \cdot T)/(\sigma \cdot \sqrt{T})$.

Übung 4.14   *Weisen Sie nach, dass die soeben hergeleitete Black-76-Formel im Fall $B(0,T) = e^{-r \cdot T}$ mit der ursprünglichen Black-Scholes-Formel übereinstimmt. Überlegen Sie sich ferner die Formel für eine Europäische Put-Option bei zufälligen Zinsen.*

Die Black-76-Formel eignet sich zur Bewertung von börsengehandelten *Futures-Optionen*, also Optionen, deren Underlying ein Future-Index ist. Dabei wird der aktuelle Future-Kurs durch die Größe S_0^{fwd} ersetzt, die ja dem fairen Terminpreis entspricht.

4.8   Ausblick auf numerische Methoden

In diesem Abschnitt wollen wir zeigen, dass sich der unbekannte Barwert eines (Europäischen) Derivats auch als Lösung einer *partiellen Differenzialgleichung* sowie mit der sog. *Monte-Carlo-Simulation* gewinnen lässt.

Optionsbewertung mit partiellen Differenzialgleichungen

Übung 4.15   *Zeigen Sie, dass für eine Europäische Call-Option mit Laufzeit T, Strike K auf eine dividendenlose Aktie mit Kurs S_0 bei einem Zinssatz von r im Black-Scholes-Modell gilt:*

$$\Theta + \Delta \cdot r \cdot S_0 + \tfrac{1}{2} \cdot \Gamma \cdot S_0^2 \cdot \sigma^2 = r \cdot C_0.$$

Wir haben also eine Gleichung für C_0 erhalten, in der neben C_0 auch verschiedene partielle Ableitungen von C_0 auftreten – eine sog. *PDE* (engl. *partial differential equation*, dt. *partielle Differenzialgleichung*). Das Überraschende ist nun, dass die o. g. PDE für die Barwertfunktion D eines *jeden* (Europäischen) Derivats auf eine dividendenlose Aktie (und auch andere Underlyings) *immer* erfüllt ist, d. h. zu jedem Zeitpunkt $t \in [0;T]$

gilt für D die folgende Gleichung:

$$\frac{\partial D}{\partial t} + \frac{\partial D}{\partial s} \cdot r \cdot s + \frac{1}{2} \cdot \frac{\partial^2 D}{\partial s^2} \cdot \sigma^2 \cdot s^2 = r \cdot D \quad \text{für alle } t \in [0;T),\ s \in (0;\infty),\ r \in (0;\infty).$$

Eine Lösung der Gleichung (d. h. Bestimmung der Funktion $D(s,t)$, welche die Gleichung erfüllt) führt zu einer Barwertformel für das Derivat. Dazu ist es allerdings noch erforderlich, die spezielle Auszahlungsfunktion des Derivats zu berücksichtigen. Für einen Europäischen Call haben wir also die Bedingung

$$D_T = \max\{S_T - K, 0\}$$

der Lösung der PDE zu beachten. Durch die Vorgabe der Auszahlungsfunktion wird die Lösung der PDE schließlich *eindeutig* festgelegt (beachten Sie die Analogie zu gewöhnlichen Differenzialgleichungen, deren Lösung – falls sie existiert – durch Vorgabe einer Anfangsbedingung eindeutig bestimmt werden kann).

Wir plausibilisieren die Gültigkeit der o. g. PDE mit heuristischen Argumenten: Dazu betrachten wir die Barwertfunktion $D(s,t)$ in Abhängigkeit von s und t. Erfüllt diese die Voraussetzungen von Satz 4.3 und ersetzen wir den in diesem Satz vorhandenen Prozess $(X_t)_{t\in[0;T]}$ durch den Preisprozess des Underlyings $(S_t)_{t\in[0;T]}$ aus dem Black-Scholes-Modell (also $Y_t = \sigma \cdot S_t, Z_t = r \cdot S_t$), so gilt nach (4.17):

$$\begin{aligned}
dD(t,S_t) &= \left(\frac{\partial D}{\partial t}(t,S_t) + r \cdot S_t \cdot \frac{\partial D}{\partial s}(t,S_t) + \frac{1}{2} \cdot \sigma^2 \cdot S_t^2 \cdot \frac{\partial^2 D}{\partial s^2}(t,S_t) \right) dt \\
&+ \sigma \cdot S_t \cdot \frac{\partial D}{\partial s}(t,X_t)\, dW_t.
\end{aligned}$$

Im nächsten Schritt bilden wir eine *selbstfinanzierende* Portfoliostrategie mit einer long Position im Derivat und $-\frac{\partial D}{\partial s}(t,S_t)$ Stücken im Underlying (zum Zeitpunkt t). Die Zusammensetzung des Portfolios ändert sich also permanent. Aus Sicht von t gilt

$$PV_t = D(t,S_t) - \frac{\partial D}{\partial s}(t,S_t) \cdot S_t.$$

Hieraus ergibt sich nun für die zeitliche Änderung des Portfoliowerts dPV_t (beachten Sie (4.18) für das erste Gleichheitszeichen):

$$\begin{aligned}
dPV_t &= dD(t,S_t) - \frac{\partial D}{\partial s}(t,S_t) \cdot dS_t = dD(t,S_t) - \frac{\partial D}{\partial s}(t,S_t) \cdot (r \cdot S_t dt + \sigma \cdot S_t dW_t) \\
&= \left(\frac{\partial D}{\partial t}(t,S_t) + \frac{1}{2} \cdot \sigma^2 \cdot S_t^2 \cdot \frac{\partial^2 D}{\partial s^2}(t,S_t) \right) dt.
\end{aligned}$$

Da die Wertentwicklung des Portfolios PV_t nicht mehr den Term "dW_t" beinhaltet, also die weitere Entwicklung aus Sicht des Zeitpunktes t (bei bekanntem Wert von S_t) nicht zufallsabhängig ist, sondern deterministisch ist, handelt es sich um ein *risikoloses* Portfolio. Das Hinzufügen von $-\frac{\partial D}{\partial s}(t,S_t)$ Stücken im Underlying wird auch als **Delta-Hedge** bezeichnet. Dementsprechend ist die Wertentwicklung von PV_t gleich derjenigen einer risikolosen Geldanlage, d. h. es muss gelten

$$dPV_t = r \cdot PV_t \cdot dt.$$

Insgesamt erhalten wir daher

$$dPV_t = \left(\frac{\partial D}{\partial t}(t,S_t) + \frac{1}{2} \cdot \sigma^2 \cdot S_t^2 \cdot \frac{\partial^2 D}{\partial s^2}(t,S_t)\right) dt = r \cdot \left(D(t,S_t) - \frac{\partial D}{\partial s}(t,S_t) \cdot S_t\right) dt,$$

was sich zu

$$\frac{\partial D}{\partial t}(t,S_t) + \frac{\partial D}{\partial s}(t,S_t) \cdot r \cdot S_t\, dt + \frac{1}{2} \cdot \sigma^2 \cdot S_t^2 \cdot \frac{\partial^2 D}{\partial s^2}(t,S_t) = r \cdot D(t,S_t)$$

vereinfachen lässt. Da dies für **jeden** positiven Wert S_t gilt, können wir S_t durch eine positive reelle Zahl s ersetzen und erhalten damit die o. g. PDE.

Es ist dies der Ausgangspunkt für die umfangreichen Methoden zur Bewertung von Derivaten mittels PDEs, für die dann spezielle numerische Lösungsverfahren angewendet werden. Je nach Komplexität des Derivats können dabei auch PDEs mit zusätzlichen Variablen auftreten. Eine sehr gute Vertiefung dieser Thematik bietet [43].

Monte-Carlo-Simulation

Manche Derivate sind zu komplex, um eine Bewertungsformel mit analytischen Methoden zu erhalten. Hier hilft die numerische Simulation der Underlyings und anschließende Berechnung der Auszahlungsfunktion weiter. Wir gehen von der SDE

$$dS_t = \mu(t,S_t)\, dt + \sigma(t,s_t)\, dW_t$$

aus. Für einen Zeitraum der Länge $\Delta t > 0$ mit $\Delta S_t = S_{t+\Delta t} - S_t$, $\quad \Delta W_t = W_{t+\Delta t} - W_t$ entspricht dies der Gleichung

$$\Delta S_t = \mu(t,S_t) \cdot \Delta t + \sigma(t,S_t) \cdot \Delta W_t.$$

Die sog. *Euler-Diskretisierung* liefert eine Näherungslösung S_t der SDE für die Zeitpunkte $t \in \{0, \Delta t, 2 \cdot \Delta t, 3 \cdot \Delta t, \ldots, n \cdot \Delta t = T\}$. Sie verläuft wie folgt:

Start: Wähle den Startwert s, wähle $\Delta t = T/n$, setze $W_0 := 0$, $t_0 := 0$;

Setze $j := 0$; $t_0 := 0$; $S_0 := s$;

$t_{j+1} := t_j + \Delta t$;

Simuliere $\Delta W := Z \cdot \sqrt{\Delta t}$, Z ist $N(0,1)$-verteilt;

Setze $S_{(j+1) \cdot \Delta t} := S_{j \cdot \Delta} + \mu(t_j, S_{j \cdot \Delta}) \cdot \Delta t + \sigma(t_j, S_{j \cdot \Delta}) \cdot \Delta W$;

Setze $j := j + 1$; Abbruch bei $j = n$.

Hierbei wird ein *Zufallszahlengenerator* benötigt, der in jedem Schritt unabhängige standard-normalverteilte Zufallsvariablen Z erzeugt. Der Simulationslauf wird m-mal durchgeführt. Die auf diese Weise resultierenden Zufallspfade

$$(S_0^i, S_{\Delta t}^i, \ldots, S_{n \cdot \Delta t}^i), \quad i \in \{1, \ldots m\}$$

für den Kursverlauf des Underlyings ermöglichen die Berechnung eines *Schätzwerts*

$$\frac{1}{m} \cdot \sum_{i=1}^{m} \frac{F(S_t^i, t \in \{0, \Delta t, \ldots, n \cdot \Delta t\})}{N_T}$$

für den Erwartungswert $E_{Q_N}(X/N_T)$, wobei $X = F(S_t, t \in [0; T])$ die Auszahlungsfunktion eines (evtl. pfadabhängigen) Derivats mit Auszahlung in T ist und N_T der Barwert des Numéraires bei Fälligkeit. Damit kann dann der Barwert des Derivats in der Form

$$\widehat{D}_0 := N_0 \cdot \frac{1}{m} \cdot \sum_{i=1}^{m} \frac{F(S_t^i, t \in \{0, \Delta t, \dots, n \cdot \Delta t\})}{N_T}$$

geschätzt werden. Die Methode funktioniert analog bei mehreren Underlyings, wobei dann eine mehrdimensionale Simulation unter Berücksichtigung der gegenseitigen Abhängigkeiten der Kursverläufe der Underlyings erforderlich ist.

Beachten Sie die große Flexibilität der Methode: Es können prinzipiell beliebige stochastische Prozesse (nicht nur die geometrische Brownsche Bewegung, sondern auch Sprungprozesse (vgl. Abschnitt 4.9.2) und Ähnliches) für die Underlyings verwendet werden. Die Konvergenz des o. g. Schätzwertes gegen den exakten Erwartungswert ergibt sich aus dem *Gesetz der großen Zahlen*, welches die Konvergenz des arithmetischen Mittels einer Folge von unabhängigen Zufallszahlen mit identischer Verteilung gegen deren Erwartungswert garantiert. Mit den Hilfsmitteln der Statistik können Fehlerabschätzungen vorgenommen werden (vgl. dazu [17] oder [26]). Darüber hinaus gibt es verschiedene Methoden zur Konvergenzbeschleunigung (siehe [43]).

Beispiel 4.10 *Eine Europäische **Knock-Out Barrier-Option** ist ein Europäischer Call oder Put mit Strike K und Laufzeit T mit der zusätzlichen Vereinbarung, dass die Option erlischt (Auszahlung 0), sofern der Kurs des Underlyings S_t während der Laufzeit $[0; T]$ mindestens einmal eine definierte obere Barriere H_O oder eine untere Barriere H_U (nach oben bzw. unten) überschreitet. Im ersten Fall liegt eine **Up-and-Out**, im zweiten Fall eine **Down-and-Out** Barrier-Option vor. Die Barrieren werden natürlich so gewählt, dass gilt $H_U < S_0 < H_O$. Wird die Barriere nicht erreicht, so ist die Auszahlung wie bei einem gewöhnlichen Call oder Put. Die Bewertung einer solchen Option kann mit analytischen Hilfsmitteln erfolgen. Es ist jedoch auch möglich, eine **Monte-Carlo-Simulation** durchzuführen: Dazu werden für das Underlying der Option zunächst m (z. B. m = 10.000) Zufallspfade erzeugt wie oben beschrieben. Alle Zufallspfade, bei denen die simulierten Kurswerte die definierte Barriere nicht überschreitet, führen zum Wert*

$$F(S_t^i, t \in \{0, \Delta t, \dots, n \cdot \Delta t\}) = 0.$$

In den übrigen Fällen gilt

$$F(S_t^i, t \in \{0, \Delta t, \dots, n \cdot \Delta t\}) = \max\{S_T^i - K, 0\} \quad bzw. \quad \max\{K - S_T^i, 0\}.$$

Das arithmetische Mittel dieser Auszahlungen über alle Pfade, jeweils diskontiert mit $N_t := e^{-r \cdot T}$, ist dann der (geschätzte) Barwert der Barrier-Option. Falls dieser Wert bei mehreren Serien von jeweils m Simulationsläufen zu stark schwankt, so ist die Anzahl m der Pfade zu erhöhen.

4.9   Ergänzungen zum Black-Scholes-Modell

4.9.1   Volatilitäten

Für die Anwendung von Optionspreisformeln wird die Volatilität σ des Underlyings benötigt. Dabei handelt es sich um die (annualisierte) Standardabweichung der logarithmischen Kursänderungen. Eine Möglichkeit zur Bestimmung von σ besteht darin, sich für jedes Underlying eine einjährige Kurshistorie anzuschauen und damit die Standardabweichung der Kursänderungen zu bestimmen. Multipliziert man diese Zahl mit $\sqrt{250}$, so ergibt sich schließlich die annualisierte Volatilität.

In der Praxis wird bei der Bewertung von Derivaten jedoch anders vorgegangen: Da es am Markt bestimmte aktiv gehandelte Optionen auf verschiedene Underlyings gibt, wobei die Preise dieser Optionen durch Angebot und Nachfrage zustande kommen und damit bekannt sind, kann man für jede derartige Option die Black-Scholes-Formel umkehren. Für eine Option auf eine dividendenlose Aktie führt dies auf die Gleichung

$$\underbrace{C_0}_{\text{am Markt bekannt}} = S_0 \cdot \Phi(d_1) - K \cdot e^{-r \cdot T} \cdot \Phi(d_2).$$

Alle Parameter dieser Gleichung sind gegeben – bis auf die Volatilität σ. Löst man die Gleichung (mit numerischen Methoden) nach σ auf, so ergibt sich die gesuchte Größe – man spricht dann von einer sog. *impliziten Volatilität*. Diese Volatilität wird dafür verwendet, andere, nicht börsengehandelte Optionen auf dieses Underlying mit theoretischen Bewertungsformeln zu bewerten.

Der Volatilitätsparameter σ des Black-Scholes-Modells ist unabhängig vom Strike K der Option, von der Optionslaufzeit T und vom Kurs des Underlyings S_t. Tatsächlich ist es aber so, dass die in der Realität beobachteten Daten ein von diesen Annahmen abweichendes Verhalten zeigen:

1. Die impliziten Volatilitäten aus börsengehandelten Optionen weisen eine ausgeprägte Abhängigkeit vom Verhältnis S_t/K auf (S_t/K ist die sog. *moneyness* der Option):

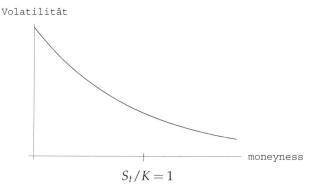

Abbildung 30: Implizite Volatilitäten

Gemäß Black-Scholes-Ansatz müsste die annualisierte Volatilität von der moneyness unabhängig sein, da sie als konstanter Parameter modelliert wird. Abbildung 30 zeigt den typischen Zusammenhang zwischen moneyness und impliziter Volatilität bei Aktienoptionen (auch *Smile-Effekt* genannt). Bei niedrigeren Aktienkursen sind die Volatilitäten tendenziell höher: Sie zeigen die "Nervosivität" an den Märkten an.

2. Extreme Werte von S_t sind häufiger zu beobachten, als dies mit der geometrischen Bronwschen Bewegung prognostiziert wird, d. h. die Wahrscheinlichkeit großer Kursausschläge wird im Black-Scholes-Modell unterschätzt (*fat tail*-Problematik).

3. Extreme Werte von S_t treten zeitlich gehäuft auf, d. h., es gibt Perioden großer Kursausschläge gefolgt von Perioden mit geringen Kursausschlägen. Dieses Phänomen widerspricht der Modellannahme eines zeitunabhängigen Volatilitätsparameters σ.

Die genannten Phänomene können nur dadurch hinreichend genau erfasst werden, indem man das Konzept der geometrischen Brownschen Bewegung zu Gunsten eines adäquateren Modellansatzes aufgibt. Beispielsweise geht man zu einem Ansatz der Form

$$dS_t = S_t \cdot \mu \, dt + S_t \cdot \sigma_t \, dZ_t. \tag{4.35}$$

Hier ist Z_t ein Wiener-Prozess (oder allgemeiner ein nicht stetiger Prozess mit unabhängigen Zuwächsen und Sprüngen) und σ_t wird als eigenständiger Prozess modelliert. Der entscheidende Punkt ist die zeitliche Veränderung der Volatilität, welche eine (zumindest teilweise) modellmäßige Abbildung der oben zitierten Eigenschaften von Finanzzeitreihen gestattet. In diesem Zusammenhang sind vor allem zwei Vorgehensweisen zu nennen, nämlich die sog. *generalized autoregressive conditionally heteroscedastic (GARCH-)* Prozesse und die Prozesse mit *stochastischer Volatilität*.

Bei den GARCH-Prozessen ist die Volatilität zum Zeitpunkt t abhängig von den vergangenen Beobachtungen $S^2_{t-i\Delta t}$ und den vergangenen Volatilitäten $\sigma^2_{t-j\Delta t}$:

$$\sigma^2_t = \alpha_0 + \sum_{i=1}^{p} \alpha_i \cdot S^2_{t-i\Delta t} + \sum_{j=1}^{q} \beta_j \cdot \sigma^2_{t-j\Delta t}, \tag{4.36}$$

wobei α_i und β_j nichtnegative Parameter sind. Ist Z_t ein Wiener-Prozess, so ist die Verteilung von S_t für gegebene Realisierungen $S_{t-\Delta t}, \dots, S_{t-p\Delta t}$ und Werte $\sigma_{t-\Delta t}, \dots, \sigma_{t-q\Delta t}$ eine Normalverteilung mit Varianz σ^2_t.

In Modellen mit stochastischer Volatilität wird σ_t mit einem separaten Zufallsprozess beschrieben, der typischerweise von einer zweiten Brownschen Bewegung (unabhängig oder aber korreliert zu Z_t) getrieben wird. Populär ist bspw. das *Heston-Modell*:

$$dS_t = S_t \cdot r \, dt + S_t \cdot \sigma_t \, dW_{t,1}, \qquad d\sigma^2_t = \theta(\kappa - \sigma^2_t) \, dt + \nu \cdot \sigma_t dW_{t,2},$$

wobei $(W_{t,1}, W_{t,2})_{t \in [0;T]}$ ein *zweidimensionaler Wiener-Prozess* ist und die zweite SDE einen Ornstein-Uhlenbeck-Prozess für σ^2_t modelliert, der das typische mean reversion Verhalten dieser Größe beschreibt. Heston konnte zeigen (vgl. [19]), dass für Europäische Call- und Put-Optionen im obigen Modell analytische Bewertungsformeln hergeleitet werden können. Falls die beiden involvierten Wiener-Prozesse als stochastisch unabhängig modelliert werden, so errechnet sich der Barwert einer Europäischen Call-Option in der Form

$$\int_0^\infty C_0(V) g(V) \, dV,$$

wobei C_0 der Black-Scholes-Formel für eine Call-Option entspricht, V der durchschnittlichen Varianz im Heston- Modell und $g(V)$ der Dichtefunktion von V (vgl. [20]).

Der Einfluss der stochastischen Volatilität auf den Barwert von Optionen spielt vor allem bei größeren Laufzeiten eine nicht zu vernachlässigende Rolle, insbesondere auch dann, wenn aus den Bewertungsformeln auch Sensitvitäten zur Risikoabsicherung berechnet werden sollen. Eine inkorrekte Modellierung der Volatilitäten wirkt sich stark auf die Sensitivitäten aus und kann daher zu Fehlern bei Absicherungsstrategien und folglich zu Verlusten führen (sog. *Modellrisiko*).

4.9.2 Sprungprozesse

Die o. g. fat tail-Problematik kann bei der Modellierung von Kursen dadurch behoben werden, dass Sprünge im Kursverlauf berücksichtigt werden. Die Kurspfade dieser *Sprungprozesse* sind dann keine stetigen Funktionen der Zeit mehr, sondern weisen ein (im einfachsten Fall) endliche Anzahl von Sprungstellen auf. Wir skizzieren hier lediglich die grundlegenden Gedanken der Sprungprozesse; eine mathematisch rigorose Darstellung (einschließlich Derivatebewertung) bietet z. B. [25] oder [9].

Von Merton wurde ein *Jump Diffusion-Prozess* für Aktienkurse verwendet (vgl. [30]):

$$\frac{dS_t}{S_{t-}} = (r - q - \lambda \cdot m)dt + \sigma dW_t + (e^J - 1)dN_t,$$

$$S_{t-} = \lim_{u \to t, u < t} S_u \quad (t > 0), \quad S_{0-} := S_0.$$

Hierbei ist r der risikolose (konstante) Zinssatz, q die Dividendenrendite der Aktie, $\lambda > 0$ der Erwartungswert der Anzahl der Sprünge pro Jahr, J eine normalverteilte Zufallsvariable und m der Erwartungswert der (relativen) Sprunghöhe (jeweils bzgl. des Martingalmaßes). Ferner ist $(W_t)_{t \geq 0}$ ein Wiener-Prozess und $(X_t)_{t \geq 0}$ ein davon stochastisch unabhängiger sog. *Poisson-Prozess*.

Ein Poisson-Prozess $(X_t)_{t \geq 0}$ ist ein stochastischer Prozess mit $X_t \in \mathbb{N}_0$ für alle $t \geq 0$ und $X_0 = 0$, dessen Pfade rechtsseitig stetig sind und der zu den zufälligen Zeitpunkten $0 < \tau_1 < \tau_2 < \ldots$ jeweils um den Wert 1 zunimmt. Zwischen zwischen Sprungzeitpunkten verläuft er konstant. Die Sprungzeitpunkte folgen einer Exponentialverteilung (vgl. Definition 2.9) mit Parameter $\lambda > 0$ und es gilt

$$P(X_t = n) = e^{-\lambda \cdot t} \cdot \frac{(\lambda \cdot t)^n}{n!} \quad \text{für} \quad t > 0, \quad n \in \mathbb{N}_0.$$

Für den Aktienkurs S_t ergibt sich aus den getroffenen Annahmen der folgende Verlauf:

1. Für $t \in [\tau_j; \tau_{j+1})$ ($j \in \mathbb{N}_0$, wobei $\tau_0 := 0$) gilt

$$dS_t = S_t \cdot (r - q)dt + S_t \cdot \sigma dW_t.$$

Es treten also keine Sprünge auf und der Kursverlauf folgt einer geometrischen Brownschen Bewegung.

2. Für $t = \tau_j$ ($j \in \mathbb{N}$) gilt

$$dS_t = S_t - S_{t-} = (e^J - 1) \cdot S_{t-},$$

d. h. es tritt ein Sprung auf mit zufälliger relativer Kursänderung der Größe

$$dS_t / S_{t-} = e^J - 1 \in (-1; \infty).$$

Man kann zeigen, dass der zufällige Aktienkurs S_t unter dem Martingalmaß die folgende Darstellung besitzt:

$$S_t = S_0 + \int_0^t S_u \cdot (r - q - \lambda \cdot m) \, du + \int_0^t S_u \, dW_u + \sum_{j=1}^{X_t} S_{t_j-} \cdot (e^J - 1).$$

Der Erwartungswert der Anzahl der Sprünge ist gegeben durch

$$E(X_t) = \sum_{n=1}^{\infty} n \cdot e^{-\lambda \cdot t} \cdot \frac{(\lambda \cdot t)^n}{n!} = e^{-\lambda \cdot t} \cdot \sum_{n=1}^{\infty} \frac{(\lambda \cdot t)^n}{(n-1)!} = \lambda \cdot t \cdot e^{-\lambda \cdot t} \cdot \sum_{n=1}^{\infty} \frac{(\lambda \cdot t)^{n-1}}{(n-1)!} = \lambda \cdot t.$$

Um mit diesem Modell Derivate bewerten zu können, ist zunächst eine *Kalibrierung* der Modellparameter erforderlich. Das bedeutet, dass die Parameter des Modells so zu wählen sind, dass die beobachtbaren Preise börsengehandelter Derivate möglichst gut getroffen werden. Die Kalibrierung wird typischerweise an börsengehandelten Aktienoptionspreisen vorgenommen. Dazu muss jedoch geklärt werden, wie sich der theoretische Barwert einer Option im Merton-Modell formelmäßig darstellt.
Für eine Europäische Call-Option mit Fälligkeit in $T > 0$ auf eine Aktie ergibt sich für den in $t = 0$ gültigen Barwert

$$C_{0,\text{Merton}} = \sum_{n=0}^{\infty} \frac{e^{-\bar{\lambda} \cdot T} \cdot (\bar{\lambda} \cdot T)^n}{n!} \cdot C_0(r_n, \sigma_n),$$

wobei hier $\bar{\lambda} = \lambda \cdot (1 + m)$ gilt und wobei $C_0(r_n, \sigma_n)$ die Black-Scholes-Formel für die Call-Option ist mit dem Zinssatz $r_n := r - \lambda \cdot m + n \cdot \ln(1 + m)/T$ und der Volatilität $\sigma_n := \sigma^2 + n \cdot s^2/T$, $s^2 = Var(\ln(e^J - 1))$.

Übung 4.16 *Zeigen Sie, dass im Fall $m = 0$ und $s = 0$ gilt $C_{0,\text{Merton}} = C_0(r, \sigma)$.*

4.10 Zinsderivate

Zinsderivate sind Derivate, die sich auf Zinssätze oder Zinsinstrumente (z. B. Anleihen) beziehen. Neben den börslich gehandelten Zinsderivaten (Futures) gibt es zahlreiche außerbörslich gehandelte Zinsderivate, die wir hier darstellen wollen. Im Folgenden nehmen die Zerobonds mit Barwerten $B(t,T)$ die Rolle der *Basisinstrumente* ein, d. h. $S_{t,i}$ ist stets der Barwert eines Zerobonds zum Zeitpunkt t. Zerobonds werden zwar nur selten direkt an den Märkten gehandelt, ihre Barwerte können jedoch jederzeit aus Zinssätzen bzw. Anleihepreisen berechnet werden (vgl. Kapitel 1). Es ist $\mathcal{F}_t^S$ die zur Kurshistorie der Zerobonds (einer bestimmten Währung) gehörende Filtration.

4.10.1 Swaps

Ein *(Zins-)Swap* (von engl. *to swap = austauschen*) ist eine vertragliche Vereinbarung, für eine bestimmte Laufzeit T regelmäßig Zinszahlungen auszutauschen bezogen auf einen Nominalbetrag N, welcher nicht ausgetauscht wird. Dabei werden Zeitpunkte $t_1, t_2, \ldots, t_{n-1}, t_n$ (mit $\Delta_j :=$ Länge des Zeitintervalls zwischen t_{j-1} und t_j gemäß Zählkonvention) vereinbart, wobei ein Vertragspartner jeweils in t_j einen festen Zinssatz K zahlt (das ergibt den Betrag $K \cdot N \cdot \Delta_j$) und der andere dafür den zu Beginn der Periode $[t_{j-1}; t_j]$ festgelegten variablen Zinssatz $L(t_{j-1}, t_{j-1}, t_j)$ zahlt (das ergibt den Betrag $L(t_{j-1}, t_{j-1}, t_j) \cdot N \cdot \Delta_j$). Die Festlegung des variablen Zinssatzes (das *Fixing*) erfolgt typischerweise zwei Geschäftstage vor t_{j-1} am *Fixing-Tag*. Die Zinszahlungen erfolgen meist nachschüssig am Ende der Periode. Aus Sicht desjenigen Vertragspartners, der den festen Zinssatz K zahlt, spricht man von einem *Payer Swap*, während der Festsatzempfänger einen *Receiver Swap* hat.

Wozu ist dies gut? Wir stellen uns vor, eine Firma habe einen langfristigen Kreditvertrag abgeschlossen mit der Verpflichtung, zu den Zeitpunkten $t_1, t_2, \ldots, t_n = T$ jeweils einen festen Zinssatz K bezogen auf das Nominal N zu zahlen. Nun könnte die Firma der Meinung sein, dass die Zinsen langfristig sinken werden, und daher statt fixer Zinsen lieber variable Zinsen zahlen. Da der Kredit aber nicht kündbar ist, schließt die Firma mit einem anderen Kontrahenten (meist einer Bank) einen Swap ab, bei dem die Firma in t_j den variablen Zinssatz $L(t_{j-1}, t_{j-1}, t_j)$ zahlt und den festen Zinssatz K empfängt. Kredit und Swap zusammen ergeben die folgenden Zahlungsverpflichtungen der Firma in t_j:

$$\underbrace{-K \cdot \Delta_j \cdot N}_{\text{Kreditzinsen}} + \underbrace{(K - L(t_{j-1}, t_{j-1}, t_j)) \cdot \Delta_j \cdot N}_{\text{Swap-Zahlung}} = -L(t_{j-1}, t_{j-1}, t_j) \cdot \Delta_j \cdot N,$$

d. h. im Ergebnis zahlt die Firma letztlich nur noch den variablen Zinssatz. Der Kredit wurde also in einen Kredit mit variabler Zinsanpassung umgewandelt.

Der *Barwert eines Swaps* berechnet sich durch Diskontieren der künftigen Zahlungsströme mittels Zerobondpreisen (Anwendung von (4.34))

$$B(0,t) := \frac{1}{(1 + L(0,t))^t}, \quad t > 0; \qquad B(0,0) := 1.$$

Dabei wird in der Praxis oftmals das *Kontrahentenrisiko* bei der Wahl der Zerorates berücksichtigt (vgl. die Ausführungen in Abschnitt 1.2.4 und am Ende dieses Abschnitts). Im einfachsten Fall basiert die Diskontierung auf dem Zerorates $L(0,t)$, die für den Handel zwischen Banken mit guter Bonität zugrunde gelegt werden. Der Barwert aus Sicht des Festsatzempfängers ergibt sich zu

$$PV_{\text{Swap}} = \sum_{j=1}^{n} K \cdot \Delta_j \cdot N \cdot B(0,t_j) - \sum_{j=1}^{n} L(t_{j-1},t_{j-1},t_j) \cdot \Delta_j \cdot N \cdot B(0,t_j).$$

Wir addieren wir den Term $N \cdot B(0,t_n)$ und ziehen diesen gleich wieder ab:

$$PV_{\text{Swap}} = \sum_{j=1}^{n} K \cdot \Delta_j \cdot N \cdot B(0,t_j) + N \cdot B(0,t_n)$$

$$- \sum_{j=1}^{n} L(t_{j-1},t_{j-1},t_j) \cdot \Delta_j \cdot N \cdot B(0,t_j) - N \cdot B(0,t_n).$$

Damit ist der Barwert des Swaps gleich der Differenz des Barwerts einer Kuponanleihe mit Kupon K und eines Floaters (hier jeweils ohne Kreditrisiko). Wegen (1.8) ist der Barwert des Floaters zum Zeitpunkt 0 gleich N, also haben wir insgesamt:

$$PV_{\text{Swap}} = \sum_{j=1}^{n} K \cdot \Delta_j \cdot N \cdot B(0,t_j) + N \cdot B(0,t_n) - N.$$

Swaps werden üblicherweise so abgeschlossen, dass sie zu Beginn (in $t = 0$) einen Barwert von 0 haben, also *fair* sind, wie man sagt:

$$PV_{\text{Swap}} = 0 \quad \Longleftrightarrow \quad K = \frac{1 - B(0,t_n)}{\sum_{j=1}^{n} \Delta_j \cdot B(0,t_j)}. \tag{4.37}$$

Man nennt K auch die *(faire) Swap-Rate* oder den *(fairen) Swap-Satz*.

Beispiel 4.11 *Ein Unternehmen hat einen fünfjährigen Kredit mit jährlich zu zahlendem festem Zinssatz $i = 4\%$ und Nominalbetrag $N = 10.000.000$ aufgenommen. Die heutigen Zerorates seien: $L(0,1) = 2\%, L(0,2) = 2,2\%, L(0,3) = 2,5\%, L(0,4) = 2,8\%, L(0,5) = 3\%$. Wie kann das Unternehmen die festen Zinszahlungen in variable Zinszahlungen umwandeln?*

Lösung: Das Unternehmen schließt mit einer Bank einen fünfjährigen Receiver-Swap ab. Die faire Swap-Rate K für diesen Swap errechnet sich zu

$$K = \frac{1 - B(0,5)}{B(0,1) + B(0,2) + B(0,3) + B(0,4) + B(0,5)} \approx 3\%.$$

Das Unternehmen erhält bei einem fairen Swap jährlich den festen Zinssatz 3% und zahlt dafür den jeweils aktuellen einjährigen Zinssatz an die Bank. Der Satz 3% ist geringer als die festen Zinszahlungen aus dem Kredit. Wenn das Unternehmen einen Swap mit $K = 4\%$ abschließen möchte, so muss es hierfür an die Bank zusätzlich den Betrag $PV_{\text{Swap}} = 475.860$ zahlen.

Swaps werden in sehr großem Umfang am Kapitalmarkt gehandelt, wobei die Laufzeiten bis zu 50 Jahren gehen können und die Nominalbeträge mehrere hundert Millionen Euro umfassen können. Der Grund für den intensiven Handel mit Swaps besteht darin, dass Finanzinstitutionen sie dazu nutzen, ihre *Zinsänderungsrisiken* (mögliche Wertverluste aufgrund von Zinsänderungen) zu steuern. Typischerweise verfügt eine Bank über große long Positionen von (festverzinslichen) Anleihen, deren Preis bei einem Zinsanstieg deutlich fällt. Um sich gegen (vorübergehende) Zinsanstiege abzusichern, kann die Bank einen Payer Swap abschließen, dessen Nominalbetrag dem Nominalbetrag der abzusichernden Anleihen entspricht. Soll z. B. eine Anleihe mit Nominal N, Laufzeit $T = n$ Jahre und jährlichen nachschüssigen Kuponzahlungen der Höhe K (zu den Zeitpunkten $1, 2, \ldots T = n$) abgesichert werden, so kann ein Payer Swap mit derselben Laufzeit, demselben Nominal und dem Festsatz K abgeschlossen werden. Im Ergebnis verbleiben aus Sicht der Bank die variablen Zinszahlungen, die sie aus dem Swap empfängt, sowie die zu erhaltende Nominalrückzahlung der Anleihe. Dies entspricht einer long Position in einem Floater. Dessen Zinsänderungsrisiko ist jedoch vergleichsweise gering, da der Barwert der variablen Zahlungen zu Beginn jeder Zinsperiode stets den Wert N annimmt und nur zwischenzeitlich geringfügig schwanken kann. Der zuletzt erwähnte Sachverhalt ergibt sich aus dem nachfolgenden Satz:

Satz 4.16 *Es seien die Zeitpunkte $0 = t_0 < t_1 < \ldots < t_n = T$ mit $t_j - t_{j-1} \leq 1$ gegeben. Für den aus Sicht des Zeitpunkts $t \leq t_{j-1}$ gültigen* **Forwardzinssatz** *$L(t, t_{j-1}, t_j)$ gilt*

$$L(t, t_{j-1}, t_j) = \frac{1}{\Delta_j} \cdot \left(\frac{B(t, t_{j-1})}{B(t, t_j)} - 1 \right). \tag{4.38}$$

Ferner ist

$$E_{Q_{t_j}} \left(\frac{B(t, t_{j-1})}{B(t, t_j)} \middle| \mathcal{F}_s^S \right) = \frac{B(s, t_{j-1})}{B(s, t_j)}$$

für $0 \leq s \leq t \leq t_j$, d. h. der Prozess $\left(\frac{B(t, t_{j-1})}{B(t, t_j)} \right)_{t \in [0; t_{j-1}]}$ und folglich auch der Prozess $(L(t, t_{j-1}, t_j))_{t \in [0; t_{j-1}]}$ ist ein **Martingal** *unter dem Zeit-t_j-Forward-Maß. Daraus ergibt sich für den Barwert eines Floaters mit Nominal N und nachschüssigen variablen Kuponzahlungen zu den Zeitpunkten $t_1, \ldots, t_n$:*

$$PV_{Floater, t_{j-1}} = N \qquad \text{für } j \in \{1, \ldots, n\}.$$

Beweis Die erste Gleichung folgt sofort aus der Beziehung

$$B(t, t_j) = B(t, t_{j-1}) \cdot \frac{1}{1 + \Delta_j \cdot L(t, t_{j-1}, t_j)}$$

(begründen Sie diese!). Die zweite Aussage ist eine einfache Anwendung von Satz 4.12 mit $S_t := B(t, t_{j-1})$, also $S_t^{fwd} = B(t, t_{j-1}) / B(t, t_j)$. Damit haben wir

$$E_{Q_{t_j}}(L(t, t_{j-1}, t_j) | \mathcal{F}_s^S) = E_{Q_{t_j}} \left(\frac{1}{\Delta_j} \cdot \left(\frac{B(t, t_{j-1})}{B(t, t_j)} - 1 \right) \middle| \mathcal{F}_s^S \right)$$

$$= \frac{1}{\Delta_j} \cdot \left(\frac{B(s,t_{j-1})}{B(s,t_j)} - 1 \right) = L(s,t_{j-1},t_j),$$

also die Martingaleigenschaft der Forwardzinssätze.

Die dritte Aussage ergibt sich so: Der in t_k zu zahlende Zinssatz des Floaters ist

$$L(t_{k-1},t_{k-1},t_k) = \frac{1}{\Delta_k} \cdot \left(\frac{B(t_{k-1},t_{k-1})}{B(t_{k-1},t_k)} - 1 \right),$$

und der Erwartungswert dieser Größe aus Sicht von t_{j-1} (für $j \leq k$ unter dem Zeit-t_k-Forward-Maß) ist gemäß der zweiten Aussage (setze dort $t := t_{k-1}, s := t_{j-1}$) gegeben durch

$$\frac{1}{\Delta_k} \cdot \left(\frac{B(t_{j-1},t_{k-1})}{B(t_{j-1},t_k)} - 1 \right).$$

Der Barwert des Floaters aus Sicht von t_{j-1} lässt sich somit schreiben als Summe der diskontierten Erwartungswerte der noch ausstehenden Zahlungen, also als

$$
\begin{aligned}
PV_{\text{Floater},t_{j-1}} &= \sum_{k=j}^{n} B(t_{j-1},t_k) \cdot \frac{1}{\Delta_k} \cdot \left(\frac{B(t_{j-1},t_{k-1})}{B(t_{j-1},t_k)} - 1 \right) \cdot \Delta_k \cdot N + B(t_{j-1},t_n) \cdot N \\
&= \sum_{k=j}^{n} (B(t_{j-1},t_{k-1}) - B(t_{j-1},t_k)) \cdot N + B(t_{j-1},t_n) \cdot N \\
&= B(t_{j-1},t_{j-1}) \cdot N = N.
\end{aligned}
$$

■

Die Beziehung (4.37) stellt den Zusammenhang zwischen dem fairen Swap-Satz eines n-jährigen Zinsswaps, den wir ab jetzt mit K_n bezeichnen wollen, und den Zerobond-preisen her. An den Finanzmärkten bilden die Swap-Sätze K_n beim aktiven Handel von Zinsswaps durch Angebot und Nachfrage heraus. Sie brauchen also nicht berechnet zu werden, sondern sind jederzeit am Markt bekannt. Aus den Swap-Sätzen für alle Lauf-zeiten $t_n = n, n \geq 1$ werden dann mittels (4.37) die Zerobondpreise bestimmt:

$$B(0,t_n) = \left(1 - K \cdot \sum_{j=1}^{n-1} \Delta_j \cdot B(0,t_j) \right) / (1 + \Delta_n \cdot K_n).$$

Diese Beziehung ermöglicht die sukzessive Berechnung von $B(0,t_1), B(0,t_2), \ldots, B(0,t_n)$ und daraus lassen sich wiederum die *Zerorates* für $t_k \geq 1$ zurückrechnen:

$$L(0,t_k) = B(0,t_k)^{-1/t_k} - 1 \iff \frac{1}{(1 + L(0,t_k))^{t_k}} = B(0,t_k).$$

Durch eine Interpolation für die Zeitpunkte $t_k < t < t_{k+1}$ und Verwendung der Geld-marktsätze für Laufzeiten bis ein Jahr (vgl. Kapitel 1) ergeben sich damit alle Zerorates

$$L(0,T), \qquad T > 0,$$

welche die *Zerokurve* bilden. Diese Kurve ist die maßgebliche Bewertungskurve für alle Derivate im Interbankenhandel. Sie wird auch als *Swap-Zerokurve* bezeichnet.

Bemerkung *Die **zukünftigen** Zerorates sind die zum zukünftigen Zeitpunkt $t > 0$ gültigen Zerorates mit Fälligkeit $T > t$ und werden mit $L(t,T)$ bezeichnet. Sie sind aus heutiger Sicht zufällig. Es gilt (mit $\Delta :=$ Länge des Zeitintervalls zwischen t und T) im Fall $\Delta \geq 1$ Jahr:*

$$L(t,T) = L(t,t,T) = B(t,T)^{-1/\Delta} - 1.$$

Ein *Forward-Swap* ist ein heute vereinbarter Zinsswap, dessen Zinsperioden zu einem zukünftigen Zeitpunkt $t_0 > 0$ beginnen und bei dem die Zinszahlungen zu den Zeitpunkten $t_1 < t_2 < \ldots < t_n$ mit $t_1 > t_0$ erfolgen. Es sei $K(t,t_0,t_n)$ der faire Swap-Satz eines Forward-Swaps aus Sicht des Zeitpunkts $0 \leq t \leq t_0$. Wir setzen speziell $K(0,0,t_n) := K_n$. Aus Sicht des Zeitpunktes t_0 gilt bei einem Forward-Swap mit Nominal N:

$$0 = \sum_{j=1}^{n} K(t_0,t_0,t_n) \cdot \Delta_j \cdot N \cdot B(t_0,t_j) + N \cdot B(t_0,t_n) - N.$$

Wir "diskontieren" diese Gleichung auf den Zeitpunkt t und erhalten

$$0 = \sum_{j=1}^{n} K(t,t_0,t_n) \cdot \Delta_j \cdot N \cdot B(t,t_j) + N \cdot B(t,t_n) - N \cdot B(t,t_0)$$

$$\Longleftrightarrow \qquad K(t,t_0,t_n) = \frac{B(t,t_0) - B(t,t_n)}{\sum_{j=1}^{n} \Delta_j \cdot B(t,t_j)}. \tag{4.39}$$

Es ist $K(t,t_0,t_n)$ ist der *Forward-Swap-Satz*. Beachten Sie, dass hier $t_0 > 0$ gilt.

Neben den bisher behandelten Standard-Zinsswaps gibt es zahlreiche weitere Varianten von Swap-Geschäften am Kapitalmarkt:

Swaps mit variablem Nominalbetrag sind Zinsswaps mit zeitveränderlichem Nominalbetrag. Sie werden zur zinsmäßigen Absicherung von Krediten benötigt, deren Nominalbetrag sich im Laufe der Zeit aufgrund von Tilgungsleistungen reduziert. Bei ansteigendem Nominalbetrag spricht man auch von *Step-up-Swaps*.

Übung 4.17 *Wie lautet die Formel für den fairen Swap-Satz K_n eines n-jährigen Swaps mit Nominalbeträgen $N_1, \ldots, N_n$ in den Jahren $1, \ldots, n$?*

Basisswaps beinhalten den Austausch von verschiedenen variablen Zinssätzen in einer Währung, z. B. Dreimonatszinssatz gegen Sechsmonatszinssatz.

In-Arrears-Swaps zeichnen sich dadurch aus, dass der Zeitpunkt der Festlegung des variablen Zinssatzes und der Zahlung diese Zinssatzes zusammenfallen, im Unterschied zu gewöhnlichen Swaps, wo der Zinssatz am Periodenbeginn festgelegt und am Periodenende gezahlt wird.

Bei *Overnight-Index-Swaps* erfolgt ein Austausch einer Festsatzzahlung gegen eine variable Zinszahlung auf Basis von Tagesgeldzinssätzen. Bei Geschäftsabschluss wird zunächst der Festsatz, das Nominalvolumen und die Laufzeit $T > 0$ vereinbart. Der variable Zinssatz r wird im Nachhinein aus den während der Laufzeit des Swaps täglich ermittelten Tagesgeldsätzen ("overnight"-Sätze) als Durchschnitt berechnet. Am Ende der Laufzeit findet eine Differenzzahlung statt, die aus dem Unterschied zwischen r und dem Festsatz, bezogen auf die Laufzeit und das Nominalvolumen, resultiert. Die Berechnung von r beinhaltet Zinseszinseffekte:

$$r = \left(\prod_{i=0}^{T} (1 + (r_i \cdot \Delta t_i)/360) - 1 \right) \cdot 360/T.$$

Es sind r_i die gefixten Tagesgeldsätze und Δt_i deren Gültigkeitsdauer, z. B. $\Delta t_i = 3$ bei Wochenenden (alle Zeiten werden in Tagen gemessen).

Asset Swaps sind Swaps mit Laufzeit $T > 0$, bei denen eine Partei einen fixen Kupon (der dem Kupon einer bestimmten Anleihe mit Laufzeit T entspricht) zahlt und die andere Partei den variablen Zinssatz plus einem Spread s (*Asset Swap Spread*), jeweils bezogen auf einen Nominalbetrag. Der Zahler des fixen Kupons möchte damit die Zinsänderungsrisiken aus der Anleihe, die er besitzt, absichern; vgl. auch Abschnitt 4.12.6.

Constant-Maturity-Swaps (*CMS*) sind Zinsswaps, bei denen auf der variablen Seite für das Intervall $[t_{j-1}; t_j]$ jeweils ein in t_{j-1} neu festzulegender aktueller Swap-Satz $K(t_{j-1}, t_{j-1}, t_{j-1} + m)$ mal einem Faktor x gezahlt wird, wobei $t_{j-1} + m > t_j$ gilt. Bspw. könnte ein CMS mit n-jähriger Laufzeit mit Nominal N wie folgt ausgestaltet sein: Auf der fixen Seite jeweils jährliche Zahlung von $K(0, 0, t_n) \cdot N$ (wie beim Standard-Swap), auf der variablen Seite jährliche nachschüssige Zahlung von $0,8 \cdot K(t_{j-1}, t_{j-1}, t_{j-1} + 5) \cdot N$ (fünfjähriger Swap-Satz). Die Größe x heißt auch *Partizipationsrate*. Die Bewertung von CMS ist weitaus schwieriger als die Bewertung der sonstigen Swap-Arten.

Bei *Währungsswaps* werden Zinszahlungen *und* Nominalbeträge in zwei verschiedenen Währungen zwischen den Vertragspartnern getauscht. Zu Beginn der Laufzeit erfolgt der erste Nominaltausch (entsprechend dem aktuellen Wechselkurs), dann gibt es regelmäßige Zinszahlungen und zum Ende der Laufzeit werden die Nominalbeträge zum selben Kurs wie am Anfang wieder zurück getauscht.

Beispiel 4.12 *Ein amerikanisches Unternehmen A kann sich zu 5% einen zehnjährigen USD-Kredit am Heimmarkt beschaffen, benötigt aber einen Euro-Kredit. Ein europäisches Unternehmen E kann sich zu 4,5% einen zehnjährigen Euro-Kredit beschaffen, möchte aber einen USD Kredit aufnehmen. Aufgrund verschiedener Rahmenbedingungen (z. B. steuerliche Situation) ist es für A nicht möglich, sich zu den selben Bedingungen wie das Unternehmen E in Euro zu refinanzieren: der anzusetzende Zinssatz wäre höher als 4,5%. Enstsprechend müsste die Firma E am amerikanischen Markt mehr als 5% zahlen. Es bietet sich folgende Lösung an: E nimmt einen Euro-Kredit auf und A einen USD-Kredit. Dann vereinbaren beide einen zehnjährigen*

Währungsswaps. Dabei zahlt E an A in $t_0 = 0$ den Euro-Nominalbetrag N_{Euro} und erhält dafür den USD-Betrag N_{Dollar}. Zu den Zeitpunkten t_i zahlt A den Zinssatz 4,5% und E den Zinssatz 5%, jeweils bezogen auf den Nominalbetrag. Am Laufzeitende werden die Nominalbeträge jeweils wieder zurückgezahlt. Damit hat jedes der beiden Unternehmen von den Refinanzierungsvorteilen des anderen profitiert.

Die Bewertung eines Währungsswaps zwischen zwei Banken, die jeweils auf Basis der Swap-Zerokurve in ihrer Heimatwährung kalkulieren, ist:

$$PV_{\text{Währungsswap}} = \sum_{k=1}^{n} \Delta_k \cdot \frac{Z_{k,W1}}{(1 + L(0,t_k)_{W1})^{t_k}} - S_0 \cdot \sum_{k=1}^{n} \Delta_k \cdot \frac{Z_{k,W2}}{(1 + L(0,t_k)_{W2})^{t_k}},$$

wobei hier die Zinszahlungen in Währung $W1$ empfangen werden und in Währung $W2$ gezahlt werden. $Z_{k,W}$ steht jeweils für die Zahlungen (Nominal und Zinsbeträge) und S_0 ist der Wechselkurs (Wert einer Einheit von $W2$ in $W1$). Der Nominaltausch in t_0 braucht nicht berücksichtigt zu werden, da sein Marktwert gleich 0 ist.

Vom Währungsswap zu unterscheiden ist der *Devisenswap* (*FX Swap*; FX für engl. foreign exchange), der eine Kombination aus einem Devisenkassageschäft (Devisengeschäft mit sofortiger Abwicklung) und einem Devisentermingeschäft darstellt. Dabei werden zwei Währungen in t_0 gegeneinander zum aktuellen Kurs getauscht und zu einem späteren Zeitpunkt wieder (dann zum Devisenterminkurs aus Sicht von t_0) zurück getauscht; es fließen keine Zinszahlungen.

Zinswährungsswaps beinhalten einen Tausch von verschiedenen Zinssätzen (fix gegen variabel) in verschiedenen Währungen, wiederum mit Nominaltausch. Bspw. könnte der Dreimonats USD-Zinssatz gegen den fünfjährigen Euro-Zinssatz getauscht werden.

Bei *Equity Swaps* wird der regelmäßige Austausch der Gesamtrendite (Dividenden und Kursverändeurngen) eines (Aktien-) Index gegen feste oder variable Zinszahlungen vereinbart. Der Zahler der Gesamtrendite muss dabei Kursgewinne an den Swap-Partner zahlen, während er Kursverluste erstattet erhält. Die Motivation besteht darin, dass ein Inhaber eines großen Aktienportfolios dieses (vorübergehend) gegen Kursverluste absichern möchte und daher mit einem Equity Swap die Kursveränderungen gegen (risikolose) variable Zinszahlungen eintauscht.

Am Kapitalmarkt werden auch Optionen auf Swaps häufig gehandelt. Eine (*Europäische*) *Swaption* ist eine Option, zu einem künftigen Zeitpunkt T in einen Zinsswap als Festsatzzahler (bei einer *Payer-Swaption*) oder als Festsatzempfänger (bei einer *Receiver-Swaption*) einzutreten, wobei der Zinsswap in $t_0 = T$ beginnt und die Zahlungszeitpunkte $t_1 < t_2 < \ldots < t_n$ hat. Der Swap-Satz K wird bei Abschluss der Swaption vereinbart (Strike der Option). Besonders wichtig sind *at-the-money (ATM)-Swaptions*, bei denen der Strike K dem fairen Forward-Swap-Satz entspricht, d. h. $K = K(0,t_0,t_n)$ gilt. ATM-Swaptions werden in den Hauptwährungen aktiv gehandelt, jeweils für unterschiedliche Optionslaufzeiten T und unterschiedliche Swap-Laufzeiten $t_n - t_0$. Dementsprechend können die zugehörigen *impliziten Swaption-Volatilitäten*

σ_{T,t_n-t_0} aus den bekannten Marktpreisen der Swaptions berechnet werden, sofern ein Swaption-Bewertungsmodell zur Verfügung steht. Das Standard-Modell zur Bewertung von Europäischen Swaptions ist das *Black-76-Modell*. Wir betrachten zunächst die Auszahlungsfunktion einer Payer-Swaption auf einen Swap mit Nominal M:

$$M \cdot \max\{K(t_0,t_0,t_n) - K,0\} \cdot \sum_{i=1}^{n} \Delta_i \cdot B(t_0,t_i) \tag{4.40}$$

Es gibt zwei Möglichkeiten zur Ausübung einer Swaption bei Fälligkeit in T: Beim *cash settlement* wird der innere Wert (also die o. g. Auszahlungsfunktion im Falle eines Payer-Swaps) an den Optionsinhaber gezahlt, sofern eine Ausübung erfolgt. Beim *physical settlement* treten beide Parteien im Falle der Ausübung in einen Zinsswap ein, bei dem der Optionsinhaber den vereinbarten Festzinssatz K erhält. Aus Sicht des Optionsinhabers hat dieser Swap zum Zeitpunkt T den Barwert (4.40).

Übung 4.18 *Überlegen Sie sich, wie die Auszahlungsfunktion (4.40) zustande kommt.*

Zur Herleitung der Swaption-Bewertungsformel verwenden wir einen neuen Numéraire $(N_t)_{t\geq 0}$ mit

$$N_t := \sum_{i=1}^{n} \Delta_i \cdot B(t,t_i), \quad t \leq t_0.$$

Beachten Sie, dass N_t der Barwert einer Summe (also eines Portfolios) von Zerobonds ist – damit handelt es sich um den positiven Barwert eines Portfolios aus Basisinstrumenten, die keine Kupon- oder Dividendenausschüttungen leisten, d. h. es liegt in der Tat ein zulässiger Numéraire vor. Die Verwendung dieses Numéraires wird bei der Bewertung der Swaption klar werden – es wird sich nämlich zeigen, dass der Numéraire sich gegen den Summenterm in der Formel (4.40) gerade weg kürzt.

Das im arbitragefreien, vollständigen Markt zum Numéraire gehörende eindeutige Martingalmaß heißt das sog. *Swap-Maß* Q_N. Mit diesen Größen lautet der Modellierungsansatz:

$$\ln(K(t_0,t_0,t_n)/K(0,t_0,t_n)) \text{ ist unter } Q_N \text{ normalverteilt gemäß } N(0,\sigma^2 \cdot t_0). \tag{4.41}$$

Wie kommt dieser Ansatz zustande? Zunächst kann man empirische Befunde heranziehen, welche zeigen, dass logarithmische Zinsänderungen (ebenso wie logarithmische Aktienkursänderungen) in etwa als lognormalverteilt angesehen werden können. Damit erscheint es sinnvoll, für $\ln(K(t_0,t_0,t_n)/K(0,t_0,t_n))$ eine Normalverteilung vorzugeben. Die Varianz dieser Normalverteilung ist im allgemeinsten Fall von der Form

$$\int_0^{t_0} \sigma^2(u)du,$$

mit einem zeitabhängigen Term $\sigma(u)$. Während bei den später zu behandelnden Zinsstrukturmodellen für $\sigma(u)$ unterschiedliche Ansätze gewählt werden, betrachten wir hier zunächst den einfachsten Fall eines konstanten Volatilitätsterms, $\sigma(u) = \sigma$, so dass der Varianzterm also $\sigma^2 \cdot t_0$ lautet.

Es verbleibt die Wahl des Erwartungswertes der Normalverteilung. Nun hatten wir in Satz 4.16 gesehen, dass die Forwardzinssätze $L(t, t_{j-1}, t_j)$ einen Martingal-Prozess bilden. Mit sehr ähnlichen Argumenten kann man sich davon überzeugen, dass auch die Forward-Swap-Sätze unter dem Swap-Maß Q_N Martingale sind, dass also für $s \leq t < t_0$ gelten muss

$$E_{Q_N}\left(\frac{K(t, t_0, t_n)}{K(0, t_0, t_n)} \Big| \mathcal{F}_s^S\right) = \frac{K(t, t_0, t_n)}{K(0, t_0, t_n)}.$$

Aufgrund der Lognormalverteilungsannahme haben wir die Darstellung

$$K(t_0, t_0, t_n) / K(0, t_0, t_n) = e^{Z_{t_0}}, \tag{4.42}$$

wobei Z_{t_0} wiederum normalverteilt ist mit Varianz $\sigma^2 \cdot t_0$ und noch nicht bestimmtem Erwartungswert. Die Martingaleigenschaft erzwingt jedoch wegen Satz 4.8, dass es für den Erwartungswert nur eine mögliche Wahl gibt, nämlich

$$E(Z_{t_0}) = -0{,}5 \cdot \sigma^2 \cdot t_0.$$

Bilden wir schließlich in Gleichung (4.42) den Logarithmus auf beiden Seiten, so folgt unter Anwendung von Satz 4.3 die Aussage (4.41). Beachten Sie, dass das Fixing von $K(t_0, t_0, t_n)$ in der Regel zwei Geschäftstage vor t_0 erfolgt, so dass in (4.41) der Term t_0 bei der Varianz streng genommen entsprechend zu korrigieren wäre.

Übung 4.19   *Der heute am Markt beobachtbare Forward-Swap-Satz für $t_0 = 1, t_n = 5$ sei 3,5%. Welcher Forward-Swap-Satz für diesen Zeitraum ist in einem halben Jahr zu erwarten, wenn man mit dem Swap-Maß arbeitet? Wie ist die Verteilung des Forward-Swap-Satzes $K(0,5;1;5)$ unter dem Forward-Swap-Maß und mit welcher Wahrscheinlichkeit ist mit einem Anstieg des Forward-Swap-Satzes zu rechnen?*

Jetzt erhalten wir die *Black-76-Formel für Europäische Swaptions*:

Satz 4.17 (Barwert einer Receiver-Swaption im Black-76-Modell)
Der Barwert einer Europäischen Receiver-Swaption mit Nominal M und Fälligkeit in t_0 unter dem Ansatz (4.41) ist

$$PV_{Swaption} = M \cdot \sum_{i=1}^{n} \Delta_i \cdot B(0, t_i) \cdot (K(0, t_0, t_n) \cdot \Phi(d_1) - K \cdot \Phi(d_2)), \tag{4.43}$$

wobei gilt $d_{1,2} = (\ln(K(0, t_0, t_n)/K) \pm 0{,}5 \cdot \sigma^2 \cdot t_0)/(\sigma \cdot \sqrt{t_0})$. Der Varianzterm σ^2 ist definiert durch $\sigma^2 = Var(\ln(K(t_0, t_0, t_n)/K(0, t_0, t_n))/\sqrt{t_0}$.

Beweis Unter dem Maß Q_N gilt

$$
\begin{aligned}
PV_{\text{Swaption}} &= N_0 \cdot E_{Q_N}\left((M \cdot \max\{K(t_0,t_0,t_n) - K,0\} \cdot \sum_{i=1}^{n} \Delta_i \cdot B(t_0,t_i))/N_{t_0} \right) \\
&= M \cdot \sum_{i=1}^{n} \Delta_i \cdot B(0,t_i) \cdot E_{Q_N}(\max\{K(t_0,t_0,t_n) - K,0\}) \\
&= M \cdot \sum_{i=1}^{n} \Delta_i \cdot B(0,t_i) \cdot (K(0,t_0,t_n) \cdot \Phi(d_1) - K \cdot \Phi(d_2)).
\end{aligned}
$$

∎

Übung 4.20 *Führen Sie die Berechnung des Erwartungswerts im Satz durch. Sie können sich dabei eng an der Herleitung von (4.23) orientieren!*

Die dargestellte Bewertungsformel wird in der Praxis häufig verwendet. Als wichtige Inputgrößen verwendet sie implizite Volatilitäten, die am Markt allerdings nur für ATM-Swaptions zur Verfügung stehen. Für Swaptions, die nicht ATM sind, ist eine Anpassung der ATM-Volatilitäten erforderlich. Dies ist bei langlaufendem Optionen mit einem nicht unerheblichen *Modellrisiko* verbunden, da eine Unsicherheit über die wertbestimmenden Parameter und damit den Swaption-Wert besteht.

Übung 4.21 *Bewerten Sie eine zweijährige ATM-Swaption auf einen dreijährigen Swap mit Nominal $M = 100$ Mio. unter der Annahme $L(0,t) = 3\%$ für alle Laufzeiten und $\sigma_{2,3} = 15\%$. Wie wirkt sich eine Erhöhung der Volatilität auf 20% auf den Wert aus?*

Ein weitere wichtige Art von Swaptions sind die *Bermudan Swaptions*, die zu *mehreren* möglichen Zeitpunkten (einmalig) ausgeübt werden können. Diese sind mit dem Black-76-Modell nicht mehr bewertbar und erfordern die aufwendigeren Zinsstrukturmodelle (siehe Beispiel 4.18).

Swaptions spielen eine wichtige Rolle bei der Absicherung von Zinsrisiken aus kündbaren Anleihen. Bei einer kündbaren Anleihen hat der Emittent zu bestimmten Zeitpunkten das Recht, die Anleihe von den Investoren zu einem vor festgelegten Kurs (z. B. 100% bezogen auf den Nominalwert) zurückzukaufen. Dieses Recht wird er typischerweise dann ausüben, wenn die Anleihekupons am Markt im Laufe der Zeit gesunken sind, und daher die Möglichkeit besteht, sich durch Emission neuer Anleihe zu günstigeren Konditionen (also niedrigeren Kupons) zu refinanzieren. Aus Sicht der Investoren stellt dies ein Risiko dar, da die Anleihe zum Zeitpunkt der Kündigung eine im Vergleich zu den dann gesunkenen Anleihekupons attraktive Investition darstellt und somit einen hohen Kurs (über 100%) aufweist.

Wir betrachten eine Kuponanleihe mit Laufzeit $t_n = T > 1$ und jährlichen nachschüssigen festen Kuponzahlungen der Höhe C. Diese Anleihe sei einmalig kündbar (zum

Zeitpunkt $t_0 = 1$), unmittelbar nach der nächsten Kuponzahlung, die in $t_0 = 1$ stattfinde. Das Kündigungsrecht entspricht offenbar einer Europäischen Call-Option auf die Anleihe mit Fälligkeit in $t_0 = 1$ und Strike $K = 100$. Die Auszahlungsfunktion lautet bei einem Nominalbetrag von $N = 100$:

$$\max\{PV_1 - 100,0\} \qquad (PV_1 = \text{Anleihepreis in } t_0 = 1).$$

Nun wird die Anleihe aus heutiger Sicht ($t = 0$) zum Zeitpunkt t_0 den Kurs 100 haben, wenn der Kupon dem (aus heutiger Sicht) fairen Kupon für die Zeit von t_0 bis t_n entspricht. Dieser faire Zinssatz ist nichts anderes als der Forward-Swap-Satz $K(t_0,t_0,t_n)$ plus einem von der Bonität des Emittenten (und anderen Faktoren) abhängigen Credit Spread $s\%$. Bezeichnet Δ_i die Länge des Zeitraums zwischen t_{i-1} und t_i gemäß der Zählkonvention (vereinfachend $\Delta_i := 1$ bei jährlichen Kuponzahlungen), so gilt in t_0:

$$100 = \sum_{i=1}^{n} (K(t_0,t_0,t_n) + s\%) \cdot 100 \cdot \Delta_i \cdot B(t_0,t_i) + 100 \cdot B(t_0,t_n).$$

Wegen $PV_1 = \sum_{i=1}^{n} C \cdot \Delta_i \cdot B(t_0,t_i) + 100 \cdot B(t_0,t_n)$ können wir damit die Auszahlungsfunktion der Call-Option auch in der Form

$$\max\{PV_1 - 100,0\} = 100 \cdot \max\{(C\% - s\%) - K(t_0,t_0,t_n),0\} \cdot \sum_{i=1}^{n} \Delta_i \cdot B(t_0,t_i)$$

schreiben. Dies ist aber gerade die Auszahlungsfunktion einer Receiver-Swaption mit Nominal $M = 100$ und Strike $K = C\% - s\%$! Wir können allgemein festhalten:

Satz 4.18 (Barwert einer Europäischen Anleiheoption im Black-76-Modell)
Der Barwert einer Europäischen Call-Option mit Fälligkeit in t_0, die sich auf eine Kuponanleihe mit Fälligkeit $T > t_0$ bezieht, wobei die Kuponzahlungen C jeweils nachschüssig in t_i erfolgen ($i \in \{1,\ldots,n\}$) und der Nominalbetrag gleich 100 ist, entspricht dem Barwert einer Receiver-Swaption mit Fälligkeit in t_0 mit Strike $K = C\% - s\%$ (s wie oben). Die Zahlungszeitpunkte der fixen Seite des Swaps stimmen mit den Zahlungszeitpunkten der Anleihe überein. Es gilt

$$PV_{Anleiheoption} = 100 \cdot \sum_{i=1}^{n} \Delta_i \cdot B(0,t_i) \cdot (K \cdot \Phi(-d_2) - K(0,t_0,t_n) \cdot \Phi(-d_1)), \qquad (4.44)$$

wobei $d_{1,2} = (\ln(K(0,t_0,t_n)/K) \pm 0{,}5 \cdot \sigma^2 \cdot t_0)/(\sigma \cdot \sqrt{t_0})$.

Übung 4.22
1. *Begründen Sie die Aussage $PV_{Receiver\ Swaption} - PV_{Payer\ Swaption} = PV_{Forward\ Receiver\ Swap}$, sofern die beiden Swaptions identisch ausgestaltet sind und wobei der feste Swap-Satz des Forward-Swaps gleich dem Strike K der beiden Optionen ist.*
2. *Leiten Sie mit Hilfe der 1. Aussage und mit (4.43) die Bewertungsformel für eine Europäische Receiver Swaption und damit für eine Europäische Call-Option auf eine Kuponanleihe her.*

Risikoabsicherung mit Zinsderivaten

Aus dem bisher Gesagten ergibt sich, dass eine long Position in einer kündbaren Anleihe bzgl. des Optionsrechts gerade einer short Position in einer Anleihe Call-Option und daher einer short Position in einer Receiver Swaption entspricht. Daher kann die künftige Wertänderung (das Zinsänderungsrisiko) einer long Position in einer kündbaren Anleihe dadurch abgesichert werden, dass eine entsprechende Gegenposition in Form einer long Position in einer Receiver Swaption eingegangen wird. Entsprechendes gilt auch für mehrfach kündbare Anleihen (z. B. jährliches Kündigungsrecht des Emittenten), die durch long Positionen in Bermudan Receiver Swaptions abgesichert werden. Dies erklärt die Bedeutung des Swaption-Marktes.

Swaps und Swaptions werden auch zur Risikoabsicherung von weitaus *komplexeren Zinsprodukten* des Kapitalmarktes eingesetzt. Die Grundidee ist dabei die folgende: Eine komplex strukturierte Kapitalmarktanleihe mit zeitveränderlichem Kupon und verschiedenen Optionsrechten soll in ihrer Wertentwicklung durch "einfache Bausteine", also Swaps und Swaptions, nachgebildet werden. Dies bedeutet, dass ein geeignetes Portfolio (*Hedge-Portfolio*) aus Swaps und Swaptions aufgebaut wird, dessen Zusammensetzung kontinuierlich neu ausgerichtet wird (eine Portfoliostrategie), mit der Eigenschaft, dass die Wertentwicklung dieses Portfolio immer genau gegenläufig zur Wertentwicklung der komplex strukturierten Anleihe verläuft. Damit werden Verlustrisiken dann abgesichert. Das Ganze funktioniert nur, weil der Markt für Swaps und Swaptions (in den wichtigsten Währungen) sehr *liquide* ist, und damit jederzeit die gewünschten Derivate gehandelt werden können.

Um das Hedge-Portfolio bestimmen zu können, werden wie bei Aktienoptionen sog. *Sensitivitäten* (in Form von Ableitungen) benötigt, und zwar bzgl. der Swap-Sätze für die verschiedenen Laufzeiten und bzgl. der impliziten Swaption-Volatilitäten. Diese Sensitivitäten werden für die abzusichernde Position und für die verwendeten Absicherungsinstrumente (Swaps und Swaptions) berechnet, um dann eine Gesamtposition zu bilden, deren Sensitivitäten in Bezug auf alle Marktparameter (nahezu) 0 ist. Letztere reagiert kaum noch auf Marktänderungen und ist insofern risikolos.

Wir betrachten als Beispiel die Sensitivität eines Receiver-Swaps mit Laufzeit n Jahre gegenüber dem n-jährigen Swap-Satz $K = K_n$. Es gilt (bei einem Nominal von 1):

$$\frac{\partial PV_{\text{Swap}}}{\partial K_n} = \sum_{i=1}^{n} \Delta_i \cdot B(0, t_i).$$

Diese Größe wird auch *Price Value of a Basis Point* (*PVBP*) genannt.

Die Risikoabsicherung mit Sensitivitäten heißt *dynamisches Hedging* und sie erfordert ausgefeilte Modellierungsansätze. Vor allem die Absicherung von *Volatilitätsrisiken* bei komplexen Optionen mittels Sensitivitäten beruht auf umfassenderen Modellen als dem Black-76-Modell. Dies ist der Ausgangspunkt der *Zinsstrukturmodelle*.

Kontrahentenrisiko

Beim Handel mit (Zins-)Derivaten besteht grundsätzlich das Risiko, dass der Vertragspartner (der Kontrahent) ausfällt und damit die vereinbarten Zahlungen nicht fließen. Dieses *Kontrahentenrisiko* ist umso größer, je länger die Laufzeit der Derivate ist. Eine Möglichkeit der Reduzierung des Kontrahentenrisikos besteht darin, regelmäßig Sicherheitsleistungen in Form von Bargeld unter den Kontrahenten auszutauschen, die den entstandenen Ausfall der Zahlungen ggf. ausgleichen (sog. *cash collateral*). Diese Form der regelmäßigen Besicherung heißt auch *margining*. Mit dem Beginn der Finanzmarktkrise 2007 haben Finanzinstitute damit begonnen, bei der Bewertung sämtlicher Derivate zu unterscheiden zwischen Verträgen mit und ohne Besicherung. In beiden Fällen werden die Zinssätze zur Diskontierung künftiger Zahlungsströme an das bestehende Kontrahentenrisiko angepasst. Einen sehr guten Überblick zur Bewertung von Derivaten mit und ohne Besicherung gibt [35].

Darüber hinaus können Ausfallrisiken durch *Kreditderivate* abgesichert werden – darauf werden wir später eingehen.

Beispiel 4.13   Exposure aus Derivaten

Bank A schließt mit Bank B einen zehnjährigen Zinsswap ab, bei dem zum Zeitpunkt 0 der faire zehnjährige Swap-Satz $K_{10} = 4\%$ vereinbart wird, wobei A der Festzinszahler ist. Zu Beginn hat der Swap einen Marktwert von 0. Nach einem Jahr betrage der Swap-Satz für einen neunjährigen Swap 4,5%. Aus Sicht von Bank A hat damit der Swap einen positiven Marktwert, denn A zahlt 4% über die verbleibenden 9 Jahre, obwohl nach aktueller Marktlage 4,5% fair wären. Bei der Bewertung des Swaps kann A so vorgehen, dass die verbleibenden festen und variablen Zinszahlungen diskontiert werden. Eine andere Möglichkeit besteht darin, den Barwertvorteil, also die Differenz zwischen dem fairen Satz 4,5% und dem vereinbarten Satz 4% bezogen auf das Nominal über die verbleibenden 9 Jahre zu diskontieren. Beide Verfahren liefern denselben positiven Marktwert aus Sicht von A. Dieser psoitive Marktwert kann aber nur dann realisiert werden, wenn Bank B nicht ausfällt. Sollte B ausfallen, so wäre der Swap hinfällig und A müsste einen neuen Swap am Markt abschließen, wofür dann der höhere Satz 4,5% zu zahlen wäre. Der positive Marktwert des Swaps, also die Tatsache, dass A eine Forderung gegenüber B in Höhe des Marktwertes hat, wird auch als Exposure *bezeichnet.*

4.10.2   Caps und Floors

Caps und Floors sind weitere wichtige Zinsderivate. Nehmen wir an, eine Firma hat einen *variabel verzinslichen* Kredit aufgenommen, d. h. die Zinsen werden in jeder Periode $[t_{j-1}; t_j]$ der Laufzeit ($t_0 = 0$ bis $t = t_n = T$) neu festgelegt. Die zum Zeitpunkt t_j zu leistende Zinszahlung beträgt dann (bei einem Nominal von N und einfacher Verzinsung in jeder Periode):

$$Zins_{t_j} = N \cdot L(t_{j-1}, t_{j-1}, t_j) \cdot \Delta_j,$$

wobei Δ_j die Länge des Zeitintervalls zwischen t_{j-1} und t_j gemäß Zählkonvention ist. Für die Firma besteht das Risiko, dass die Zinsen $L(t_{j-1}, t_{j-1}, t_j)$ im Laufe der Zeit immer weiter ansteigen. Sie kann sich dagegen absichern, indem sie mit einem anderen Kontrahenten (typischerweise einer Bank) einen *Cap* abschließt. Dieser besteht aus einer Serie von Auszahlungen in den Zeitpunkten $t_2, t_3, \ldots, t_n$ (*nicht* t_1!), wobei die Auszahlungen die Höhe

$$N \cdot \Delta_j \cdot \max\{L(t_{j-1}, t_{j-1}, t_j) - K, 0\}$$

haben (K ist der festgelegte Strike, die *Cap-Rate*, es handelt sich um einen Zinssatz). Ausgezahlt wird also jeweils die (positive) Differenz zwischen dem zu Beginn jeder Periode neu festgestellten Zinssatz $L(t_{j-1}, t_{j-1}, t_j)$ und einem im Vorhinein festgeschriebenen Zinssatz K, bezogen auf das Nominal N und die Periodenlänge Δ_j.

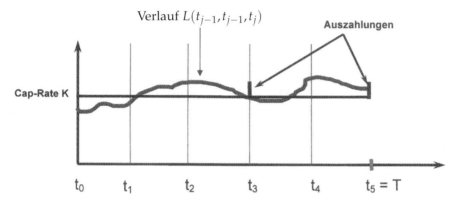

Abbildung 31: Zahlungen eines Caps

Aus Sicht der Firma lauten die Zahlungen in t_j dann:

1. Falls $L(t_{j-1}, t_{j-1}, t_j) < K$, so zahlt die Firma den Kreditzinssatz $L(t_{j-1}, t_{j-1}, t_j)$ (weniger als K) und erhält nichts aus dem Cap.

2. Falls $L(t_{j-1}, t_{j-1}, t_j) \geq K$, so zahlt die Firma den Kreditzinssatz $L(t_{j-1}, t_{j-1}, t_j)$ (mindestens K) und erhält die Zinsdifferenz $L(t_{j-1}, t_{j-1}, t_j) - K$ aus dem Cap: Insgesamt zahlt die Firma also in diesem Fall den Zinssatz K!

Aus beiden Fällen folgt: die Firma muss *höchstens* den Zinssatz K bezogen auf den Nominalbetrag N in jeder Periode zahlen. Damit ist das Zinsrisiko begrenzt!
Was ist der **Preis eines Caps**? Der Cap ist die Summe aller Auszahlungen

$$N \cdot \Delta_j \cdot \max\{L(t_{j-1}, t_{j-1}, t_j) - K, 0\}$$

für $j = 2, 3, \ldots, n$. Eine solche Auszahlung ist zufällig und lässt sich als Europäische Call-Option auf den Zinssatz $L(t_{j-1}, t_{j-1}, t_j)$ interpretieren; sie heißt auch *Caplet*.

Beispiel 4.14 *Ein Unternehmen hat einen Kredit über 10 Mio. Euro mit halbjährlicher variabler Verzinsung und einer Laufzeit von 2 Jahren aufgenommen. Der für das erste halbe Jahr festgelegte Zinssatz beträgt 3%. Das Unternehmen möchte sicherstellen, dass die maximale halbjährliche Zinsbelastung in den nächsten zwei Jahren nicht größer als 3% bezogen auf die Kreditsumme ist. Welches Zinsderivat muss das Unternehmen abschließen?*
Lösung: *Das Unternehmen muss einen Cap mit Laufzeit zwei Jahren und Cap-Rate $K = 3\%$*

abschließen, wobei der Cap aus drei Caplets besteht. Dabei bezieht sich das erste Caplet auf den Zinssatz $L(0,5;0,5;1)$ (Fälligkeit in einem Jahr), zweite Caplet dann auf den Zinssatz $L(1;1;1,5)$ (Fälligkeit in 1,5 Jahren) und das dritte Caplet auf den Zinssatz $L(1,5;1,5;2)$ (Fälligkeit in 2 Jahren). Falls für einen künftigen Zinssatz $L(t_{j-1},t_{j-1},t_j)$ gilt: $L(t_{j-1},t_{j-1},t_j) > 3\%$, so entsteht im Zeitpunkt t_{j+1} für das Unternehmen die folgende Situation:

1. *Zahlungsverpflichtung in Höhe von $10\,\text{Mio.} \cdot 0,5 \cdot L(t_{j-1},t_{j-1},t_j)$ aus dem Kredit.*
2. *Zahlungseingang aus dem j—ten Caplet in Höhe von $10\,\text{Mio.} \cdot 0,5 \cdot (L(t_{j-1},t_{j-1},t_j) - 3\%)$.*

Die maximale halbjährliche Zahlung ist also $10\,\text{Mio.} \cdot 0,5 \cdot (-3\%) = -150.000\,\text{Euro}.$

Das Gegenstück zu einem Cap ist ein sog. *Floor*, der wiederum aus einer Serie von *Floorlets* besteht. Dabei handelt es sich um Europäische Put-Optionen auf den variablen Zinssatz $L(t_{j-1},t_{j-1},t_j)$ mit Auszahlungsfunktion

$$N \cdot \Delta_j \cdot \max\{K - L(t_{j-1},t_{j-1},t_j),0\}$$

am Ende jeder Periode $[t_{j-1};t_j]$, $j \in \{2,\ldots,n\}$. Ein Floor dient zur Absicherung einer variabel verzinslichen Geldanlage gegen fallende Zinsen. Der Käufer des Floors erzielt zusammen mit der Geldanlage in jeder Periode mindestens den Zinssatz K.
Die Periodenlänge von t_{j-1} bis t_j ist meist 3 Monate oder 6 Monate für alle Perioden.

Übung 4.23 *Begründen Sie anhand der Auszahlungsfunktionen, dass die Kombination aus einem long Cap bzw. einem short Floor mit identischer Ausstattung einer Serie von Zahlungen der Höhe $N \cdot \Delta_j \cdot L(t_{j-1},t_{j-1},t_j)$ zu den Zeitpunkten $t_2,t_3,\ldots,t_n$ entspricht.*

Die **Bewertung eines Caps bzw. Floors** erfolgt durch die Bewertung aller Caplets bzw. Floorlets. Letztere wiederum basiert auf Satz 4.16: Für die Auszahlung am Ende der Periode $[t_{j-1};t_j]$ verwenden wir das Zeit-t_j-Forward-Maß Q_{t_j}. Unter diesem Maß ist der Prozess $(L(t,t_{j-1},t_j))_{t\in[0;t_{j-1}]}$ ein Martingal. Unterstellen wir, dass die Änderungen der Forwardzinssätze lognormalverteilt sind, so folgt mir einer analogen Überlegung wie bei der Bewertung von Swaptions (wiederum mit Satz 4.8) die Aussage

$$\ln(L(t_{j-1},t_{j-1},t_j)/L(0,t_{j-1},t_j)) \text{ ist unter } Q_{t_j} \text{ normalverteilt gemäß } N(0,\sigma^2 \cdot t_{j-1}).$$
$$(4.45)$$

Das Fixing von $L(t_{j-1},t_{j-1},t_j)$ findet in der Regel zwei Geschäftstage vor t_{j-1} statt, so dass der Faktor t_{j-1} bei der Varianz streng genommen anzupassen wäre. Berechnen wir nun den heutigen Wert der Auszahlung eines Caplets bzw. Floorlets unter dem Maß Q_{t_j}, so können wir wegen (4.34) schreiben (im Falle des Caplets):

$$
\begin{aligned}
PV_{\text{Caplet}} &= B(0,t_j) \cdot E_{Q_{t_j}}(N \cdot \Delta_j \cdot \max\{L(t_{j-1},t_{j-1},t_j) - K,0\}) \\
&= B(0,t_j) \cdot N \cdot \Delta_j \cdot E_{Q_{t_j}}(L(t_{j-1},t_{j-1},t_j) - K,0\}),
\end{aligned}
$$

und dieser Erwartungswert berechnet sich wiederum ganz entsprechend der Vorgehensweise bei der Herleitung von (4.23). Wir erhalten:

Satz 4.19 (Barwert eines Caps bzw. Floors im Black-76-Modell)
Der Barwert eines Caplets bzw. Floorlets mit Nominal N und Auszahlung in t_j ($j \geq 2$) unter dem Ansatz (4.45) ist

$$PV_{Caplet} = N \cdot \Delta_j \cdot B(0,t_j) \cdot (L(0,t_{j-1},t_j) \cdot \Phi(d_1) - K \cdot \Phi(d_2)), \qquad (4.46)$$

$$PV_{Floorlet} = N \cdot \Delta_j \cdot B(0,t_j) \cdot (K \cdot \Phi(-d_2) - L(0,t_{j-1},t_j) \cdot \Phi(-d_1)) \qquad (4.47)$$

wobei gilt $d_{1,2} = (\ln(L(0,t_{j-1},t_j)/K) \pm \sigma_{j-1}^2 \cdot t_{j-1}/2)/(\sigma_{j-1} \cdot \sqrt{t_{j-1}})$. Der Varianzterm σ_{j-1}^2 ist definiert durch $\sigma_{j-1}^2 = Var(\ln(L(t_{j-1},t_{j-1},t_j)/L(0,t_{j-1},t_j)))/\sqrt{t_{j-1}}$.
Der Barwert eines Caps bzw. Floors ist die Summe der Barwerte aller Caplets bzw. Floorlets.

Übung 4.24 *Was kostet der Cap aus Beispiel 4.14 im Fall $L(0; 0,5; 1) = 3\%$, $L(0; 1; 1,5) = 3,2\%$ und $L(0; 1,5; 2) = 3,5\%$ mit einer einheitlichen Volatilität von 15%?*

Die Bewertung von Caps und Floors erfordert die Kenntnis der Volatilitäten der Forwardzinssätze $L(0,t_{j-1},t_j)$. Diese Volatilitäten werden am Markt als *implizite Cap-(Floor-) Volatilitäten* quotiert, wobei die Quotierung in Form von sog. *Flat-Volatilitäten* erfolgt: Ist $\sigma(n)$ die annualisierte Flat-Volatilität eines Caps mit Fälligkeit in $t_n = T$ ($n \geq 2$), so bedeutet dies, dass für *alle* Caplets des Caps bei Anwendung der Formel (4.46) der Wert $\sigma(n)$ zu verwenden ist, d. h. es wird unterstellt, dass für alle Größen $\ln(L(t_{j-1},t_{j-1},t_j)/L(0,t_{j-1},t_j))/\sqrt{t_{j-1}}$ ($2 \leq j \leq n$) dieselbe Standardabweichung $\sigma(n)$ gilt. Dies beinhaltet die Problematik, dass der Logarithmus eines bestimmten Zinssatzes, z. B. $L(0,5; 0,5; 1)$, der bei der Bewertung verschiedener Caps mit unterschiedlichen Laufzeiten auftritt, bei jedem Cap eine andere Volatilität (nämlich jeweils den Wert $\sigma(n)$) zugewiesen bekommt.
Um diese Problematik zu umgehen, werden aus den genannten Flat-Volatilitäten $\sigma(n)$ für $n \in \{1,\ldots,m\}$ sog. *Spot-Volatilitäten* bestimmt, die den einzelnen logarithmierten Forwardzinssätzen fest zugeordnet werden. Bei der Cap-Bewertung wird dann für jede Größe $\ln(L(t_{j-1},t_{j-1},t_j)/L(0,t_{j-1},t_j))/\sqrt{t_{j-1}}$ die individuelle Spot-Volatilität σ_{j-1} verwendet. Die Berechnung der Spot-Volatilitäten erfolgt z. B. nach folgendem einfachen *Bootstrapping-Verfahren*:

$$\sigma(n) \cdot t_{n-1} = \sqrt{\sigma_1^2 \cdot t_1 + \sigma_2^2 \cdot (t_2 - t_1) + \ldots + \sigma_{n-1}^2 \cdot (t_{n-1} - t_{n-2})} \quad (n \geq 2), \qquad (4.48)$$

wobei dann aus der Kenntnis der Werte $\sigma(2),\ldots,\sigma(n)$ die Werte $\sigma_1,\ldots,\sigma_{n-1}$ aus der obigen Gleichung zu berechnen sind. Bei diesem Ansatz wird die Flat-Volatilität über den Zeitraum von t_0 bis t_{n-1} als Standardabweichung der Summe der als unabhängig angenommenen Größen $\ln(L(t_{j-1},t_{j-1},t_j)) \cdot (t_{j-1} - t_{j-2})$ ($2 \leq j \leq n$) interpretiert.

Die Flat-Volatilitäten von Caps und Floors weisen (ebenso wie die Spot-Volatilitäten) eine ausgeprägte laufzeitabhängige Struktur auf, eine sog. *humped-Struktur*, wobei die maximale Volatilität typischerweise im Laufzeitbereich von 2 bis 3 Jahren liegt:

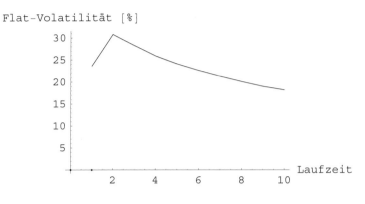

Abbildung 32: Flat-Volatilitäten

Das Black-76-Modell bildet den Marktstandard zur Bewertung einfacher Europäischer Caps und Floors. Für die Bewertung komplexerer Zinsderivate ist es aus verschiedenen Gründen jedoch nicht geeignet:

1. Die zeitliche (stochastische) Veränderung der Volatilitätsstruktur (Volatilitätsrisiko) kann im Black-76-Modell nicht adäquat abgebildet werden.

2. Die Abhängigkeit der Volatilität von der moneyness der betrachteten Optionen (*Smile-Effekt* oder *Volatilitäts-Smiles*) wird im einfachen Black-76-Ansatz nicht berücksichtigt.

3. Bei der Bewertung von Caps und Floors wird für jedes Caplet bzw. Floorlet ein eigenes Martingalmaß Q_{t_j} verwendet. Es erfolgt also keine Bewertung auf einem Wahrscheinlichkeitsraum mit einem einheitlichen Wahrscheinlichkeitsmaß für alle künftigen Zahlungen. Während dieser Sachverhalt bei Caps und Floors keine wirkliche Einschränkung darstellt (da jede Auszahlung immer nur von einem einzelnen Zinssatz abhängt), ist die Bewertung von komplexeren Auszahlungsfunktionen, die gleichzeitig von mehreren Zinssätzen $L(t_{j-1}, t_{j-1}, t_j)$ abhängen oder pfadabhängig sein können, damit ausgeschlossen.

Die erwähnten Schwachstellen des Black-76-Modells führen zu der Erkenntnis, dass weitergehende Modellierungsansätze, nämlich die sog. Zinsstrukturmodelle für eine umfassende Bewertung von Zinsderivaten erforderlich sind.

Eine Reihe von *strukturierten Kapitalmarktprodukten* lassen sich zurückführen auf Kombinationen von Caps bzw. Floors und Anleihen. Wir geben einige Beispiele:

1. *Floater mit Mindestverzinsung*: Es handelt sich um eine variabel verzinsliche Anleihe mit Nominal N, deren Kupon am Ende jeder Periode $[t_{j-1}; t_j]$ lautet:

$$N \cdot \Delta_j \cdot \max\{L(t_{j-1}, t_{j-1}, t_j), K\},$$

d. h. es wird mindestens der Zinssatz K gezahlt. Eine long Position in einer solchen Anleihe lässt sich zerlegen in eine long Floater-Position und eine long Floor-Position, jeweils mit Nominal N, denn es gilt

$$\max\{L(t_{j-1},t_{j-1},t_j),K\} = L(t_{j-1},t_{j-1},t_j) + \max\{K - L(t_{j-1},t_{j-1},t_j),0\}.$$

Da der Investor zusätzlich zum Floater einen Floor erworben hat, ist der Kurs höher als der Kurs eines einfachen Floaters (und die Rendite geringer).

2. *Floater mit Maximalverzinsung*: Hier lautet die Auszahlung am Ende jeder Periode:

$$N \cdot \Delta_j \cdot \min\{\{L(t_{j-1},t_{j-1},t_j),K\},$$

es wird also maximal K gezahlt. Dies ist die Kombination aus einem long Floater und einem short Cap, denn es gilt

$$\min\{L(t_{j-1},t_{j-1},t_j),K\} = L(t_{j-1},t_{j-1},t_j) - \max\{L(t_{j-1},t_{j-1},t_j) - K,0\}.$$

Das Produkt wird von Investoren erworben, die nicht an steigende Zinsen glauben und einen geringeren Preis zahlen wollen im Vergleich zum Wert des Floaters (und damit auch eine höhere Rendite erwirtschaften können).

3. *Collar*: Eine Collar (engl. *Kragen*) ist eine Kombination aus einem short Floor mit Strike K_1 und einem long Cap mit Strike $K_2 > K_1$, wobei die sonstigen Ausstattungsmerkmale der beiden Instrumente übereinstimmen. Dieses Instrument eignet sich für Investoren, die von steigenden Zinsen profitieren wollen und nicht an fallende Zinsen glauben. Durch geschickte Wahl der beiden Strikes kann erreicht werden, dass die Einnahmen aus dem short Floor gerade den Aufwendungen für den long Cap entsprechen, so dass keine Kosten beim Kauf eines Collars entstehen! Die Auszahlungsfunktion lautet:

$$N \cdot \Delta_j \cdot (\max\{L(t_{j-1},t_{j-1},t_j) - K_2,0\} - \max\{K_1 - L(t_{j-1},t_{j-1},t_j),0\}).$$

Zeichnen Sie diese!

4. *Reverse Floater*: Ein Reverse Floater ist eine Anleihe, bei der in jeder Periode die Differenz aus einem Zinssatz K und einem Vielfachen des variablen Zinssatzes $L(t_{j-1},t_{j-1},t_j)$ bezogen auf das Nominal N gezahlt wird, mindestens jedoch 0. Wir betrachten ein Beispiel mit Nominal 100 und jährlicher Kuponzahlung

$$100 \cdot \max\{(5\% - L(t_{j-1},t_{j-1},t_j)),0\}.$$

Dieses Instrument lässt sich zerlegen in zwei Kuponanleihen mit fixem Kupon 2,5%, einen short Floater und einen long Cap mit Strike 5% (jeweils Nominal 100):

$$
\begin{aligned}
100 \cdot \max\{(5\% - L(t_{j-1},t_{j-1},t_j)),0\} = {}& 100 \cdot [2 \cdot 2{,}5\% - L(t_{j-1},t_{j-1},t_j) \\
& + \max\{L(t_{j-1},t_{j-1},t_j) - 5\%,0\}].
\end{aligned}
$$

Beachten Sie, dass die Rückzahlung bei Fälligkeit aus den beiden Kuponanleihen und dem Floater gerade 100 ergibt. Dies entspricht dem Rückzahlungsbetrag des Reverse Floaters bei Fälligkeit.

5. *Superfloater*: Hierbei handelt es sich um eine Anleihe, deren Kuponzahlung jeweils die Differenz aus einem Vielfachen des variablen Zinssatzes $L(t_{j-1}, t_{j-1}, t_j)$ und einem Zinssatz K ist, bezogen auf das Nominal N, mindestens jedoch 0. Die Zerlegung erfolgt ähnlich wie beim Reverse-Floater.

6. *Ratchet*: Ratchets sind Produkte mit einer Serie von Auszahlungen zu den Zeitpunkten $t_1, \ldots, t_n$ und Nominalrückzahlung in $t_n = T$, wobei die Höhe der Kuponzahlungen zum Ende der einzelnen Perioden jeweils von vorhergehenden Auszahlungen und dem Zinssatz $L(t_{j-1}, t_{j-1}, t_j)$ abhängt. Ein Beispiel ist der *sticky cap* mit Kuponzahlungen

$$X_j = \max\{N \cdot \Delta_j \cdot L(t_{j-1}, t_{j-1}, t_j), X_{j-1}\}$$
$$= N \cdot \Delta_j \cdot L(t_{j-1}, t_{j-1}, t_j) + \max\{X_{j-1}/N - \Delta_j \cdot L(t_{j-1}, t_{j-1}, t_j), 0\}),$$
$$X_1 = \Delta_1 \cdot L(t_0, t_0, t_1) \cdot N.$$

Die zweite Zeile macht deutlich, dass hier ein Floor mit variablem Strike enthalten ist. Es handelt sich um ein pfadabhängiges Produkt, das mit dem Black-76-Ansatz nicht mehr bewertet werden kann, sondern die Verwendung von Zinsstrukturmodellen in Verbindung mit einer Monte-Carlo-Simulation erfordert. Analoges gilt auch für die folgende strukturierte Anleihe, die halbjährlich folgende Kuponzahlung leistet: Jeder Kupon X_j ist gleich dem 6-Monats LIBOR +35 Basispunkte, maximal jedoch so viel wie der vorhergehende Kupon +40 Basispunkte (jeweils bezogen auf den Nominalbetrag N):

$$X_j = \min\{N \cdot (0{,}5 \cdot L(t_{j-1}, t_{j-1}, t_j) + 0{,}0035), X_{j-1} + 0{,}0040 \cdot N\},$$
$$X_1 = N \cdot (0{,}5 \cdot L(t_0, t_0, t_1) + 0{,}0035).$$

Ist die gesamte Struktur kündbar durch den Emittenten, so kommt noch eine Swaption hinzu, die in der Simulation ebenfalls zu berücksichtigen ist.

4.11   Zinsstrukturmodelle

Die Bewertung strukturierter Produkte, insbesondere solcher mit mehrfachen Optionsrechten (wie Amerikanische Optionen oder Bermudan Swaptions), pfadabhängigen Auszahlungsfunktionen oder Auszahlungsfunktionen, die von mehreren verschiedenen Zinssätzen abhängen, ist im Rahmen des Black-76-Modells meist nicht möglich. Als Alternative stehen die sog. *Zinsstrukturmodelle* zur Verfügung, welche die Modellierung der gesamten *Zinskurve* (alle Zero- und Forwardzinssätze einer Währung für unterschiedliche Fälligkeiten und Betrachtungszeitpunkte) unter einem einheitlichen Wahrscheinlichkeitsmaß ermöglichen. Zinsstrukturmodelle sind sehr komplex und liefern in der Regel keine einfachen analytischen Bewertungsformeln mehr. Da die Bewertung auf der Basis der Arbitragefreiheit immer die Berechnung eines Erwartungswertes erfordert, kommen oftmals numerische Verfahren wie Monte-Carlo-Simulation, Baum-Modelle oder numerische Lösungsalgorithmen für PDEs zum Einsatz.

Eine wichtige Anforderung an Zinsstrukturmodelle besteht darin, dass sie das zufällige Verhalten der Zins- und Volatilitätskurven korrekt wiedergeben und dass sie eine zu den jeweils am Markt beobachtbaren Daten (Zinskurven, Anleihepreise, Preise von Caps, Floors und Swaptions) konsistente Bewertung ermöglichen. Letzteres bedeutet, dass die Marktpreise der Standard-Instrumente mit den vom Modell gelieferten Preisen übereinstimmen (das Modell muss *kalibriert* sein an die Marktdaten).

4.11.1 Grundlagen zu Zinsstrukturmodellen

Ist $B(t,T)$ der Barwert eines Zerobonds in $t \in [0;T]$ mit $B(T,T) = 1$, so ist im Falle der *stetigen Verzinsung* der *stetige Forwardzinssatz* für $t \le t_1 < t_1 + h \le T$ definiert durch

$$B(t,t_1+h) = B(t,t_1) \cdot e^{-L(t,t_1,t_1+h)_{\text{st}} \cdot h} \iff L(t,t_1,t_1+h)_{\text{st}} = \frac{-1}{h} \cdot \ln\left(\frac{B(t,t_1+h)}{B(t,t_1)}\right).$$

Daraus leiten sich die folgenden Größen ab:

Definition 4.5 *Die Short Rate r_t ist definiert durch*

$$r_t = \lim_{h \to 0} L(t,t,t+h)_{\text{st}} = \lim_{h \to 0} -\frac{\ln(B(t,t+h)) - \ln(B(t,t))}{h} = -\frac{\partial \ln(B(t,t))}{\partial t}. \tag{4.49}$$

Es handelt sich um den zur Zeit t gültigen Zinssatz, der sich als Grenzwert der Zerorates $L(t,t,t+h)_{\text{st}}$ für die Anlageperiode $[t;t+h]$ für $h \to 0$ ergibt. In der Praxis entspricht dies dem Zinssatz für die kürzest mögliche Anlageperiode, der sog. overnight rate.

Das savings account oder Sparbuch mit stetiger Verzinsung ist der Wert einer Geldanlage der Höhe 1 in $t = 0$, die permanent mit der Short Rate verzinst wird. Der in t gültige Wert dieser Geldanlage berechnet sich zu

$$N_t := \exp\left(\int_0^t r_u du\right).$$

Der Prozess $(N_t)_{t \ge 0}$ wird häufig als Numéraire verwendet.

Ein *Europäisches Zinsderivat* ist definiert durch eine zum Zeitpunkt $T \ge 0$ stattfindende Auszahlung X, die von der Kursentwicklung verschiedener Zerobonds (der Basisinstrumente) abhängt:

$$\boxed{X = f(B(t,T_i), \quad t \in [0;T], \quad i \in \{1,\ldots,n\})} \tag{4.50}$$

mit einer *Auszahlungsfunktion f*.

Übung 4.25 *Überlegen Sie sich die Auszahlungsfunktion der bisher aufgetretenen Zinsderivate Caps, Floors, Saps, Swaptions in Abhängigkeit von Zerobondpreisen.*

Beachten Sie, dass die Barwerte der Zerobonds, die im Folgenden die Rolle der Basisinstrumente übernehmen, sich an den Märkten aus Geldmarktsätzen, Anleihepreisen

oder Swap-Sätzen ergeben und Zerobonds nur selten direkt gehandelt werden. Zu beachten ist auch, dass es (zumindest theoretisch) unendlich viele Zerobonds mit allen
Laufzeiten $T > 0$ gibt.

Zur Bewertung von Zinsderivaten verwenden wir wiederum Satz 4.9. Der Numéraire
ist in diesem Fall das savings account und gemäß Formel (4.22) schreibt sich der Barwert
eines Europäischen Zinsderivats für $t \in [0; T]$ nun in der Form

$$D_t = \exp\left(\int_0^t r_u du\right) \cdot E_{Q_N}\left(\frac{X}{\exp\left(\int_0^T r_u du\right)}\Big|\mathcal{F}_t^S\right) = E_{Q_N}\left(X \cdot \exp\left(-\int_t^T r_u du\right)\Big|\mathcal{F}_t^S\right).$$
(4.51)

Das "Hineinziehen" des stochastischen Faktors in den Erwartungswert ist aufgrund von
(2.11) möglich: Der Verlauf der Short Rate bis zum Zeitpunkt t ist durch die Filtration
$\mathcal{F}_t^S$ bestimmt, da sich die Short Rate aus den Zerobondpreisen ableitet.

Um Derivate bewerten zu können, wird schließlich noch ein stochastisches Modell benötigt, dass die künftigen Kursverläufe der Basisinstrumente (Zerobonds) beschreibt.
Wir orientieren uns am Modellansatz (4.21) und übertragen diesen auf die jetzige Situation (mit dem hier gewählten Numéraire):

$$B(t,T) = B(0,T) \cdot \exp\left(\int_0^t r_u du\right) \cdot \exp\left(-0,5 \cdot \int_0^t \sigma^2(u,T)du + \int_0^t \sigma(u,T)dW_u\right).$$
(4.52)

Beachten Sie, dass dieser Ansatz im Fall $r_u = r$, $\sigma(u,T) = \sigma$ mit dem Black-Scholes-
Ansatz für Aktien übereinstimmt. Die Wahl der *Volatilitätsfunktion* $\sigma(u,T)$ ist zunächst noch nicht genauer spezifiziert. Je nach Ansatz für diese Größe (stochastisch oder
deterministisch) erhält man unterschiedliche Zinsstrukturmodelle mit spezifischen Eigenschaften. Im Fall eines stetigen, deterministischen Ansatzes spricht man von einem
Gaußschen Zinsstrukturmodell, weil dann die Zerobondpreise eine Lognormalverteilung besitzen, wie man aus der folgenden Darstellung (4.53) (und (4.12)) sehen kann.
Setzt man in (4.52) $T = t$, so folgt zunächst

$$1 = B(0,t) \cdot \exp\left(\int_0^t r_u du\right) \cdot \exp\left(-0,5 \cdot \int_0^t \sigma^2(u,t)du + \int_0^t \sigma(u,t)dW_u\right).$$

Dividieren wir die rechte Seite von (4.52) durch diesen Ausdruck, so folgt

$$B(t,T) = \frac{B(0,T)}{B(0,t)} \cdot \exp\left(-0,5 \cdot \int_0^t (\sigma^2(u,T) - \sigma^2(u,t))du + \int_0^t (\sigma(u,T) - \sigma(u,t))dW_u\right).$$
(4.53)

Übertragen wir die Überlegungen aus Satz 4.7 auf die jetzige Situation, so erhalten wir
analog zur Gleichung (4.21) nun die unter dem Maß Q_N gültige Beziehung

$$dB(t,T)/B(t,T) = r_t dt + \sigma(t,T)dW_t.$$
(4.54)

Aus (4.53) können wir folgern, dass der Zerobondpreis mit Wahrscheinlichkeit 1 gegen
den Nominalbetrag 1 konvergiert, wenn die Restlaufzeit gegen 0 geht:

$$B(t,T) \to 1 \quad \text{für} \quad t \to T \quad \text{(\textit{pull-to-par Effekt}).}$$

Übung 4.26
1. *Begründen Sie die obige Konvergenzaussage des pull-to-par Effekts.*
2. *Wenden Sie Gleichung (4.51) auf den Barwert $B(t,T)$ an und folgern Sie*

$$B(t,T) = E_{Q_N}\left(\exp\left(-\int_t^T r_u du\right)\Big|\mathcal{F}_t^S\right). \qquad (4.55)$$

Der Zerobondpreis lässt sich als bedingte Erwartung eines "stochastischen Diskontfaktors" interpretieren.

Ein Zinsstrukturmodell definiert den stochastischen Prozess $(B(t,T))_{t\in[0;T]}$ der Zero-bondpreise. Die nachfolgende Abbildung zeigt den typischen Verlauf der Pfade eines fünfjährigen Zerobonds mit Nominal 1 für $B(0,5) = 0,84$:

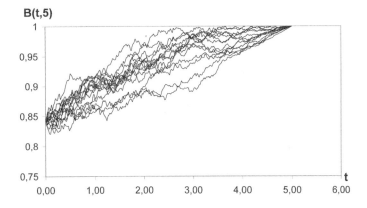

Abbildung 33: Simulierte Zerobond-Preispfade für $B(t,5)$

Wichtige Beispiele für Gaußsche Zinsstrukturmodelle mit deterministischer Volatilitäts-funktion sind das *Ho-Lee-Modell*, bei dem $\sigma(u,t) = \sigma \cdot (t - u)$ mit einer positiven Kon-stante σ gilt, sowie das *Vasicek-Modell*, bei dem $\sigma(u,t) = (\sigma/a) \cdot (1 - e^{-a\cdot(t-u)})$ mit positiven konstanten Parametern σ und a gilt. Beachten Sie, dass für $a \to 0$ das Vasicek-Modell in das Ho-Lee-Modell übergeht. Der Parameter σ wird auch als *local volatility* und der Parameter a als *mean reversion* bezeichnet. Die Bedeutung dieser Bezeichnun-gen wird klar, wenn wir eine Gleichung für die Short Rate herleiten: Dazu differenzieren wir die logarithmierte Gleichung (4.52) zunächst nach der Variablen T und erhalten

$$\frac{\partial \ln(B(t,T))}{\partial T} = \frac{\partial \ln(B(0,T))}{\partial T} - \int_0^t \sigma(u,T) \cdot \frac{\partial \sigma(u,T)}{\partial T} du + \int_0^t \frac{\partial \sigma(u,T)}{\partial T} dW_u.$$

Mit $T = t$ und den Abkürzungen $\quad f(0,t) := -\frac{\partial \ln(B(0,t))}{\partial t}, \quad v(u,t) := \frac{\partial \sigma(u,t)}{\partial t}$ sowie

$\alpha(u,t) := -\sigma(u,t) \cdot \frac{\partial \sigma(u,t)}{\partial t}$ folgt unter Beachtung von (4.49)

$$r_t = f(0,t) - \int_0^t \alpha(u,t)du + \int_0^t v(u,t)dW_u. \tag{4.56}$$

Beachten Sie, dass hier $- \int_0^t v(u,t)dW_u$ durch $\int_0^t v(u,t)dW_u$ ersetzt wurde – beides sind Zufallsvariablen mit derselben Verteilung (vgl. (4.12))!

Beispiel 4.15 *Im Ho-Lee-Modell gilt $v(u,t) = \sigma$, $\alpha(u,t) = -\sigma^2 \cdot (t-u)$ und daher*

$$r_t = f(0,t) + \int_0^t \sigma^2 \cdot (t-u)du + \int_0^t \sigma dW_u \quad \Longleftrightarrow \quad dr_t = (f'(0,t) - \sigma^2 \cdot t)dt + \sigma dW_t.$$

Im Vasicek-Modell gilt $v(u,t) = \sigma \cdot e^{-a \cdot (t-u)}$, $\alpha(u,t) = (-\sigma^2/a) \cdot e^{-a \cdot (t-u)} \cdot (1 - e^{-a \cdot (t-u)})$. Eine kurze Rechnung zeigt nun

$$dr_t = a \cdot (f'(0,t) - r_t)dt + \sigma dW_t.$$

Der Short Rate-Prozess ist also ein (verallgemeinerter) Ornstein-Uhlenbeck-Prozess. Der Parameter a steuert den mean reversion Effekt dieses Prozesses, was die Bezeichnung von a erklärt. Da Zinssätze typischerweise um einen "langjährigen Mittelwert" schwanken und die Tendenz zur Rückkehr zu diesem Mittelwert nach Hoch- oder Niedrigzinsphasen zu beobachten ist, ist der Short Rate-Prozess des Vasicek-Modells realitätsnäher als derjenige des Ho-Lee-Modells, bei dem die Short Rate normalverteilt ist.

Um die Parameterwerte festzulegen, müssen die Modelle kalibriert werden. Dazu muss man zunächst die sich aus dem Zinsstrukturmodell ergebenden theoretischen Bewertungsformeln für die Standard-Zinsderivate herleiten und die Parameter dann so wählen, dass die Abweichungen zu den Marktpreisen dieser Instrumente möglichst gering werden. Es ist klar, dass die Kalibrierung um so besser gelingt, je mehr freie Parameter der Modellansatz enthält.

4.11.2   Bewertung in Gaußschen Zinsstrukturmodellen

Die Bewertung von nicht-optionalen Zinsinstrumenten wie Anleihen, Forward Rate Agreements, Forwards und Swaps erfolgt genauso wie bisher, da bei der Bewertung dieser Instrumente die Modellierung des stochastischen Verhaltens der künftigen Zerobondpreise nicht benötigt wird.

Die Bewertung von Europäischen *Zerobondoptionen* verläuft wie folgt: Im Falle einer Call-Option, auf die wir uns hier beschränken, mit Fälligkeit in $t_0 > 0$ und Strike K auf einen Zerobond mit Fälligkeit in $T > t_0$ wählen wir als Numéraire $(N_t)_{t \in [0;t_0]} = (B(t,t_0))_{t \in [0;t_0]}$, also den Prozess der Preise des Zerobonds mit Fälligkeit in t_0. Unter dem zugehörigen Zeit-t_0-Forward-Maß Q_{t_0} gilt dann

$$PV_{\text{Call}} = N_0 \cdot E_{Q_{t_0}} \left(\frac{\max\{B(t_0,T) - K, 0\}}{B(t_0,t_0)} \right) = B(0,t_0) \cdot E_{Q_{t_0}} \left(\max\left\{ \frac{B(t_0,T)}{B(t_0,t_0)} - K, 0 \right\} \right).$$

Nun gilt unter dem bisherigen Numéraire (dem savings account) und dem zugehörigen Maß Q_N aufgrund von (4.53) die Darstellung

$$\frac{B(t_0,T)}{B(t_0,t_0)} = \frac{B(0,T)}{B(0,t_0)} \cdot \exp \left(-\frac{1}{2} \int_0^{t_0} (\sigma^2(u,T) - \sigma^2(u,t_0)) du + \int_0^{t_0} (\sigma(u,T) - \sigma(u,t_0)) dW_u \right).$$

Es ist hierbei $(W_t)_{t \in [0;t_0]}$ ein Wiener-Prozess bzgl. des Maßes Q_N. Wenn wir nun vom Maß Q_N (und dem alten Numéraire) zum neuen Maß Q_{t_0} (und dem neuen Numéraire) übergehen, so ist dabei zu beachten, dass $(W_t)_{t \in [0;t_0]}$ kein Wiener-Prozess bzgl. des neuen Maßes Q_{t_0} mehr ist! Tiefergehende Betrachtungen, die wir hier übergehen, zeigen, dass man einen bestimmten deterministischen Driftterm $d(t,t_0)$ finden kann, so dass der aus

$$\widetilde{W}_t := W_t + d(t,t_0)$$

gebildete neue stochastische Prozess wiederum ein Wiener-Prozess bzgl. Q_{t_0} ist. Damit gelangen wir zur folgenden Darstellung unter dem Maß Q_{t_0}:

$$\frac{B(t_0,T)}{B(t_0,t_0)} = \frac{B(0,T)}{B(0,t_0)} \cdot \exp \left(\int_0^{t_0} (\sigma(u,T) - \sigma(u,t_0)) d\widetilde{W}_u + \text{deterministischer Term} \right),$$
$$(4.57)$$

mit einem zunächst nicht näher bestimmten deterministischen Term. Ein kleiner Trick hilft nun weiter: Der diskontierte Wertprozess $(B(t,T)/B(t,t_0))_{t \in [0;t_0]}$ ist unter Q_{t_0} ein Martingal (Satz 4.6!) und damit muss für den deterministischen Term gemäß Satz 4.8 gelten:

$$\text{deterministischer Term} = -\frac{1}{2} \cdot \int_0^{t_0} (\sigma(u,T) - \sigma(u,t_0))^2 du.$$

Wir erhalten insgesamt die Aussage, dass $\ln(B(t_0,T)/B(t_0,t_0)) = \ln(B(t_0,T))$ unter Q_{t_0} die Verteilung

$$N(\ln(B(0,T)/B(0,t_0)) - 0,5 \cdot t_0 \cdot \sigma^2, t_0 \cdot \sigma^2)$$

besitzt, wobei

$$t_0 \cdot \sigma^2 := \int_0^{t_0} (\sigma(u,T) - \sigma(u,t_0))^2 du.$$

Damit sind wir in der Situation, eine Call-Option auf ein Underlying mit lognormal-verteiltem Preis zu bewerten. Die erforderlichen Rechnungen entsprechen genau denjenigen, die wir bei der Herleitung von (4.23) durchgeführt haben. Sie führen zu einem völlig analogen Resultat:

Satz 4.20 *Der Barwert einer Europäischen Call-Option mit Strike K und Fälligkeit in $t_0 > 0$ auf einen Zerobond mit Nominal 1 und Fälligkeit in $T > t_0$ lautet im Gaußschen Zinsstruktur-modell zum Zeitpunkt 0:*

$$PV_{Call} = B(0,T) \cdot \Phi(d_1) - B(0,t_0) \cdot K \cdot \Phi(d_2), \tag{4.58}$$

wobei $d_{1,2} = (\ln(B(0,T)/(B(0,t_0) \cdot K)) \pm 0,5 \cdot \sigma^2 \cdot t_0)/(\sigma \cdot \sqrt{t_0})$. Es ist σ der oben definierte Ausdruck.

Übung 4.27 *Begründen Sie, dass die entsprechende Formel für eine Put-Option auf einen Zerobond lautet:*

$$PV_{Put} = B(0,t_0) \cdot K \cdot \Phi(-d_2) - B(0,T) \cdot \Phi(-d_1).$$

Aus den genannten Optionspreisformeln lassen sich nun die Formeln für Caps, Floors, Anleiheoptionen und Swaptions gewinnen:

Bzgl. **Caps und Floors** genügt die Beobachtung, dass sich ein Cap (bzw. Floor) als Folge von Put-Optionen (bzw. Call-Optionen) auf Zerobonds darstellen lässt, und somit die obigen Formeln zur Bewertung verwendet werden können. Im Falle des Caps lautet die Überlegung: Der Barwert eines Caplets mit Auszahlung in t_j und $\Delta_j :=$ Länge des Zeitraums $[t_{j-1}; t_j]$ unter dem Maß Q_N mit dem savings account als Numéraire ist

$$
\begin{aligned}
PV_{Caplet} &= N \cdot B(0,t_j) \cdot \Delta_j \cdot E_{Q_N}\left(\max\{L(t_{j-1},t_{j-1},t_j) - K, 0\}\right) \\
&= N \cdot B(0,t_j) \cdot \Delta_j \cdot E_{Q_N}\left(\max\left\{\frac{1}{\Delta_j} \cdot \left(\frac{B(t_{j-1},t_{j-1})}{B(t_{j-1},t_j)} - 1\right) - K, 0\right\}\right) \\
&= N \cdot E_{Q_N}\left(B(0,t_j) \cdot \max\left\{\left(\frac{1}{B(t_{j-1},t_j)} - 1\right) - K \cdot \Delta_j, 0\right\}\right) \\
&= N \cdot E_{Q_N}\left(\frac{B(0,t_j)}{B(t_{j-1},t_j)} \cdot \max\left\{1 - K^* \cdot B(t_{j-1},t_j), 0\right\}\right),
\end{aligned}
$$

wobei im letzten Schritt die Abkürzung $K^* := 1 + K \cdot \Delta_j$ verwendet wurde. Nun gilt bei nicht-stochastischen Zinsen die Beziehung $B(0,t_j) = B(t_{j-1},t_j) \cdot B(0,t_{j-1})$ und eine etwas aufwendigere Umformung zeigt, dass diese Beziehung auch in den obigen Erwartungswert eingesetzt werden darf. Damit können wir schreiben

$$
\begin{aligned}
PV_{Caplet} &= N \cdot E_{Q_N}\left(B(0,t_{j-1}) \cdot \max\left\{1 - K^* \cdot B(t_{j-1},t_j), 0\right\}\right) \\
&= N \cdot K^* \cdot B(0,t_{j-1}) \cdot E_{Q_N}(\max\{1/K^* - B(t_{j-1},t_j), 0\}),
\end{aligned}
$$

so dass der Barwert des Caplets in der Tat dem Barwert einer Put-Option auf einen Zerobond mit Nominal $N \cdot K^*$, Strike $1/K^*$ und Fälligkeit in t_{j-1} entspricht.

Swaptions wiederum lassen sich interpretieren als Optionen auf Kuponanleihen, wie wir bereits früher gesehen haben, so dass letztlich nur noch die Frage zu beantworten ist, wie Optionen auf Kuponanleihen bewertet werden können. Dies überlegen wir uns im nächsten Schritt.

Der Barwert einer Europäischen Call-Option mit Fälligkeit in $t_0 > 0$ auf eine Kuponanleihe mit Zahlungen der Höhe Z_{t_i} zu den Zeitpunkten $t_i > t_0$, $i \in \{1,\dots,n\}$ schreibt sich bei Verwendung des Zeit-t_0-Forward-Maßes als

$$
\begin{aligned}
PV_{\text{Anleiheoption}} &= B(0,t_0) \cdot E_{Q_{t_0}} \left(\frac{\max\left\{\sum_{i=1}^{n} Z_{t_i} \cdot B(t_0,t_i) - K, 0\right\}}{B(t_0,t_0)} \right) \\
&= B(0,t_0) \cdot E_{Q_{t_0}} \left(\max\left\{ \sum_{i=1}^{n} Z_{t_i} \cdot \frac{B(t_0,t_i)}{B(t_0,t_0)} - K, 0 \right\} \right). \quad (4.59)
\end{aligned}
$$

Für $B(t_0,t_i)/B(t_0,t_0)$ gilt unter dem Maß Q_{t_0} wieder die Darstellung (4.57) mit $T = t_i$. Um weiter rechnen zu können, gehen wir von der Gleichung

$$
\sigma(u,t) - \sigma(u,s) = \sigma_1(u) \cdot (\sigma_2(t) - \sigma_2(s))
$$

aus, die in den "üblichen" Zinsstrukturmodellen erfüllt ist (z. B. auch beim Ho-Lee-Modell sowie dem Vasicek-Modell). Es folgt dann

$$
\int_0^{t_0} (\sigma(u,t_i) - \sigma(u,t_0)) d\widetilde{W}_u = (\sigma_2(t_i) - \sigma_2(t_0)) \cdot \int_0^{t_0} \sigma_1(u) d\widetilde{W}_u,
$$

und das hier auftretende stochastische Integral ist eine normalverteilte Zufallsvariable mit Erwartungswert 0 und Varianz $\int_0^{t_0} \sigma_1(u)^2 du$ (wegen 4.12). Wir können daher mit einer standard-normalverteilten Zufallsvariablen X schreiben

$$
\int_0^{t_0} \sigma_1(u) d\widetilde{W}_u = \sqrt{\int_0^{t_0} \sigma_1(u)^2 du} \cdot X
$$

und setzen zur Abkürzung $v(t_0,t_i) := (\sigma_2(t_i) - \sigma_2(t_0)) \cdot \sqrt{\int_0^{t_0} \sigma_1(u)^2 du}$. Die Gleichungen (4.59) und (4.57) liefern jetzt für PV_{Anleihe} den Ausdruck

$$
B(0,t_0) \cdot E_{Q_{t_0}} \left(\max\left\{ \sum_{i=1}^{n} Z_{t_i} \cdot \frac{B(0,t_i)}{B(0,t_0)} \cdot \exp\left(v(t_0,t_i) \cdot X - 0{,}5 \cdot v(t_0,t_i)^2 \right) - K, 0 \right\} \right).
$$

Die Maximumfunktion im Erwartungswert ist genau dann positiv, wenn die Bedingung $\sum_{i=1}^{n} Z_{t_i} \cdot (B(0,t_i))/(B(0,t_0)) \cdot \exp(v(t_0,t_i) \cdot X - 0{,}5 \cdot v(t_0,t_i)^2) > K$ gilt, und da die Summe eine monotone Funktion der Variablen X ist, kann diese Ungleichung eindeutig nach X aufgelöst werden, was auf die Bedingung $X > x_K$ mit einem (numerisch) zu berechnenden Wert x_K führt. Somit errechnet sich $PV_{\text{Anleiheoption}}$ zu

$$
\int_{x_K}^{\infty} \left(\sum_{i=1}^{n} Z_{t_i} \cdot B(0,t_i) \cdot \exp\left(v(t_0,t_i) \cdot x - 0{,}5 \cdot v(t_0,t_i)^2 \right) - B(0,t_0) \cdot K \right) \cdot \varphi(x) dx,
$$

und die Berechnung dieses Integrals verläuft wie die entsprechende Rechnung beim Beweis von (4.23). Als Ergebnis halten wir fest:

Satz 4.21 *Der heutige Barwert des obigen Europäischen Calls auf eine Kuponanleihe ist*

$$PV_{Anleiheoption} = \sum_{i=1}^{n} Z_{t_i} \cdot (B(0,t_i) \cdot \Phi(v(t_0,t_i) - x_K)) - K \cdot B(0,t_0) \cdot \Phi(-x_K).$$

Beispiel 4.16 *Gesucht ist der Barwert einer einjährigen Europäischen Call-Option mit Strike $K = 100$, deren Underlying eine Kuponanleihe mit Nominal $N = 100$ ist, die heute in zwei Jahren und heute in drei Jahren jeweils den Kupon 4 zahlt sowie in drei Jahren fällig ist. Für alle Laufzeiten t_i sei $L(0,t_i) = 3\%$. Es ist das Ho-Lee-Modell mit $\sigma = 2\%$ zu verwenden.*
Lösung: *Im Ho-Lee-Modell gilt $\sigma(u,t) = \sigma \cdot (t - u)$ also*

$$v(t_0,t_i) = (t_i - t_0) \cdot \sqrt{\int_0^{t_0} \sigma^2 du} = (t_i - 1) \cdot \sigma = (t_i - 1) \cdot 0{,}02.$$

Mit $t_1 := 2$, $t_2 := 3$, $B(0,t_i) = 1/(1 + L(0,t_i))^{t_i}$ folgt

$$
\begin{aligned}
PV_{Anleiheoption} &= \sum_{i=1}^{2} Z_{t_i} \cdot (B(0,t_i) \cdot \Phi(v(1,t_i) - x_K)) - 100 \cdot B(0,1) \cdot \Phi(-x_K) \\
&= 4 \cdot B(0,2) \cdot \Phi(0{,}02 - x_K) + 104 \cdot B(0,3) \cdot \Phi(2 \cdot 0{,}02 - x_K) \\
&\quad -100 \cdot B(0,1) \cdot \Phi(-x_K),
\end{aligned}
$$

wobei sich x_K aus der o. g. Bedingung ergibt. Eine Rechnung zeigt $x_K \approx -0{,}463$. Also gilt

$$
\begin{aligned}
PV_{Anleiheoption} &= 4 \cdot 1/1{,}03^2 \cdot \Phi(0{,}483) + 104 \cdot 1/1{,}03^3 \cdot \Phi(0{,}503) \\
&\quad -100 \cdot 1/1{,}03 \cdot \Phi(0{,}463) \approx 2{,}64.
\end{aligned}
$$

Damit haben wir die Bewertungsformeln für die Standard-Zinsderivate im Gaußschen Zinsstrukturmodell gefunden. Diese Formeln werden dazu verwendet, die Modellparameter an die am Markt beobachteten Preise der Standard-Zinsderivate anzupassen.

4.11.3 Short Rate-Modelle

Die Gleichungen (4.51) und (4.55) zeigen, dass die Werte von Europäischen Zinsderivaten und Zerobonds auf den Prozess der Short Rates $(r_t)_{t \geq 0}$ unter dem Maß Q_N mit dem savings account als Numéraire zurückzuführen sind. Die sog. *Short Rate-Modelle* beschreiben diesen Prozess mittels einer SDE und leiten daraus dann die Barwerte von

Zinsinstrumenten ab. Die SDE ist

$$dr_t = \mu(r_t, t)\, dt + \sigma(r_t, t)\, dW_t. \tag{4.60}$$

Es gibt eine Reihe von Short Rate-Modellen mit unterschiedlichen Eigenschaften; wichtige Beispiele sind:

1. *Hull-White-Modell*: $dr_t = (\theta(t) - a(t) \cdot r_t)dt + \sigma(t)dW_t.$
2. *Black-Karasinski-Modell*: $dr_t = r_t \cdot (\theta(t) - a(t) \cdot \ln(r_t))dt + r_t \cdot \sigma(t)dW_t.$
3. *Ho-Lee-Modell*: $dr_t = \theta(t)dt + \sigma(t)dW_t.$
4. *Cox-Ingersoll-Ross-Modell*: $dr_t = (\theta(t) - a(t) \cdot r_t)dt + \sqrt{r_t} \cdot \sigma(t)dW_t.$

Bemerkung

1. *Obige Gleichungen gelten unter dem Maß Q_N; sie beschreiben die für die Derivatebewertung relevante "risikoneutrale" Modellierung der Short Rates, die jedoch bzgl. der Driftrate nicht mit den in der Realität beobachtbaren Daten gleichzusetzen ist.*

2. *Beachten Sie, dass sich aus der Kenntnis des Short Rate-Prozesses $(r_t)_{t\geq 0}$ wegen (4.55) alle Zerobondpreise $B(t,T)$ und damit auch alle Zinssätze $L(t,T)$ für alle Fälligkeiten T bestimmen lassen. Da bei den obigen SDEs pro Zeitschritt nur eine eindimensionale Zufallsvariable (nämlich dW_t) das Verhalten des Zufallsprozesses steuert, werden damit auch alle künftigen Zerobondpreise und Zinssätze lediglich durch diese eine Zufallsvariable gesteuert. Dies führt dazu, dass sich Zinssätze unterschiedlicher Laufzeiten alle mit Korrelation 1 verändern, also tendenziell in die gleiche Richtung laufen (obwohl sie durchaus unterschiedliche Volatilitäten haben können). Damit können Zinsprodukte, deren Auszahlungsfunktion von Zinssätzen verschiedener Laufzeiten abhängen, z. B. Optionen auf die Differenz des Dreimonats- und des Sechsmonats-Zinssatzes, und bei denen es gerade auf das unterschiedliche Verhalten dieser Zinssätze ankommt, nicht sinnvoll bewertet werden. Für solche Produkte sind Mehrfaktor Short Rate-Modelle zu verwenden, die wir nicht behandeln (siehe z. B. [7]).*

3. *Aus der Darstellung (4.56) folgt, dass nur das Hull-White-Modell und das Ho-Lee-Modell aus der obigen Liste zu den Gaußschen Zinsstrukturmodellen gehören, weil hier der Driftterm und die Volatilitätsfunktion deterministisch sind.*

4. *Der Vorteil der obigen Short Rate-Modelle ist darin zu sehen, dass sie mit relativ wenigen Parametern eine Modellierung der kompletten künftigen Zinsstruktur für alle Zeitpunkte $t > 0$ erlauben und dass sie wegen (4.55) die heutigen Zerobondpreise korrekt wiedergeben. Andererseits besteht aufgrund der wenigen Parameter die Schwierigkeit, dass die Volatilitäten unterschiedlicher Zinssätze (z. B. die Cap-Volatilitäten) nur teilweise kalibriert werden können, mit unterschiedlicher Qualität. Short Rate-Modelle mit guter Kalibrierung der Volatilitäten (wie das Black-Karasinski-Modell und das Cox-Ingersoll-Ross-Modell) sind insofern schwierig zu handhaben, als sie keine einfachen analytischen Bewertungsformeln für Standard-Zinsprodukte liefern. Die beiden anderen Modelle haben diesen Nachteil nicht, dafür sind ihre Kalibrierungseigenschaften schlechter und sie führen zu normalverteilten Short Rates, die theoretisch auch negativ werden können – was nicht besonders realitätsnah ist.*

Das Hull-White-Modell

Im Folgenden wird das in der Praxis oft verwendete Hull-White-Modell näher untersucht. Wir gehen vom Hull-White-Ansatz

$$dr_t = (\theta(t) - a(t) \cdot r_t)\, dt + \sigma(t)dW_t \qquad (4.61)$$

mit stetigen Funktionen $a(t) > 0$, $\theta(t)$, $\sigma(t) > 0$ aus, so dass (wie man zeigen kann) eine
eindeutige Lösung $(r_t)_{t \geq 0}$ der SDE existiert.

Satz 4.22 (Eigenschaften des Hull-White-Modells)

1. *Mit* $g(t) := \exp\left(-\int_0^t a(u)du\right)$ *gilt*

$$r_t = g(t) \cdot \left(r_0 + \int_0^t \theta(s)/g(s)ds + \int_0^t \sigma(s)/g(s)dW_s\right). \qquad (4.62)$$

Im Folgenden sei $d(t) := g(t) \cdot \left(r_0 + \int_0^t \theta(s)/g(s)ds\right)$.

2. *Die Short Rate ist normalverteilt mit*

$$E_{Q_N}(r_t) = d(t), \qquad Var_{Q_N}(r_t) = g(t)^2 \cdot \int_0^t (\sigma(s)/g(s))^2 ds.$$

Für konstante Parameter $a(t) = a > 0$, $\sigma(t) = \sigma > 0$, $\theta(t) = \theta$ *gilt*

$$\lim_{t \to \infty} E_{Q_N}(r_t) = \theta/a, \qquad \lim_{t \to \infty} Var_{Q_N}(r_t) = \sigma^2/(2 \cdot a).$$

*Der langfristige Erwartungswert der Short Rate ist also endlich und die Varianz bleibt
beschränkt – eine Folge der* mean reversion *Eigenschaft des Modells.*

3. *Mit* $f(0,t) := -\partial \ln B(0,t)/\partial t$ *gilt bei konstanten Parametern* a *und* σ:

$$\theta(t) = f'(0,t) + a \cdot f(0,t) + \sigma^2 \cdot (1 - e^{-2at})/(2 \cdot a).$$

Die Funktion $\theta(t)$ *dient somit der Kalibrierung an die heutigen Zerobondpreise* $B(0,t)$.

4. *Für die Größe* $\sigma(u,t)$ *aus (4.53) gilt bei konstanten Parametern* a *und* σ:

$$\sigma(u,t) = \frac{\sigma}{a} \cdot \left(1 - e^{-a \cdot (t-u)}\right).$$

*Damit ergeben sich analytische Bewertungsformeln für Zerobonds (mittels (4.53)) und für
Zerobondoptionen (mittels (4.58)), sowie die daraus abgeleiteten analytischen Bewertungs-
formeln für Caps, Floors, Swaptions und Anleiheoptionen (siehe vorhergehender Abschnitt).
Die Formel für Zerobonds hat bspw. die Form*

$$B(t,T) = A(t,T) \cdot e^{-C(t,T) \cdot r_t}$$

mit $C(t,T) = (1 - e^{-a \cdot (T-t)})/a$ *und*

$$\ln(A(t,T)) = \ln(B(0,T)/B(0,t)) + C(t,T) \cdot f(0,t) - 0{,}5 \cdot C(t,T)^2 \cdot Var_{Q_N}(r_t).$$

Beweis

Zu 1.: Wir setzen $h(t,x) := x/g(t)$ und wenden Satz 4.3 an. Es ist $\partial h/\partial x = 1/g(t)$, $\partial^2 h/\partial x^2 = 0$, $\partial h/\partial t = a(t) \cdot x/g(t)$ und daher wegen (4.61)

$$
\begin{aligned}
h(t,r_t) &= h(0,r_0) + \int_0^t \sigma(s)/g(s)dW_s + \int_0^t (a(s) \cdot r_s/g(s) + (\theta(s) - a(s) \cdot r_s)/g(s))\,ds \\
&= r_0 + \int_0^t \sigma(s)/g(s)dW_s + \int_0^t \theta(s)/g(s)\,ds.
\end{aligned}
$$

Da $h(t,r_t) = r_t/g(t)$ gilt, ist die letzte Gleichung äquivalent zu (4.62).

Zu 2.: Wegen $r_t = d(t) + g(t) \cdot \int_0^t \sigma(s)/g(s)dW_s$ folgt in Verbindung mit (4.12) sofort

$$
r_t \quad \text{hat die Verteilung} \quad N\left(d(t), g(t)^2 \cdot \int_0^t (\sigma(s)/g(s))^2 ds\right).
$$

Für konstante Parameter haben wir

$$
E_{Q_N}(r_t) = d(t) = e^{-a \cdot t} \cdot \left(r_0 + \theta \cdot \int_0^t e^{a \cdot s}\,ds\right) = e^{-a \cdot t} \cdot r_0 + (\theta/a) \cdot (1 - e^{-a \cdot t}),
$$

woraus $\lim\limits_{t\to\infty} E_{Q_N}(r_t) = \theta/a$ folgt. Ferner gilt

$$
Var_{Q_N}(r_t) = e^{-2 \cdot a \cdot t} \cdot \sigma^2 \cdot \int_0^t e^{2a \cdot s}\,ds = \sigma^2/(2 \cdot a) \cdot (1 - e^{-2 \cdot a \cdot t}),
$$

also $\lim\limits_{t\to\infty} Var_{Q_N}(r_t) = \sigma^2/(2 \cdot a)$.

Zu 3.: Es ist r_u normalverteilt mit den o. g. Größen für den Erwartungswert und die Varianz, woraus wir folgern, dass auch $\int_0^t r_u du$ wiederum normalverteilt ist mit Erwartungswert $\int_0^t d(u)\,du$. Für die Berechnung der Varianz beachten wir, dass deterministische Summanden bei der Varianzberechnung keine Rolle spielen, dass also (im Falle konstanter Parameter a und σ) gilt

$$
Var_{Q_N}\left(\int_0^t r_u\,du\right) = Var_{Q_N}\left(\int_0^t e^{-a \cdot u} \cdot \sigma \cdot \int_0^u e^{a \cdot s}\,dW_s\,du\right).
$$

Eine Vertauschung der Integrationsreihenfolge (deren Zulässigkeit wir hier nicht näher begründen) liefert

$$
Var_{Q_N}\left(\int_0^t r_u\,du\right) = Var_{Q_N}\left(\int_0^t \left(\sigma \cdot \int_s^t e^{-a \cdot (u-s)}\,du\right)\,dW_s\right),
$$

und dieser Ausdruck ist wegen (4.12) gleich

$$
\int_0^t \sigma^2 \cdot \left(\int_s^t e^{-a \cdot (u-s)}\,du\right)^2\,ds = (\sigma/a)^2 \cdot \int_0^t \left(e^{-a \cdot (t-s)} - 1\right)^2\,ds.
$$

Wegen $B(0,t) = E_{Q_N}\left(\exp\left(-\int_0^t r_u du\right)\right)$ (vgl. (4.55)) und den in Satz 4.3 angegebenen Rechenregeln ergibt sich

$$
B(0,t) = \exp\left(-\int_0^t d(s)ds + 0{,}5 \cdot (\sigma/a)^2 \cdot \int_0^t \left(e^{-a \cdot (t-s)} - 1\right)^2\,ds\right).
$$

Für $f(0,t) = -\partial \ln B(0,t)/\partial t$ folgt jetzt (wobei wir beim Differenzieren die allgemeine Rechenregel $\partial(\int_0^t u(t,s)ds)/\partial t = \int_0^t (\partial u(t,s)/\partial t)ds + u(t,t)$ beachten):

$$
\begin{aligned}
f(0,t) &= d(t) - \frac{\sigma^2}{2 \cdot a^2} \cdot \int_0^t 2 \cdot (1 - e^{-a \cdot (t-s)}) \cdot a \cdot e^{-a \cdot (t-s)} \, ds \\
&= r_0 \cdot e^{-a \cdot t} + \int_0^t e^{a \cdot (s-t)} \cdot \theta(s) \, ds - \frac{\sigma^2}{a} \cdot \int_0^t \left(e^{-2 \cdot a \cdot (t-s)} - e^{-a \cdot (t-s)} \right) \, ds.
\end{aligned}
$$

Wir differenzieren nun $f(0,t)$ nach der Variablen t:

$$
f'(0,t) = -a \cdot r_0 \cdot e^{-a \cdot t} - a \cdot \int_0^t e^{a \cdot (s-t)} \cdot \theta(s) ds + \theta(t) + \sigma^2 \cdot \int_0^t (2 \cdot e^{-2 \cdot a \cdot (t-s)} - e^{-a \cdot (t-s)}) ds.
$$

Somit ergibt sich schließlich

$$
f'(0,t) + a \cdot f(0,t) = \theta(t) - \frac{\sigma^2}{2 \cdot a} \cdot (1 - e^{-2 \cdot a \cdot t}),
$$

was zu zeigen war.

Zu 4.: Ein Vergleich der Formeln (4.56) und (4.62) liefert für konstante Parameter a und σ die Beziehung

$$
\frac{\partial \sigma(u,t)}{\partial t} = e^{-a \cdot t} \cdot \frac{\sigma}{e^{-a \cdot u}} = \sigma \cdot e^{-a \cdot (t-u)}.
$$

Hieraus folgt durch Integration

$$
\sigma(u,t) = -\frac{\sigma}{a} \cdot e^{-a \cdot (t-u)} + c,
$$

und für die Integrationskonstante gilt $0 = -\sigma/a + c$, also

$$
\sigma(u,t) = \frac{\sigma}{a} \cdot \left(1 - e^{-a \cdot (t-u)} \right).
$$

Damit können dann die Bewertungsformeln für Zerobonds und die genannten Zinsderivate durch Einsetzen in die Bewertungsformeln des letzten Abschnitts hergeleitet werden. Wir verzichten hier auf die etwas langwierigen Rechnungen. ∎

Beispiel 4.17 *Die aktuelle Kurve der Zerorates $L_{st}(0,t)$ (stetige Verzinsung) sei durch $L_{st}(0,t) := 0{,}05 - 0{,}035 \cdot e^{-0{,}12 \cdot t}$ gegeben (siehe Abbildung). Somit ist*

$$
B(0,t) = e^{-L_{st}(0,t) \cdot t} \quad \text{und} \quad f(0,t) = -\frac{\partial \ln B(0,t)}{\partial t} = 0{,}05 + e^{-0{,}12 \cdot t} \cdot (0{,}0042 \cdot t - 0{,}035).
$$

Wir rechnen weiter

$$
f'(0,t) = e^{-0{,}12 \cdot t} \cdot (0{,}0084 - 0{,}000504 \cdot t)
$$

und erhalten damit (bei konstanten Parametern $a > 0$ und $\sigma > 0$):

$$\begin{aligned}
\theta(t) \;=\;& e^{-0,12 \cdot t} \cdot (0,0084 - 0,000504 \cdot t) + a \cdot (0,05 + e^{-0,12 \cdot t} \cdot (0,0042 \cdot t - 0,035)) \\
& + \sigma^2 \cdot (1 - e^{-2at}) / (2 \cdot a).
\end{aligned}$$

Im Hull-White-Modell folgt nun

$$dr_t = (\theta(t) - a \cdot r_t)dt + \sigma \, dW_t. \qquad (*).$$

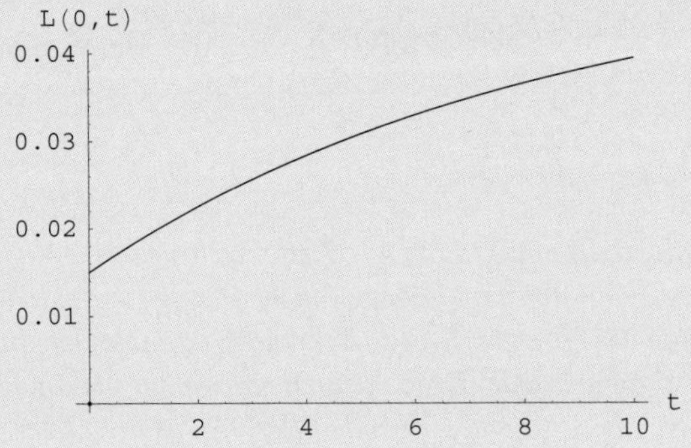

Abbildung 34: Zerokurve

Ausgehend vom Startwert $r_0 = 1,5\%$ können wir mittels $(*)$ zukünftige Pfade des Short Rate-Prozesses $(r_t)_{t \geq 0}$ anhand einer **Monte-Carlo-Simulation** *erzeugen. Dazu müssen allerdings zunächst die beiden Parameter a und σ festgelegt werden, was dadurch erfolgt, dass mit dem Modell theoretische Cap-Werte ausgerechnet werden und diese mit den am Markt beobachteten Preisen möglichst gut in Übereinstimmung gebracht werden. Die führt auf das folgende Minimierungsproblem mit Nebenbedingungen:*

$$\sum_{i=1}^{m} (\text{Cap-Wert}(a,\sigma)_{Hull-White,i} - \text{Cap-Preis}_{Markt,i})^2 \overset{!}{=} Min., \quad a > 0, \ \sigma > 0.$$

Eine perfekte Übereinstimmung mit allen beobachtbaren Cap-Preisen wird nicht zu erzielen sein, da uns nur zwei Parameter zur Verfügung stehen. Wir nehmen an, der Kalibrierungsprozess habe die Werte $a = 10\%$ und $\sigma = 2\%$ geliefert. Mit $t_i := i / 250, \, i \in \{0, \dots, 250\}$ simulieren wir eine Menge von Pfaden für die Short Rate, die jeweils ein Jahr in die Zukunft gehen,

$$r_{t_{i+1}} - r_{t_i} = (\theta(t_i) - a \cdot r_{t_i}) \cdot (1 / 250) + \sigma \cdot \sqrt{1/250} \cdot Z_{t_i},$$

wobei $r_0 = 1,5\%$ und Z_{t_i} eine standard-normalverteilte Zufallsvariable ist. Die nachfolgende Grafik zeigt zehn Pfade:

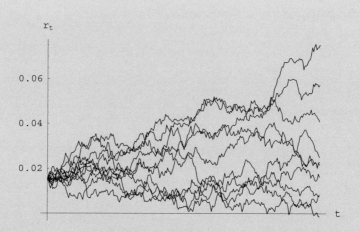

Abbildung 35: Pfade der Short Rates

Da die Short Rates normalverteilt sind, treten auch vereinzelt negative Werte auf.
Mit Hilfe einer Monte-Carlo-Simulation können pfadabhängige Produkte bewertet werden. Als einfaches Beispiel betrachten wir eine sog. **Range Accrual Note***. Dies ist eine Anleihe mit Nominal N, die am Ende jeder Kuponperiode* $[t_{j-1}; t_j]$ *einen Kupon der maximalen Höhe C auszahlt, und zwar anteilig für jeden Tag der zurückliegenden Periode, während der ein vorgegebener Index (in unserem Beispiel die overnight rate) innerhalb eines Bereiches (Range)* $[a; b]$ *notiert. Der Kupon hat also die Höhe*

$$C \cdot \frac{m}{\Delta_j},$$

wobei Δ_j *Anzahl der Tage pro Periode gemäß Tageszählkonvention ist, und m die Anzahl der Tage, an denen der Index innerhalb der Range liegt. Die Range kann zeitveränderlich sein.*
Wir bewerten hier eine Range Accrual Note mit einjähriger Laufzeit, N = 100, C = 3 und Range [0;4%]*. Dazu simulieren wir 1.000 Pfade der Short Rate und berechnen für jeden Pfad die auf* $t = 0$ *diskontierte Zahlung in einem Jahr:*

$$\left(100 + 3 \cdot \frac{m}{250}\right) \cdot e^{-L_{st}(0,1)}.$$

Das arithmetische Mittel all dieser Werte ergibt den Barwert der Range Accrual Note. Als Ergebnis der Simulation ergibt sich ein Wert im Bereich von 100,84. Allerdings weisen die Ergebnisse pro Simulationslauf von 1.000 Pfaden noch eine gewisse Schwankung auf; daher sollte die Anzahl der Simulationen deutlich erhöht werden, um stabile Resultate zu erhalten.
Der Barwert der Anleihe sinkt mit zunehmender Volatilität der Short Rate, weil dann die Wahrscheinlichkeit von künftigen Werten r_t *außerhalb der Range ansteigt und somit die erwartete Kuponzahlung geringer wird.*

4.11.4 Bäume für Short Rate-Modelle

In der Praxis werden Short Rate-Modelle oftmals über Baum-Modelle implementiert. Dies bedeutet, dass das Verhalten der Short Rate, welches ja über eine SDE definiert ist, nur an vorgegebenen Stützstellen $0 = t_0 < t_1 < \ldots < t_n$ betrachtet wird. Die zufälligen Werte der Short Rate zum Zeitpunkt t_j werden dabei in einem *Trinomialbaum* berechnet, wobei der Trinomialbaum die Menge der möglichen Kurspfade gemäß der SDE approximiert. Eine wichtige Konstruktionsmethode von Trinomialbäumen stammt von *Hull und White* (vgl. [21]). Diese wollen wir hier in ihren Grundzügen für das Hull-White-Modell beschreiben.

Wegen (4.62) können wir schreiben $r_t = d(t) + g(t) \cdot X_t$ mit

$$X_t := \int_0^t \sigma(s)/g(s)\, dW_s.$$

Nach Satz 4.12 ist X_t normalverteilt mit Mittelwert 0 und Varianz $\int_0^t \sigma^2(s)/g^2(s)ds$. In einem ersten Schritt der Baumkonstruktion bilden wir einen Trinomialbaum mit jeweils drei Verzweigungen pro Zeitschritt t_k, und zwar so, dass die Werte von X_t approximiert werden durch die Werte x_{t_k} in den Knoten des Baumes.

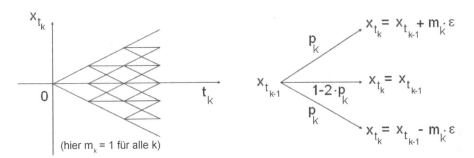

Abbildung 36: Der Trinomialbaum

Die "Sprunghöhen" sind jeweils geeignete Vielfache $m_k \cdot \varepsilon, m_k \in \mathbb{N}$ einer "minimalen" Sprunghöhe ε und die Verzweigungswahrscheinlichkeiten sind p_k (für Verzweigungen nach oben bzw. unten) sowie $1 - 2 \cdot_k$ (für die mittlere Verzweigung). Es gilt

$$E((x_{t_k} - x_{t_{k-1}})|x_{t_{k-1}}) = 0, \quad Var((x_{t_t} - x_{t_{k-1}})|x_{t_{k-1}}) = 2 \cdot p_k \cdot m_k^2 \cdot \varepsilon^2,$$

wie man nachrechnet. Die Parameter werden nun so gewählt, dass die Bedingungen

$$0 = E((X_{t_k} - X_{t_{k-1}})|X_{t_{k-1}}) \overset{!}{=} E((x_{t_k} - x_{t_{k-1}})|x_{t_{k-1}}) \quad \text{und}$$

$$\int_{t_{k-1}}^{t_k} \sigma(s)^2 \cdot g^{-2}(s)\, ds = Var((X_{t_k} - X_{t_{k-1}})|X_{t_{k-1}}) \overset{!}{=} Var((x_{t_t} - x_{t_{k-1}})|x_{t_{k-1}})$$

erfüllt sind. Die diskreten Zufallsvariablen x_{t_k} (mit Startwert $x_{t_0} := 0$) approximieren die stetigen Zufallsvariablen X_t also insofern, als die bedingten Erwartungswerte und Varianzen pro Zeitschritt gleich sind. Mit der Wahl $\varepsilon := \min_k \sqrt{1,5 \cdot \int_{t_{k-1}}^{t_k} \sigma^2(s) \cdot g^{-2}(s)\, ds}$

(minimale Standardabweichung von $X_{t_k} - X_{t_{k-1}}$ in allen Zeitschritten mit Skalierungsfaktor $\sqrt{1,5}$) führt die o. g. Bedingung zu den Festlegungen

$$m_k := \min\{m \in \mathbb{N} : \sqrt{\int_{t_{k-1}}^{t_k} \sigma^2(s) \cdot g^{-2}(s)\, ds} \leq m \cdot \varepsilon\}, \quad p_k := \frac{\int_{t_{k-1}}^{t_k} \sigma^2(s) \cdot g^{-2}(s)\, ds}{2 \cdot m_k^2 \cdot \varepsilon^2}.$$

Begründung: Es gilt wie gefordert

$$E((x_{t_k} - x_{t_{k-1}})|x_{t_{k-1}}) = p_k \cdot m_k \cdot \varepsilon - p_k \cdot m_k \cdot \varepsilon = 0,$$

$$Var((x_{t_t} - x_{t_{k-1}})|x_{t_{k-1}}) = 2 \cdot p_k \cdot m_k^2 \cdot \varepsilon^2 = \int_{t_{k-1}}^{t_k} \sigma^2(s) \cdot g^{-2}(s)\, ds.$$

Übung 4.28

1. *Begründen Sie, warum $0 \leq p_k \leq 1/2$ für alle k gilt.*
2. *Begründen Sie, warum im Fall $t_k - t_{k-1} =$ konstant und konstanten Parametern $\sigma(s) = \sigma, a(s) = a$ folgt $p_k = 1/3$ für alle k. Dies erklärt die Wahl des Skalierungsfaktors $\sqrt{1,5}$ bei der Definition von ε.*

Jetzt ist der erste Schritt der Baumkonstruktion abgeschlossen und ein Trinomialbaum für X_t (noch nicht für r_t) steht zur Verfügung. Beachten Sie, dass die Parameter $\theta(s), a(s)$ und $\sigma(s)$ nun nicht anhand von Satz 4.22 festgelegt werden, sondern nachfolgend über die Trinomialbaumapproximation. Genauer gesagt wird dabei anhand der bekannten Zerobondpreise $B(0, t_k)$ zunächst der Ausdruck $d(t_k)$ (und damit implizit auch $\theta(t_k)$) für alle k bestimmt, wobei für $a(s)$ und $\sigma(s)$ zuerst Startwerte (Schätzwerte) verwendet werden. Sind die $d(t_k)$ bestimmt, so hat man in jedem Knoten (k, i) des Baumes Schätzwerte für die Short Rate zur Verfügung:

$$r_{t_{k,i}} = d(t_{k,i}) + g(t_{k,i}) \cdot x_{t_{k,i}}.$$

Es bezeichnet i die Nummern der verschiedenen Knoten zur Zeit t_k. Mit den Werten $r_{t_{k,i}}$ werden im nächsten Schritt Caps/ Floors bzw. Swaptions im Trinonimalbaum bewertet und die Parameterschätzungen für $a(s), \sigma(s)$ dann so verbessert, dass die Marktpreise dieser Derivate möglichst gut getroffen werden. Daraus resultieren dann neue Schätzungen für $a(s)$ und $\sigma(s)$, die wiederum eine neue Festlegung der Terme $d(t_k)$ zur Kalibrierung der Zerobondpreise (wie oben) erfordern. Auf diese Weise ergibt sich ein iteratives Verfahren, dass in jedem Iterationsschritt verbesserte Werte für die genannten Parameter und damit auch für $r_{t_{k,i}}$ liefert, bis die geforderte Genauigkeit erreicht ist.

Wir erläutern die Festlegung der Werte $d(t_k)$. Für den Zeitpunkt $t_0 = 0$ gilt

$$B(0, t_1) = e^{-r_0 \cdot t_1} = e^{-d(t_0) \cdot t_1} \quad \Longleftrightarrow \quad d(t_0) = -\ln B(0, t_1)/t_1.$$

Im Zeitpunkt t_1 gibt es die drei Knoten mit den Nummern $(1, -m_1), (1, 0), (1, m_1)$ (von unten nach oben) im Baum. Bevor wir $d(t_{1,i})$ berechnen können, müssen bestimmte Hilfsgrößen, die sog. *Arrow-Debreu-Preise* ermittelt werden. Der Arrow-Debreu-Preis

$A_{k,i}$ ist der heutige Barwert eines hypothetischen Finanzinstruments mit Fälligkeit in t_k, das *genau* im Knoten mit der Nummer (k,i) den Betrag 1 auszahlt und ansonsten 0. Diese Größen, auch *Zustandspreise* genannt, erlauben uns die sukzessive Berechnung der Werte $d(t_{k,i})$. Dazu bestimmten wir zunächst die Arrow-Debreu-Preise $A_{1,-m_1}, A_{1,0}, A_{1,m_1}$:

$$A_{1,-m_1} = p_1 \cdot e^{-r_0 \cdot t_1}, \quad A_{1,0} = (1 - 2 \cdot p_1) \cdot e^{-r_0 \cdot t_1}, \quad A_{1,m_1} = p_1 \cdot e^{-r_0 \cdot t_1}.$$

Damit schreibt sich der Wert $B(0, t_2)$ in der Form

$$B(0,t_2) = e^{-r_{t_{1,1}} \cdot (t_2 - t_1)} \cdot A_{1,m_1} + e^{-r_{t_{1,0}} \cdot (t_2 - t_1)} \cdot A_{1,0} + e^{-r_{t_{1,-1}} \cdot (t_2 - t_1)} \cdot A_{1,-m_1}.$$

Begründung: Die Auszahlung des Zerobonds ist 1 in allen Knoten des Zeitpunkts t_2. Die Auszahlung ist entlang aller möglichen Pfade des Baumes bis t_2 zu verbarwerten, also entlang aller Pfade über $(1, m_1)$ (erster Summand), aller Pfade über $(1, 0)$ (zweiter Summand) und aller Pfade über $(1, -m_1)$ (dritter Summand).

Da $B(0, t_2)$ bekannt ist, ebenso wie alle anderen Größen der letzten Gleichung bis auf $d(t_{1,i})$, das in $r_{t_{1,i}}$ enthalten ist, können wir aus der Gleichung die Werte $d(t_{1,i})$ errechnen.

Nun gehen wir die Berechnung der Werte $d(t_{2,i})$ an. Dazu benötigen wir wieder die Arrow-Debreu-Preise $A_{2,i}$ für $i \in \{-(m_1 + m_2), \ldots, 0, \ldots, m_1 + m_2\}$. Diese schreiben sich im Fall $m_1 = m_2 = 1$ als

$$
\begin{aligned}
A_{2,-2} &= p_2 \cdot e^{-r_{t_{1,1}} \cdot (t_2 - t_1)} \cdot A_{1,-1}, \\
A_{2,-1} &= (1 - 2 \cdot p_2) \cdot e^{-r_{t_{1,1}} \cdot (t_2 - t_1)} \cdot A_{1,-1} + p_2 \cdot e^{-r_{t_{1,1}} \cdot (t_2 - t_1)} \cdot A_{1,0}, \\
A_{2,0} &= e^{-r_{t_{1,1}} \cdot (t_2 - t_1)} \cdot (p_2 \cdot A_{1,-1} + (1 - 2 \cdot p_2) \cdot A_{1,0} + p_2 \cdot A_{1,1}), \\
A_{2,1} &= (1 - 2 \cdot p_2) \cdot e^{-r_{t_{1,1}} \cdot (t_2 - t_1)} \cdot A_{1,1} + p_2 \cdot e^{-r_{t_{1,1}} \cdot (t_2 - t_1)} \cdot A_{1,0}, \\
A_{2,2} &= p_2 \cdot e^{-r_{t_{1,1}} \cdot (t_2 - t_1)} \cdot A_{1,1},
\end{aligned}
$$

was man dadurch einsieht, dass man den Baum von rechts nach links, jeweils beginnend beim Knoten $(2, i)$ durchläuft, und die Menge der bei $(2, i)$ jeweils endenden Pfade berücksichtigt.

Jetzt ergibt sich $B(0, t_3)$ in der Form

$$B(0,t_3) = \sum_{i=-2}^{2} e^{-r_{t_{2,i}} \cdot (t_3 - t_2)} \cdot A_{2,i}.$$

Alle Größen hierin bis auf $d(t_{2,i})$, das in $r_{t_{2,i}}$ enthalten ist, sind bekannt – also kann $d_{t_{2,i}}$ berechnet werden.

Dieses Verfahren ist iterativ fortzusetzen, jeweils mit abwechselnder Berechnung der Arrow-Debreu-Preise und der $d(t_{k,i})$ bis zum Zeitpunkt t_n. Das Ergebnis der Rechnung besteht darin, dass am Ende alle Terme $d(t_{k,i})$ und damit auch die Schätzwerte für die Short Rate $r_{t_{k,i}}$ in allen Knoten bekannt sind.

Der Trinomialbaum kann (nach Durchlaufen der weiter oben erwähnten Kalibrierungsprozedur für $a(s)$ und $\sigma(s)$, wobei oft ein *stückweise linearer* Ansatz für diese Funktionen

Verwendung findet) schließlich zur Bewertung beliebiger Zinsderivate eingesetzt werden, insbesondere solcher, für die keine geschlossenen analytischen Formeln existieren, also z. B. Optionen mit mehrfachen Ausübungsrechten. Dazu wird – ganz entsprechend der Vorgehensweise bei den Binomialbäumen aus Kapitel 3 – die Auszahlungsfunktion des zu bewertenden Derivats zum Fälligkeitszeitpunkt $t_n = T$ im Baum eingetragen, und dann eine Diskontierung der Zahlungen von rechts nach links bis zum Baumanfang vorgenommen. Evtl. Ausübungsrechte während der Laufzeit werden dabei berücksichtigt. Die Diskontierungen erfolgen jeweils mit dem Diskontfaktor

$$DF(t_{k,i}) = e^{-r_{t_{k,i}} \cdot (t_{k+1} - t_k)} \quad \text{für} \quad k \in 0,1,\ldots,n-1.$$

Wir demonstrieren die Vorgehensweise am wichtigen Beispiel der *Bermudan Swaption*-Bewertung:

Beispiel 4.18   *Zu bewerten ist eine Bermudan Swaption, die das Recht beinhaltet, heute in einem Jahr oder heute in zwei Jahren in einen dann zweijährigen Payer Swap mit jährlich nachschüssigem Zinsaustausch und Nominal $N = 100$ einzutreten, wobei der vereinbarte Festsatz $K = 3\%$ betrage. Wir verwenden einen Trinomialbaum gemäß obiger Konstruktion zur Bewertung. Die heutige Zinskurve sei diejenige aus Beispiel 4.17 und es gelte*

$$a := 10\%, \qquad \sigma := 1\%$$

für die Parameter des Hull-White-Modells, d. h. $g(t) = e^{-0.1 \cdot t}$.
Wir bilden einen Trinomialbaum mit den Zeitschritten $t_k := k, k \in \{0,1,2,3\}$. Zur Bestimmung der Größen ε und m_k ist der Wert

$$\sqrt{\int_{t_{k-1}}^{t_k} \sigma^2(s) \cdot g^{-2}(s)\, ds} = \sigma \cdot \sqrt{\frac{e^{2 \cdot a \cdot k} - e^{2 \cdot a \cdot (k-1)}}{2 \cdot a}}$$

für alle $k \in \{1,2,3\}$ zu berechnen. Aus dieser Rechnung folgt dann

$$\varepsilon = 0{,}0129, \quad m_1 = m_2 = 1, \quad m_3 = 2.$$

Die Verzweigungswahrscheinlichkeiten p_k haben jeweils den Wert $1/3$. Führen wir die Baumkonstruktion durch, so erhalten wir den in der folgenden Abbildung dargestellten Trinomialbaum mit den jeweiligen Diskontfaktoren $DF(t_{k,i})$. Beachten Sie, dass in den beiden ersten Verzweigungsschritten ein "Sprung" mit Multiplikator $m_1 = m_2 = 1$ erfolgt, während im dritten Schritt $m_3 = 2$ gilt.
Zunächst berechnen wir die Zerobondpreise $B(t_{k,i}, 4)$ für $k \in \{1,2\}$ im Baum. Für die Auszahlungsfunktion gilt jeweils $B(t_{k,i}) = 1$ und wir können diese diskontieren, ohne dass der Baum bis zum Zeitpunkt t_4 erstellt wird. Dabei finden wir

$$
\begin{aligned}
B(t_{2,-2}, 4) &= 0{,}972, \quad B(t_{2,-1}, 4) = 0{,}953, \quad B(t_{2,0}, 4) = 0{,}934, \quad B(t_{2,1}, 4) = 0{,}915, \\
B(t_{2,2}, 4) &= 0{,}897.
\end{aligned}
$$

Analog ergibt sich

$$B(t_{1,-1},4) = 0{,}929, \quad B(t_{1,0},4) = 0{,}91, \quad B(t_{1,1},4) = 0{,}881.$$

Die Zerobondpreise $B(t_{2,i},3)$ errechnen sich zu

$$B(t_{2,-2},3) \;=\; 0{,}989, \quad B(t_{2,-1},3) = 0{,}979, \quad B(t_{2,0},3) = 0{,}969, \quad B(t_{2,1},3) = 0{,}958,$$
$$B(t_{2,2},3) \;=\; 0{,}948.$$

Schließlich gilt

$$B(t_{1,-1},3) = 0{,}965, \quad B(t_{1,0},3) = 0{,}944, \quad B(t_{1,1},3) = 0{,}923$$

und

$$B(t_{1,-1},2) = 0{,}986, \quad B(t_{1,0},2) = 0{,}974, \quad B(t_{1,1},2) = 0{,}963.$$

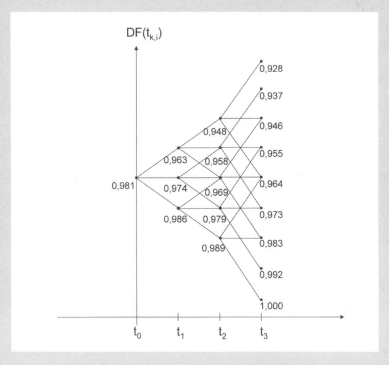

Abbildung 37: Trinomialbaum mit Diskontfaktoren

Zur Bewertung der Payer-Swaption beginnen wir mit dem letztmöglichen Ausübungszeitpunkt $t_2 = 2$ und tragen in den zugehörigen Knoten die Auszahlungsfunktion ein, welche sich im Knoten $t_{2,i}$ gemäß (4.40) in der Form

$$100 \cdot \max\{K(t_{2,i},t_{2,i},4) - K,0\} \cdot (B(t_{2,i},3) + B(t_{2,i},4))$$

schreiben lässt. Wegen (4.39) gilt

$$K(t_{2,i}, t_{2,i}, 4) = \frac{1 - B(t_{2,i}, 4)}{B(t_{2,i}, 3) + B(t_{2,i}, 4)}.$$

Setzen wir alle Größen ein, so lauten die Werte der Auszahlungsfunktion in den einzelnen Knoten:

$$(2, -2) : 0, \quad (2, -1) : 0, \quad (2, 0) : 0{,}891, \quad (2, 1) : 2{,}881, \quad (2, 2) : 4{,}765.$$

Gehen wir im Baum nun zum Zeitpunkt $t_1 = 1$ zurück, so lassen sich aus den o. g. Werten die Barwerte der Bermudan Swaption bei Nichtausübung in den Knoten $t_{1,i}$ bestimmen:

$$(1, -1) : 0{,}293, \quad (1, 0) : 1{,}223, \quad (1, 1) : 2{,}74. \qquad (*)$$

Da in t_1 die Möglichkeit der Ausübung besteht, vergleichen wir diese Zahlenwerte mit den inneren Werten der Option in den Knoten $t_{1,i}$:

$$100 \cdot \max\{K(t_{1,i}, t_{1,i}, 3) - K, 0\} \cdot (B(t_{1,i}, 2) + B(t_{1,i}, 3)).$$

Eine Rechnung zeigt, dass die inneren Werte wie folgt sind:

$$(1, -1) : 0, \quad (1, 0) : 0, \quad (1, 1) : 2{,}042.$$

Die im Baum zu verwendenden Werte in den Knoten $t_{i,1}$ entsprechen jeweils dem Maximum aus den Werten bei Nichtausübung (aus ($*$)) und den inneren Werten, die im Falle der Ausübung realisiert werden können. Es zeigt sich, dass in allen Fällen die Werte aus ($*$) zu verwenden sind, d. h. eine Ausübung in $t_1 = 1$ lohnt sich nicht.
Der heutige Barwert der Bermudan Swaption errechnet sich schließlich zu

$$PV_{Swaption, t_0} = 0{,}981 \cdot (1/3) \cdot (0{,}293 + 1{,}223 + 2{,}74) \approx 1{,}39.$$

Übung 4.29   *Vollziehen Sie den Gang der Rechnung im vorhergehenden Beispiel nach.*

4.11.5   Libor Market-Modelle

In den letzten Jahren werden bei der Bewertung und beim Hedging von (komplexen) Zinsderivaten zunehmend die sog. *Libor Market-Modelle* eingesetzt. Der Vorteil dieser Modelle ist, dass sie eine sehr genaue Kalibrierung der am Markt beobachtbaren Volatilitäten (aus Caps / Floors und Swaptions) ermöglichen, und sie daher beim *dynamischen (sensitivitätsbasierten) Hedging* von komplexen Finanzinstrumenten eine exakte Berechnung der erforderlichen Sensitivitäten erlauben.

Allerdings erfordert die numerische Umsetzung der Libor Market-Modelle und deren Kalibrierung eine umfangreiche Erfahrung beim Umgang mit Zinsstrukturmodellen. Bei der Bewertung von Zinsderivaten im Libor Market-Modell kommt meist eine (aufwendige) *Monte-Carlo-Simulation* zum Einsatz. Auch die theoretische Formulierung der Libor Market-Modelle ist nicht ganz einfach.

Die Stärke der Libor Market-Modelle ist darin zu sehen, dass (im Unterschied zu den Short Rate-Modellen) die den Zinsderivaten oftmals zu Grunde liegenden Underlyings, nämlich die am Markt beobachtbaren (Forward-)Geldmarktsätze (z. B. die LIBOR-Sätze) direkt modelliert werden. Für die Standard-Zinsderivate wie Europäische Caps, Floors und Swaptions ergeben sich dabei völlig analoge Bewertungsformeln wie beim Black-76-Modell, so dass es sich um eine Erweiterung der klassischen Modellierungsansätze handelt.

Der Ausgangspunkt bei der Formulierung des Libor Market-Modells ist die Erkenntnis aus Satz 4.16, dass der Prozess der Forward-Geldmarktsätze $(L(t,t_j,t_{j+1}))_{t\in[0;t_j]}$, $j \in \{1,\dots,n-1\}$ ein *Martingal* unter dem Zeit-t_{j+1}-Forward-Maß $Q_{t_{j+1}}$ ist. Beachten Sie, dass im Falle $j = 0$ der heute bereits bekannte Zinssatz $L(t,t_0,t_1)$, $t = t_0 = 0$, vorliegt, und daher in diesem Fall keine Modellierung erforderlich ist. Ähnlich zu (4.45) gehen wir von einer Normalverteilungsannahme der Zufallsvariablen

$$\ln(L(t,t_j,t_{j+1})/L(0,t_j,t_{j+1})), \qquad t \in [0;t_j]$$

aus mit dem gegenüber (4.45) etwas verallgemeinerten Ansatz

$\ln(L(t,t_j,t_{j+1})/L(0,t_j,t_{j+1}))$ ist unter $Q_{t_{j+1}}$ normalverteilt gemäß $N(0,\sigma_j^2(t) \cdot t_j)$, (4.63)

wobei $\sigma_j(t)$ eine zunächst deterministische *Volatilitätsfunktion* ist, an die im Folgenden noch weitere Bedingungen gestellt werden.

Libor Market-Modell

Für vorgegebene Zeitpunkte $0 < t_1 < \dots < t_n$ wird der stochastische Prozess $(L(t,t_j,t_{j+1}))_{t\in[0;t_j]}$ ($j \in \{1,\dots n-1\}$) unter dem Zeit-t_{j+1}-Forward-Maß $Q_{t_{j+1}}$ als Lösung der SDE

$$dL(t,t_j,t_{j+1}) = \sigma_j(t) \cdot L(t,t_j,t_{j+1})dW_{t,j} \tag{4.64}$$

modelliert, wobei $(W_{t,j})_{t\in[0;t_j]}$ ein *Wiener-Prozess* unter $Q_{t_{j+1}}$ ist. Ist $\sigma_j(t)$ so gewählt, dass die Voraussetzungen der allgemeinen Itô-Formel aus Satz 4.3 erfüllt sind, so ist (4.64) äquivalent zu

$$L(t,t_j,t_{j+1}) = L(0,t_j,t_{j+1}) \cdot \exp\left(\int_0^t \sigma_j(u)dW_{u,j} - 0.5 \cdot \int_0^t \sigma_j(u)^2 du\right) \quad (t \in [0;t_j]).$$
$$\tag{4.65}$$

Beachten Sie, dass der Prozess $(L(t,t_j,t_{j+1}))_{t\in[0;t_j]}$ gemäß Satz (4.8) ein Martingal ist und dass die Forderung (4.63) ebenfalls erfüllt ist, sofern $\sigma_j(t)$ deterministisch ist.

Die noch zu bestimmenden Parameter sind die Volatilitätsfunktionen $\sigma_j(t)$, welche so gewählt werden, dass das Modell die aktuell am Markt beobachtbaren Preise für die Standard-Zinsderivate (Caps, Floors, Swaptions) korrekt wiedergibt (Kalibrierung). Es gibt zahlreiche Möglichkeiten für einen Ansatz zur Wahl der Volatilitätsfunktionen – im einfachsten Fall werden konstante Parameter $\sigma_j(t) = \sigma_j$ betrachtet.

Ein wichtiger Aspekt ist, dass die Gleichungen (4.64) und (4.65) kein Modell im eigentlichen Sinn definieren, denn für jede Wahl von j liegt den Gleichungen ein *anderes* Wahrscheinlichkeitsmaß (nämlich das Zeit-t_{j+1}-Forward-Maß) zu Grunde. Dies bedeutet, dass ein Derivat, dessen Auszahlungsfunktion von mehreren Zinssätzen $L(t, t_j, t_{j+1})$ gleichzeitig abhängt, zunächst nicht bewertet werden kann, da ja nicht klar ist, ob ein Wahrscheinlichkeitsraum mit einem *einheitlichen* Maß Q existiert, auf dem *alle* Prozesse $(L(t, t_j, t_{j+1}))_{t \in [0;t_j]}$ definiert sind. Falls dies der Fall ist, so kann jedes Derivat mit der risikoneutralen Bewertungsformel (4.22) unter dem Maß Q bewertet werden. Auf diesen Sachverhalt werden wir später zurück kommen.

In der Praxis werden die Zeitpunkte t_j meist als eine Folge von Zeitpunkten mit gleichem Abstand, z. B. 3 Monate oder 6 Monate gewählt. Bei einem dreimonatigen Abstand und $n = 6$ werden dann also die nachfolgenden Forwardzinssätze modelliert:

$$L(t, 0{,}25, 0{,}5), \quad L(t, 0{,}5, 0{,}75), \quad L(t, 0{,}75, 1), \quad L(t, 1, 1{,}25), \quad L(t, 1{,}25, 1{,}5).$$

Wir bemerken, dass mit der Modellierung der Zinssätze $L(t, t_j, t_{j+1})$, $j \in \{1, \dots, n-1\}$ und mit der Kenntnis von $L(0, t_0, t_1)$ auch alle Zerobondpreise $B(t_i, t_j)$ $(0 \le i < j \le n)$ festgelegt sind, denn es gilt (mit $\Delta_k :=$ Länge des Zeitintervalls von t_{k-1} bis t_k gemäß Zählkonvention und $\Delta_k \le 1$):

$$B(t, t_{k+1}) = B(t, t_k)/(1 + \Delta_k \cdot L(t, t_k, t_{k+1})), \quad \text{also}$$

$$\boxed{B(t_i, t_j) = \prod_{k=i}^{j-1} \frac{B(t_i, t_{k+1})}{B(t_i, t_k)} = \prod_{k=i}^{j-1} \frac{1}{1 + \Delta_k \cdot L(t_i, t_k, t_{k+1})}.} \tag{4.66}$$

Übung 4.30
1. *Wie lässt sich die Zerorate $L(0, t_k)$ ($k \in \{1, \dots, n\}$) mit den in (4.64) modellierten Zinssätzen darstellen?*
2. *Berechnen Sie den Erwartungswert $E_{Q_{t_j}}(L(t, t_j, t_{j+1}))$ für $t \in [0; t_j]$.*
3. *Zeigen Sie, dass die Lösung der SDE (4.64) durch (4.65) gegeben ist.*

Wir betrachten ein Beispiel für den zeitlichen Verlauf von $L(t, t_j, t_{j+1})$ unter $Q_{t_{j+1}}$:

Beispiel 4.19   *Es sei $t_j = j \cdot 0.25$. Die Pfade des Prozesses $(L(t, 1, 1{,}25))_{t \in [0;1]}$ haben im Falle $\sigma_4(t) = 0.05$ und $L(0, 1, 1{,}25) = 3\%$ den folgenden Verlauf:*

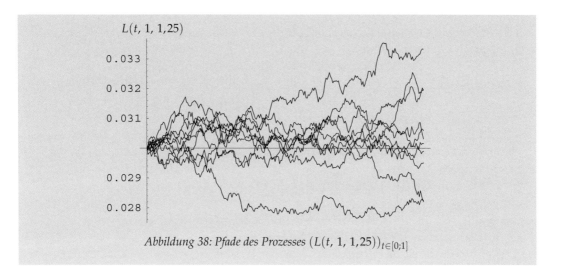

Abbildung 38: Pfade des Prozesses $(L(t, 1, 1{,}25))_{t \in [0;1]}$

Zur *Bewertung von (Europäischen) Derivaten* wird zunächst die Auszahlungsfunktion benötigt. Aus (4.50) wissen wir, dass die Auszahlungsfunktionen eines Zinsderivats mit Fälligkeit in T eine Funktion von Zerobondpreisen $B(t, t_j)$, $t \in [0; T]$, $j \in \{1, \ldots, n\}$ ist. Da wir aber sämtliche Zerobondpreise anhand der Forward-Geldmarktsätze ausdrücken können (vgl. (4.66)), können wir auch sagen, dass jede Auszahlungsfunktion die Form

$$X = g(L(t, t_j, t_{j+1}), t \in [0; T], j \in \{0, \ldots, n-1\}) \tag{4.67}$$

hat. Es sei hierbei $L(t, t_j, t_{j+1}) := L(t_j, t_j, t_{j+1})$ für $t > t_j$. Die Bewertung vereinfacht sich, wenn wir den Zeitpunkt T der Auszahlung "rechnerisch" auf den Zeitpunkt t_n verschieben. Dies erfolgt einfach dadurch, dass im Falle $T < t_n$ die in T stattfindende Auszahlung auf den Zeitpunkt t_n aufgezinst wird (Division durch $B(T, t_n)$), während im Falle $T < t_n$ die Auszahlung auf den Zeitpunkt t_n abgezinst wird (Multiplikation mit $B(T, t_n)$). Der theoretische Barwert des Derivats in $t_0 = 0$ wird nun mit der risikoneutralen Bewertungsformel (4.22) unter dem Zeit-t_n-Forward-Maß Q_{t_n} berechnet:

$$D_{t_0} = B(0, t_n) \cdot E_{Q_{t_n}}(g(L(t, t_j, t_{j+1}), t \in [0; T], j \in \{0, \ldots, n-1\})). \tag{4.68}$$

Beispiel 4.20 *Bewertung eines Caps im Libor Market-Modell*
Wir bewerten einen Cap auf den LIBOR mit den Fixing-Zeitpunkten t_{j-1} und den Zahlungszeitpunkten t_j für $j \in \{2, \ldots, n\}$. Der Nominalbetrag sein N. Aus den am Markt quotierten Flat-Volatilitäten für Caplets wird zunächst mit dem Bootstrapping-Verfahren (4.48) die Spot-Volatilität σ_{j-1} für das j-te Caplet (mit Ausübungszeitpunkt in t_j) ermittelt. Zur Bewertung dieses Caplets verwenden wir das Libor Market-Modell (4.64) und setzen dort

$$\sigma_{j-1}(t) := \sigma_{j-1}.$$

Aus (4.63) ergibt sich, dass die Größe $\ln(L(t,t_{j-1},t_j)/L(0,t_{j-1},t_j))$ normalverteilt ist (unter Q_{t_j}), und wir können schreiben

$$PV_{Caplet} = B(0,t_j) \cdot E_{Q_{t_j}}(N \cdot (t_j - t_{j-1}) \cdot \max\{L(t_{j-1},t_{j-1},t_j) - K,0\})$$
$$= B(0,t_j) \cdot N \cdot (t_j - t_{j-1}) \cdot E_{Q_{t_j}}(L(t_{j-1},t_{j-1},t_j) - K,0\}).$$

Die Berechnung dieses Erwartungswerts erfolgt völlig analog wie bei der Herleitung von Satz 4.19, denn die Verteilungsannahme ist die selbe wie dort! Es folgt also

$$PV_{Caplet} = N \cdot (t_j - t_{j-1}) \cdot B(0,t_j) \cdot (L(0,t_{j-1},t_j) \cdot \Phi(d_1) - K \cdot \Phi(d_2)), \qquad (4.69)$$

wobei gilt $d_{1,2} = (\ln(L(0,t_{j-1},t_j)/K) \pm \sigma_{j-1}^2 \cdot t_{j-1}/2)/(\sigma_j \cdot \sqrt{t_{j-1}})$ und $\sigma_{j-1}^2 = Var(\ln(L(t_{j-1},t_{j-1},t_j)/L(0,t_{j-1},t_j)))/\sqrt{t_{j-1}}$.
Der Barwert des Caps ist wiederum die Summe der Werte aller Caplets.

Übung 4.31 *Wie lautet die Bewertungsformel eines Floors mit Nominal N, Strike K und Zahlungszeitpunkten $t_2, \ldots, t_n$ im Libor Market-Modell, wenn die Spot-Volatilitäten wie im vorhergehenden Beispiel gegeben sind?*

Bei der Anwendung von Formel (4.68) tritt das Problem auf, dass wir noch gar nicht wissen, wie die Gleichungen (4.64) auf einen Wahrscheinlichkeitsraum mit einheitlichem Maß Q_{t_n} aussehen, da wir ja bei jeder Gleichung zum neuen Maß Q_{t_n} übergehen müssen. Es zeigt sich, dass man alle Gleichungen (4.64) unter Q_{t_n} ausdrücken kann. Dabei tritt ein $n-1$-*dimensionaler Wiener-Prozess* auf, also ein Prozess $(\vec{W}_t) = (W_{t,1}, \ldots, W_{t,n-1})_{t \geq 0}$, wobei $(\vec{W}_t)$ mehrdimensional normalverteilt ist mit Erwartungswertvektor $\vec{\mu} = (0, \ldots, 0)$ und Kovarianzmatrix

$$\Sigma := \begin{pmatrix} t & \rho_{1,2} \cdot t & \cdots & t \\ \rho_{2,1} \cdot t & t & \cdots & \rho_{2,n-1} \cdot t \\ \vdots & \vdots & \vdots & \vdots \\ \rho_{n-1,1} \cdot t & \rho_{n-1,2} \cdot t & \cdots & t \end{pmatrix} \in \mathbb{R}^{n-1 \times n-1},$$

$\rho_{i,j} := Corr(W_{t,i}, W_{t,j})$. Gemäß Satz 2.5 können wir folgern:

$$W_{t,i} \quad \text{hat die Verteilung} \quad N(0,t).$$

Es gilt nun der folgende Satz, dessen Beweis umfangreiche technische Hilfsmittel aus der Stochastischen Analysis benötigt (den sog. *Satz von Girsanov*) und den wir nicht beweisen, sondern lediglich die Anwendung des Satzes bei der Zinsmodellierung betrachten wollen (für einen Beweis siehe z. B. [7]):

Satz 4.23   *Unter dem Maß Q_{t_n} gilt mit einem $n-1$-dimensionalen Wiener-Prozess $(\vec{W}_t) = (W_{t,1}, \ldots, W_{t,n-1})_{t \geq 0}$ für $j \in \{1, \ldots, n-1\}$ die Aussage*

$$dL(t, t_j, t_{j+1}) = \sigma_j(t) \cdot L(t, t_j, t_{j+1})\, dW_{t,j} -$$

$$\sigma_j(t) \cdot L(t, t_j, t_{j+1}) \cdot \sum_{k=j+1}^{n-1} \rho_{j,k} \cdot \frac{\Delta_k \cdot \sigma_k(t) \cdot L(t, t_k, t_{k+1})}{1 + \Delta_k \cdot L(t, t_k, t_{k+1})}\, dt, \quad (4.70)$$

und die o. g. SDEs besitzen jeweils eine eindeutige Lösung $(L(t, t_j, t_{j+1}))_{t \in [0;t_j]}$, die nicht in geschlossener Form angegeben werden kann. Mit der Itô-Formel (4.17) gilt für $t < t_j$:

$$d\ln(L(t, t_j, t_{j+1})) = \sigma_j(t) \cdot \sum_{k=j+1}^{n-1} \rho_{j,k} \cdot \frac{\Delta_k \cdot \sigma_k(t) \cdot L(t, t_k, t_{k+1})}{1 + \Delta_k \cdot L(t, t_k, t_{k+1})}\, dt - \sigma_j(t)^2/2\, dt + \sigma_j(t) dW_{t,j}.$$

$$(4.71)$$

*Bei Verwendung diskreter Zeitschritte der festen Länge $\Delta t > 0$ schreibt sich diese Gleichung für alle t mit $t + \Delta t \leq t_j$ wie folgt (**Diskretisierung der SDE**):*

$$\ln(L(t + \Delta t, t_j, t_{j+1})) \approx \ln(L(t, t_j, t_{j+1})) + \sigma_j(t) \cdot \sum_{k=j+1}^{n-1} \rho_{j,k} \cdot \frac{\Delta_k \cdot \sigma_k(t) \cdot L(t, t_k, t_{k+1})}{1 + \Delta_k \cdot L(t, t_k, t_{k+1})}\, \Delta t$$

$$- \sigma_j(t)^2/2\, \Delta t + \sigma_j(t) \cdot \sqrt{\Delta t} \cdot Z_{t,i}, \quad (4.72)$$

wobei $(Z_{t,1}, \ldots, Z_{t,n-1})$ ein $n-1$-dimensional standard-normalverteilter Zufallsvektor mit $\mathrm{Corr}(Z_{t,i}, Z_{t,j}) = \rho_{i,j}$ ist und der für jeden Zeitpunkt unabhängig von den Zufallsvektoren der vorhergehenden Zeitpunkte ist. Aus Gleichung (4.72) können durch numerische Simulation die Zufallspfade der Lösung von (4.70) erzeugt werden.

Beispiel 4.21   ***Zweidimensionale Simulation von Forward-Geldmarktsätzen***
Es gelte $n = 3$, $t_j = j \cdot 0{,}5$ und die beiden Forward-Geldmarktsätze $L(t, t_1, t_2)$ sowie $L(t, t_2, t_3)$ sollen für alle Zeitpunkte $t \in [0; t_1]$ mittels (4.72) simuliert werden. Den Ausgangspunkt bilden die heute am Markt bekannten Zinssätze $L(0, t_1, t_2) = 3\%$ und $L(0, t_2, t_3) = 3{,}5\%$.
Zur Simulation verwenden wir den Zeitschritt $\Delta t := 0{,}004$ und die standard-normalverteilten Zufallsvariablen $Z_{t,1}$ und $Z_{t,2}$, wobei gelte $\mathrm{Corr}(Z_{t,1}, Z_{t,2}) = \rho$ und der Zufallsvektor $(Z_{t,1}, Z_{t,2})$ in jedem Zeitschritt jeweils unabhängig von vorhergehenden Zeitschritten neu simuliert wird. Für die Volatilitätsterme gelte $\sigma_1(t) = 0{,}05$, $\sigma_2(t) = 0{,}03$. Die beiden SDEs zur Beschreibung der Forward-Geldmarktsätze lautet somit (unter dem Maß Q_{t_3}):

$$dL(t, t_2, t_3) = 0{,}03 \cdot L(t, t_2, t_3) dW_{t,2},$$

$$dL(t, t_1, t_2) = 0{,}05 \cdot L(t, t_1, t_2) dW_{t,1} - 0{,}05 \cdot L(t, t_1, t_2) \cdot \rho \cdot \frac{0{,}5 \cdot 0{,}03 \cdot L(t, t_2, t_3)}{1 + 0{,}5 \cdot L(t, t_2, t_3)}\, dt.$$

Die zur Simulation benötigten Gleichung haben wegen (4.72) in diesem Fall die Form

$$\ln L(t+0{,}004, t_2, t_3) \approx \ln L(t, t_2, t_3) - 0{,}03^2/2 \cdot 0{,}004 + 0{,}03 \cdot \sqrt{0{,}004} \cdot Z_{t,2},$$

$$\ln L(t+0{,}004, t_1, t_2) \approx \ln L(t, t_1, t_2) + 0{,}05 \cdot \rho \cdot \frac{0{,}004 \cdot 0{,}03 \cdot L(t, t_2, t_3)}{1 + 0{,}004 \cdot L(t, t_2, t_3)} \cdot 0{,}004$$

$$- 0{,}05^2/2 \cdot 0{,}004 + 0{,}05 \cdot \sqrt{0{,}004} \cdot Z_{t,1}.$$

Die nachfolgende Grafik zeigt mögliche Verläufe der Forward-Geldmarktsätze für $t \in [0; t_1] = [0; 0{,}5]$ in Abhängigkeit von ρ:

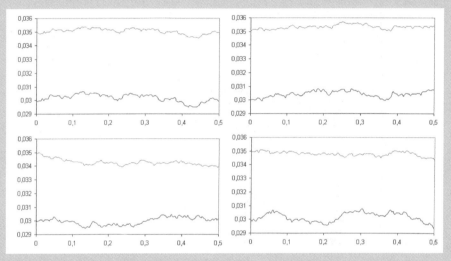

Abbildung 39: Einzelne Pfade des Prozesses $(L(t, t_1, t_2))_{t \in [0;0,5]}$ (untere Linie) und des Prozesses $(L(t, t_2, t_3))_{t \in [0;0,5]}$ (obere Linie). Die Korrelation ist $\rho = 1;\ 0{,}8;\ 0{,}5;\ 0$ (oben links, oben rechts, unten links, unten rechts).

Warum sind die Pfadverläufe der Forward-Geldmarktsätze auch bei einer Korrelation von 1 im Allgemeinen nicht perfekt parallel?

Übung 4.32   *Es sei*

$$A := \begin{pmatrix} a_{1,1} & 0 & 0 & \dots & 0 \\ a_{2,1} & a_{2,2} & 0 & \dots & 0 \\ \vdots & \vdots & \vdots & \vdots & \\ a_{n,1} & a_{n,2} & \dots & \dots & a_{n,n} \end{pmatrix} \in \mathbb{R}^{n \times n}$$

eine untere Dreiecksmatrix. *Man kann zeigen: Zu einer gegebenen positiv definiten Korrelationsmatrix $\Sigma \in \mathbb{R}^{n \times n}$ existiert immer eine untere Dreiecksmatrix $A \in \mathbb{R}^{n \times n}$ mit $A \cdot A^T = \Sigma$ (sog. **Cholesky-Zerlegung**). Darüber hinaus gilt für einen mehrdimensional normalverteil-*

ten Zufallsvektor $\vec{X} = (X_1,\ldots,X_n)$ mit standard-normalverteilten Komponenten X_i, dass der Zufallsvektor

$$\vec{X} \cdot A^T$$

wiederum mehrdimensional normalverteilt ist mit Erwartungswertvektor $(0,\ldots,0)$ und Korrelationsmatrix $A \cdot A^T$. Vergleichen Sie hiermit auch die Aussage aus Satz 2.5.
Verwenden Sie die obigen Aussagen, um ausgehend von $\vec{X}$ einen mehrdimensional normalverteilten Zufallsvektor mit Erwartungswertvektor $(0,\ldots,0)$ und vorgegebener Korrelationsmatrix Σ zu konstruieren.
Zeigen Sie ferner, dass für

$$A := \begin{pmatrix} 1 & 0 \\ \rho & \sqrt{1-\rho^2} \end{pmatrix}$$

gilt : $A \cdot A^T = \begin{pmatrix} 1 & \rho \\ \rho & 1 \end{pmatrix} =: \Sigma$ und dass der Zufallsvektor

$$(X_1, X_2) \cdot A^T = (X_1, \rho \cdot X_1 + \sqrt{1-\rho^2} \cdot X_2)$$

zweidimensional normalverteilt ist mit Erwartungswertvektor $(0,0)$ und Korrelationsmatrix Σ.

Beispiel 4.22 *Die nachfolgende Tabelle zeigt das Ergebnis einer Simulation der Forward-Geldmarktsätze* $L(t, t_i, t_{i+1})$ *für* $t_i = i \cdot 0{,}5$ *und* $i \in \{0,\ldots,4\}$. *Bei der Simulation werden alle Korrelationen* $\rho_{i,j}$ *auf den Wert 1 gesetzt, so dass nur eine Zufallszahl* $Z_{t,1}$ *pro Zeitschritt benötigt wird. Das Ergebnis eines einzelnen Simulationslaufs ist in der folgenden Tabelle zusammengefasst:*

	t_0	t_1	t_2	t_3	t_4
$\sqrt{\Delta t} \cdot Z_{t,1}$		1,25182768	0,61511945	-2,37374268	0,09032425
$L(t,t_0,t_1)$	3,000%				
$L(t,t_1,t_2)$	3,000%	3,643%			
$L(t,t_2,t_3)$	3,000%	3,642%	4,019%		
$L(t,t_3,t_4)$	3,000%	3,641%	4,016%	2,829%	
$L(t,t_4,t_5)$	3,000%	3,640%	4,014%	2,828%	2,882%
$B(t,t_1)$	0,98522				
$B(t,t_2)$	0,97066	0,98211			
$B(t,t_3)$	0,95632	0,96455	0,98030		
$B(t,t_4)$	0,94218	0,94730	0,96100	0,98605	
$B(t,t_5)$	0,92826	0,93037	0,94209	0,97230	0,98579

Abbildung 40: Ergebnis eines Simulationslaufs

Hätten wir bei unserer Simulation die Korrelationen $\rho_{i,j}$ nicht auf 1 gesetzt, sondern die tatsächlichen Werte verwendet (sofern diese ermittelt werden können), so hätten wir mit vier korre-

lierten Zufallszahlen pro Zeitschritt arbeiten müssen. Damit könnten wir alle Zinsderivate mit einer Auszahlungsfunktion der allgemeinen Form

$$X = g(L(t,t_i,t_{i+1}), t \in [0;t_4], i \in \{0,\dots,4\})$$

bewerten: Pro Simulationslauf berechnen wir den diskontierten Wert von X (zum Diskontieren werden die simulierten Zerobondpreise verwendet). Das arithmetische Mittel der diskontierten Werte von X über eine große Zahl von Simulationsläufen bildet dann einen Schätzwert für den theoretisch korrekten Barwert des Zinsderivats.

*Da wir alle Korrelationen auf 1 gesetzt haben, können wir mit obiger Tabelle nur solche Zinsderivate bewerten, deren theoretischer Barwert nicht von den Korrelationen der Forward-Geldmarktsätze abhängig ist. Ein typisches Beispiel ist ein einfacher **Europäischer Cap**, dessen Auszahlungsfunktion sich als Summe der Caplet-Auszahlungsfunktionen schreiben lässt, wobei letztere jeweils nur von einem einzelnen Forward-Geldmarktsatz abhängen. Handelt es sich etwa um einen Cap mit Nominal 10.000.00, Strike K = 3% und Caplet-Fälligkeiten in $t_2,\dots,t_5$, so lauten die Caplet-Auszahlungen*

$$X = 10.000.000 \cdot 0,5 \cdot \max\{L(t_i,t_i,t_{i+1}) - 3\%, 0\}.$$

Im konkreten Simulationslauf gemäß obiger Tabelle erhalten wir die folgenden Auszahlungen für die vier Caplets:

$$In\ t_2: 32.150, \quad in\ t_3: 50.950, \quad in\ t_4: 0, \quad in\ t_5: 0.$$

Der Barwert des Caps ist in diesem Fall $\quad 32.150 \cdot B(0,t_2) + 50.950 \cdot B(0,t_3) = 79.931,22.$

Kalibrierung der Modellparameter

Um das Libor Market-Modell zur Bewertung von Zinsderivaten verwenden zu können, ist es erforderlich, die Modellparameter $\sigma_j(t)$ und $\rho_{i,j}$ zu kalibrieren. Dies geschieht dadurch, dass die theoretischen Modellpreise für Standard-Zinsinstrumente wie Europäische Caps, Floors und Swaptions möglichst gut mit den am Markt beobachtbaren Preisen in Übereinstimmung gebracht werden. Wegen (4.65) hat die Zufallsvariable $\ln L(t_{j-1},t_{j-1},t_j)$ unter Q_{t_j} die Varianz

$$\int_0^{t_{j-1}} \sigma_{j-1}^2(t)\, dt.$$

Diese Varianz muss mit der bei der Cap-Bewertung verwendeten Varianz $\sigma_{j-1}^2 \cdot t_{j-1}$, die sich wiederum aus den am Markt quotierten Volatilitäten ablesen lässt, übereinstimmen, d. h. es gilt die Forderung

$$\int_0^{t_{j-1}} \sigma_{j-1}^2(t)\, dt \stackrel{!}{=} \sigma_{j-1}^2 \cdot t_{j-1}. \tag{4.73}$$

Durch diese Bedingung ist der Term $\sigma_{j-1}(t)$ nicht eindeutig festgelegt. Die einfachste Wahl besteht darin, $\sigma_{j-1}(t) := \sigma_{j-1}$ zu setzen, wie wir es bisher immer getan haben. In der Praxis sind jedoch andere Vorgehensweisen üblich: So wird $\sigma_{j-1}(t)$ beispielsweise als stückweise lineare Funktion gewählt oder über einen *parametrischen Ansatz* der Form

$$\sigma_{j-1}(t) := (a \cdot (t_{j-1} - t) + b) \cdot \exp(-c \cdot (t_{j-1} - t)) + d$$

festgelegt. Dadurch ist es möglich, die aus Abschnitt 4.10.2 bekannte *humped-Struktur* der Volatilitäten bei der Parametrisierung zu berücksichtigen: Es zeigt sich nämlich, dass der Graph der Funktion

$$\varphi(T - t) := (a \cdot (T - t) + b) \cdot \exp(-c \cdot (T - t)) + d$$

für $t \in [0; T]$ typischerweise den folgenden Verlauf besitzt:

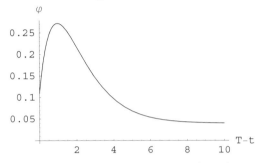

Abbildung 41: Die Funktion $\varphi(T - t)$

Die **Korrelationsparameter** $\rho_{i,j}$ des im Libor Market-Modell auftretenden $n - 1$-dimensionalen Wiener-Prozesses sind bisher noch nicht festgelegt worden. Nun sollen am Markt quotierte Preise (implizite Volatilitäten) von Europäischen ATM-Swaptions im Modell ebenfalls korrekt wiedergegeben werden. Dazu müssen wir Swaptions im Libor Market-Modell bewerten und die noch freien Korrelationsparameter so festlegen, dass der Fehler zwischen den Modellpreisen und Marktpreisen für Swaptions minimiert wird.

Die *Bewertung von Swaptions* im Libor Market-Modell kann wiederum mit der allgemeinen Formel (4.68) erfolgen. Beachten Sie, dass die Auszahlungsfunktion einer Swaption mit Fälligkeit in t_0 anhand des Forward-Swap-Satzes $K = K(t_0, t_0, t_n)$ und mit Zerobondpreisen ausgedrückt werden kann und dass diese Größen wiederum über Forward-Geldmarktsätze $L(t, t_j, t_{j+1})$ darstellbar sind. Letztlich ergibt sich damit eine außerordentlich komplexe Darstellung der Auszahlungsfunktion und der Barwert lässt sich nur numerisch bestimmen. Um die Rechnung zu vereinfachen, kann in der Praxis die folgende *analytische Approximation der Forward-Swap-Sätze* verwendet werden, deren Herleitung wir hier nur skizzieren wollen: Es gilt zunächst für $t \leq t_a < t_b$:

$$K(t, t_a, t_b) \stackrel{(4.39)}{=} \frac{B(t, t_a) - B(t, t_b)}{\sum_{j=a+1}^{b} \Delta_j \cdot B(t, t_j)} = \frac{\sum_{j=a+1}^{b} \Delta_j \cdot L(t, t_{j-1}, t_j) \cdot B(t, t_j)}{\sum_{j=a+1}^{b} \Delta_j \cdot B(t, t_j)}$$

$$= \sum_{j=a+1}^{b} L(t, t_{j-1}, t_j) \cdot \frac{\Delta_j \cdot B(t, t_j)}{\sum_{j=a+1}^{b} \Delta_j \cdot B(t, t_j)} = \sum_{j=a+1}^{b} L(t, t_{j-1}, t_j) \cdot g_j(t)$$

mit $g_j(t) := \frac{\Delta_j \cdot B(t,t_j)}{\sum_{j=a+1}^{b} \Delta_j \cdot B(t,t_j)}$. Eine genauere Analyse zeigt, dass die Approximation $g_j(t) \approx g_j(0)$ für $t \leq t_0$ hinreichend gut ist, so dass wir den Forward-Swap-Satz als *Linearkombination* der Forward-Geldmarktsätze mit deterministischen Koeffizienten $g_j(0)$ schreiben können:

$$K(t,t_a,t_b) \approx \sum_{j=a+1}^{b} L(t,t_{j-1},t_j) \cdot g_j(0). \tag{4.74}$$

Bezeichnen wir mit σ_{t_a,t_b} die am Markt quotierte ATM-Swaption-Volatilität, so wissen wir aus Satz 4.17:

$$Var(\ln(K(t_a,t_a,t_b)/K(0,t_a,t_b))) = \sigma_{t_a,t_b}^2 \cdot t_a,$$

und wegen $\ln(x) \approx x - 1$ für $x \approx 1$ folgern wir hieraus

$$Var\left(\frac{K(t_a,t_a,t_b)}{K(0,t_a,t_b)} - 1\right) \approx \sigma_{t_a,t_b}^2 \cdot t_a.$$

Aufgrund der bekannten Rechenregeln für die Varianz können wir schreiben

$$Var\left(\frac{K(t_a,t_a,t_b)}{K(0,t_a,t_b)} - 1\right) = \frac{Var(K(t_a,t_a,t_b))}{K(0,t_a,t_b)^2},$$

also mit (4.74): $\sigma_{t_a,t_b}^2 \cdot t_a \approx \frac{1}{K(0,t_a,t_b)^2} \cdot Var\left(\sum_{j=a+1}^{b} L(t_a,t_{j-1},t_j) \cdot g_j(0)\right)$.

Nun gilt die allgemeine Rechenregel $Var\left(\sum_{j=1}^{n} Y_j\right) = \sum_{i,j=1}^{n} Cov(Y_i,Y_j)$ (vgl. (2.4)), so dass wir folgern können

$$
\begin{aligned}
\sigma_{t_a,t_b}^2 \cdot t_a &\approx \frac{1}{K(0,t_a,t_b)^2} \cdot \sum_{i,j=a+1}^{b} Cov(L(t_a,t_{i-1},t_i) \cdot g_i(0), L(t_a,t_{j-1},t_j) \cdot g_j(0)) \\
&= \sum_{i,j=a+1}^{b} g_i(0) \cdot g_j(0) \cdot \frac{Cov(L(t_a,t_{i-1},t_i),L(t_a,t_{j-1},t_j))}{K(0,t_a,t_b)^2}.
\end{aligned}
$$

Eine Argumentation ähnlich der wie bei der Herleitung von (4.12) zeigt nun, dass gilt

$$
\begin{aligned}
\frac{Cov(L(t_a,t_{i-1},t_i),L(t_a,t_{j-1},t_j))}{K(0,t_a,t_b)^2} &= \frac{Cov\left(\int_0^{t_a} dL(t,t_{i-1},t_i), \int_0^{t_a} dL(t,t_{j-1},t_j)\right)}{K(0,t_a,t_b)^2} \\
\overset{(4.64)}{=} \frac{Cov\left(\int_0^{t_a} \sigma_i(t) \cdot L(t,t_{i-1},t_i)dW_{t,i}, \int_0^{t_a} \sigma_j(t) \cdot L(t,t_{j-1},t_j)dW_{t,j}\right)}{K(0,t_a,t_b)^2} \\
&\approx \frac{L(0,t_{i-1},t_i) \cdot L(0,t_{j-1},t_j) \cdot \rho_{i,j} \cdot \int_0^{t_a} \sigma_i(u) \cdot \sigma_j(u)\, du}{K(0,t_a,t_b)^2}.
\end{aligned}
$$

Bei bekannten Werten für die Volatilitätsfunktionen $\sigma_i(u), \sigma_j(u)$ können somit die Korrelationsparameter $\rho_{i,j}$ anhand der ATM-Swaption-Volatilitäten wie folgt kalibriert werden (für alle relevanten Fälligkeiten t_a und t_b):

$$\sigma_{t_a,t_b}^2 \cdot t_a \approx \sum_{i,j=a+1}^{b} g_i(0) \cdot g_j(0) \cdot \frac{L(0,t_{i-1},t_i) \cdot L(0,t_{j-1},t_j) \cdot \rho_{i,j} \cdot \int_0^{t_a} \sigma_i(u) \cdot \sigma_j(u)\, du}{K(0,t_a,t_b)^2}.$$

Erweiterungen des Libor Market-Modells

Bisher wurde bei der Formulierung des Libor Market-Modells für jeden Forward-Geldmarktsatz $L(t, t_{j-1}, t_j)$ jeweils nur eine Volatilität $\sigma_{j-1}(t)$ verwendet. Möchte man das Modell an Caplet-Preise mit Auszahlungsprofil

$$\text{Nominal} \cdot \Delta_i \cdot \max\{L(t_{j-1}, t_{j-1}, t_j) - K, 0\}$$

für verschiedene Strikes K bewerten, so ist der Umstand zu berücksichtigen, dass die am Markt gehandelten impliziten Caplet-Volatilitäten in Abhängigkeit vom Strike K eine *Smile-Struktur* (oder *Skew-Struktur*) aufweisen:

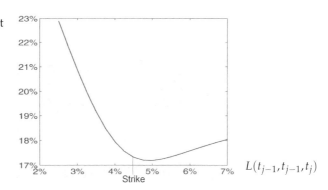

Abbildung 42: Volatilitäts-Smile

Um Smiles bei der Modellierung zu erfassen, gibt es eine Reihe von möglichen Vorgehensweisen. Die aus dem bisherigen Ansatz (4.64) bekannte LIBOR Dynamik

$$dL(t, t_{j-1}, t_j) = \sigma_{j-1}(t) \cdot L(t, t_{j-1}, t_j) dW_{t,j-1}$$

ist geeignet zu modifizieren. Mögliche Ansätze lauten:

1. Das *Displaced Diffusion-Modell* (oder *Shifted Lognormal-Modell*):

$$dL(t, t_{j-1}, t_j) = \beta_{j-1}(t) \cdot (L(t, t_{j-1}, t_j) - \alpha_{j-1}) dW_{t,j-1},$$

2. das *CEV- (Constant Elasticity of Variance-) Modell*:

$$dL(t, t_{j-1}, t_j) = \sigma_{j-1}(t) \cdot (L(t, t_{j-1}, t_j))^{\gamma_{j-1}} dW_{t,j-1}, \quad \gamma_{j-1} \in (0;1),$$

3. das *SABR-Modell*, ein Modell mit *stochastischer Volatilität*:

$$dL(t, t_{j-1}, t_j) = V(t) \cdot L(t, t_{j-1}, t_j)^{\beta} dW_{t,j-1}$$
$$dV(t) = \varepsilon \cdot V(t) \cdot d\widetilde{W}_{t,j-1}, \quad V(0) = \alpha,$$

wobei die beiden involvierten Wiener-Prozess eine vorgegebene Korrelation ρ besitzen. Die Bezeichnung SABR steht für *stochastic alpha beta rho*.

Die Kalibrierung all dieser Ansätze ist äußerst komplex und erfordert umfangreiche Erfahrung im Umgang mit Zinsstrukturmodellen. Wir verweisen auf die umfassende Darstellung in [7].

4.12   Bewertung von Kreditderivaten

Das Risiko, dass eine Firma oder ein Staat oder eine Privatperson einen Kredit nicht (oder nicht vollständig oder nicht in der vereinbarten Zeit) zurückzahlt, wird als *Kreditrisiko* bezeichnet. Dieses spielt an den Finanzmärkten eine große Rolle. Finanzinstitutionen sind in den letzten Jahren zunehmend damit beschäftigt, das Kreditrisiko mit mathematischen und statistischen Methoden zu berechnen. Dabei spielen die folgenden Begriffe eine Rolle:

- Die *Ausfallwahrscheinlichkeit*: Dies ist die Wahrscheinlichkeit, dass ein Kredit (oder eine Anleihe) nicht wie vereinbart zurückgezahlt wird. Die Ausfallwahrscheinlichkeit eines Kreditschuldners ist umso höher, je schlechter seine *Kreditwürdigkeit* (*Bonität*) ist. Sie hängt insbesondere vom Zeithorizont ab. Die engl. Bezeichnung für Ausfallwahrscheinlichkeit ist *probability of default*, kurz *PD*.

- Die *Verlustquote*: Dies ist der prozentuale Verlust, gemessen am gesamten Kreditvolumen, den ein Kreditgeber verliert, wenn ein Schuldner ausfällt. Bei einer Verlustquote von 60% bekommt der Kreditgeber bei einem Ausfall des Schuldners für jeden Euro 40 Cent zurück. Die Zahl (1− Verlustquote) wird als *Erlösquote* bezeichnet. Für die Verlustquote wird oft der engl. Begriff *Loss Given Default* (kurz *LGD*) verwendet und für die Erlösquote der Begriff *Recovery Rate* (kurz *RR*).

- Das *Exposure*: Dies ist die Höhe der Schulden, die ein Kreditnehmer beim Kreditgeber hat.

Finanzinstitutionen versuchen fortwährend, sich gegen mögliche Kreditausfälle zu schützen. Dazu gibt es eine Reihe von Instrumenten am Markt, z. B. Garantien oder Bürgschaften. Seit einigen Jahren werden diese traditionellen Instrumente ergänzt durch sog. *Kreditderivate*, die es in zahlreichen Varianten gibt und die – wie andere Derivate auch – aus einmaligen oder regelmäßigen Zahlungen zwischen zwei Vertragsparteien bestehen. Wir betrachten im nächsten Abschnitt einige typische Beispiele.

4.12.1   Funktionsweise von Kreditderivaten

Das am häufigsten gehandelte Kreditderivat ist der *Credit Default Swap*, kurz *CDS*. Ein CDS ist eine vertragliche Vereinbarung zwischen zwei Parteien A und B, die Folgendes vorsieht: Sollte eine bestimmte Firma C (oder ein Staat, eine Institution, ...) innerhalb eines definierten Zeitraumes von $t = 0$ bis $t = T$ ausfallen (d. h. seine Schulden nicht mehr begleichen können), so leistet die Partei A an die Partei B eine Zahlung der Höhe

$$\text{Verlustquote} \cdot \text{Nominalbetrag}$$

wobei der Nominalbetrag im CDS-Vertrag fest vereinbart wird. Im Gegenzug zahlt B an A regelmäßig (z. B. vierteljährlich) einen festen Betrag (*Prämie*). Partei A wird auch *Sicherungsverkäufer* oder *Protection Seller* bezeichnet, während B *Sicherungskäufer* oder *Protection Buyer* heißt. C ist die *Referenzadresse* .

Der Sinn einer solchen Vereinbarung besteht darin, dass B damit gegen Verluste der Firma C abgesichert ist. Typischerweise ist B eine Bank, die irgendwann vorher einmal einen Kredit an C vergeben hat und sich nun gegen einen eventuellen Ausfall von C schützen möchte. Falls C ausfällt, bekommt B damit den verloren gegangenen Teil von A ersetzt. Dabei ist selbstverständlich vertraglich genau zu fixieren, was ein Ausfall (oder *Ausfallereignis*, engl. *credit event*) ist, z. B. die Eröffnung eines Insolvenzverfahrens oder das Ausbleiben von Zahlungen bei C.

Im Rahmen der Kreditrisikomodellierung interessiert man sich u. a. dafür, welchen Betrag B an A für die Sicherungsleistung zu zahlen hat, d. h. was die *(faire) Prämie* eines CDS ist.

Die Prämienzahlung s bei einem CDS wird in der Regel in Basispunkten bezogen auf einen vereinbarten Nominalbetrag N angegeben und dann über die Laufzeit des CDS bis zum *Ausfallzeitpunkt* regelmäßig gezahlt. Man bezeichnet s auch als *(CDS-)Spread*. Im Folgenden seien $0 = t_0 < t_1 < \ldots < t_n$ vorgegebene Zeitpunkte. Die Prämienzahlungen von B an A erfolgen in $t_1, \ldots, t_n = T$, sofern kein credit event während der Laufzeit des CDS von 0 bis T stattfindet. Zum Zeitpunkt T endet dann der CDS. Sollte jedoch zu irgendeinem Zeitpunkt τ (dem Ausfallzeitpunkt) während der Laufzeit des CDS ein credit event stattfinden, so muss A an B in τ die Zahlung der Höhe

$$LGD \cdot N$$

leisten, wobei LGD die zum Zeitpunkt des credit events festgestellte Verlustquote ist. Die Prämienzahlungen von B an A und der CDS enden dann zum Zeitpunkt τ.

Neben dem bisher betrachteten CDS, der sich standardmäßig auf *eine* Referenzadresse bezieht und daher auch als *single name CDS* bezeichnet wird, gibt es auch CDS-Verträge, die sich auf *mehrere* Referenzadressen beziehen. Beispielsweise könnte der Vertrag so aussehen, dass eine Menge von Referenzadressen (ein sog. *Pool*) definiert wird, und jedes mal, wenn eine der Referenzadressen ausfällt, muss der Protection Seller einen gewissen Ausgleichsbetrag anteilig vom Gesamtnominalbetrag N zahlen. Der CDS endet dann nicht, sondern wird bis zum regulären Laufzeitende T fortgesetzt, mit weiteren Ausgleichszahlungen, falls weitere Ausfälle auftreten. Eine solche Konstruktion liegt den am Markt gehandelten *Index-CDS*-Verträgen zu Grunde, z. B. dem sog. *iTraxx-CDS*, bei dem die Menge der Referenzadressen aus 125 (halbjährlich neu festgelegten) Adressen mit einem Gewicht von je 0,8% besteht.

Bei den sog. *First-to-Default (FtD)-CDS* bezieht sich die Sicherungsleistung ebenfalls auf eine Menge von Referenzadressen (in der Regel weniger als 10), wobei hier nur eine Ausgleichszahlung beim *ersten* auftretenden credit event geleistet wird und der CDS-Vertrag dann endet. Der Sicherungsverkäufer erhält eine höhere Prämie als für die Einzeladressen, da er das erste Ausfallrisiko des Pools absichert und eine höhere Wahrscheinlichkeit für eine Schadensleistung als bei einem single name CDS in Kauf nimmt.

Ein CDS-Vertrag kann gedanklich mit einem gewöhnlichen Zinsswap verglichen werden: Es gibt zwei "Seiten", nämlich die regelmäßigen Prämienzahlungen in t_i (sie werden auch *Premium Leg* genannt), und die (eventuell stattfindende) Ausgleichszahlung bei einem credit event in τ (auch *Protection Leg* genannt). Der Nominalbetrag N dient lediglich als Bezugsgröße und wird nicht ausgetauscht.

Die Bewertung eines CDS erfolgt durch eine getrennte Bewertung der beiden Seiten. Diejenige Prämie s, für die der Barwert eines Credit Default Swap Null ist, heißt *fairer Spread* für die entsprechende Laufzeit. Bei Eintritt in einen Credit Default Swap wird in der Regel die Prämie gerade so vereinbart, dass das Geschäft fair ist. Am Markt werden Credit Default Swaps durch Angabe ihres fairen Spreads s_{fair} quotiert.

Beachten Sie, dass bei einem Kreditderivat zusätzlich zum Risiko des Ausfalls der Referenzadresse auch das Risiko besteht, dass einer der beiden Vertragsparteien des CDS ausfällt. Fällt bspw. der Sicherungsverkäufer aus, so ist die Absicherung für den Sicherungskäufer nicht mehr vorhanden. In der Praxis wird dieses *Kontrahentenrisiko* durch den Austausch von Sicherheiten zwischen den CDS-Vertragspartnern begrenzt (analog zur Vorgehensweise bei anderen Derivaten).

Übung 4.33 *A und B vereinbaren in $t_0 = 0$ einen fünfjährigen single name CDS mit Referenzadresse C. Dabei zahlt B als Protection Seller vierteljährlich den vereinbarten fairen Spread von $s = 0,0020$ bezogen auf den Nominalbetrag $N = 10.000.000$ an A und erhält umgekehrt beim Auftreten eines credit events bzgl. C während der Laufzeit eine Ausgleichszahlung.*
1. *Welche Zahlungen fließen, wenn kein credit event auftritt?*
2. *Welche Zahlungen fließen beim Auftreten eines credit events mit LGD = 60% in $t_2 = 2$?*

4.12.2 Bewertung von single name CDS

Auch für die Bewertung von Kreditderivaten gilt (in einem arbitragefreien, vollständigen Markt) die **risikoneutrale Bewertungsformel** aus Satz 4.9. Allerdings muss in diesem Zusammenhang die Menge der gehandelten Basisinstrumente und auch die in Satz 4.9 auftretende Filtration so erweitert werden, dass bonitätsrelevante Informationen Berücksichtigung finden (z. B. anhand beobachtbarer Preise für Standard-Credit Default Swaps oder Unternehmensanleihen, aus denen sich Credit Spreads ableiten lassen).

Der Barwert eines single name CDS setzt sich zusammen aus dem Barwert des Premium Legs und dem Barwert des Protection Legs. Beide werden getrennt betrachtet.

Das Premium Leg

Der in $t \leq t_i$ gültige Barwert einer zu erhaltenden Zahlung der Höhe 1, die zum Zeitpunkt t_i stattfinden wird, sofern bis t_i kein credit event bzgl. der Referenzadresse eingetreten ist (dies entspricht der Situation beim CDS aus Sicht des Protection Sellers) ist

$$D_t = N_t \cdot E_{Q_N}\left((1_{\{\tau > t_i\}} / N_{t_i}) | \mathcal{F}_t^S \right),$$

wobei τ der zufällige Zeitpunkt des (ersten auftretenden) credit events bzgl. der Referenzadresse sei und wobei $N_t := \exp\left(\int_0^t r_u \, du \right)$ gelte, d. h. der hier gewählte Numéraire ist das savings account mit dem zugehörigen Martingalmaß Q_N. Unter der Grundannahme, dass die Short Rates r_t *stochastisch unabhängig* vom zufälligen Ausfallzeitpunkt sind, können wir schreiben

$$D_t = \left(\exp\left(\int_0^t r_u\, du\right)/N_{t_i}\right)\cdot E_{Q_N}\left(1_{\{\tau>t_i\}}|\mathcal{F}_t^S\right)$$

$$= \exp\left(-\int_t^{t_i} r_u\, du\right)\cdot (1\cdot Q_N(\tau>t_i|\mathcal{F}_t^S)+0\cdot Q_N(\tau\le t_i|\mathcal{F}_t^S))$$

$$= \exp\left(-\int_t^{t_i} r_u\, du\right)\cdot Q_N(\tau>t_i|\mathcal{F}_t^S).$$

Im Folgenden verwenden wir die Bezeichnung

$$\boxed{S(t,u):=Q_N(\tau>u|\mathcal{F}_t^S).} \tag{4.75}$$

Es handelt sich dabei um die Wahrscheinlichkeit, dass bis t_i kein credit event stattgefunden hat (die *Überlebenswahrscheinlichkeit* oder *survival probability*). Offenbar gilt dann $Q_N(\tau>t_i|\mathcal{F}_t^S)=S(t,t_i)$.

Der oben berechnete Barwert bezieht sich auf eine Zahlung der Höhe 1. Die tatsächliche Höhe der Prämienzahlung beim CDS zum Zeitpunkt t_i ist jedoch

$$N\cdot s\cdot \Delta_i,$$

wobei Δ_i die Länge des Zeitintervalls zwischen t_{i-1} und t_i gemäß Zählkonvention ist und s die Prämie in Basispunkten. Folglich ist der Barwert der in t_i stattfindenden Prämienzahlung (unter der Bedingung, dass vorher kein credit event stattfand) gegeben durch

$$D_t = N\cdot s\cdot \Delta_i\cdot \exp\left(-\int_t^{t_i} r_u\, du\right)\cdot S(t,t_i).$$

Summieren wir diese Terme für $i\in\{1,\ldots,n\}$, so ergibt sich der Barwert aller Prämienzahlungen für alle Zeitpunkte t_i, zu denen noch kein credit event stattgefunden hat:

$$N\cdot s\cdot \sum_{i=1}^n \Delta_i\cdot \exp\left(-\int_t^{t_i} r_u\, du\right)\cdot S(t,t_i).$$

Das ist jedoch noch nicht der Barwert des Premium Legs! Es fehlt nämlich noch derjenige Teil der Prämie, den der Protection Buyer für den Zeitraum zwischen dem letzten regulären Prämienzahlungszeitpunkt t_{i-i} und dem danach stattfindenden Ausfallereignis zum Zeitpunkt $\tau\in(t_{i-1};t_i]$ zahlen muss – sofern der Ausfallzeitpunkt überhaupt in $(t_0;t_n]$ liegt. Diese *anteilige Prämie* (engl. *accrued premium*) hat in $t\le t_{i-1}$ den Barwert

$$N\cdot s\cdot \int_{t_{i-1}}^{t_i} \Delta(t_{i-1},u)\cdot \exp\left(-\int_t^u r_v\, dv\right)\cdot (-dS(t,u)). \tag{4.76}$$

Hier handelt es sich um ein *Riemann-Stieltjes-Integral* (vgl. Abschnitt 4.3.2) und $\Delta(t_{i-1},u)$ ist die Länge des Zeitintervalls zwischen t_{i-1} und u.

Begründung für (4.76): Der Barwert der zufälligen anteiligen Prämie lautet

$$h(\tau):=1_{\{\tau\in(t_{i-1};t_i]\}}\cdot N\cdot s\cdot \Delta(t_{i-1};\tau)\cdot \exp\left(-\int_t^\tau r_v\, dv\right).$$

Wir berechnen den Erwartungswert dieser Größe mit der in Satz (2.4) angegebenen Formel. Dazu benötigen wir die Dichtefunktion der Zufallsvariablen τ. Wegen

$$Q_N(\tau \le u | \mathcal{F}_t^S) = 1 - Q_N(\tau > u | \mathcal{F}_t^S) = 1 - S(t,u)$$

ist $1 - S(t,u)$ die Verteilungsfunktion von τ und deren Ableitung $d(1 - S(t,u))/du = -dS(t,u)/du$ somit die gesuchte Dichtefunktion (wir nehmen an, dass die Verteilungsfunktion stetig differenzierbar ist). Es gilt daher

$$\begin{aligned}
E_{Q_N}(h(\tau)) &= \int_{t_{i-1}}^{t_i} h(u) \cdot (-dS(t,u)/du) \cdot du \\
&= N \cdot s \cdot \int_{t_{i-1}}^{t_i} \Delta(t_{i-1},u) \cdot \exp\left(-\int_t^u r_v\, dv\right) \cdot (-dS(t,u)), \quad (4.77)
\end{aligned}$$

und dies ist gerade der Ausdruck aus (4.76).
Summieren wir die anteiligen Prämien für $i \in \{1,\ldots,n\}$, so können wir festhalten, dass der Barwert des Premium Legs aus Sicht von t gegeben ist durch

$$\begin{aligned}
PV_{\text{Premium Leg}} &= N \cdot s \cdot \sum_{i=1}^{n} \Delta_i \cdot \exp\left(-\int_t^{t_i} r_v\, dv\right) \cdot S(t,t_i) + \\
&\quad N \cdot s \cdot \sum_{i=1}^{n} \int_{t_{i-1}}^{t_i} \Delta(t_{i-1},u) \cdot \exp\left(-\int_t^u r_v\, dv\right) \cdot (-dS(t,u)). \quad (4.78)
\end{aligned}$$

Übung 4.34 *Mit welcher Wahrscheinlichkeit erfolgt (aus Sicht von $t = 0$) niemals ein Ausfallereignis, wenn wir $r_v = r > 0$ und $S(0,u) = e^{-\lambda \cdot u}$ ($\lambda > 0$) annehmen?*

Das Protection Leg

Bei der Bewertung des Protection Legs ist die Ausgleichszahlung des Protection Sellers an den Protection Buyer zu verbarwerten. Diese Ausgleichszahlung findet nur dann statt, wenn während der Laufzeit des CDS ein credit event stattfinden sollte. Die Höhe der Ausgleichszahlung ist vor dem Eintreten eines credit events unbekannt, denn der Ausgleichsbetrag steht ja erst dann fest, wenn die Höhe der Verlustquote *nach* dem Ausfallereignis ermittelt wurde. Um jedoch eine Bewertung des CDS zum Abschlusszeitpunkt durchführen zu können, ist es erforderlich, eine "fiktive" Verlustquote *anzunehmen*, die der Berechnung des Barwerts zu Grunde liegt. Diese angenommene Verlustquote bezeichnen wir mit $LGD = 1 - RR$, wobei RR für die Erlösquote (Recovery Rate) steht. Beachten Sie, dass diese Werte von den zum Ausfallzeitpunkt tatsächlich ermittelten Größen im Allgemeinen abweichen werden. Ein typischer Wert, der bei Abschluss des CDS oft unterstellt wird, ist $RR = 40\%$, was einer angenommenen Verlustquote von 60% entspricht. Der Barwert des Premium Legs berechnet sich zum Zeitpunkt t bei gegebener Recovery Rate $RR \in [0;1]$ zu

$$E_{Q_N}\left(h(\tau) | \mathcal{F}_t^S\right)$$

mit

$$h(\tau) = N \cdot (1 - RR) \cdot \exp\left(-\int_t^\tau r_u \, du\right).$$

Die Berechnung des Erwartungswerts erfolgt ganz entsprechend der Erwartungswertberechnung (4.77) und liefert das Ergebnis

$$PV_{\text{Protection Leg}} = N \cdot (1 - RR) \cdot \int_t^T \exp\left(-\int_t^u r_v \, dv\right) \cdot (-dS(t,u)). \qquad (4.79)$$

Bewertung eines CDS

Mit den bisher hergeleiteten Ergebnissen erhalten wir

Satz 4.24 *Der zum Zeitpunkt $t \geq 0$ gültige Barwert eines CDS mit Nominal N, angenommener Recovery Rate RR, CDS-Spread s und Fälligkeit in T, der sich auf eine Referenzadresse mit zufälligem Ausfallzeitpunkt $\tau > t$ bezieht, lautet aus Sicht des Protection Buyers*

$$PV_{\text{CDS}} = PV_{\text{Protection Leg}} - PV_{\text{Premium Leg}}. \qquad (4.80)$$

Aus Sicht des Protection Sellers ist der Barwert des CDS gleich $-PV_{\text{CDS}}$.

Definition 4.6 *Der CDS-Spread eines CDS betrage s Basispunkte. Dann wird die Größe*

$$RPV01(t,T) := PV_{\text{Premium Leg}}/s$$

*auch als **Credit Risky Basis Point Value** bezeichnet.*

Interpretation: Der Wert $RPV01(0,T)$ gibt die Wertänderung (in Basispunkten) eines CDS mit Nominalbetrag $N = 1$, CDS-Spread s und Fälligkeit in T bei einer Änderung des CDS-Spreads um einen Basispunkt (BP) an, denn es gilt

$$PV_{\text{CDS}}(s + 0{,}0001) - PV_{\text{CDS}}(s)$$

$$= PV_{\text{Premium Leg}}(s + 0{,}0001) - PV_{\text{Premium Leg}}(s)$$

$$= 0{,}0001 \cdot \sum_{i=1}^n \Delta_i \cdot \exp\left(-\int_t^{t_i} r_v \, dv\right) \cdot S(t,t_i) +$$

$$\qquad 0{,}0001 \cdot \sum_{i=1}^n \int_{t_{i-1}}^{t_i} \Delta(t_{i-1}, u) \cdot \exp\left(-\int_t^u r_v \, dv\right) \cdot (-dS(t,u))$$

$$= 1\,BP \cdot PV_{\text{Premium Leg}}/s$$

$$= RPV01(t,T)\,BP.$$

Beachten Sie bei dieser Umformung, dass $PV_{\text{Protection Leg}}$ nicht von s abhängt!

Übung 4.35 *Zeigen Sie, dass sich der Barwert eines single name CDS mit Fälligkeit in T, Nominal N und Spread s zum Zeitpunkt 0 aus Sicht des Protection Sellers wie folgt darstellen lässt:*

$$PV_{CDS} = N \cdot (s - s_{fair}) \cdot RPV01, \tag{4.81}$$

wobei s und s_{fair} hier in der Einheit BP anzugeben sind, also z. B. $s_{fair} = 5$, wenn der faire CDS-Spread 0,0005 ist.

Fairer Spread und Quotierung von CDS

Wie wir gesehen haben, erfordert die Bestimmung von $PV_{\text{Protection Leg}}$ und $PV_{\text{Premium Leg}}$ jeweils die Berechnung von Integralen. In der Praxis werden die auftretenden Integrale durch **numerische Näherungswerte** berechnet, wobei die aus der numerischen Mathematik bekannten Näherungsverfahren zum Einsatz kommen. Damit ergibt sich die folgende Bewertungsformel eines CDS (Fälligkeit in T, Betrachtungszeitpunkt t) aus Sicht des Protection Buyers, bzgl. deren Herleitung wir auf [32], Kapitel 6 verweisen:

$$
\begin{aligned}
PV_{\text{CDS}} &= N \cdot \frac{1 - RR}{2} \cdot \sum_{k=1}^{K} (B(t, (k-1) \cdot \epsilon) + B(t, k \cdot \epsilon)) \cdot (S(t, (k-1) \cdot \epsilon) - S(t, k \cdot \epsilon)) \\
&\quad - N \cdot s \cdot RPV01(t, T),
\end{aligned} \tag{4.82}
$$

$$
\begin{aligned}
RPV01 &= (\Delta(t_{i^*-1}, t) + 0.5 \cdot \Delta(t, t_{i^*})) \cdot B(t, t_{i^*}) \cdot (1 - S(t, t_{i^*})) \\
&\quad + \Delta(t_{i^*-1}, t_{i^*}) \cdot B(t, t_{i^*}) \cdot S(t, t_{i^*}) \\
&\quad + 0.5 \cdot \sum_{i=i^*+1}^{n} \Delta(t_{i-1}, t_i) \cdot B(t, t_i) \cdot (S(t, t_{i-1}) + S(t, t_i)).
\end{aligned}
$$

Hier ist $B(t, u) := e^{-\int_t^u r_v \, dv}$, $K := [12 \cdot (T - t) + 0.5]$ (Gauß-Klammer), $\epsilon := (T - t)/K$ und t_{i^*} der *erste* Prämienzahlungszeitpunkt mit $t_{i^*} \geq t$. Im Fall $t = 0$, zu Beginn des CDS-Vertrages, gilt für $RPV01$ wegen $t_{i^*} = t_0 = 0$ die einfachere Formel

$$RPV01 = 0.5 \cdot \sum_{i=1}^{n} \Delta(t_{i-1}, t_i) \cdot B(0, t_i) \cdot (S(0, t_{i-1}) + S(0, t_i)).$$

Der numerische Fehler dieser Approximation hat bei einem Nominalbetrag von $N = 1$ die Größenordnung 10^{-7}, wie man zeigen kann (vgl. die o. g. Literaturquelle).

Definition 4.7 *Der faire Spread eines CDS ist derjenige Spread $s = s_{fair}$, für den der Barwert des CDS bei Abschluss in $t = 0$ den Wert 0 hat. Aus der Bedingung $PV_{CDS} = 0$ in $t = 0$ erhalten wir wegen (4.82):*

$$s_{fair} = \frac{1 - RR}{2} \cdot \frac{\sum_{k=1}^{K} (B(0, (k-1) \cdot \epsilon) + B(0, k \cdot \epsilon)) \cdot (S(0, (k-1) \cdot \epsilon) - S(0, k \cdot \epsilon))}{RPV01}. \tag{4.83}$$

Wie bei Anleihen ist auch bei CDS-Verträgen sorgfältig zwischen dem *Clean-Preis* und dem Barwert (*Dirty-Preis*) zu unterscheiden. Während der Barwert des CDS der oben betrachteten Größe PV_{CDS} entspricht, ist der Clean-Preis gleich dem Barwert minus der anteiligen Prämie, die zwischen dem Betrachtungszeitpunkt t und dem letzten davor liegenden regulären Prämienzahlungszeitpunkt t_{i^*-1} angefallen ist. Bei Abschluss eines CDS in $t = 0$ sowie zu jedem Prämienzahlungszeitpunkt t_i ist die anteilige Prämie gleich 0. Typischerweise wird der Clean-Preis verwendet, um die CDS-Preise am Markt zu quotieren. Für einen CDS mit Prämie s gilt die Beziehung

$$PV_{CDS} = \text{Clean-Preis} + \text{anteilige Prämie,}$$

$$\text{anteilige Prämie} = \begin{cases} +\Delta(t_{i^*-1},t) \cdot s, & \text{bei Sicherungsverkauf} \\ -\Delta(t_{i^*-1},t) \cdot s, & \text{bei Sicherungskauf.} \end{cases}$$

4.12.3 Intensitätsmodell

Im *Intensitätsmodell* wird der zufällige Ausfallzeitpunkt τ als *exponentialverteilte* Zufallsvariable modelliert, d. h. es gilt unter dem Martingalmaß Q_N der Ansatz

$$S(0,t) = Q_N(\tau > t) = \exp\left(-\int_0^t h(s)\,ds\right) \tag{4.84}$$

mit einer integrierbaren deterministischen Funktion $h(s) > 0$, die auch als *hazard rate* oder *Intensitätsfunktion* bezeichnet wird. Beachten Sie, dass die Überlebenswahrscheinlichkeit im Fall $h(s) = \lambda > 0$ lautet

$$S(0,t) = e^{-\lambda \cdot t}. \tag{4.85}$$

Übung 4.36
1. *Begründen Sie, dass aus (4.84) folgt: $S(0,t)$ ist eine positive, streng monoton fallende Funktion bzgl. der Variablen t.*
2. *Wie lautet die Verteilungsfunktion, die Dichtefunktion, der Erwartungswert und die Varianz von τ im Fall $h(s) = \lambda > 0$?*
3. *Begründen Sie die Aussage $-S'(0,t)/S(0,t) = \lambda$ für $h(s) = \lambda$.*

Im Ansatz (4.84) gilt offenbar

$$Q_N(\tau \in (t; t + \Delta t] \mid \tau > t) = \frac{S(0,t) - S(0, t + \Delta t)}{S(0,t)}$$

$$= 1 - \exp\left(-\int_0^{\Delta t} h(s)\,ds\right)$$

$$\approx \int_0^{\Delta t} h(s)\,ds,$$

d. h. der Ausdruck $\int_0^{\Delta t} h(s)\,ds$ entspricht für Intervalle kleiner Länge Δt in etwa der *bedingten Ausfallwahrscheinlichkeit* $Q_N(\tau \in (t; t + \Delta t] \mid \tau > t)$.

4.12.4   Kalibrierung des Intensitätsmodells

CDS-Preise werden am Kapitalmarkt für eine Reihe von Referenzadressen (einige tausend) und unterschiedliche Fälligkeiten von Marktteilnehmern ständig bereitgestellt, indem pro Referenzadresse und Fälligkeit der faire CDS-Spread s_{fair} quotiert wird. Daher ist es möglich, aus den bekannten CDS-Spreads mittels der Formeln (4.83) und (4.84) die Intensitätsfunktion $h(s)$ und damit die Überlebenswahrscheinlichkeiten $S(0,t)$ zu berechnen. Das entsprechende Rechenverfahren wird *Bootstrapping* genannt und beruht auf der Annahme, dass $h(s)$ eine stückweise konstante positive Funktion ist, also

$$h(s) = \sum_{i=1}^{n} h_i \cdot 1_{\{s \in [t_{i-1}; t_i)\}}, \qquad h_i > 0.$$

Für die Prämienzahlungszeitpunkte $t_1 < t_2 < \ldots t_n$ folgt zunächst für $i \in \{1, \ldots, n\}$ und $t \in (t_{i-1}; t_i]$ die Aussage

$$
\begin{aligned}
S(0,t) &= \exp\left(-\int_0^t h(s)\,ds\right) = \exp\left(-\sum_{j=1}^{i-1} h_j \cdot \Delta_j\right) \cdot \exp(-h_i \cdot (t - t_{i-1})) \\
&= \exp\left(-\int_0^{t_{i-1}} h(s)\,ds\right) \cdot \exp(-h_i \cdot (t - t_{i-1})) \\
&= S(0, t_{i-1}) \cdot \exp(-h_i \cdot (t - t_{i-1})), \quad S(0, t_0) := 1.
\end{aligned}
\tag{4.86}
$$

Beispiel 4.23   (Kalibrierung des Intensitätsmodells)

Für eine Referenzadresse gelten zum Zeitpunkt $t_0 = 0$ die folgenden fairen CDS-Spreads (jeweils in Basispunkten):

t_i	1	2	3	5	7	10
$s_{\text{fair},t}$	5,00	7,00	10,00	14,00	19,00	22,00

Die aktuelle Kurve der Zerorates $L_{st}(0,t)$ (stetige Verzinsung) sei durch $L_{st}(0,t) := 0{,}05 - 0{,}035 \cdot e^{-0{,}12 \cdot t}$ gegeben (vgl. Beispiel 4.17), d. h. wir haben $B(0,t) = \exp(-L_{st}(0,t) \cdot t)$. Daraus können wir sukzessive die Intensitätsfunktion

$$h(s) = \sum_{i=1}^{6} h_i \cdot 1_{\{s \in [t_{i-1}; t_i)\}}$$

bestimmen. Es sei $RR = 40\%$.

1. *Wir betrachten einen CDS mit Fälligkeit in $t_1 = 1$. Es gilt $s_{\text{fair},t_1} = 0{,}05\%$. Wegen $S(0,t) = e^{-h_1 \cdot t}$ für $t \in [0; t_1]$, $K = [12 \cdot (t_1 - 0) + 0{,}5] = 12$ und $\epsilon = 1/12$ können wir unter Verwendung von (4.83) nun schreiben:*

$$0{,}05\% = \frac{1 - 0{,}4}{2} \cdot \frac{\sum_{k=1}^{12} \left(B(0, (k-1)/12) + B(0, k/12)\right) \cdot \left(e^{-h_1 \cdot (k-1)/12} - e^{-h_1 \cdot k/12}\right)}{0{,}5 \cdot B(0, t_1) \cdot (1 + S(0, t_1))}.$$

Daraus ergibt sich

$$h_1 \approx 0{,}0825\%, \qquad S(0,t_1) \approx 99{,}9175\%.$$

2. *Im Fall* $t_i = 2$ *ist* $K = [12 \cdot (t_2 - 0) + 0{,}5] = 24$, $\epsilon = 1/12$ *und die zu betrachtende Gleichung (4.83) lautet wie folgt:*

$$0{,}07\% = 0{,}3 \cdot \frac{\sum_{k=1}^{24}(B(0,(k-1)/12) + B(0,k/12)) \cdot (S(0,(k-1)/12) - S(0,k/12))}{0{,}5 \cdot (B(0,t_1) \cdot (S(0,t_0) + S(0,t_1)) + B(0,t_2) \cdot (S(0,t_1) + S(0,t_2)))}.$$

In dieser Gleichung verwenden wir $S(0,l/12) = e^{-h_1 \cdot l/12}$ *für* $l \leq 12$ *sowie die Beziehung* $S(0,l/12) = S(0,t_1) \cdot e^{-h_2 \cdot (l-12)/12}$ *für* $l \geq 13$ *und* $S(0,t_2) = S(0,t_1) \cdot e^{-h_2 \cdot 1}$. *Alle Größen bis auf* h_2 *sind bekannt, so dass die Gleichung nach* h_2 *aufgelöst werden kann:*

$$h_2 \approx 0{,}1489\%, \qquad S(0,t_2) \approx 99{,}7688\%.$$

3. *Auf diese Weise fortfahrend ergeben sich die weiteren Werte der Intensitätsfunktion und der Überlebenswahrscheinlichkeiten:*

$$h_3 = 0{,}2671\%, \quad S(0,t_3) = 99{,}5027\%, \quad h_4 = 0{,}3318\%, \quad S(0,t_4) = 98{,}8448\%,$$
$$h_5 = 0{,}5342\%, \quad S(0,t_5) = 97{,}7944\%, \quad h_6 = 0{,}4748\%, \quad S(0,t_6) = 96{,}4113\%.$$

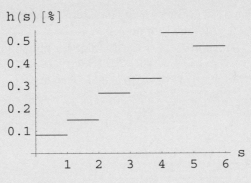

Abbildung 43: Kalibrierte Intensitätsfunktion

Verschiedene Intensitätsfunktionen können zum selben CDS-Spread führen. Die ermittelten Ausfallwahrscheinlichkeiten hängen vom Ansatz für die Intensitätsfunktion, von der Erlösquote und von der numerischen Approximation der Integrale ab.

Das credit triangle

Unterstellen wir eine nicht zeitabhängige Intensitätsfunktion $h(s) = \lambda > 0$, so ergibt sich (unter gewissen Annahmen) eine in der Praxis häufig verwendete einfache Beziehung zwischen λ, dem fairen CDS-Spread s_{fair} und der Erlösquote RR.

Satz 4.25 (Das credit triangle)
Wir nehmen an, dass die am Markt gehandelten Zerozinssätze und die fairen CDS-Spreads bezogen auf eine Referenzadresse für alle Laufzeiten einen konstanten Wert annehmen. Des weiteren betrachten wir einen (hypothetischen) CDS-Vertrag mit kontinuierlicher Prämienzahlung. Dann gilt mit den o. g. Bezeichnungen:

$$\lambda = \frac{s_{fair}}{1 - RR}. \tag{4.87}$$

Beweis Ist r der konstante Zerozinssatz, so folgt wegen (4.80) und (4.78) bzw. (4.79) bei einem CDS mit Nominal N, Laufzeit T und kontinuierlicher Prämienzahlung aus Sicht von $t = 0$:

$$
\begin{aligned}
0 &= PV_{\text{Protection Leg}} - PV_{\text{Premium Leg}} \\
&= N \cdot (1 - RR) \cdot \int_0^T \exp\left(-\int_0^u r\, dv\right) \cdot (-dS(0,u)) \\
&\quad - N \cdot s_{\text{fair}} \cdot \int_0^T \exp\left(-\int_0^u r\, dv\right) \cdot S(0,u)\, du,
\end{aligned}
$$

wobei der Term für $PV_{\text{Premium Leg}}$ hier an den Fall der kontinuierlichen Prämienzahlung angepasst wurde ($\Delta_i \to 0$, anteilige Prämie $= 0$).
Mit $dS(0,u) = (d(e^{-\lambda \cdot u})/du)du = -\lambda \cdot e^{-\lambda \cdot u} du$ folgt aus obiger Gleichung

$$s_{\text{fair}} = \frac{\lambda \cdot (1 - RR) \cdot \int_0^T e^{-(r+\lambda)\cdot u}\, du}{\int_0^T e^{-(r+\lambda)\cdot u}\, du}$$

also $\lambda = s_{\text{fair}}/(1 - RR)$. ∎

Beispiel 4.24 *Wir berechnen die Intensitätsrate h_1 aus dem vorhergehenden Beispiel näherungsweise:*

$$h_1 \approx \frac{0,05\%}{1 - 0,5} \approx 0,0833\%.$$

Dies ist eine gute Näherung des Wertes aus obigem Beispiel.

Im Folgenden betrachten wir eine CDS-Position, die in der Vergangenheit zum CDS-Spread s eingegangen wurde und deren Wertänderung bestimmt werden soll. Dabei wollen wir lediglich Bezug nehmen auf den aktuell am Markt gehandelten fairen CDS-Spread s_{fair}. Offenbar gilt aus Sicht des Sicherungskäufers bei konstantem Zinssatz r und konstanter Intensitätsfunktion:

$$PV_{\text{CDS}}(s_{\text{fair}}) - PV_{\text{CDS}}(s) = -PV_{\text{Premium Leg}}(s_{\text{fair}}) + PV_{\text{Premium Leg}}(s)$$

$$\approx (s_{\text{fair}} - s) \cdot N \cdot \sum_{t_j \geq 0} \Delta_j \cdot \exp\left(-\left(r + \frac{s_{\text{fair}}}{1 - RR}\right) \cdot t_j\right).$$

Übung 4.37 *Bewerten Sie anhand der Daten aus Beispiel 4.23 einen heute in $t = 0$ abgeschlossenen CDS-Vertrag mit Nominal $N = 1$ Mio., Laufzeit 2 Jahren, vierteljährlicher Prämienzahlung $s = 0,0008\%$ (annualisierter Wert) aus Sicht des Protection Buyers. Verwenden Sie dazu die Formeln (4.82) und (4.86) sowie einen konstanten Zinssatz von $r = 2\%$.*

4.12.5 Bewertung von Index-CDS

An den Kapitalmärkten existieren eine Reihe verschiedener sog. *CDS-Indices*, bei denen es sich jeweils um einen Durchschnitts-CDS-Spread handelt, der sich aus einer Menge von single name CDS-Spreads herleitet. Letztere werden anhand eines regelmäßig neu zu definierenden Portfolios (Pool) von am Markt besonders aktiv gehandelten single name CDS ausgewählt, wobei je nach Index unterschiedliche Kriterien für die im Portfolio befindlichen Referenzadressen gelten.

Die bekanntesten Indices sind der *iTraxx*- und der *CDX-Index*, welche jeweils auf einem Pool von 125 single name CDS basieren, die sich ausschließlich auf Referenzadressen mit guter Kreditqualität (sog. *investment grade*-Adressen, d. h. Rating mindestens BBB) beziehen. Der iTraxx-Index beinhaltet lediglich Adressen mit Sitz in Europa und der CDX-Index Adressen in Nordamerika.

Der Sinn der Bildung von CDS-Indices ist darin zu sehen, dass auf diese Weise ein transparenter und aussagefähiger Maßstab für die durchschnittliche Kreditqualität zahlreicher Adressen zur Verfügung steht. Es gibt eine ganze Reihe von aktiv gehandelten Kreditderivaten, deren Zahlungen über die o. g. Indices definiert sind. Wir betrachten als wichtigstes Beispiel die sog. *Index-CDS-Verträge*.

Funktionsweise der Index-Bildung

Halbjährlich wird eine neue *Serie* des Index gebildet, d. h. es werden jeweils $m = 125$ Adressen am Markt ausgewählt, und für diese Adressen werden die fairen CDS-Spreads der Laufzeiten $3, 5, 7, 10$ Jahre beobachtet. Aus den jeweiligen CDS-Spreads wird ein sog. *Index-Kupon* berechnet. Der Index-Kupon gehört dann zu der Serie und diese wiederum bleibt (ebenso wie der Index-Kupon) für die zugehörige Laufzeit 3 bzw. 5 bzw. 7 bzw. 10 Jahre unverändert bestehen. Es kann allerdings sein, dass einzelne Referenzadressen aus der Serie herausfallen, z. B. dann, wenn sie die Bedingungen für die Zusammensetzung der Serie nicht mehr erfüllen, d. h. wenn sie keine investment grade-Adressen mehr sind; in diesem Fall werden sie durch andere Adressen ersetzt. Falls bei einer Adresse aus einer Serie während der Laufzeit jedoch ein credit event auftritt, so wird die jeweilige Adresse aus der Serie entfernt und nicht ersetzt.

Beispiel 4.25 *Am 20. Mai und am 20. September eines jeden Jahres werden immer neue Serien mit Laufzeiten von 3, 5, 7, 10 Jahren des iTraxx- bzw. CDX-Index gebildet. Die jeweils aktuellste Serie heißt on the run-Serie. Für die iTraxx- bzw. CDX-Serie vom 20. Mai 2005 mit der Laufzeit 5 Jahre werden am 20. Mai 125 single name CDS-Spreads auf europäische (bzw. amerikanische) investment grade Adressen ausgewählt, aus denen sich dann der Index-Kupon für diese Serie errechnet. Die Laufzeiten der single name CDS-Verträge, die in die Berechnung mit einbezogen werden, sind am Tag der Serienbildung (hier also am 20. Mai) typischerweise 3 Monate länger als die Laufzeit der Serie. Für eine 5-Jahres-Serie würden also faire single name CDS-Spreads mit Laufzeit von 5,25 Jahren herangezogen werden. Natürlich verkürzt sich die Laufzeit der zu Grunde liegenden single name CDS im Laufe der Zeit. Die o. g. Serie endet am 20. Juni 2010, sie hat also eine tatsächliche Laufzeit von 5,25 Jahren, obwohl sie üblicherweise als 5-Jahres-Serie bezeichnet wird. Analoges gilt für die übrigen Laufzeiten. Beachten Sie, dass bei der Bildung einer neuen Serie am 20. September 2005 alle "alten" zuvor gebildeten Serien bestehen bleiben, bis ihr Laufzeitende erreicht ist. Es gibt also zu jedem Zeitpunkt am Markt eine ganze Reihe bestehender Serien gleichzeitig.*

Der Index-CDS

Ein Index-CDS ist ein CDS, der sich auf eine iTraxx- oder CDX-Serie bezieht. Es wird dabei vereinbart, dass der Käufer des Kreditrisikos für eine bestimmte Laufzeit (bis zum Laufzeitende der zu Grunde liegenden Serie, also z. B. 5,25 Jahre bei Abschluss des Index-CDS zu Beginn einer neuen 5-Jahres-Serie) vierteljährlich (typischerweise am 20. Mai, 20. Juni, 20. September und 20. Dezember) bezogen auf einen zeitveränderlichen Nominalbetrag (Anfangswert N) eine Prämie der Höhe s (annualisierter Wert) erhält, und zwar bis zum Ende der Laufzeit des Vertrages. Der Wert von s ist gleich dem (zeitlich nicht veränderlichen) Index-Kupon für die zu Grunde liegende Serie. Die übliche Marktkonvention ist, dass diejenige Vertragspartei, die das Kreditrisiko kauft (also die Prämienzahlung erhält), als Käufer des Index-CDS bezeichnet wird. Der Käufer zahlt bei Abschluss des Index-CDS eine sog. *upfront-Zahlung*, deren Höhe dem Barwert des Index-CDS entspricht. Falls dieser Barwert negativ ist, so erhält der Käufer den entsprechenden Betrag vom Verkäufer.

Sollte während der Laufzeit ein credit event bzgl. der Adressen aus der Serie auftreten, so wird der ursprüngliche Nominalbetrag N anteilig gekürzt, d. h. statt N wird $(m-1)/m \cdot N$ als Nominalbetrag verwendet, wobei m die Anzahl der Referenzadressen ist (also $m = 125$ beim iTraxx- bzw. CDX-Index). Dadurch verringert sich natürlich auch die Höhe der vierteljährlichen Prämienzahlung: Sie beträgt vor dem ersten credit event

$$N \cdot s \cdot \Delta.$$

Hier ist Δ die Länge einer Kuponperiode gemäß vereinbarter Tageszählkonvention (typischerweise $act/360$). Nach dem ersten credit event ist sie

$$N \cdot \frac{m-1}{m} \cdot s \cdot \Delta = N \cdot \frac{124}{125} \cdot s \cdot \Delta.$$

Ein weiteres credit event reduziert den Nominalbetrag auf $N \cdot (m-2)/m$ usw. Jedes credit event führt also zu einer Verringerung um den Wert $N \cdot (1/m)$. Folglich haben alle Adressen im Pool das gleiche Gewicht bzgl. des Nominalbetrags (sie haben natürlich nicht den gleichen CDS-Spread).

Ein credit event führt neben der Nominalveränderung zu folgenden Zahlungen:

1. Der Kreditrisikokäufer zahlt den Betrag $N \cdot (1/m)$ an seinen Kontrahenten und erhält dafür Anleihen der ausgefallenen Adressen mit Nominalbetrag $N \cdot (1/m)$. Beachten Sie, dass die Anleihen den Kurswert $RR \cdot N \cdot (1/m)$ haben, wobei RR die Recovery Rate nach dem credit event ist. Insofern hat der Kreditrisikokäufer seinem Kontrahenten rechnerisch den Betrag $(1-RR) \cdot N \cdot (1/m)$ gezahlt.
   Statt der o. g. Zahlung gegen Lieferung von Anleihen (dem *physical settlement*) setzt sich immer mehr das *cash settlement* durch, bei dem auf die Lieferung von Anleihen verzichtet wird und der Kreditrisikokäufer direkt den Betrag $(1-RR) \cdot N \cdot (1/m)$ zahlt.

2. Der Kreditrisikokäufer erhält (analog zur Vorgehensweise bei single name CDS) die anteilige Prämie seit dem letzten regulären Prämienzahlungstermin bezogen auf den Nominalbetrag, der vor dem credit event galt.

Bei Index-CDS Verträgen besteht sie Besonderheit, dass sie jeweils zum 20. Mai und zum 20. September "gerollt" werden, wie man sagt, d. h. der alte Index-CDS-Vertrag wird dann durch einen neuen ersetzt, der sich immer auf die aktuelle Serie bezieht.
Die Bewertung eines Index-CDS-Vertrages erfordert ein Modell, welches die Beziehung zwischen den individuellen CDS-Spreads und dem Index-Kupon bzw. der regelmäßigen Prämienzahlung beschreibt. Darauf gehen wir im Folgenden näher ein.

Index-CDS Bewertung

Wir bewerten das Protection Leg und das Premium Leg zum Zeitpunkt $0 \le t \le T$. Dabei ist T der Fälligkeitszeitpunkt des Index-CDS-Vertrags und der Nominalbetrag ist 1.

Zunächst zum **Protection Leg**: Es sei RR_k die unterstellte Recovery Rate nach einem credit event der Adresse k ($k \in \{1, \ldots, m\}, m = 125$). Da bei einem credit event bzgl. Adresse k eine Ausgleichszahlung der Höhe $(1-RR_k) \cdot 1/m$ vom Kreditrisikokäufer zu leisten ist, haben wir aus Sicht des Zeitpunktes t:

$$PV_{\text{Protection Leg}} = N_t \cdot E_{Q_N}\left(\frac{1}{m} \cdot \sum_{k=1}^{m}(1-RR_k) \cdot N_{\tau_k} \cdot 1_{\{t < \tau_k \le T\}} \big| \mathcal{F}_t^S\right),$$

wobei τ_k der zufällige Zeitpunkt des (ersten auftretenden) credit events bzgl. der Referenzadresse k sei und wobei $N_t := \exp\left(\int_0^t r_u \, du\right)$ gelte. Unterstellen wir die stochastische Unabhängigkeit der Short Rates r_t und der zufälligen Ausfallzeitpunkte τ_k, so können wir weiter schreiben:

$$PV_{\text{Protection Leg}} = \frac{1}{m} \cdot \sum_{k=1}^{m}(1-RR_k) \cdot \int_t^T \exp\left(-\int_t^u r_v \, dv\right) \cdot (-dS_k(t,u))$$

mit $S_k(t,u) := E_{Q_N}(1_{\{\tau_k > u\}})$. Die Herleitung dieser Beziehung erfolgt genauso wie die Herleitung von (4.79).

Übung 4.38 *Führen Sie die Herleitung der obigen Beziehung durch!*

Ist $s_{k,\text{fair},t,T}$ der zur Zeit t gültige faire CDS-Spread für die Adresse k bezogen auf den Fälligkeitszeitpunkt T, so gilt wegen (4.80) und Definition 4.6

$$0 = PV_{k,\text{Protection Leg}} - s_{k,\text{fair},t,T} \cdot RPV01_k(t,T),$$

also mit (4.79)

$$(1 - RR_k) \cdot \int_t^T \exp\left(-\int_t^u r_v dv\right)(-dS_k(t,u)) = PV_{k,\text{Protection Leg}} = s_{k,\text{fair},t,T} \cdot RPV01_k(t,T).$$

Wir erhalten schließlich den Barwert des Protection Legs in der Form

$$PV_{\text{Protection Leg}} = \frac{1}{m} \cdot \sum_{k=1}^m s_{k,\text{fair},t,T} \cdot RPV01_k(t,T). \tag{4.88}$$

Jetzt kommen wir zur Bewertung des **Premium Legs**: Die vierteljährliche Prämienzahlung setzt sich zusammen aus der Summe aller Prämienzahlungen für alle bis zum Prämienzahlungszeitpunkt noch nicht ausgefallenen Referenzadressen. Da jede Adresse ein Gewicht von $1/m$ in Bezug auf den Anfangsnominalbetrag 1 hat, folgt

$$PV_{\text{Premium Leg}} = N_t \cdot E_{Q_N}\left(s \cdot \frac{1}{m} \cdot \sum_{k=1}^m \sum_{i=1}^n N_{t_l} \cdot 1_{\{\tau_k > t_i\}} | \mathcal{F}_t^S\right) + \text{anteilige Prämie}, \tag{4.89}$$

wobei $t_1, \ldots, t_n$ die Prämienzahlungszeitpunkte sind und wobei gilt

$$s = C(T) = \text{annualisierter Index-Kupon für die zu Grunde liegende Serie.}$$

Die anteilige Prämie bezeichnet den Barwert desjenigen Teils der Prämie, der für den Zeitraum zwischen dem letzten regulären Zahlungszeitpunkt und dem Zeitpunkt des eventuellen credit events einer Adresse im Pool noch zu zahlen ist. Dieselben Überlegungen, die uns zu (4.78) geführt haben, ergeben hier

$$N_t \cdot E_{Q_N}\left(\frac{s}{m} \cdot \sum_{k=1}^m \sum_{i=1}^n N_{t_l} \cdot 1_{\{\tau_k > t_i\}} | \mathcal{F}_t^S\right) = \frac{s}{m} \cdot \sum_{k=1}^m \sum_{i=1}^n \Delta_i \cdot \exp\left(-\int_t^{t_i} r_v \, dv\right) \cdot S_k(t,t_i). \tag{4.90}$$

Bezeichnet $PV_{k,\text{Premium Leg},s}$ den Barwert des Premium Legs eines single name CDS bzgl. Adresse k mit Spread s, Nominal 1 und Laufzeit T, so können wir wegen Definition 4.6 und (4.78) schreiben

$$
\begin{aligned}
RPV01_k(t,T) &= PV_{k,\text{Premium Leg},s}/s = \sum_{i=1}^n \Delta_i \cdot \exp\left(-\int_t^{t_i} r_v \, dv\right) \cdot S_k(t,t_i) \\
&\quad + \text{anteilige Prämie}_k/s,
\end{aligned}
\tag{4.91}
$$

Aus den Gleichungen (4.89), (4.90) und (4.91) ergibt sich schließlich

$$PV_{\text{Premium Leg}} = \frac{C(T)}{m} \cdot \sum_{k=1}^{m} RPV01_k(t,T). \tag{4.92}$$

Mit (4.88) und (4.92) resultiert folgender Satz:

Satz 4.26 (Barwert eines Index-CDS)
Der zum Zeitpunkt $t \geq 0$ gültige Barwert eines Index-CDS mit Nominal N, Index-Kupon $C(T)$ und Fälligkeit in T, der sich auf einen Pool mit m Adressen bezieht, lautet aus Sicht des Kreditrisikokäufers

$$PV_{Index-CDS} = \frac{N}{m} \cdot \sum_{k=1}^{m} (C(T) - s_{k,fair,t,T}) \cdot RPV01_k(t,T). \tag{4.93}$$

Folglich kann die Bewertung eines Index-CDS durchgeführt werden unter Verwendung der beobachtbaren fairen CDS-Spreads der Referenzadressen im Pool.

In der Praxis beruht Bewertung von Index-CDS auf sog. *Index-Kurven*. Für jede iTraxx- bzw. CDX-Serie wird dabei ein laufzeitabhängiger *Index-Spread* $s_I(t,T)$ veröffentlicht, dessen Bedeutung gemäß der üblichen Marktkonvention die folgende ist: Wenn wir zum Zeitpunkt t einen (hypothetischen) single name CDS mit Laufzeit T, Nominal $N = 1$ und vierteljährlicher Prämienzahlung $0,25 \cdot C(T)$ ($C(T) =$ annualisierter Index-Kupon) mit den üblichen Zahlungsterminen bei Index-CDS abschließen und diesen basierend auf der *flachen* Spread-Kurve $s_{\text{fair},t_i} = s_I(t,T)$ für alle $t_i \geq t$ wie in Beispiel 4.23 bewerten, so ergibt sich derselbe Barwert, wie wir ihn bei Anwendung von Formel (4.93) für den Index-CDS mit Laufzeit T erhalten.

Aus Sicht des Kreditrisikokäufers hat der hypothetische single name CDS gemäß (4.81) zum Zeitpunkt t den Barwert

$$(C(T) - s_I(t,T)) \cdot RPV01_I(t,T),$$

wobei $RPV01_I$ hier der mittels der flachen Spread-Kurve $s_{\text{fair},t_i} = s_I(t,T)$ für alle $t_i \geq t$ berechnete Credit Risky Basis Point Value sei. Setzen wir dies mit dem Ausdruck (4.93) gleich, so erhalten wir die folgende Bestimmungsgleichung für $s_I(t,T)$:

$$\frac{1}{m} \cdot \sum_{k=1}^{m} (C(T) - S_k(t,T)) \cdot RPV01_k(t,T) = (C(T) - s_I(t,T)) \cdot RPV01_I(t,T).$$

Beachten Sie, dass $s_I(t,T)$ hier auch implizit im Ausdruck $RPV01_I(t,T)$ enthalten ist und daher keine einfache lineare Gleichung bzgl. $s_I(t,T)$ vorliegt!
Die Approximation $RPV01_I(t,T) \approx \frac{1}{m} \cdot \sum_{k=1}^{m} RPV01_k(t,T)$ führt uns auf den Näherungswert

$$s_I(t,T) \approx \frac{\sum_{k=1}^{m} S_k(t,T) \cdot RPV01_k(t,T)}{\sum_{k=1}^{m} RPV01_k(t,T)}.$$

4.12.6   Asset Swaps, Bonds und Spreads

Die Zero Discount Margin bei Floatern mit Spread

Der Emittent eines Floaters mit fixem Spread s, Nominal $N = 1$ und Kuponzahlungs-zeitpunkten $0 < t_1 < t_2 < \ldots < t_n$, $\Delta_j :=$ Länge des Zeitintervalls von t_{j-1} bis t_j gemäß Zählkonvention muss am Kapitalmarkt zusätzlich zum jeweils in t_{j-1} gefixten aktuel-len variablen Zinssatz $L(t_{j-1}, t_j)$ einen *bonitätsabhängigen Spread s* bezogen auf den Nominalbetrag zahlen. Dieser Spread bleibt unverändert.

Wir wollen den Barwert des Floaters zum Zeitpunkt 0 berechnen. Dazu schreiben wir (mit $t_0 := 0$):

$$PV_{\text{Floater mit Spread},0} = \sum_{k=1}^{n} B_z(0,t_k) \cdot \Delta_k \cdot (L(0,t_{k-1},t_k) + s) + 1 \cdot B_z(0,t_n) \tag{4.94}$$

mit den Bezeichnungen

$$B_z(0,t_k) := \frac{B_z(0,t_{k-1})}{1 + \Delta_k \cdot (L(0,t_{k-1},t_k) + z)}, \qquad B_z(0,t_1) := \frac{1}{1 + \Delta_1 \cdot (L(0,t_1) + z)}.$$

Die Größe z ist die sog. *Zero Discount Margin*. Es handelt sich um denjenigen Spread, der auf die aus heutiger Sicht gültigen Forwardzinssätze zu addieren ist, um beim Dis-kontieren der künftigen Zahlungen mittels $B_z(0,t_k)$ gerade den heute am Markt beob-achtbaren Wert des Floaters mit Spread s zu erhalten.

Beispiel 4.26   *Es gelte $L(0,1) = 2\%$, $L(0,2) = 2{,}5\%$ und $L(0,3) = 3\%$ sowie $t_j = j$ für $j \in \{0,\ldots,3\}$. Für einen Floater mit $s = 0{,}1\%$ haben wir gemäß (4.94) und (1.7):*

$$\begin{aligned}PV_{\text{Floater mit Spread},0} &= B_z(0,1) \cdot (L(0,0,1) + 0{,}1\%) + B_z(0,2) \cdot (L(0,1,2) + 0{,}1\%) \\ &\quad + B_z(0,3) \cdot (L(0,2,3) + 0{,}01\%) + 1 \cdot B_z(0,3) \\ &= B_z(0,1) \cdot 2{,}01\% + B_z(0,2) \cdot 3{,}01\% + B_z(0,3) \cdot 4{,}02\% + B_z(0,3).\end{aligned}$$

Es gilt $PV_{\text{Floater mit Spread},0} = 1$ für $z = s = 0{,}1\%$.

Übung 4.39   *Begründen Sie allgemein, dass im Fall $s = 0$ und $z = 0$ der Barwert des Floaters mit Spread zum Zeitpunkt 0 gleich seinem Nominalbetrag ist.*

Wir betrachten einen Floater mit Spread s und Nominal 1, der in $t = 0$ zu pari (also zum Preis 1) emittiert wird. Wenn sich die Bonität des Emittenten im Zeitablauf nicht än-dert, wird an jedem Fixing-Termin der Barwert des Floaters mit Nominal 1 bei 1 liegen – und zwar unabhängig davon, wie sich die Zinssätze $L(t,t_{k-1},t_k)$ am Markt verändern haben. Der Floater hat insofern nur ein geringes Zinsänderungsrisiko. Er weist jedoch Preisschwankungen auf, wenn sich die Bonität des Emittenten verändert – dieses Bonitätsrisiko zeigt sich in einem zeitveränderlichen Barwert und einer veränderlichen Zero Discount Margin.

Als Ergebnis lässt sich festhalten, dass ein Floater mit Spread s für Investoren geeignet ist, die nicht auf Zinsänderungen setzen, sondern in die (sich verbessernde) Bonität des Emittenten investieren wollen.

Asset Swaps

Asset Swaps werden seit den frühen 80er Jahren gehandelt und zählen zu den ersten und mit am häufigsten gehandelten Kreditderivaten. Der Käufer eines Asset Swaps erwirbt eine Kuponanleihe (mit Bonitätsrisiko) und gleichzeitig einen Payer Swap, bei dem er den festen Kupon aus der Anleihe zahlt und dafür regelmäßige variable Zinszahlungen plus einem von der Bonität des Anleihe-Emittenten abhängigen Spread erhält. Für das Paket aus Kuponanleihe und Swap (auch *Asset Swap Package* genannt) zahlt der Käufer den Nominalbetrag der Kuponanleihe. Folgende Zahlungsströme finden im Einzelnen statt:

1. Zu Beginn liefert der Verkäufer dem Käufer eine Kuponanleihe mit Nominal N, Fälligkeit in T, regelmäßiger fester Kuponzahlung C und Barwert PV_{Anleihe}. Der Käufer zahlt dafür den Nominalbetrag N.

2. An den Kuponterminen zahlt der Käufer die Kuponzahlungen an der Verkäufer des Asset Swaps und erhält im Gegenzug dafür zu den Zeitpunkten $0 < t_1 < \ldots < t_M$ die variablen Zahlung $N \cdot \Delta_k \cdot (L(t_{k-1}, t_k) + A(0))$, wobei $A(0)$ der sog. *Asset Swap Spread* ist. In T zahlt der Verkäufer des Asset Swaps den Nominalbetrag der Anleihe an den Käufer des Asset Swaps. Der Asset Swap ist dann beendet.

3. Falls während der Laufzeit des Asset Swaps ein credit event bzgl. der Kuponanleihe stattfindet, so laufen die Zahlungen aus dem Asset Swap unverändert weiter bis T.

Der vom Käufer zu zahlende Nominalbetrag N für den Asset Swap kann gedanklich zerlegt werden in einen Kaufpreis für die Kuponanleihe und den Barwert des Swaps:

$$PV_{\text{Swap}} + PV_{\text{Anleihe}} = N. \tag{4.95}$$

Falls die Anleihe mehr als N wert ist, so muss der Swap aus Sicht des Käufers einen negativen Barwert haben und umgekehrt. Die Gültigkeit der obigen Gleichung bei Abschluss des Asset Swaps wird dadurch gewährleistet, dass der Asset Swap Spread $A(0)$ passend gewählt wird. Der Barwert der variablen Zahlungen ist in $t = 0$:

$$N \cdot \sum_{k=1}^{m} B(0, t_k) \cdot \Delta_k \cdot (L(t_{k-1}, t_k) + A(0)),$$

wobei wir beachten, dass die Ausfallwahrscheinlichkeit des Emittenten der Anleihe hier keine Rolle spielt, da die Zahlungen in jedem Fall bis zum Zeitpunkt T stattfinden werden. Die fixen Zahlungen aus dem Swap haben aus Sicht des Käufers den Barwert

$$-N \cdot \sum_{j=1}^{n} B(0, t_j^*) \cdot C,$$

mit den Kuponzahlungszeitpunkten $0 < t_1^* < \ldots < t_n^*$. Beachten Sie, dass diese Zeitpunkten von den o. g. abweichen können. Wegen Gleichung (4.95) gilt

$$N = N \cdot \sum_{k=1}^{m} B(0, t_k) \cdot \Delta_k \cdot (L(t_{k-1}, t_k) + A(0)) - N \cdot \sum_{j=1}^{n} B(0, t_j^*) \cdot C + PV_{\text{Anleihe}}$$

$$\Longleftrightarrow \quad A(0) = \frac{\sum_{j=1}^{n} B(0, t_j^*) \cdot C + 1 - PV_{\text{Anleihe}}/N - \sum_{k=1}^{m} B(0, t_k) \cdot \Delta_k \cdot L(t_{k-1}, t_k)}{\sum_{k=1}^{m} B(0, t_k) \cdot \Delta_k}.$$

Aufgrund der Beziehung $L(t_{k-1}, t_k) = L(t_{k-1}, t_{k-1}, t_k) = \frac{1}{\Delta_k} \cdot \left(\frac{B(0, t_{k-1})}{B(0, t_k)} - 1 \right)$ folgt mit $t_n^* = t_m = T$ nun

$$A(0) = \frac{\sum_{j=1}^{n} B(0, t_j^*) \cdot C + B(0, T) - PV_{\text{Anleihe}}/N}{\sum_{k=1}^{m} B(0, t_k) \cdot \Delta_k}.$$

Der vom Asset Swap Käufer regelmäßig vereinnahmte Asset Swap Spread kann als Preis dafür angesehen werden, eine bonitätsrisikobehaftete Anleihe zu kaufen (Barwert $-PV_{\text{Anleihe}}/N$) und gleichzeitig die Zahlungen aus einer (fiktiven) Anleihe mit geringem Bonitätsrisiko zu erhalten (Barwert $\sum_{j=1}^{n} B(0, t_j^*) \cdot C + B(0, T)$). Daher ist der Asset Swap Spread ein *Maß für die Kreditqualität* der zu Grunde liegenden Kuponanleihe. Je schlechter diese ist, um so höher der Wert von $A(0)$ und umgekehrt.

> **Übung 4.40** *Inwiefern sind die Zahlungen der o. g. fiktiven Anleihe mit Barwert $\sum_{j=1}^{n} B(0, t_j^*) \cdot C + B(0, T)$ einem geringen Bonitätsrisiko unterworfen und um die Bonität welcher Adresse handelt es sich dabei? Warum kann man sagen, dass der Asset Swap Spread genau dann positiv ist, wenn die Bonität des Swap-Kontrahenten besser ist als die des Emittenten der Kuponanleihe mit Kupon C?*

Asset Swaps sind für Investoren interessant, die gezielt in die Bonität einer bestimmten Adresse investieren wollen und nicht dem Zinsänderungsrisiko ausgesetzt sein wollen. Der zum Zeitpunkt t gültige *Barwert eines Asset Swaps* aus Sicht des Käufers kann wie folgt bestimmt werden (wobei bei der zu Grunde liegenden Anleihe bis t kein credit event aufgetreten sei): Der Käufer K, welcher in $t = 0$ einen Asset Swap abgeschlossen hatte, überlegt sich, welche Zahlungen entstehen würden, wenn er in t den ursprünglichen Asset Swap durch einen gegenläufigen Asset Swap mit ansonsten identischen Bedingungen neutralisierte. Als Ergebnis zeigt sich, dass K die Kuponanleihe dann nicht mehr besitzt, dass die Zahlungen des Nominalbetrags aus beiden Asset Swaps sich gerade zu 0 ausgleichen und dass sich die variablen Zahlungen sich bis auf den Anteil aus dem Asset Swap Spread ebenfalls wegheben. Somit verbleiben aus Sicht von K die künftigen Zahlungen $+A(0)$ (aus dem ersten Swap) und $-A(t)$ (aus dem zweiten Swap), die bonitätsrisikolos über die verbleibende Laufzeit zu diskontieren sind. Dies ergibt dann den Barwert des Asset Swaps in t:

$$PV_{\text{Asset Swap},t} = (A(0) - A(t)) \cdot \sum_{t_k \geq t} B(t,t_k) \cdot \Delta_k.$$

4.13   Kontrahentenrisiko und Credit Value Adjustment

Die im letzten Abschnitt vorgestellten Techniken können bei der Bewertung des sog. *Kontrahentenrisikos* verwendet werden. Dabei geht es darum, die im stetigen Modell gültige risikoneutrale Bewertungsformel (4.22) so zu modifizieren, dass das Risiko eines Ausfalls des Kontrahenten mit in die Bewertung einbezogen wird. Diese Überlegungen haben im Zuge der Finanzkrise ab 2008 eine zunehmende Bedeutung gewonnen (vgl. auch [8] und [13]). Wir betrachten dazu ein Portfolio von Derivaten, die mit einem bestimmten Kontrahenten abgeschlossen wurden, und die maximal bis zum Zeitpunkt $T > 0$ laufen. Folgende Bezeichnungen werden verwendet:

- $PV(t,T)$: Barwert des Portfolios in t ohne Berücksichtigung des Kontrahentenrisikos.

- $\widetilde{PV}(t,T)$: Barwert des Portfolios in t mit Berücksichtigung des Kontrahentenrisikos.

Zwei Fälle sind in $t = 0$ möglich:

1. Falls kein Ausfall in $[0;T]$ stattfindet, so gilt $\widetilde{PV}(0,T) = PV(0,T)$.

2. Findet ein Ausfall statt, so setzt sich Barwert $\widetilde{PV}(0,T)$ zusammen aus dem Barwertanteil aller Zahlungen bis τ und dem Barwertanteil der Zahlungen ab τ (jeweils aus Sicht von $t = 0$). Der Barwertanteil aller Zahlungen bis zum Ausfallzeitpunkt ist $E_{Q_N}(PV(0,\tau))$, wobei Q_N das zum Numéraire $(N_t)_{t \in [0;T]}$ mit $N_t = e^{r \cdot t}$ gehörende Martingalmaß ist. Die Zahlungen ab τ liefern den Beitrag:

   $$E_{Q_N}(e^{-r \cdot \tau} \cdot (RR \cdot \max\{PV(\tau,T),0\} + \min\{PV(\tau,T),0\})),$$

   mit $RR = 1 - LGD$. **Begründung:** Bei einem Ausfall des Kontrahenten entsteht ein anteiliger Verlust in Höhe von RR mal dem **positiven** Marktwert des Portfolios. Sollte das Portfolio einen negativen Marktwert haben, so ändert sich dieser nicht – denn die Zahlungsverpflichtungen bleiben bestehen!

Beide genannten Fälle lassen sich zusammenfassen in der Formel

$$
\begin{aligned}
\widetilde{PV}(0,T) \;=\; & E_{Q_N}\Big(1_{\{\tau > T\}} \cdot PV(0,T) + 1_{\{\tau \leq T\}} \cdot PV(0,\tau) \\
& + 1_{\{\tau \leq T\}} \cdot (RR \cdot \max\{PV(\tau,T),0\} + \min\{PV(\tau,T),0\})/e^{r \cdot \tau}\Big).
\end{aligned}
\quad (4.96)
$$

Wegen $\min\{PV(\tau,T),0\} = PV(\tau,T) - \max\{PV(\tau,T),0\}$ schreibt sich (4.96) als

$$\widetilde{PV}(0,T) \;=\; E_{Q_N}\Big(1_{\{\tau > T\}} \cdot PV(0,T) + 1_{\{\tau \leq T\}} \cdot PV(0,\tau)$$
$$+ 1_{\{\tau \leq T\}} \cdot ((RR - 1) \cdot \max\{PV(\tau,T),0\} + PV(\tau,T))/e^{r\cdot\tau}\Big).$$

Wir fassen die beiden Ausdrücke $PV(0,\tau)$ und $PV(\tau,T) \cdot e^{-r\cdot\tau}$ zusammen und erhalten

$$E_{Q_N}(1_{\{\tau \leq T\}} \cdot (PV(0,\tau) + PV(\tau,T) \cdot e^{-r\cdot\tau})) = E_{Q_N}(1_{\{\tau \leq T\}} \cdot PV(0,T)),$$

weil im Erwartungswert alle diskontierten künftigen Zahlungen aus dem Portfolio (bis τ und nach τ) berücksichtigt werden. Somit gilt

$$\widetilde{PV}(0,T) \;=\; E_{Q_N}\Big(1_{\{\tau > T\}} \cdot PV(0,T) + 1_{\{\tau \leq T\}} \cdot PV(0,T)$$
$$+ 1_{\{\tau \leq T\}} \cdot (RR - 1) \cdot \max\{PV(\tau,T),0\}/e^{r\cdot\tau}\Big),$$

sowie unter Beachtung von $1_{\{\tau > T\}} + 1_{\{\tau \leq T\}} = 1$ schließlich

$$\widetilde{PV}(0,T) = E_{Q_N}\Big(PV(0,T) - (1 - RR) \cdot 1_{\{\tau \leq T\}} \cdot \max\{PV(\tau,T),0\}/e^{r\cdot\tau}\Big).$$

Eine letzte Umformung ergibt

$$\widetilde{PV}(0,T) = PV(0,T) - E_{Q_N}\Big((1 - RR) \cdot 1_{\{\tau \leq T\}} \cdot \max\{PV(\tau,T),0\}/e^{r\cdot\tau}\Big),$$

und wir sehen, dass $\widetilde{PV}(0,T)$ gleich dem um die Größe

$$CVA(0,T) := E_{Q_N}\Big((1 - RR) \cdot 1_{\{\tau \leq T\}} \cdot \max\{PV(\tau,T),0\}/e^{r\cdot\tau}\Big), \qquad (4.97)$$

verminderten Barwert $PV(0,T)$ ist. Diese Größe, der *credit value adjustment* (*CVA*), lässt sich interpretieren als der Barwert des erwarteten Ausfallbetrags bei einem Ausfall des Kontrahenten in $\tau \in [0;T]$ bezogen auf den Fall, dass der Portfoliowert in τ positiv ist.

Ganz entsprechend zur Herleitung von (4.78) und (4.79) schreibt sich CVA als

$$CVA(0,T) = -(1 - RR) \cdot \int_0^T e^{-r\cdot u} \cdot E_{Q_N}(\max\{PV(u,T),0\})\, dS(0,u).$$

Hierbei geht die vereinfachende Annahme ein, dass RR eine nicht-zufällige Größe ist und dass der Barwert $PV(u,T)$ durch ein Ausfallereignis nicht verändert wird (falls dies doch der Fall sein sollte, so spricht man vom sog. *wrong-way risk*). Die einzig verbliebene zufällige Größe innerhalb des Erwartungswerts ist $\max\{PV(u,T),0\}$. Man bezeichnet den Ausdruck

$$EE(u,T) := E_{Q_N}(\max\{PV(u,T),0\})$$

auch als *expected exposure*. Damit gilt dann

$$CVA(0,T) = -(1 - RR) \cdot \int_0^T e^{-r\cdot u} \cdot EE(u,T)\, dS(0,u), \qquad (4.98)$$

bzw. mit einer Diskretisierung dieses Integrals

$$CVA(0,T) \approx (1 - RR) \cdot \sum_{i=1}^{n} e^{-r \cdot t_i} \cdot EE(t_i, T) \cdot (S(0, t_{i-1}) - S(0, t_i)).$$

Zur Vereinfachung von (4.98) wird gelegentlich die Größe

$$EPE := \frac{1}{T} \cdot \int_0^T EE(u, T) \, du \approx \frac{1}{n} \cdot \sum_{i=1}^{n} EE(t_i, T),$$

das *expected positive exposure*, eingeführt. Dann gilt näherungsweise

$$CVA(0,T) \approx -(1 - RR) \cdot \int_0^T e^{-r \cdot u} \, dS(0, u) \cdot EPE.$$

Beispiel 4.27

1. *Wir betrachten ein Portfolio, das nur aus einem einzigen Zerobond mit Fälligkeit in $T > 0$ und Nominal 1 besteht. Unter der Annahme konstanter Zinssätze folgt*

$$PV(u, T) = e^{-r \cdot (T-u)}, \qquad EE(u, T) = PV(u, T),$$

und mit $S(0, u) = e^{-\lambda \cdot u}$ (Intensitätsmodell) können wir gemäß (4.98) folgern

$$
\begin{aligned}
\widetilde{PV}(0,T) &= PV(0,T) - CVA(0,T) \\
&= PV(0,T) + (1 - RR) \cdot \int_0^T e^{-r \cdot T} \cdot (-\lambda) \cdot e^{-\lambda \cdot u} \, du \\
&= PV(0,T) + (1 - RR) \cdot PV(0,T) \cdot (e^{-\lambda \cdot T} - 1) \\
&= PV(0,T)(1 + (1 - RR) \cdot (1 - S(0,T))).
\end{aligned}
$$

2. *Das expected exposure einer long Position in einer Option ist gleich dem aufgezinsten heutigen Barwert. Um dies zu begründen, bezeichnen wir den Barwert in u mit $PV(u, T) > 0$. Ist der Markt vollständig, so gibt es eine selbstfinanzierende Replikationsportfoliostrategie $(\vec{h}_t)_{t \in [0;T]}$, und es gilt $PV(u, T) = PV_u^h$. Aufgrund von Satz 4.6 haben wir somit (bei konstanten Zinsen und $N_t := e^{r \cdot t}$):*

$$
\begin{aligned}
EE(u, T) &= E_{Q_N}(\max\{PV(u, T), 0\}) = E_{Q_N}(PV(u, T)) \\
&= E_{Q_N}(PV(u, T)/N_u) \cdot N_u = E_{Q_N}(PV_u^h/N_u) \cdot N_u \\
&= PV_0^h/N_0 \cdot N_u = PV(0, t) \cdot e^{r \cdot u}.
\end{aligned}
$$

Aus der Praxis:
Finanzmathematiker im Financial Engineering, Dr. Tin-Kwai Man, BHF-BANK Aktiengesellschaft, Frankfurt

Das Ansehen von Investment Bankern hat seit Ausbruch der Finanzkrise 2007 schwer gelitten. Große Zeitungen nennen sie die Alchimisten unserer Zeit, Ranglisten unbeliebter Berufsgruppen führen sie souverän an. Unzweifelhaft trugen mangelhaft bewertete derivative Strukturen in den Büchern systemrelevanter Banken – und der anschließende Zusammenbruch einiger Institute – zu einer Verschärfung der Krise bei. Führen wir dies auf immer neuere Finanzinstrumente und immer komplexere zu Grunde liegende mathematische Modelle zurück, trifft dies jedoch nicht den Kern der Wahrheit. Letztlich waren die verwendeten Modelle nicht zu komplex, viel eher konnten sie den Markt nicht ausreichend abbilden oder waren schlecht kalibriert. Die am Markt nachgefragten Produkte wurden immer vielschichtiger, während die zur Bewertung und Risikomessung gebrauchten Modelle technisch längst überholt waren oder keine adäquaten Modelle zur Verfügung standen. Risiken wurden daher nur unzureichend erkannt, was in der Konsequenz zur Heftigkeit der Krise beitrug, mit der nicht nur die Finanzwelt konfrontiert wurde.

Die Finanzkrise hat also gezeigt, dass die internationale Finanzwirtschaft noch längst nicht den nötigen Entwicklungsstand der finanzmathematischen Modellierung erlangt hat. Banken, Hedge Fonds, Versicherungen und andere Finanzdienstleister sind darauf angewiesen, die am Markt angebotenen und nachgefragten Produkte mit all ihren Risiken abbilden zu können und werden daher weiter Entwicklungsaufwand in mathematische Bewertungsmodelle und in Risikomanagementstrategien für Derivate stecken müssen.

Der erste dieser beiden Themenbereiche ist seit den bahnbrechenden Artikeln von Black und Scholes und von Merton in der Wissenschaft und in der Finanzpraxis weit – aber noch nicht weit genug – erforscht. Es gibt viele Entwicklungen auf diesem Gebiet und man muss sich kontinuierlich weiterbilden, will man mit seinen eingesetzten Modellen immer den aktuellen Marktstandard halten. Nicht nur für unterschiedliche Asset-Klassen, sondern auch für verschiedene Produktgruppen gibt es eigene Benchmark-Modelle mit Vor- und Nachteilen. Teilweise haben sich diese Benchmarks aber auch noch nicht herauskristallisiert, so dass es insgesamt eine große Zahl an Modellen gibt, die miteinander konkurrieren.

Während es für das Black-Scholes-Modell noch Formeln für eine Vielzahl von Optionstypen gibt, ist dies schon für die einfache Modellerweiterung auf lokale Volatilität nicht mehr der Fall. Lokale Volatilität bedeutet in diesem Kontext, dass statt einer konstanten eine (deterministische) zeit- und zustandsabhängige Volatilität für den Basiswert verwendet wird. Hier muss man eines von mehreren zur Auswahl stehenden numerischen Verfahren anwenden (z. B. Monte-Carlo-Simulation, Baum- oder Finite-Differenzen-Verfahren), um einen Optionspreis zu berechnen. Die Auswahl und Implementation der Verfahren sowie diese für die Praxis sattelfest zu machen ist dabei eine Aufgabe für Spezialisten. Hier spielen Fragestellungen wie z. B. Rechengenauigkeit bzw. -geschwindigkeit der Bewertungsfunktionen und der Hedgesensitivitäten eine große Rolle. Mit laufend neu strukturierten, immer komplexer werdenden Derivaten steigen auch die Anforderungen an die ebenso komplexer werdenden Bewertungsmodelle und deren Anzahl.

Einer der wichtigsten Punkte bei der Implementierung eines Modells ist seine marktkonforme Kalibrierung. Damit ist die Schätzung der verwendeten Parameter gemeint, die in diesem Modell Einfluss auf den Optionspreis haben. Im Black-Scholes-Modell ist dies alleine die konstante Volatilität. Bei Plain-Vanilla-Optionen kann diese implizit aus dem Marktpreis berechnet werden und wird daher auch implizite Volatilität genannt. Aber bereits im oben genannten Beispiel der lokalen Volatilität ist eine marktgerechte Kalibrierung des Modells nicht mehr trivial. Hier wird nicht mehr nur eine einzige Volatilität benötigt, sondern je nach verwendetem Rechenverfahren ein ganzes Kontinuum. Ein solches steht einem aber auch in einem sehr liquidem Optionsmarkt nicht zur Verfügung. Bei der Wahl der dann zu treffenden Annahmen, wie z. B. der Wahl der Parametrisierung der Volatilitätsfläche, sind umfangreiche Analysen notwendig, denn diese Annahmen haben teilweise großen Einfluss auf den berechneten Optionswert.

Neben der Bewertung von Finanzderivaten ist der zweite große Themenbereich die Entwicklung von Risikomanagementstrategien. Bereits bei ein wenig komplexeren Derivaten ist dies ein noch nicht umfassend erforschtes Feld. Plain-Vanilla-Calls und -Puts auf liquide Basiswerte werden an den weltweit vorhandenen Terminbörsen auch liquide gehandelt und sind somit für professionelle Finanzmarktteilnehmer leicht zugänglich. Aber bei weitem nicht alle Derivate können durch Plain-Vanilla-Produkte problemlos gehedgt werden, wie wir an folgendem Beispiel sehen.

Eine Barriere-Option besitzt die gleiche Auszahlung wie die zu Grunde liegende Plain-Vanilla-Option mit dem Unterschied, dass diese erst anfängt zu leben (In-Feature) bzw. ausgeknockt wird (Out-Feature), falls das Underlying, meist eine Aktie, ein Index oder auch ein Devisenkurs, ein vorher vereinbartes Kursniveau – auch Barriere genannt – erreicht. Im Falle eines Up-and-Out-Calls entspricht die Auszahlung der des zu Grunde liegende Plain-Vanilla-Calls, falls der Basiswert zwischen dem Optionsbeginn und der Fälligkeit die Barriere NICHT berührt hat. Sobald die Barriere berührt oder überschritten wird (Up-Feature), verfällt die Option wertlos. Es gibt auch Optionen mit dem entsprechenden Down-Feature. Generell hängt die Auszahlung einer Barriere-Option also nicht nur vom Kurs des Underlyings zur Fälligkeit ab, sondern dieser wird die ganze Laufzeit über beobachtet.

Dynamisches Risikomanagement ist in diesem Beispiel schwieriger als bei einem Plain-Vanilla-Call. Um dies zu verdeutlichen, stelle man sich folgende Situation vor: Kurz vor Fälligkeit des Up-and-Out-Calls notiert der zu Grunde liegende Aktienkurs nahe an der Barriere, hat diese aber im bisherigen Verlauf noch nicht erreicht. Das Delta der Barriere-Option hat dann einen betragsmäßig sehr hohen, aber negativen Wert. Was soll ein Händler nun machen, um diese Position abzusichern? Es genügt nicht nur viele Aktien zu kaufen – damit er deltaneutral ist –, diese Anzahl würde sich wegen des (betragsmäßig) großen Gammas schon bei kleinen Bewegungen im Underlying ändern, und man müsste sein Portfolio ständig umschichten. Es erscheint unverhältnismäßig, wenn man zum Hedge eines wenige Euro kostenden Produktes einige Tausend Euro aufwenden muss.

Selbst wenn der Händler diese große Zahl an Aktien in sein Buch aufnehmen würde, so müsste er diese später in kürzester Zeit wieder verkaufen. Entweder wenn die Barriere berührt wird, weil dann die Option nicht mehr lebt und somit keine Hedgeposition nötig ist, oder zur Fälligkeit, wenn auch hier der Hedge aufgelöst werden muss. Dies ist vor allem bei wenig gehandelten Werten schwierig und teuer. Auch die Hinzunahme von Plain-Vanilla-Optionen bringt keine Verbesserung der Hedgestrategie, da diese keine Unstetigkeitsstelle im Auszahlungsprofil aufweisen, sie also keine solch hohen Griechen wie Barriere-Optionen haben. Somit ist ein klassisches Eins-zu-eins-Hedging mit den Risikosensitivitäten für Barriere-Optionen nicht praktikabel.

Eine modifizierte und in der Praxis häufig verwendete Methode ist das dynamische Hedgen, wobei man aber nicht die Griechen der ursprünglichen Barriere-Optionen als Basis nimmt, sondern die einer Option mit geshifteter Barriere. Das oben erwähnte Szenario ist in diesem Fall nicht mehr so problematisch, denn die Sensitivitäten nehmen nicht mehr unverhältnismäßig hohe Werte an.

Die neuere Forschung beschäftigt sich in diesem Zusammenhang mit statischen Hedgestrategien. Bei diesen stellt man sich zu Optionsbeginn ein Hedgeportfolio zusammen, das nur bei eventuellem Erreichen der Barriere oder bei Laufzeitende umgeschichtet wird. Zusätzlich werden diverse Nebenbedingungen an das Portfolio gestellt, z. B. dass sein Wert an keinem Zeitpunkt unter dem Wert der zu hedgenden Barriere-Option liegen und man nur eine bestimmte Anzahl an Optionen zum Hedgen verwenden darf. Ein triviales Portfolio wäre zum Beispiel nur die zu Grunde liegende Plain-Vanilla zu kaufen, deren Wert immer größer ist, aber diese Strategie ist zu teuer! Hier lautet die Fragestellung: Wer findet das günstigste Portfolio, das in der Praxis noch einsetzbar ist? Es gibt zwar bereits vielversprechende theoretische Ansätze, allerdings müssen sich diese noch beweisen, wenn man beispielsweise auch Geld-Brief-Spreads der Optionskontrakte berücksichtigt.

Wir haben hier zwei Haupttätigkeiten eines Quantitativen Analysten, kurz Quant, im Financial Engineering kennengelernt. Genau wie die am Markt gehandelten Produkte sind auch die Aufgaben eines Financial Engineers vielfältig und erfordern analytische Exaktheit bei der Ausführung. Einer Barriere-Option ist nicht von vornherein anzusehen, warum sie nicht im Black-Scholes-Modell mit einer konstanten Volatilität bewertet werden sollte, obwohl die Bewertungsformeln in vielen Lehrbüchern aufgeführt sind. Aber eine genaue Analyse dieses Produktes und seiner Märkte führt zu der Erkenntnis, dass modernere Verfahren notwendig sind.

Diese Analysen sind in der Regel nicht trivial und teilweise sehr zeitaufwendig. Aber sie können große Konsequenzen für die internationalen Finanzmärkte haben, wie wir in der Finanzkrise sehen konnten, als viele Verbriefungen von Subprime-Krediten falsch eingeschätzt worden sind. Es herrscht also weiterhin großer Forschungsbedarf, damit sich solche Fehler nicht wiederholen. Nicht zuletzt deshalb werden auch in Zukunft gut ausgebildete Finanzmathematiker zu einer begehrten Gruppe von Spezialisten gehören, die bei allen Arten von Finanzdienstleistern einen großen Beitrag für die Finanzmärkte leisten werden.

Kapitel 5

Portfoliorisikomodelle

5.1 Marktrisikomodelle

Der Begriff *Marktpreisrisiko* (oder *Marktrisiko*) bezeichnet mögliche Wertverluste (oder allgemeiner: Wertveränderungen) eines Portfolios, die sich durch Änderungen der Marktdaten (also z. B. Zinskurven, Anleihepreise, Aktien- und Wechselkurse, Rohwarenpreise, Credit Spreads und Volatilitäten) ergeben.

Wir betrachten als Beispiel das **Marktrisiko eines Zinsswaps**: Der Inhaber eines Zinsswaps ist, wenn er feste Zinsen zahlt und im Gegenzug variable Zinsen empfängt, dem Risiko fallender Zinsen ausgesetzt. Wenn sich nämlich die gesamte Swap-Kurve parallel nach unten verschiebt, verringert sich der Barwert des Swaps. Umgekehrt bedeutet eine Parallelverschiebung der Swap-Kurve nach oben eine Wertzunahme des Swaps. Die Marktteilnehmer werden nun etwa daran interessiert sein, zu wissen mit welcher Wahrscheinlichkeit und in welchem Ausmaß mögliche Veränderungen der Swap-Kurve in einem spezifizierten Zeitraum auftreten können und wie hoch dann die jeweilige Barwertänderungen der Swap-Positionen sind. Neben Parallelverschiebungen der Swap-Kurve kommen natürlich auch andere Szenarien in Frage. Derartige Fragestellungen werden im Kontext der Marktrisikomessung behandelt. Im erwähnten Beispiel handelt es sich um das sog. *Zinsänderungsrisiko* als Teil des Marktrisikos.

Untersuchen wir als nächstes die Situation eines Händlers, der eine Option, etwa einen Cap, erworben hat. Aus den Auszahlungsbedingungen ergibt sich, dass der Wert des Caps ansteigen wird, wenn sich der zu Grunde liegende Zinssatz nach oben bewegt. Andererseits wird der Wert des Caps jedoch fallen, wenn die implizite Volatilität fällt – dies ist das sog. *Volatilitätsrisiko*.

Eine weitere Komponente des Marktpreisrisikos stellt das *Kursrisiko* von Wertpapieren dar, wobei hier zwischen dem allgemeinen Kursrisiko und dem besonderen Kursrisiko zu unterscheiden ist – erstes resultiert aus Änderungen des allgemeinen Marktes, letzteres ist auf emittentenspezifische Faktoren zurückzuführen.

Schließlich sind noch das *Fremdwährungsrisiko* (Risiko schwankender Wechselkurse) und das *Rohwarenrisiko* zu nennen.

An dieser Stelle wird bereits deutlich, dass das Risiko (ebenso wie der Wert) eines Finanzinstruments und auch das Risiko eines Portfolios in der Regel von mehreren verschiedenen Marktdaten abhängt. Dementsprechend ist bei der Marktrisikoberechnung zu analysieren, welche Änderungen der Marktdaten zu Gewinnen bzw. zu Verlusten führen, wie wahrscheinlich diese Änderungen sind und in welcher Höhe Gewinne oder Verluste auftreten können. Insbesondere ist ein Maß für die gegenseitigen Abhängigkeiten solcher Marktdatenänderungen zu spezifizieren. All dies muss ein im praktischen Einsatz befindliches *Marktrisikomodell* leisten, wobei die Anzahl der zu betrachtenden Marktparameter bei größeren Banken im Bereich einiger Tausend liegt.

Zur Quantifizierung von Marktrisiken existiert eine Reihe unterschiedlicher Konzepte. Die Messung des Marktpreisrisikos bezieht sich auf einzelne Finanzinstrumente oder ein gegebenes Portfolio aus mehreren Finanzinstrumenten, deren Barwerte sich im Zeitablauf zufällig ändern. Wir unterscheiden die sog. *Sensitivitätsmaße* und die *szenariobasierten Risikomaße*.

Sensitivitätsmaße quantifizieren den Einfluss von kleineren, kurzfristig auftretenden Marktdatenänderungen auf den heutigen Portfoliowert. Bei der Verwendung von Sensitivitätsmaßen wird unterstellt, dass ein Portfolio kontinuierlich an die jeweiligen Marktgegebenheiten anpasst wird, um so das Risiko zu steuern (vgl. die Ausführungen zu den Griechen in Kapitel 4).

Dem gegenüber steht bei den szenariobasierten Risikomaßen die Abweichung des Portfoliowerts zu einem künftigen Zeitpunkt vom aktuellen Portfoliowert über einen längeren Betrachtungshorizont unter Zugrundelegung größerer Marktdatenänderungen im Mittelpunkt des Interesses. Dabei wird angenommen, dass die Portfoliozusammensetzung während des Planungshorizonts unverändert bleibt. Zu den szenariobasierten Risikomaßen zählt insbesondere der weit verbreitete *Value-at-Risk (VaR)-Ansatz*.

Das VaR-Marktrisikomaß wird in vielen größeren Finanzinstituten zur Überwachung, Begrenzung und Steuerung von Marktrisiken auf Portfoliobasis verwendet. Da sich das VaR-Maß gut zur Aggregation von Risiken über beliebig viele Instrumente bzw. Portfolien hinweg eignet, wird es in der Praxis standardmäßig als Grundlage für die Festlegung von risikobegrenzenden Kennzahlen (*Portfoliolimiten*) eingesetzt.

Definition 5.1 (Value-at-Risk (VaR))
Der VaR ist derjenige durch Marktdatenänderungen verursachte potenzielle Verlust, der am Ende einer angenommenen **Haltedauer** Δt, *während der ein Portfolio unverändert bleibt, mit einer gewissen Wahrscheinlichkeit (**Konfidenzniveau** $\alpha \in (0;1)$) nicht überschritten wird.*
In der Sprache der Statistik handelt es sich beim VaR um das $1 - \alpha$-*Quantil (vgl. Abschnitt 2.6) der Verteilung aller zufälligen Gewinne und Verluste am Ende der Haltedauer.*

Beispiel 5.1 *Ein in der Praxis häufig auftretender Fall ist z. B.* $\alpha = 99\%$ *und* $\Delta t = 1/250$ *(Haltedauer ein Tag) sowie eine als (zumindest näherungsweise) normalverteilt angenommene Verteilung der zufälligen Gewinne und Verluste. Ist* $N(0,\sigma^2)$ *die entsprechende Verteilung, so* *folgt wegen (2.5)*

$$VaR = \sigma \cdot \Phi^{-1}(0,01) \approx -2,33 \cdot \sigma,$$

weil das 1%-Quantil der Verteilung $N(0,1)$ den Wert $-2,33$ hat.

In der Praxis wird vielfach $\alpha = 99\%$ und eine Haltedauer zwischen einem und zehn Tagen gewählt. Die Haltedauer richtet sich nach derjenigen Zeit, die zum Abbau des Portfolios benötigt wird. Bei Portfolien mit Standard-Instrumenten (z. B. liquide Aktien, gängige Währungen) sind kürzere Haltedauern angemessen, während bei Portfolien mit illiquiden Instrumenten die Annahme einer größeren Haltedauer als zehn Tage durchaus angebracht wäre.

Der Absolutbetrag des VaR eines Portfolios ist eine Kennzahl, welche die Menge von Kapital angibt, die zur Deckung potenzieller Verluste erforderlich ist.

Wertänderungen von Portfolien werden durch Marktparameteränderungen (sog. *Risikofaktoren*) hervorgerufen. Diese sind zunächst für jedes zu untersuchende Portfolio zu bestimmen. Ist die Menge der Risikofaktoren für ein Portfolio festgelegt, so erfolgt im nächsten Schritt eine mathematisch-statistische Modellierung des zeitabhängigen Verhaltens der Risikofaktoren. Die Risikofaktoren werden dabei als *absolute oder relative Änderungen* der oben genannten Marktparameter modelliert:

$$R_{\Delta t} := \frac{S_{\Delta t} - S_0}{S_0}, \quad \text{bzw.} \quad R_{\Delta t} := S_{\Delta t} - S_0,$$

wobei S_u der Wert des Marktparameters zum Zeitpunkt u ist. Aus der zu spezifizierenden statistischen Verteilung der Risikofaktoren ergibt sich im nächsten Schritt eine Verteilung der Gewinne und Verluste auf Portfolioebene (sog. *P&L-Verteilung*):

$$P\&L := PV(S_{\Delta t,1}, \dots, S_{\Delta t,n}) - PV(S_{0,1}, \dots, S_{0,n}). \tag{5.1}$$

PV bezeichnet hier den Barwert des betrachteten Portfolios in Abhängigkeit von den n Marktparametern $S_{u,i}$ für $i \in \{1, \dots, n\}$ und $u = \Delta t$ bzw. $u = 0$. Je nach Art des Marktparameters wird bei der Berechnung der *P&L* eine Verteilungsannahme für die absolute bzw. relative Änderung gemacht und es gilt dann

$$S_{\Delta t,i} = S_{0,i} + R_{\Delta t,i} \quad \text{oder} \quad S_{\Delta t,i} = S_{0,i} \cdot e^{R_{\Delta,i}}$$

mit dem Risikofaktor $R_{\Delta,i}$ für den i-ten Marktparameter.

Beispiel 5.2 *Ein Portfolio bestehe aus Aktien sowie einer Anzahl von Aktienoptionen. Die für dieses Portfolio relevanten Marktparameter sind alle Größen, die zur Bewertung notwendig sind, also die einzelnen Aktienkurse sowie die zusätzlich zur Optionsbewertung benötigten Parameter (Zinssätze und implizite Aktienvolatilitäten). Die absoluten bzw. relativen künftigen Änderungen dieser Parameter sind bei der VaR-Berechnung mit einer geeigneten Verteilung zu modellieren, wobei natürlich auch die gegenseitigen Abhängigkeiten zu berücksichtigen sind.*

Die in der Praxis verwendeten VaR-Ansätze unterscheiden sich in Bezug auf die Verteilungsannahme der Risikofaktoren und bei der Ermittlung der Portfoliowertänderungen.

5.1.1 Parametrische VaR-Ansätze

Die sog. parametrischen VaR-Ansätze arbeiten mit einer *parametrischen Verteilungsannahme* für die Risikofaktoren, meist mit der *mehrdimensionalen Normalverteilung* aus Definition 2.15. In diesem Fall ist der auf eine Haltedauer Δt bezogene Vektor der Risikofaktoren

$$\vec{R}_{\Delta t} := (R_{\Delta t,1}, \ldots, R_{\Delta t,n})$$

mehrdimensional normalverteilt mit Erwartungswertvektor $\vec{\mu} = (\mu_1 \cdot \Delta t, \ldots, \mu_n \cdot \Delta t)$ und Kovarianzmatrix

$$\Sigma := \begin{pmatrix} \sigma_1^2 \cdot \Delta t & \sigma_1 \cdot \sigma_2 \cdot \rho_{1,2} \cdot \Delta t & \ldots & \sigma_n^2 \cdot \Delta t \\ \sigma_2 \cdot \sigma_1 \cdot \rho_{2,1} \cdot \Delta t & \sigma_2^2 \cdot \Delta t & \ldots & \sigma_2 \cdot \sigma_n \cdot \rho_{2,n} \cdot \Delta t \\ \vdots & \vdots & \vdots & \vdots \\ \sigma_n \cdot \sigma_1 \cdot \rho_{n,1} \cdot \Delta t & \sigma_n \cdot \sigma_2 \cdot \rho_{n,2} \cdot \Delta t & \ldots & \sigma_1^2 \cdot \Delta t \end{pmatrix} \in \mathbb{R}^{n \times n}.$$

Gemäß Satz 2.5 gilt

$$R_{\Delta t,i} \quad \text{hat die Verteilung} \quad N(\mu_i \cdot \Delta t, \sigma_i^2 \cdot \Delta t),$$

und wir haben

$$Corr(R_{\Delta t,i}, R_{\Delta t,j}) = \rho_{i,j}.$$

Zur Bestimmung der Parameter μ_i, σ_i und $\rho_{i,j}$ können die entsprechenden empirischen Parameter aus Zeitreihen von Kursdaten berechnet werden (vgl. Abschnitt 2.6). Beachten Sie, dass gemäß der obigen Notation der i-te Risikofaktor bezogen auf einen einjährigen Risikohorizont die Verteilung $N(\mu_i, \sigma_i^2)$ hat und dass für kürzere Haltedauern der Skalierungsfaktor Δt dem entsprechenden Bruchteil eines Jahres entspricht.

Bemerkung *Bei der hier dargestellten Vorgehensweise wird implizit unterstellt, dass die Größen $\mu_i, \sigma_i, \rho_{i,j}$ im Zeitablauf konstant sind. In der Realität beobachtet man jedoch Zeitreihen von Risikofaktoren mit zeitlich veränderlichen Parametern, z. B. in der Form von Perioden mit höherer und geringerer Standardabweichung. Derartige Effekte lassen sich nur mit ausgefeilteren statistischen Techniken (z. B. sog. GARCH-Ansätzen) korrekt erfassen.*

Beim *Varianz-Kovarianz-Ansatz* wird die Zufallsvariable *P&L* für ein gegebenes Portfolio über eine *lineare Approximation* bestimmt. Um dies näher zu erklären, betrachten wir zunächst die Bewertungsfunktion des gegebenen Portfolios in der Form

$$PV(x_1, \ldots, x_n),$$

wobei sich der in $t \geq 0$ gültige Portfoliowert ergibt, wenn die Variablen x_i durch $S_{t,i}$ ersetzt werden. Wir schreiben $x_i = S_{0,i} \cdot e^{y_i}$ bzw. $x_i = S_{0,i} + y_i$ und erhalten durch einen Übergang zu den neuen Variablen y_i die Portfoliobewertungsfunktion in der Form

$$PV(y_1, \ldots, y_n).$$

In diesem Fall ergibt sich der in $t \geq 0$ gültige Portfoliowert, wenn y_i durch die logarithmische Änderung $\ln(S_{t,i}/S_{0,i})$ bzw. die absolute Änderung $S_{t,i} - S_{0,i}$ ersetzt wird – es handelt sich also um eine Darstellung der Portfoliobewertungsfunktion in Abhängigkeit von den Risikofaktoren. Die Ableitung

$$\Delta_i := \left. \frac{\partial PV(y_1, \ldots, y_n)}{\partial y_i} \right|_{y_i = 0}$$

wird als *Sensitivität* bzgl. des i-ten Risikofaktors bezeichnet.

Übung 5.1 *Begründen Sie die Aussagen*

$$\Delta_i = \left. \frac{\partial PV}{\partial x_i} \right|_{x_i = S_{0,i}} \cdot S_{0,i} \quad (\text{für } x_i = S_{0,i} \cdot e^{y_i}) \quad bzw. \quad \Delta_i = \left. \frac{\partial PV}{\partial x_i} \right|_{x_i = S_{0,i}} \quad (\text{für } x_i = S_{0,i} + y_i).$$

Die **lineare Approximation** der Zufallsvariable $P\&L$ ist nun definiert durch

$$P\&L_{\text{lin}} := \sum_{i=1}^{n} \Delta_i \cdot R_{\Delta t, i}.$$

Aufgrund der vorgenommenen Linearisierung der $P\&L$ können nichtlineare Bewertungsfunktionen, die z. B. bei Produkten mit Optionskomponenten auftreten, nicht akkurat abgebildet werden. Der Varianz-Kovarianz-Ansatz eignet sich folglich in erster Linie für lineare (d. h. optionsfreie) Portfolien.

Wir unterstellen, dass die Risikofaktoren mehrdimensional normalverteilt wie oben angegeben sind. Wegen Satz 2.5 ist damit die Zufallsvariable $P\&L_{\text{lin}}$ normalverteilt gemäß

$$N\left(\sum_{i=1}^{n} \Delta_i \cdot \mu_i \cdot \Delta t, \ (\Delta_1, \ldots, \Delta_n) \cdot \Sigma \cdot (\Delta_1, \ldots, \Delta_n)^T \right).$$

Die Varianz schreibt sich als

$$\sigma^2 := \sum_{i,j=1}^{n} \Delta_i \cdot \Delta_j \cdot \sigma_i \cdot \sigma_j \cdot \Delta t \cdot \rho_{i,j}. \tag{5.2}$$

Der VaR bzgl. $P\&L_{\text{lin}}$ zum Konfidenzniveau $1 - \alpha$ berechnet sich wegen (2.5) zu

$$VaR = \sum_{i=1}^{n} \Delta_i \cdot \mu_i \cdot \Delta t + \sigma \cdot \Phi^{-1}(1 - \alpha). \tag{5.3}$$

Beispiel 5.3

1. *Wir betrachten ein Portfolio bestehend aus long Positionen in je einem Stück von drei ver-schiedenen Aktien, welche in $t = 0$ die Kurse $S_{0,1} = 50, S_{0,2} = 150, S_{0,3} = 200$ haben. Wir schreiben*

$$PV(x_1, x_2, x_3) = x_1 + x_2 + x_3 = S_{0,1} \cdot e^{y_1} + S_{0,2} \cdot e^{y_2} + S_{0,3} \cdot e^{y_3} = PV(y_1, y_2, y_3)$$

und haben

$$\Delta_i = S_{0,i} \cdot e^0 = S_{0,i}.$$

Die Risikofaktoren $R_{\Delta t, i}$ für die Haltedauer $\Delta t = 1$ Jahr seien dreidimensional normalverteilt mit $\mu_i = 0$, $\sigma_1 = 40\%$, $\sigma_2 = 35\%$ und $\sigma_3 = 45\%$ sowie $\rho_{i,j} = 0,8$ für alle $i \neq j$. Somit hat die Zufallsvariable $P\&L = P\&L_{lin}$ bezogen auf eine Haltedauer der Länge $\Delta t = 1/250$ die Verteilung

$$N(0, \sigma^2) = N(0, 93{,}51),$$

und der VaR zum Konfidenzniveau 99% ist

$$VaR \approx -2{,}33 \cdot 9{,}67 \approx -22{,}53,$$

d. h. an durchschnittlich 99 von 100 Handelstagen wird ein Verlust maximal in der Höhe 22,53 erwartet.

2. *Nun sei ein Portfolio bestehend aus einer long Position in einer Call-Option auf eine divi-dendenlose Aktie gegeben. Für den Call gelte $T = 1$, $K = 50$, $r = 2\%$. Das Underlying habe in $t = 0$ den Wert $S_0 = 50$ und die implizite Volailtität betrage $\sigma_{impl} = 40\%$. Wir schreiben die Bewertungsformel des Calls in Abhängigkeit von den drei Variablen x_1, x_2, x_3, die sich hier auf den Wert des Underlyings, den Wert der impliziten Volatilität und den Zinssatz beziehen:*

$$PV(x_1, x_2, x_3) = x_1 \cdot \Phi(d_1) - K \cdot e^{-x_3 \cdot T} \cdot \Phi(d_2),$$

wobei $d_{1,2} := (\ln(x_1/K) + (x_3 \pm 0{,}5 \cdot x_2^2) \cdot T)/(x_2 \cdot \sqrt{T})$. Für die Aktie und die implizite Volatilität verwenden wir die logarithmische Änderung als Risikofaktor, während für den Zinssatz die absolute Änderung herangezogen wird (dies entspricht der Handhabung in der Praxis). Mit dem Resultat aus Übung 5.1 folgt

$$\Delta_1 = \Phi(d_1) \cdot S_0, \quad \Delta_2 = S_0 \cdot \sqrt{T} \cdot \varphi(d_1) \cdot \sigma_{impl}, \quad \Delta_3 = K \cdot T \cdot e^{-r \cdot T} \cdot \Phi(d_2).$$

Nach kurzer Rechnung finden wir

$$P\&L_{lin}(x_1, x_2, x_3) = 29{,}94 \cdot x_1 + 7{,}73 \cdot x_2 + 21{,}58 \cdot x_3.$$

Diese lineare Approximation vernachlässigt die Konvexität der Wertänderung des Calls in Abhängigkeit von den Änderungen des Underlyings (vgl. Abschnitt 4.6.1) und ist daher für die VaR-Berechnung nur dann verwendbar, wenn das betrachtete Portfolio nur in sehr gerin-gen Umfang Optionskomponenten enthält, so dass der Fehler aus der linearen Approximation kaum ins Gewicht fällt.

Wir haben gesehen, dass im Varianz-Kovarianz-Ansatz nur lineare Portfolien adäquat abgebildet werden können. Beinhaltet das zu untersuchende Portfolio hingegen komplexe Instrumente mit optionalem Charakter, so ist ein anderer parametrischer Ansatz zu verwenden, dem wir uns nun zuwenden wollen.

Die *Monte-Carlo-Simulation* ist ein parametrischer Ansatz, bei dem eine beliebige parametrische Verteilung der Risikofaktoren zu Grunde gelegt wird (meist die Normalverteilung), um dann in einer Simulationsrechnung mit mehreren Tausend Szenarien zunächst die Änderungen der Marktparameter während der Haltedauer und dann die Portfoliowertänderungen in jedem Szenario (*P&L-Szenario*) zu bestimmen. Hierbei gibt es keinerlei Einschränkungen in Bezug auf die Portfoliozusammensetzung – es können beliebig komplexe Instrumente im Portfolio enthalten sein.

Das zu untersuchende Portfolio bestehe aus M Finanzinstrumenten mit aktuellen Werten

$$PV_l(S_{0,1}, \ldots, S_{0,n}) \qquad (l \in \{1, \ldots, M\}).$$

Die Simulation verläuft wie folgt:

1. Die Werte $S_{\Delta t,i}$ am Ende der Haltedauer Δt werden anhand der Risikofaktoren simuliert. Im Szenario j haben wir dann

$$S^j_{\Delta t,i} = S_{0,1} \cdot e^{R^j_{\Delta t,i}} \quad \text{bzw.} \quad S^j_{\Delta t,i} = S_{0,i} + R^j_{\Delta,i}$$

   für alle $i \in \{1, \ldots, n\}$.

2. Jedes Instrument wird neu bewertet. Im Szenario j erhalten wir die Werte

$$PV_l(S^j_{\Delta t,1}, \ldots, S^j_{\Delta t,n}).$$

   Die Neubewertung erfolgt meist exakt ohne Verwendung von Approximationen, um alle Optionskomponenten korrekt zu erfassen.

3. Es wird Wert $P\&L_j$ für das betrachtete Portfolio im j-ten Szenario berechnet:

$$P\&L_j = \sum_{l=1}^{M} \left(PV_l(S^j_{\Delta t,1}, \ldots, S^j_{\Delta t,n}) - PV_l(S_{0,1}, \ldots, S_{0,n}) \right).$$

Das Ergebnis der Simulation sind N $P\&L$-Szenarien, anhand derer das $1 - \alpha$-Quantil bestimmt wird, um so den VaR mit Konfidenzniveau α zu erhalten. Dabei wird wie folgt vorgegangen: Die Zahlen $P\&L_j$ werden beginnend mit den negativen Werten in aufsteigender Größe sortiert,

$$P\&L_{(1)}, \ldots, P\&L_{(N)},$$

und es wird die kleinste natürliche Zahl k mit $k \geq N \cdot (1 - \alpha)$ bestimmt. Dann entspricht das k-te Szenario, also der Wert

$$P\&L_{(k)}$$

dem Schätzwert für den VaR zum Konfidenzniveau α.

Die Anzahl der Szenarien liegt meist im Bereich einiger Tausend. Daher ist der Rechenaufwand zur Schätzung des VaR beträchtlich. Der "Lohn" für den hohen Aufwand ist darin zu sehen, dass aufgrund der vielen Szenarien eine äußert genaue Analyse des

Portfolioverhaltens möglich ist und dass beliebig komplexe Portfolien betrachtet werden können.

Bei einer Monte-Carlo-Simulation mit Normalverteilungsannahme lautet der Ansatz zur Erzeugung zufälliger Risikofaktoren für das Zeitintervall von 0 bis Δt im Szenario j typischerweise

$$
\begin{pmatrix} R^j_{\Delta t,1} \\ R^j_{\Delta t,2} \\ \vdots \\ R^j_{\Delta t,n} \end{pmatrix} = \begin{pmatrix} \mu_1 \cdot \Delta t \\ \mu_2 \cdot \Delta t \\ \vdots \\ \mu_n \cdot \Delta t \end{pmatrix} + A \cdot \begin{pmatrix} Z^j_1 \\ Z^j_2 \\ \vdots \\ Z^j_n \end{pmatrix}.
$$

Es ist $(Z^j_1, \ldots, Z^j_n)$ ein Zufallsvektor mit unabhängigen standard-normalverteilten Zufallsvariablen Z^j_i und A die untere Dreiecksmatrix aus der Cholesky-Zerlegung von Σ (vgl. Übung 4.32). Folglich ist der Vektor $(R^j_{\Delta t,1}, \ldots, R^j_{\Delta t,n})$ der simulierten Risikofaktoren mehrdimensional normalverteilt gemäß der zu Beginn des Abschnitts genannten Normalverteilung.

Übung 5.2

1. *Berechnen Sie den VaR des Portfolios aus Beispiel 5.3, 1. mittels einer Monte-Carlo-Simulation mit $N = 1.000$ Szenarien. Schlagen Sie dazu die Cholesky-Zerlegung einer 3×3-Matrix in einem Buch zur Numerischen Mathematik nach!*

2. *Begründen Sie allgemein, warum die Monte-Carlo-Simulation im Falle eines linearen Portfolios (also eines Portfolios mit $P\&L = P\&L_{lin}$) bei gegebener Haltedauer Δt und gegebenem Konfidenzniveau α bis auf Schätzfehler, die auf die numerische Simulation zurückzuführen sind, denselben VaR-Wert liefert wie der Varianz-Kovarianz-Ansatz.*

Abweichungen von der Normalverteilung

Die bisher diskutierten Methoden zur VaR-Berechnung basieren auf der Annahme der Normalverteilung für die Risikofaktoren. Empirische Untersuchungen belegen jedoch, dass Renditeverteilungen typischerweise von der Normalverteilung abweichen: Es treten deutlich mehr extreme Ereignisse auf als unter der Normalverteilung zu erwarten wären. In der Literatur wurden zahlreiche Verfahren vorgeschlagen, die empirisch beobachtbaren Verteilungen besser zu beschreiben. Hierzu zählen etwa Verteilungsfamilien wie die t-Verteilung, die extremen Ereignissen eine höhere Wahrscheinlichkeit zuordnet, oder auch Verteilung mit zeitabhängiger Volatilität. Des Weiteren ist auch eine Modellierung von Risikofaktoren mittels Sprungprozessen, bei denen außergewöhnlich große Marktbewegungen explizit in die Überlegungen mit einbezogen werden, denkbar. Schließlich können die empirischen Renditeverteilungen auch nichtparametrisch modelliert werden, was im nächsten Abschnitt erläutert werden soll.

5.1.2   Nichtparametrischer Ansatz: Die Historische Simulation

Ein alternativer Ansatz zur Verwendung parametrischer Verteilungsannahmen bei der VaR-Berechnung besteht darin, empirisch beobachtete Häufigkeitsverteilungen für die Risikofaktoren zu verwenden. Dies ist die Vorgehensweise bei der sog. *Historischen Simulation*. Es brauchen in diesem Fall keine statistischen Parameter wie Volatilitäten oder Korrelationen der Risikofaktoren geschätzt werden, da unmittelbar die in der Vergangenheit aufgetretenen Szenarien bzgl. der Marktparameter zur Simulation von künftigen Portfoliowertänderungen dienen. Als Nachteil dieser Methode ist anzuführen, dass die historischen Zeitreihen in der Regel nur wenige Jahre (oft nur ein Jahr) an Beobachtungen abdecken, so dass "zu wenige" Szenarien vorliegen. Des Weiteren verhalten sich die VaR-Zahlen sehr sensitiv bzgl. Änderungen des historischen Beobachtungszeitfensters – dies bedeutet, dass eine Änderung der Wahl der historischen Szenarien eine deutliche Veränderung der VaR-Schätzung für ein gegebenes Portfolio zur Folge haben kann.

Ein Vorteil der Historischen Simulation besteht darin, dass beliebig komplexe Portfolien damit analysiert werden können und dass die Methodik einen sehr intuitiven Ansatz der Risikomessung verfolgt. Des Weiteren können gezielt die Auswirkungen spezieller *Stress-Szenarien* aus der Vergangenheit (z. B. Finanzkrise 2008/2009) auf ein gegebenes Portfolio untersucht werden. Die Anwendung historischer oder hypothetischer Szenarien auf ein Portfolio wird in der Finanzindustrie als *Stresstesting* bezeichnet und spielt eine wichtige Rolle im Risikomanagement von Finanzinstituten.

Die besonderen Verteilungseigenschaften der Risikofaktoren (gegenseitige Abhängigkeiten, extreme Ereignisse) fließen bei der Historischen Simulation unmittelbar in die VaR-Schätzung ein. Insbesondere betrifft dies auch typische Abweichungen der Verteilungen von der Normalverteilung, etwa in Bezug auf leptokurtische Verteilungsformen (vgl. Abschnitt 2.6).

Obwohl bei der Historischen Simulation keine parametrischen Verteilungsannahmen getroffen werden, gibt es dennoch einige Voraussetzungen, unter denen die Modellierung erfolgt: Die Risikofaktoren müssen im Zeitablauf

- unabhängig und

- identisch verteilt sein.

Nur so ist es möglich, die in der Vergangenheit beobachteten Szenarien zur Prognose künftiger Portfoliowertänderungen zu verwenden.

Die erwähnten Voraussetzungen sind im Allgemeinen nur dann (wenigstens näherungsweise) als erfüllt anzusehen, wenn die Länge der verwendeten Risikofaktorzeitreihen nicht zu groß ist – denn zu lange zurückliegende Beobachtungen haben u. U. eine andere Verteilung als Beobachtungen im aktuellen Marktumfeld. Andererseits ist eine ausreichende Länge der Zeitreihe notwendig, um robuste Schätzungen zu erhalten. Dieser Zielkonflikt wird in der Praxis meistens durch Verwendung einer einjährigen historischen Zeitreihe gelöst.

Die historisch beobachteten Risikofaktoren (also relative oder absolute Änderungen von Marktparametern) werden auf die aktuellen Werte der Marktparameter angewendet, um auf diese Weise eine Menge von Portfoliowertänderungen ($P\&L$-Szenarien) zu simulieren. Der VaR ergibt sich dann wiederum als Quantil dieser $P\&L$-Szenarien.

Um diese Idee etwas zu formalisieren, gehen wir von n Risikofaktoren $R_{1/250,i}$ aus (jeweils bezogen auf eintägige Zeitintervalle), für die jeweils N historische Beobachtungen vorliegen. Die Werte werden in einer Matrix zusammengefasst:

$$
\begin{pmatrix}
R^1_{1/250,1} & R^1_{1/250,2} & \cdots & R^1_{1/250,n} \\
R^2_{1/250,1} & R^2_{1/250,2} & \cdots & R^2_{1/250,n} \\
\vdots & \vdots & \vdots & \vdots \\
R^N_{1/250,1} & R^N_{1/250,2} & \cdots & R^N_{1/250,n}
\end{pmatrix}.
$$

Die i-te Spalte dieser Matrix entspricht den N historischen Szenarien für den i-ten Risikofaktor. Das zu untersuchende Portfolio bestehe aus M Finanzinstrumenten mit Werten

$$
PV_l(S_{0,1},\ldots,S_{0,n}) \qquad (l \in \{1,\ldots,M\}).
$$

Durch Anwendung der Szenarien des i-ten Risikofaktors auf den Marktparameter $S_{0,i}$ ergeben sich N $P\&L$-Szenarien für eine Haltedauer von einem Tag. Die Vorgehensweise ist analog zur Monte-Carlo-Simulation. Die Unterschiede bestehen darin, dass hier mit einer geringeren Anzahl von Szenarien gearbeitet wird, welche aus der Historie abgeleitet werden.

Um die Portfoliowertveränderung für eine vorgegebene Haltedauer der Länge Δt zu simulieren, werden die eintägigen Risikofaktoren üblicherweise mit dem Skalierungsfaktor $\sqrt{\Delta t}$ multipliziert. Dies ist so zu erklären, dass im Falle der Normalverteilung die Volatilität gerade dem $\sqrt{\Delta t}$-fachen der eintägigen Volatilität entspricht. Alternativ könnte man natürlich auch eine historische Zeitreihe von Renditen mit Zeitintervall der Länge Δt bilden. Dazu müsste man allerdings eine hohe Zahl zeitlich nicht überlappender, direkt aufeinander folgender Zeitintervalle der Länge Δt betrachten. Die historische Zeitreihe würde dadurch viel zu umfangreich werden. Nicht zulässig wäre es, ein Zeitfenster der Länge Δt durch die Historie zu "schieben", um dann Tag für Tag eine Rendite bezogen auf ein Δt-Zeitintervall zu erzeugen. Hierbei wäre die Annahme der Unabhängigkeit der Renditen verletzt.

Beispiel 5.4 *Eine long Position mit Marktwert 1 Mio. Euro in Deutsche Bank Aktien am 30. April 2008 wird analysiert. Die Kurshistorie beginnt mit folgenden Werten (rechts stehen die logarithmischen Kursänderungen):*

30.04.2008	76,97	0,0061
29.04.2008	76,50	0,0035
28.04.2008	76,77	0,0076
25.04.2008	76,19	0,0082
24.04.2008	75,57	0,0105
$\vdots$	$\vdots$	$\vdots$

Die Zeitreihe umfasst alle Kurse bis zum 19.12.2007. Das 5%-Quantil der logarithmischen Kursänderungen ist hier −0,0298. *Dementsprechend ist der VaR mit Konfidenzniveau 95% bei Verwendung einer Historischen Simulation mit Haltedauer ein Tag bei der vorliegenden Zeitreihe gleich*

$$1\,Mio.\,Euro \cdot e^{-0,0298} - 1\,Mio.\,Euro \approx -29{,}360\,Euro.$$

5.1.3 Risikofaktoren

Die Auswahl der bei der VaR-Berechnung zu berücksichtigenden Risikofaktoren hängt natürlich vom betrachteten Portfolio ab. Folgende Arten von Risikofaktoren werden bei der Messung von Marktrisiken im Bankensektor typischerweise herangezogen:

- Pro Währung mindestens zwei Zinskurven (Swap-Zinskurve und Staatsanleihen-zinskurve, Geldmarktsätze) mit ausreichender Zahl von Stützstellen, ergänzt um zusätzliche bonitätsabhängige Zinskurven und sektorabhängige Zinskurven (z. B. Pfandbriefkurve),

- Preise börsengehandelter Derivate,

- Wechselkurse,

- Aktienkurse, Indices (z. B. Aktienindices, Preisindices),

- Rohwaren- und Energiepreise,

- implizite Volatilitäten,

- Rating-abhängige Credit Spreads für Anleihen,

- Credit Spreads für Kreditderivate.

Wir betrachten die Risikofaktoren im Zinsbereich etwas ausführlicher:
Aus der Theorie zur Bewertung von Finanzinstrumenten (vgl. Kapitel 4) folgt, dass der aktuelle Barwert eines jeden Instruments gleich dem diskontierten Erwartungswert der künftigen Zahlungsströme (*Cashflows*) ist. Die wichtigsten Bestandteile der Bewertung und Risikoberechnung sind daher die Struktur der Cashflows und die aus den Zinssätzen errechneten Diskontfaktoren.
Ein Cashflow wird bestimmt durch einen Betrag in einer bestimmten Währung, ein Fixing-Datum, ein Zahlungsdatum und auch die Bonität des Schuldners. Sind diese Daten bestimmt, so kann der Barwert des Cashflows durch Multiplikation mit dem zugehörigen währungs-, laufzeit- und bonitätsabhängigen Diskontfaktor errechnet werden. Dabei ist zu beachten, dass für verschiedene Marktsegmente jeweils unterschiedliche Zinskurven verwendet werden:
Zur Bewertung von Interbankenforderungen wird die aus der Swap-Kurve der jeweiligen Währung ermittelte Swap-Zerokurve zzgl. eines bonitätsabhängigen Spreads herangezogen, während für Anleihen diejenige Zins- bzw. Renditekurve verwendet wird,

die dem Marktsegment des Emittenten entspricht. Am Markt werden eine ganze Reihe verschiedenartiger segmentspezifischer Zinssätze quotiert: Die Sätze unterscheiden sich nach den Kriterien Währung, Laufzeit und Emittentengruppe der Anleihen, für die sie preisbestimmend sind. Beispielsweise wird eine Anleihe, deren Preis in USD quotiert wird, im Allgemeinen sehr stark durch die Entwicklung der Zinskurve für amerikanische Staatsanleihen beeinflusst. Das gilt auch dann, wenn die Anleihe selbst keine amerikanische Staatsanleihe ist, sondern etwa von einem internationalen Konzern emittiert wurde. Außerdem ist durch die Laufzeit T der Anleihe implizit vorgegeben, dass ihre Preisentwicklung von der T-jährigen USD-Rendite abhängig ist. Schließlich gehört die Anleihe zu einer Emittentengruppe, die definiert ist durch den Industriesektor, dem der Emittent zuzuordnen ist (z. B. Telekommunikationsbranche, Hypothekenbank usw.) und durch die Bonität des Emittenten.

Im Allgemeinen wird die Rendite einer Anleihe, welche nicht von einem Staat emittiert wurde, größer sein als die Rendite einer entsprechenden Staatsanleihe mit identischen Ausstattungsmerkmalen (Währung, Laufzeit, Kuponhöhe), da ein nicht-staatlicher Emittent typischerweise eine geringere Bonität aufweist und nicht-staatliche Anleihen oft eine geringere Liquidität haben als Staatsanleihen. Der vom Emittenten, der Währung und der Laufzeit abhängige Renditeunterschied ist der *Credit Spread*.

In der Praxis versucht man, die Modellierung der segmentspezifischen Zinskurven für Zwecke der Risikomessung durch eine vorgegebene Anzahl n von Risikofaktoren zu modellieren. Zu diesem Zweck werden einzelne Zerozinssätze

$$z_1 := L_{st}(0, T_1), \ldots, z_m := L_{st}(0, T_n) \quad \text{(stetige Verzinsung)}$$

ausgewählt, und zwar so, dass sich die Barwertfunktion des betrachteten Portfolios in der Form $PV(z_1, \ldots, z_n)$ schreiben lässt. Dabei ist zu beachten, dass der Wert des Portfolios natürlich noch von anderen Parametern, etwa Volatilitäten, abhängen kann, die in obiger Notation unberücksichtigt bleiben. Die Fälligkeiten T_j entsprechen gerade den Fälligkeiten oder Zahlungszeitpunkten der Instrumente im Portfolio.

Tatsächlich möchte man jedoch meist die als Risikofaktoren ausgewählten Zinssätze (die sog. *Key-Rates*) a priori festlegen, unabhängig von den im Portfolio enthaltenen Produkten. Neben praktischen Erwägungen gibt es dafür ökonomische Gründe, denn in gewissen Segmenten der Zinskurve findet u. U. eine größere Handelsaktivität am Markt statt, so dass die entsprechenden Zinssätze in besserer Qualität zur Verfügung stehen als andere.

Beispiel 5.5 (Key-Rates in RiskMetrics)
In RiskMetrics, das den Marktstandard bei VaR-Modellen definiert hat, werden folgende Fälligkeitszeitpunkte T_j für die Key-Rates vorgeschlagen:

$$1M, \ 3M, \ 6M, \ 1J, \ 2J, \ 3J, \ 4J, \ 5J, \ 7J, \ 9J, \ 10J, \ 15J, \ 20J, \ 30J.$$

Das Dokument "The RiskMetrics 2006 methodology" der RiskMetrics Group (siehe [49]) enthält viele nützliche Hinweise zur Ausgestaltung von Marktrisikomodellen.

Jeder Cashflow eines Finanzinstruments muss auf geeignete Weise den Key-Rates zugeordnet werden. Hierzu gibt es verschiedene Verfahren (sog. *Mappingverfahren*). Wir
skizzieren im Folgenden das in RiskMetrics verwendete Verfahren.

Zunächst wird die für einen Cashflow zum künftigen Zeitpunkt t benötigte Zerorate
$z_t = L_{st}(0, t)$ durch lineare Interpolation aus den benachbarten Zerorates gewonnen:

$$z_t = \alpha \cdot z_L + (1 - \alpha) \cdot z_R,$$

wobei $\alpha = (t_R - t)/(t_R - t_L)$. Es sind t_L bzw. t_R die zu t benachbarten Zeitpunkte, zu
denen die Key-Rates z_L und z_R gehören.

Wie ist der Cashflow nun zu zerlegen? Um dies zu erklären, nehmen wir an, ein Cashflow der Höhe 1 zum Zeitpunkt t wird wertäquivalent zerlegt in zwei (noch unbekannte) Cashflows der Höhe W_L zur Zeit t_L und W_R zur Zeit t_R sowie ein Kasseposition
der Höhe C. Der Barwert des ursprünglichen Cashflows (= Preis eines Zerobonds mit
Fälligkeit in t und Nominal 1) und der zerlegten Cashflows sollen identisch sein, d. h.

$$PV = e^{-z_t \cdot t} = W_L \cdot e^{-z_L \cdot t_L} + W_R \cdot e^{-z_R \cdot t_R} + C.$$

Zur Bestimmung der Größen W_L, W_R und C treffen wir die Vereinbarung, dass die Sensitivität des Zerobond-Preises bzgl. z_L und z_R die gleiche ist, wie die Sensitivität der
gemappten Cashflows bzgl. z_L und z_R. Daraus ergibt sich die Forderung

$$\frac{\partial PV}{\partial z_L} = -\alpha \cdot t \cdot e^{-z_t \cdot t} = -W_L \cdot t_L \cdot e^{-z_L \cdot t_L},$$

was uns zu der Beziehung

$$W_L = \alpha \cdot \frac{t}{t_L} \cdot e^{-z_t \cdot t} \cdot e^{z_L \cdot t_L}$$

führt. In analoger Weise folgt

$$W_R = (1 - \alpha) \cdot \frac{t}{t_R} \cdot e^{-z_t \cdot t} \cdot e^{z_R \cdot t_R}.$$

Schließlich kann der Betrag C errechnet werden zu

$$C = PV - W_L \cdot e^{-z_L \cdot t_L} - W_R \cdot e^{-z_R \cdot t_R} = -\frac{(t - t_L) \cdot (t_R - t)}{t_L \cdot t_R} \cdot e^{-z_t \cdot t}.$$

Als Ergebnis unserer Betrachtungen halten wir fest, dass ein Zerobond mit Nominal 1
und Fälligkeit in t zerlegt werden kann in ein Portfolio bestehend aus einem Zerobond
mit Fälligkeit in t_L (Nominal W_L), einem Zerobond mit Fälligkeit in t_R (Nominal W_R)
und einer Kasseposition der Höhe C.

Mit Hilfe des dargelegten Mappingverfahrens können Portfolien aus beliebigen Zinsinstrumenten, welche einem gemeinsamen Marktsegment angehören, in Cashflows be-
züglich der Key-Rates zerlegt werden.

Beispiel 5.6 *Gesucht sind die Risikofaktoren und die Sensitivitäten einer long Forward-Position auf eine dividendenlose Aktie mit Fälligkeit in T und Strike K. Der in t = 0 gültige Barwert dieser Forward-Position lautet gemäß Beispiel 1.8, 1.:*

$$PV_{Forward} = Fwd(0,T) = S_0 - K \cdot e^{-L_{st}(0,T) \cdot T}.$$

Die zu dieser Position gehörenden Risikofaktoren sind die relative Änderung des Aktienkurses und die absolute Änderung des Zinssatzes $z_T = L_{st}(0,T)$ mit den Sensitivitäten

$$\Delta_1 = S_0, \quad \Delta_2 = K \cdot L_{st}(0,T) \cdot e^{-L_{st}(0,T) \cdot T}.$$

Im Fall T = 1,5 und den Key-Rates $z_L = z_1 = 2\%$, $z_R = z_2 = 2,2\%$ errechnen sich der Zinssatz $z_{1,5}$ sowie o. g. Cashflows $W_L = W_1$, $W_R = W_2$ und C zu

$$z_{1,5} = 2,1\%, \quad W_L = 0,5 \cdot 1,5 \cdot e^{-2,1\% \cdot 1,5} \cdot e^{2\% \cdot 1} \approx 0,74, \quad W_R \approx 0,38, \quad C \approx -0,12.$$

Das Zinsrisiko der long Forward-Position entspricht daher dem Zinsrisiko der folgenden Cashflows:

- *$-K \cdot 0,74$ in t = 1,*

- *$-K \cdot 0,38$ in t = 2,*

- *$K \cdot 0,12$ in t = 0 (Kasseposition).*

Übung 5.3
Bestimmen Sie für eine Kuponanleihe mit Barwert $PV_{Anleihe} = 2 \cdot e^{-z_{1,6} \cdot 1,6} + 102 \cdot e^{-z_{2,6} \cdot 2,6}$ die Zerlegung in Cashflows mit Fälligkeiten in t = 0, t = 1, t = 2, t = 3 bei gegebenen Key-Rates $z_1 = 2\%, z_2 = 2,2\%, z_3 = 2,5\%$.

5.1.4 Backtesting

Finanzinstitutionen führen meist auf täglicher Basis eine Berechnung des VaR mit einer Haltedauer von einem Geschäftstag durch. Der VaR mit Konfidenzniveau α ist dabei eine Prognose über denjenigen Verlustbetrag, der aufgrund von Änderungen der Marktparameter innerhalb eines Geschäftstages mit einer Wahrscheinlichkeit von $1 - \alpha$ nicht überschritten wird.
Natürlich ist es von größtem Interesse, die Güte der VaR-Prognose laufend zu überprüfen, denn nichts wäre schlimmer, als ein VaR-Modell, welches die Risiken falsch einschätzt. Aus diesem Grunde gibt es verschiedene sog. *Backtesting-Verfahren*, bei denen die täglichen Gewinne und Verluste eines gegebenen Portfolios jeweils mit dem am Vor-

tag bestimmten VaR-Wert verglichen werden. Dabei sollte im Idealfall herauskommen, dass bezogen auf einen längeren Beobachtungszeitraum, z. B. ein Jahr, in $100 \cdot \alpha\%$ aller Tage ein Gewinn oder Verlust bis maximal zu Höhe des jeweils am Vortrag prognostizierten VaR-Wertes auftritt und dass in den übrigen $100 \cdot (1 - \alpha)\%$ Verluste zu beobachten sind, die den VaR-Wert überschreiten (sog. *Ausreißer*). Im Fall eines einjährigen Zeitraums (also 250 Geschäftstage) und einem Konfidenzniveau von $\alpha = 99\%$ würde man also an etwa 2 bis 3 Tagen Ausreißer erwarten.

Bei der Durchführung des Backtestings ist zunächst zu klären, wie der Gewinn oder Verlust, mit dem der VaR-Wert dann verglichen werden soll, genau zu berechnen ist. Es kommt dabei darauf an, das Portfolio des Tages t, für welches der VaR-Wert VaR_t bestimmt wird, bis zum Ende des Geschäftstages $t + 1$ rechnerisch unverändert zu lassen (es dürfen also keine neuen Positionen hinzugefügt oder herausgenommen werden) und dann das Portfolio mit den Marktparametern des Tages $t + 1$ neu zu bewerten. Die Differenz der beiden Portfoliobewertungen ergibt den Zahlenwert $P\&L_t$ (man spricht auch vom sog. *Clean-P&L*-Wert), der dem VaR-Wert VaR_t gegenübergestellt wird. Typischerweise wird das Resultat in grafischer Form veranschaulicht:

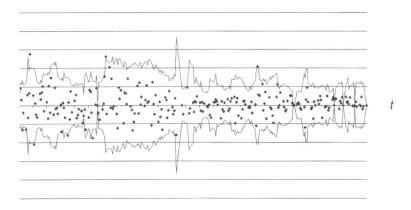

Abbildung 44: Backtesting-Zeitreihe

Beachten Sie, dass in der Abbildung die Punkte jeweils den Werten $P\&L_t$ entsprechen und dass die Linien die interpolierten VaR_t (untere Linie) bzw. $-VaR_t$ (obere Linie) widerspiegeln.

Zur Überprüfung der Korrektheit von VaR-Prognosen im Zeitablauf wurden zahlreiche verschiedene Analysemethoden entwickelt. Während einfachere Methoden lediglich die Anzahl der Ausreißer überprüfen, beruhen ausgefeiltere Ansätze darauf, die Häufigkeitsverteilung der beobachteten $P\&L$-Werte mit den vom VaR-Modell an den verschiedenen Geschäftstagen vorhergesagten $P\&L$-Verteilungen (*Prognoseverteilungen*) zu vergleichen. Die Prognoseverteilung des VaR-Modells für den Tag t ist definiert über die Verteilungsfunktion:

$F_t(x) \quad := \quad$ Anteil aller P&L-Szenarien des Portfolios in t, bei denen die Portfoliowertänderung kleiner oder gleich x ist.

Wir fassen im Folgenden $P\&L_t$ als Zufallsvariable auf, deren Verteilungsfunktion $F_t(x)$ ist (sofern das VaR-Modell korrekte Prognosen liefert). Die transformierte Zufallsvariable

$$X_t := F_t(P\&L_t) \in [0;1]$$

ist dann eine auf $[0;1]$ *gleichverteilte* Zufallsvariable, d. h. es gilt $P(X_t \leq x) = x$ für alle $x \in [0;1]$:

$$P(X_t \leq x) = P(F_t(P\&L_t) \leq x) = P(P\&L_t \leq F_t^{-1}(x)) = F_t(F_t^{-1}(x)) = x$$

(zur Vereinfachung wird angenommen, F_t sei invertierbar). Wir transformieren erneut und bilden die Zufallsvariable $Z_t := \Phi^{-1}(X_t)$. Diese ist standard-normalverteilt:

$$P(Z_t \leq x) = P(\Phi^{-1}(X_t) \leq x) = P(X_t \leq \Phi(x)) = \Phi(x).$$

Zusammenfassend lässt sich festhalten: **Falls** das VaR-Modell korrekte Prognoseverteilungen liefert, **dann** müssen die Zufallsvariablen Z_t standard-normalverteilt sein. Nun führt man einen *statistischen Test* durch, der die vorliegenden Werte der Zufallsvariablen Z_t daraufhin überprüft, ob sie zu einer standard-normalverteilten Zufallsvariablen "passen". Dies kann z. B. dadurch geschehen, dass man die Quantile der vorliegenden Werte gegen die entsprechenden Quantile einer Standard-Normalverteilung plottet (ein sog. *QQ-Plot*). Aus einer solchen Untersuchung lässt sich relativ schnell ableiten, ob die Prognoseverteilungen des VaR-Modells zu den beobachteten $P\&L$-Werten passen oder ob Korrekturen im VaR-Modell vorzunehmen sind.

Die nachfolgende Abbildung zeigt einen QQ-Plot, bei dem die Quantile $q_{0,01}, \ldots, q_{0,99}$ aus 100 beobachteten Werten Z_t (vertikale Achse) nur wenig von den entsprechenden Quantilen von $N(0,1)$ (horizontale Achse) abweichen, d. h. die Punkte liegen in der Nähe der Winkelhalbierenden. Je weiter die Punkte von der Winkelhalbierenden entfernt sind, um so zweifelhafter ist die Prognosequalität des VaR-Modells.

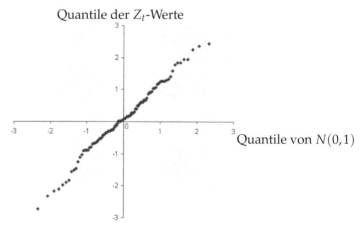

Abbildung 45: QQ-Plot

5.2   Kreditrisikomodelle

5.2.1   Modellierung von Ausfallereignissen im Einfaktor-Modell

Ein *Ausfallereignis* (*credit event*) einer Adresse (also eines Kreditnehmers oder eines
Wertpapieremittenten oder eines Kontrahenten aus einem Derivatevertrag) liegt vor,
wenn diese ihren Zahlungsverpflichtungen nicht in vollem Umfang (oder überhaupt
nicht) nachkommen kann bzw. will. Bei der Modellierung von Kreditrisiken geht es zunächst darum, für jede Adresse das Risiko eines Ausfalls am Ende eines vorgegebenen
Betrachtungszeitraums der Länge $T > 0$ (häufig $T = 1$ Jahr) zu berechnen, d. h. eine
Ausfallwahrscheinlichkeit PD, eine Verlustquote *LGD* und die voraussichtliche Forde-
rungshöhe bei Ausfall (*EAD*, *Exposure at Default*) zu bestimmen (vgl. auch Abschnitt
4.12 für die hier genannten Begriffe). Weitere Modellierungsschritte bestehen dann darin, gegenseitige Abhängigkeiten von Ausfallereignissen zu modellieren und Ausfallereignisse zu beliebigen Zeitpunkten $t \in [0;T]$ in die Betrachtungen mit einzubeziehen.
Wir betrachten zunächst die Wahrscheinlichkeit eines Ausfalls zum Zeitpunkt $T > 0$.
Dazu gehen wir von der Überlegung aus, dass ein Unternehmen ausfallen wird, wenn
der Wert seines Vermögens (*Unternehmenswert*, engl. *asset value* = Wert der Aktiva)
geringer ist als der Gesamtbetrag seiner Schulden. In diesem Fall können die Schulden
nicht mehr vollständig bedient werden, so dass es zu einem Ausfall kommen wird.
Um dies zu formalisieren, bezeichnen wir mit $A_i(t)$ den Wert des Unternehmens i zur
Zeit $t = 0$ oder $t = T$ und mit C_i die Höhe der Schulden. Es ist dann

$$PD_i = P(A_i(T) < C_i), \tag{5.4}$$

wobei P das Wahrscheinlichkeitsmaß des in diesem Fall zu Grunde liegenden Wahr-
scheinlichkeitsraums bezeichnet. Wir treffen die Annahme, dass die Zufallsvariable A_i
zum Zeitpunkt $T > 0$ eine Lognormalverteilung besitzt (analog zur Modellierung von
Aktienkursen im Black-Scholes-Modell) und schreiben

$$PD_i = P\left(\frac{\ln(A_i(T)/A_i(0)) - \mu_{A_i} \cdot T}{\sigma_{A_i} \cdot \sqrt{T}} < \frac{\ln(C_i/A_i(0)) - \mu_{A_i} \cdot T}{\sigma_{A_i} \cdot \sqrt{T}} \right).$$

Hierbei sei $\mu_{A_i} \cdot T$ der Erwartungswert und $\sigma_{A_i} \cdot \sqrt{T} > 0$ die Standardabweichung der
normalverteilten Zufallsvariable $\ln(A_i(T)/A_i(0))$. Mit den Abkürzungen

$$R_i(T) := \frac{\ln(A_i(T)/A_i(0)) - \mu_{A_i} \cdot T}{\sigma_{A_i} \cdot \sqrt{T}}, \quad c_i := \frac{\ln(C_i/A_i(0)) - \mu_{A_i} \cdot T}{\sigma_{A_i} \cdot \sqrt{T}} \tag{5.5}$$

erhalten wir die Aussage

$$PD_i = P(R_i(T) < c_i) = \Phi(c_i) \tag{5.6}$$

(beachten Sie, dass $R_i(T)$ standard-normalverteilt ist). Die Größe $R_i(T)$ wird auch *Bonitätsvariable* genannt.

Übung 5.4 *Begründen Sie, dass die Ausfallwahrscheinlichkeit bezogen auf den Zeitpunkt $T > 0$ um so größer ist, je höher der Wert von $C_i / A_i(0)$ ist. Was bedeutet dies ökonomisch gesprochen?*

Im nächsten Kapitel werden wir alternative Verfahren zur Berechnung von Ausfallwahrscheinlichkeiten kennen lernen, die sog. *Rating-Verfahren*. Wenn wir mit einem solchen Verfahren die Ausfallwahrscheinlichkeit PD_i bestimmt haben, können wir wegen (5.6) dann den Wert von c_i errechnen gemäß

$$c_i = \Phi^{-1}(PD_i).$$

Wir kehren zunächst zu den obigen Überlegungen zurück und betrachten nun eine Menge von n Adressen, deren Ausfallwahrscheinlichkeiten wir unter Berücksichtigung gegenseitiger Abhängigkeiten modellieren wollen. Dies kann z. B. im Rahmen eines sog. *(Ein-)Faktormodells* (auch *Asymptotic Single Risk Factor (ASRF)-Modell* genannt) geschehen, bei dem die Bonitätsvariablen dargestellt werden in Abhängigkeit von einem gemeinsamen *systematischen Faktor Y* und zusätzlichen unternehmensspezifischen Variablen $\varepsilon_1, \ldots, \varepsilon_n$:

$$R_i(T) = \sqrt{\rho_i} \cdot Y + \sqrt{1 - \rho_i} \cdot \varepsilon_i, \quad \rho_i \in [0;1]. \tag{5.7}$$

Es ist Y eine standard-normalverteilte Zufallsvariable und ε_i sind untereinander und zu Y unabhängige standard-normalverteilte Zufallsvariablen.

Interpretation: Der systematische Faktor Y beschreibt den "Zustand der Gesamtwirtschaft" und wirkt somit auf alle Bonitätsvariablen ein. Je negativer der Wert von Y, umso schlechter der Zustand der Gesamtwirtschaft. Darüber hinaus hängen die Bonitäten von unternehmensspezifischen Einflussgrößen ε_i ab. Wegen (5.7) gilt $Var(R_i(T)) = \rho_i + (1 - \rho_i)$ und dies ist die Zerlegung der Varianz in das *systematische Risiko* (erster Summand) und das *idiosynkratische Risiko* (zweiter Summand).

Übung 5.5
1. *Begründen Sie, dass aus der Gleichung (5.7) folgt: $R_i(T)$ ist standard-normalverteilt.*
2. *Begründen Sie unter Verwendung von Definition 2.14, Übung 2.8 und der aus der Stochastik bekannten Aussage $Cov(a \cdot X + b \cdot Y, c \cdot S + d \cdot T) = a \cdot b \cdot Cov(X,S) + a \cdot d \cdot Cov(X,T) + b \cdot c \cdot Cov(Y,S) + b \cdot d \cdot Cov(Y,T)$ die nachfolgenden Umformungen:*

$$\begin{aligned} Corr(R_i(T), Y) &= Cov(R_i(T), Y) \\ &= \sqrt{\rho_i} \cdot Cov(Y,Y) + \sqrt{1 - \rho_i} \cdot Cov(\varepsilon_i, Y) \\ &= \sqrt{\rho_i}. \end{aligned} \tag{5.8}$$

3. Begründen Sie ähnlich wie in 2.:

$$\begin{aligned} Corr(R_i(T), R_j(T)) &= Cov(R_i(T), R_j(T)) \\ &= \sqrt{\rho_i} \cdot \sqrt{\rho_j} \cdot Cov(Y, Y) \\ &= \sqrt{\rho_i} \cdot \sqrt{\rho_j}. \end{aligned} \tag{5.9}$$

Wir können aufgrund von (5.8) festhalten, dass die Bonitätsvariable $R_i(T)$ zum systematischen Faktor die Korrelation ρ_i hat. Aus (5.7) ergibt sich, dass die Bonitätsvariablen bei gegebenem Wert von y von Y unabhängig sind und dass gilt (vgl. Satz 2.7):

$$E(R_i(T)|Y = y) = \sqrt{\rho_i} \cdot y.$$

Definition 5.2
1. *Die in Gleichung (5.9) berechnete Korrelation zweier Bonitätsvariablen wird als* **Asset-Korrelation** *bezeichnet. Sie beschreibt die Korrelation der standardisierten logarithmierten Änderungen der Unternehmenswerte (vgl. (5.5)).*
2. *Im Gegensatz dazu ist die* **Ausfall-Korrelation** $\rho_{i,j}$ *definiert als die Korrelation*

$$\rho_{i,j} := Corr(1_{\{R_i(T) < c_i\}}, 1_{\{R_j(T) < c_j\}}) \tag{5.10}$$

zwischen den Indikatorvariablen, die ein Ausfallereignis anzeigen.

Typischerweise hat die Ausfall-Korrelation zweier Adressen einen kleineren Wert als die Asset-Korrelation; wir werden später eine Umrechnungsformel kennen lernen.

5.2.2 Ausfallwahrscheinlichkeiten

Definition 5.3 (Bedingte und unbedingte Ausfallwahrscheinlichkeit)
1. *Die* **unbedingte Ausfallwahrscheinlichkeit** *einer Adresse i ist die in (5.6) angegebene Wahrscheinlichkeit $PD_i = \Phi(c_i)$.*
2. *Die* **bedingte Ausfallwahrscheinlichkeit** *einer Adresse i ist die auf $Y = y$ bedingte Ausfallwahrscheinlichkeit, d. h. die für $0 \le \rho_i < 1$ definierte Größe*

$$\begin{aligned} PD_i(y) &= P(1_{\{R_i(T) < c_i\}}|Y = y) \\ &= P(\sqrt{\rho_i} \cdot Y + \sqrt{1 - \rho_i} \cdot \varepsilon_i < c_i|Y = y) \\ &= P\left(\varepsilon_i < \frac{c_i - \sqrt{\rho_i} \cdot y}{\sqrt{1 - \rho_i}}\right) = \Phi\left(\frac{c_i - \sqrt{\rho_i} \cdot y}{\sqrt{1 - \rho_i}}\right). \end{aligned} \tag{5.11}$$

Der Unterschied zwischen bedingter und unbedingter Ausfallwahrscheinlichkeit ist also gerade darin zu sehen, ob im Einfaktor-Modell der Wert des systematischen Faktors Y vorgegeben wird (bedingte Ausfallwahrscheinlichkeit) oder nicht vorgegeben wird (unbedingte Ausfallwahrscheinlichkeit).

Übung 5.6 *Begründen Sie mathematisch und ökonomisch, dass der Wert der bedingten Ausfallwahrscheinlichkeit $PD_i(y)$ um so größer wird, je kleiner der Wert von y ist. Beachten Sie dabei die o. g. Interpretation von Y.*

Neben den individuellen Ausfallwahrscheinlichkeiten spielen bei der Analyse von Kreditportfolien die *gemeinsamen Ausfallwahrscheinlichkeiten*, also die Wahrscheinlichkeiten von mehreren Ausfällen im Portfolio unter Berücksichtigung der gegenseitigen Abhängigkeiten, eine große Rolle. Wir treffen bei der Berechnung gemeinsamer Ausfallwahrscheinlichkeiten zunächst die folgende Annahme: Der Vektor der Bonitätsvariablen $(R_1(T), \ldots R_n(T))$ ist mehrdimensional normalverteilt mit Erwartungswertvektor $\vec{\mu} = (0, \ldots, 0)$ und Kovarianzmatrix

$$\Sigma := \begin{pmatrix} 1 & \rho_{1,2} & \cdots & \rho_{1,n} \\ \rho_{2,1} & 1 & \cdots & \rho_{2,n} \\ \vdots & \vdots & \vdots & \vdots \\ \rho_{n,1} & \rho_{n,2} & \cdots & 1 \end{pmatrix}.$$

Beachten Sie, dass die hier auftretenden Korrelationsterme den in (5.9) berechneten Asset-Korrelationen entsprechen.

Mit dieser Annahme lässt sich die (unbedingte) gemeinsame Ausfallwahrscheinlichkeit einer beliebigen Auswahl von k Adressen im Portfolio berechnen: Im Fall $k = 2$ haben wir beispielsweise

$$P(R_i(T) < c_i \text{ und } R_j(T) < c_j) = \Phi_2((c_i, c_j), \sqrt{\rho_i \cdot \rho_j}), \tag{5.12}$$

wobei $\Phi_2(x, y, \rho)$ die Verteilungsfunktion der zweidimensionalen Normalverteilung mit Erwartungswertvektor $(0,0)$ und Kovarianzmatrix $\Sigma_2 := \begin{pmatrix} 1 & \rho \\ \rho & 1 \end{pmatrix}$ ist. Es gilt

$$\Phi_2((x_1, x_2), \rho) = \int_{-\infty}^{x_1} \int_{-\infty}^{x_2} f(x, y) \, dx dy$$

mit der Dichtefunktion $f(x, y)$ der zweidimensionalen Normalverteilung gemäß Definition 2.15. Ist entsprechend $\Phi_k((x_1, \ldots, x_k), \Sigma_k)$ die Verteilungsfunktion einer k-dimensionalen Normalverteilung mit Erwartungswertvektor $(0, \ldots, 0)$ und Kovarianzmatrix Σ_k, so können wir schreiben

$$P(R_{i_1}(T) < c_i, \ldots, R_{i_k}(T) < c_{i_k}) = \Phi_k((c_{i_1}, \ldots, c_{i_k}), \Sigma_k). \tag{5.13}$$

Hier ist Σ_k die Kovarianzmatrix von $R_{i_1}(T), \ldots, R_{i_k}(T)$.

Bemerkung *Da die Größen $c_i = \Phi^{-1}(PD_i)$ von den unbedingten Ausfallwahrscheinlichkeiten abhängen, können wir festhalten, dass die gemeinsamen Ausfallwahrscheinlichkeiten nur abhängen von den Werten PD_i und den Asset-Korrelationen.*

Beispiel 5.7 *Ein Portfolio bestehe aus $n = 3$ Krediten von jeweils 100 Euro an drei verschiedene Adressen. Die Verlustquote bei einem Ausfall betrage jeweils 100%. Die auf den Zeitraum der Länge $T := 1$ Jahr bezogenen unbedingten Ausfallwahrscheinlichkeiten der einzelnen Adressen seien*

$$0{,}1\%, \qquad 0{,}5\%, \qquad 1\%.$$

Ferner seien die Werte der Asset-Korrelationen bekannt: $\rho_{i,j} = 0{,}6$ für alle $i,j \in \{1,2,3\}$.

1. *Mit welcher Wahrscheinlichkeit fallen alle drei Adressen bis $T = 1$ aus?*
2. *Mit welcher Wahrscheinlichkeit fällt mindestens eine Adresse bis $T = 1$ aus?*
3. *Was ist der Erwartungswert des Verlustes in einem Jahr?*
4. *Welcher Verlust ist im Fall $Y = 0$ in einem Jahr zu erwarten?*

Antworten:

1. *Es gilt mit $c_i = \Phi^{-1}(PD_i)$ nach (5.13):*

$$P(R_1(1) < c_1, R_2(1) < c_2, R_3(1) < c_3) =$$

$$\Phi_3\left(\,(-3{,}09; -2{,}56; -2{,}33),\; \begin{pmatrix} 1 & 0{,}6 & 0{,}6 \\ 0{,}6 & 1 & 0{,}6 \\ 0{,}6 & 0{,}6 & 1 \end{pmatrix}\right) \approx 0{,}00014.$$

   Die Berechnung der Verteilungsfunktion kann mit Hilfe eines Computeralgebra-Systems erfolgen.

2. *Die gesuchte Wahrscheinlichkeit ist*

$$1 - P(R_1(1) < c_1, R_2(1) < c_2, R_3(1) < c_3) \approx 0{,}99986.$$

3. *Der gesuchte Erwartungswert ist*

$$100 \cdot (P(R_1(1) < c_1) + P(R_2(1) < c_2) + P(R_3(1) < c_3)) = 0{,}1 + 0{,}5 + 1 = 1{,}6.$$

4. *Es sei L der Verlust in einem Jahr. Wir schreiben unter Verwendung von (5.11):*

$$
\begin{aligned}
E(L|Y=0) &= 100 \cdot PD_1(0) + 100 \cdot PD_2(0) + 100 \cdot PD_3(0) \\
&= 100 \cdot \left(\Phi\left(\frac{-3{,}09}{\sqrt{1-0{,}6}}\right) + \Phi\left(\frac{-2{,}56}{\sqrt{1-0{,}6}}\right) + \Phi\left(\frac{-2{,}33}{\sqrt{1-0{,}6}}\right) \right) \\
&\approx 0{,}014.
\end{aligned}
$$

Umrechnung von Asset-Korrelationen in Ausfall-Korrelationen

Welche Beziehung besteht zwischen Asset- und Ausfall-Korrelationen? Um dies herauszufinden, schreiben wir

$$
\begin{aligned}
\rho_{i,j} &= Corr(1_{\{R_i(T)<c_i\}}, 1_{\{R_j(T)<c_j\}}) \\
&= \frac{E(1_{\{R_i(T)<c_i\}} \cdot 1_{\{R_j(T)<c_j\}}) - E(1_{\{R_i(T)<c_i\}}) \cdot E(1_{\{R_j(T)<c_j\}})}{\sqrt{PD_i \cdot (1-PD_i)} \cdot \sqrt{PD_j \cdot (1-PD_j)}} \\
&= \frac{P(1_{\{R_i(T)<c_i\}} = 1 \text{ und } 1_{\{R_j(T)<c_j\}} = 1) - PD_i \cdot PD_j}{\sqrt{PD_i \cdot (1-PD_i)} \cdot \sqrt{PD_j \cdot (1-PD_j)}} \\
&\overset{(5.12)}{=} \frac{\Phi_2(\Phi^{-1}(PD_i), \Phi^{-1}(PD_j)), \sqrt{\rho_i \cdot \rho_j}) - PD_i \cdot PD_j}{\sqrt{PD_i \cdot (1-PD_i)} \cdot \sqrt{PD_j \cdot (1-PD_j)}},
\end{aligned}
$$

wobei $c_i = \Phi^{-1}(PD_i)$ verwendet wurde. Hierbei ist $\sqrt{\rho_i \cdot \rho_j}$ die Asset-Korrelation und $\rho_{i,j}$ ist die Ausfall-Korrelation. Die folgende Grafik zeigt, dass Ausfall-Korrelationen deutlich kleinere Werte haben als Asset-Korrelationen und dass sie im Fall $PD_i = PD_j = p$ sowie $\sqrt{\rho_i \cdot \rho_j} = \rho$ monoton in beiden Parametern zunehmen:

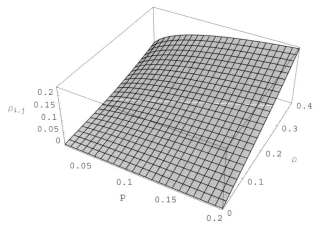

Abbildung 46: Ausfall-Korrelation als Funktion von p und ρ

5.2.3   Das Merton-Modell

Um gemeinsame Ausfallwahrscheinlichkeiten zu berechnen, ist die Kenntnis der Ausfallwahrscheinlichkeiten PD_i und der Asset-Korrelationen erforderlich. Diese Größen können mit dem *Merton-Modell* bestimmt werden. Das Merton-Modell geht zurück auf eine Arbeit von Merton im Jahr 1974 [29], es wurde in den Folgejahren von verschiedenen Autoren weiterentwickelt und schließlich von der Firma KMV, später Moody's, kommerziell vertrieben. Der Ausgangspunkt der Modellierung ist ein Schuldner (ein Unternehmen), für den die Größen

- $A_i(t)$: Unternehmenswert zur Zeit t.

- $C_i(t)$: Marktwert der Schulden aus Sicht des Zeitpunkts t, wobei alle Schulden in T fällig werden.

- C_i: Nominalbetrag der in T zurückzuzahlenden Schulden.

- $E_i(t)$: Marktwert des Eigenkapitals des Unternehmens zur Zeit t.

betrachtet werden. Aufgrund der *Bilanzgleichung* (Wert des Vermögens = Wert der Schulden + Eigenkapital) gilt

$$A_i(t) = C_i(t) + E_i(t). \tag{5.14}$$

Ein Ausfallereignis kann nur zum Zeitpunkt $T > 0$ eintreten, und zwar dann, wenn der Unternehmenswert $A_i(T)$ kleiner ist als der Nominalbetrag C_i der fällig werdenden Schulden. Nun ist der Unternehmenswert eine Größe, die sich aus der Bewertung des Vermögens ergibt. Eine solche Bewertung wird in der Realität jedoch immer nur in periodischen Abständen, den Bilanzstichtagen, vorgenommen und beinhaltet dann eine Bewertung aller Vermögensgegenstände sowie der Schulden nach den gültigen Bilanzierungsregeln. Möchte man jedoch zu beliebigen Zeitpunkten den Unternehmenswert feststellen, so ist man darauf angewiesen, auf Börsenkurse zurückzugreifen. Dies leistet das Merton-Modell.

Wichtig ist dabei die folgende Überlegung: Die Anteilseigner (Aktionäre) des Unternehmens haben zum Zeitpunkt T zwei Möglichkeiten: Entweder sie zahlen die Schulden zurück oder das Unternehmen ist bankrott, was dazu führt, dass das Unternehmen den Gläubigern übereignet wird. Im ersten Fall hat das Unternehmen aus Sicht der Aktionäre einen Wert von $E_i(T) = A_i(T) - C_i$ und im zweiten Fall einen Wert von $E_i(T) = 0$. Beide Fälle lassen sich in der Gleichung

$$E_i(T) = \max\{A_i(T) - C_i, 0\}$$

zusammenfassen und wir erkennen, dass der Wert des Eigenkapitals in T gerade der Auszahlungsfunktion einer Europäischen *Call-Option* mit Fälligkeit in T entspricht, deren Underlying die Aktiva des Unternehmens (mit Wert $A_i(T)$) sind und deren Ausübungspreis der Nominalwert C_i der Schulden ist.

Mit dieser Überlegung können die in den Gleichungen (5.5) und (5.6) zunächst noch unbekannten Größen $A_i(0)$ und σ_{A_i} nun berechnet werden: Dazu beachtet man, dass $E_i(0)$ der in $t = 0$ gültige Barwert des o. g. Calls ist und dieser kann wiederum mittels der Black-Scholes-Formel bestimmt werden. Es gilt also (vgl. 4.23)

$$E_i(0) = A_i(0) \cdot \Phi(d_1) - C_i \cdot e^{-r \cdot T} \cdot \Phi(d_2) \tag{5.15}$$

mit $d_{1,2} := (\ln(A_i(0)/C_i) + (r \pm 0{,}5 \cdot \sigma_{A_i}^2) \cdot T)/(\sigma_{A_i} \cdot \sqrt{T})$ und $\sigma_{A_i}^2$ ist die Varianz der logarithmischen Unternehmenswertänderung: $\sigma_{A_i}^2 = Var(\ln(A_i(1)/A_i(0)))$.

Da der Wert $E_i(t)$ des Eigenkapitals zu jedem Zeitpunkt t dem Wert der Call-Option entspricht, kann weiterhin gezeigt werden (unter Verwendung von Satz 4.2), dass gilt

$$\sigma_{E_i} = \frac{\partial E_i(0)}{\partial A_i(0)} \cdot \frac{A_i(0)}{E_i(0)} \cdot \sigma_{A_i}, \tag{5.16}$$

wobei hier σ_{E_i} die Standardabweichung von $\ln(E_i(1)/E_i(0))$ bezeichnet. Beachten Sie, dass $\frac{\partial E_i(0)}{\partial A_i(0)}$ dem Delta der Call-Option entspricht.

Wenn wir nun beachten, dass $E_i(0)$ bei einer Aktiengesellschaft gerade dem heutigen, am Markt beobachtbaren Wert aller Aktien entspricht und σ_{E_i} die annualisierte Volatilität des Aktienkurses ist, welche ebenfalls am Markt bekannt ist, so können die beiden Gleichungen (5.15) und (5.16) dazu verwendet werden, um die unbekannten Größen $A_i(0)$ und σ_{A_i} zu berechnen!

Übung 5.7

1. *Ein Unternehmen i habe in $T := 1$ einen Schuldenbetrag von 10 Mio. Euro zurückzuzahlen, weitere Schulden existieren nicht. Der heutige Marktwert aller Aktien betrage 2 Mio. Euro und die Volatilität des Aktienkurses liege bei 20%. Es gelte $r = 2\%$. Geben Sie den Unternehmenswert $A_i(0)$ und dessen annualisierte Volatilität σ_{A_i} an.*

2. *Zeigen Sie mit (5.6), dass sich die Ausfallwahrscheinlichkeit PD_i bezogen auf den Zeitpunkt $T > 0$ im Merton-Modell, unter der Annahme $\mu_{A_i} = r - 0,5 \cdot \sigma_{A_i}^2$, wie folgt berechnen lässt:*

$$PD_i = \Phi(-d_2). \tag{5.17}$$

Mit Hilfe des Merton-Modells sind wir dazu in der Lage, die Werte der **Asset-Korrelationen** verschiedener Aktienunternehmen zu schätzen. Dazu beachten wir, dass die Asset-Korrelation definiert ist als die Korrelation der standardisierten logarithmierten Änderungen der Unternehmenswerte (vgl. (5.9)). Da im Merton-Modell eine Beziehung hergestellt wird zwischen dem Unternehmenswert $A_i(t)$ und dem Aktienwert $E_i(t)$, ist ein plausibler Schätzwert für die Asset-Korrelation daher die Korrelation der standardisierten logarithmierten Änderungen der Aktienkurse. Diese **Aktienkurskorrelation** kann aus den beobachtbaren Aktienkursen unmittelbar berechnet werden.

Credit Spread im Merton-Modell

Im Merton-Modell lässt sich eine Formel für den theoretischen Wert des Credit Spreads der Schulden einer Firma herleiten. Der Credit Spread s ist definiert durch

$$C_i(0) = e^{-(r+s) \cdot T} \cdot C_i,$$

es ist also derjenige annualisierte Spread s, den man auf den annualisierten risikolosen Zinssatz r addieren muss, um den Barwert der Schulden zu berechnen.

Um s zu bestimmen, beachten wir zunächst, dass der Wert $C_i(T)$ entweder gleich C_i ist (wenn die Firma nicht bankrott ist und die Schulden vollständig zurückgezahlt werden), oder aber es gilt $C_i(T) = A_i(T)$ (wenn die Firma in T bankrott ist und die Anteilseigner die Firma den Gläubigern übergeben). Beide Fälle lassen sich in der Formel

$$C_i(T) = \max\{C_i, A_i(T)\} = C_i - \max\{C_i - A_i(T), 0\}$$

zusammenfassen. Folglich ist $C_i(T)$ gleich der Differenz aus C_i und der Auszahlungs-funktion einer Europäischen Put-Option mit Fälligkeit in T, deren Underlying die Aktiva des Unternehmens (mit Wert $A_i(T)$) sind, und deren Strike der Nominalwert C_i der Schulden ist. Damit ergibt sich der Wert $C_i(0)$ als die Differenz aus $C_i \cdot \exp(-(r+s) \cdot T)$ und dem Barwert der Put-Option in $t = 0$. Auf das gleiche Ergebnis kommen wir, wenn wir die Beziehung (5.14) beachten und schreiben

$$C_i(0) = A_i(0) - E_i(0) = C_i \cdot e^{-r \cdot T} \cdot \left(\Phi(d_2) + \frac{\Phi(d_1)}{d} \right),$$

wobei $d := C_i \cdot e^{-r \cdot T} / A_i(0)$ das *Leverage* des Unternehmens ist, also das Verhältnis aus den (risikolos) diskontierten Schulden und dem Unternehmenswert.

Übung 5.8 *Bestätigen Sie die Gültigkeit der Formel für $C_i(0)$.*

Wegen $s + r = \ln(C_i/C_i(0))/T$ ergibt sich für den Credit Spread s:

$$s = r - \frac{1}{T} \cdot \ln \left(\Phi(d_2) + \frac{\Phi(-d_1)}{d} \right). \tag{5.18}$$

Erweiterungen des Merton-Modells

Das ursprüngliche Merton-Modell beinhaltet stark vereinfachende Annahmen und wurde in mehrfacher Weise erweitert. Ein wesentlicher Nachteil ist darin zu sehen, dass die Schulden des Unternehmens alle zu einem festen Zeitpunkt $T > 0$ fällig werden und keine Rangstruktur beinhalten. Somit ist zunächst keine realistische Modellierung der Verschuldungsstruktur möglich. In den Arbeiten [5] und [12] wurden diesbezügliche Verallgemeinerungen vorgenommen. Vasicek führte in [47] eine Unterscheidung zwischen kurzfristigen und langfristigen Verbindlichkeiten ein. Dieser Sachverhalt ist auch in der Version des Merton-Modells von KMV bzw. Moody's berücksichtigt, welches später zu einem Kreditportfoliomodell (dem KMV-Modell) weiterentwickelt wurde. Der Unterschied zum ursprünglichen Merton-Modell besteht vor allem in den folgenden Punkten:

1. Die Schulden des Unternehmens haben keine einheitliche Fälligkeit T, sondern sie werden in kurz- bzw. langfristige Schulden unterteilt. Ein Ausfallereignis ist dadurch definiert, dass der Unternehmenswert $A_i(T)$ kleiner ist als der Wert der *Ausfallschwelle* (engl. *default point, DP*), die als die Summe aus der Hälfte der kurzfristigen und der Hälfte der langfristigen Verbindlichkeiten definiert ist. Dahinter steht die Überlegung, dass beim Absinken des Unternehmenswerts unter die langfristigen Verbindlichkeiten nicht notwendigerweise ein Ausfall stattfinden muss, da sich das Unternehmen bis zur Fälligkeit der langfristigen Verbindlichkeiten ggf. wieder erholen kann. Sinkt der Unternehmenswert dagegen unter die kurzfristigen Schulden, so folgt ein Ausfall wegen Zahlungsunfähigkeit.

2. Die Ausfallwahrscheinlichkeit wird nicht anhand der Beziehung (5.17) definiert, sondern über den folgenden Algorithmus:

   a. Zunächst wird für jedes Unternehmen i die sog. ***distance to default*** (**DD**) festgelegt. Dies ist die Differenz aus dem erwarteten Unternehmenswert $E(A_i(T))$ und dem default point DP, ins Verhältnis gesetzt zur Standardabweichung des Unternehmenswerts $\sigma_{A_i} \cdot A_i(0)$:

   $$DD = \frac{E(A_i(T)) - DP}{\sigma_{A_i} \cdot A_i(0)}.$$

   b. Anschließend wird die distance to default übersetzt in einen Schätzwert für die Ausfallwahrscheinlichkeit, der sog. ***expected default frequency*** (**EDF**).
   Der Zusammenhang zwischen DD und EDF erfolgt auf Basis einer umfangreichen historischen Datenbank von Ausfallereignissen. Für Unternehmen mit vergleichbarer DD werden dabei die Ausfallhäufigkeiten untersucht, um auf diese Weise einen funktionalen Zusammenhang zwischen DD und EDF statistisch zu schätzen. Der Zusammenhang führt dazu, dass hohe Werte der DD zu geringen Werten der EDF führen und umgekehrt. Für die zuverlässige Schätzung der EDF-Werte ist die Qualität und die Repräsentativität der historischen Daten von großer Bedeutung

Der oben skizzierte KMV-Ansatz erlaubt es, einige der Voraussetzungen des Merton-Modells abzuschwächen. So ist z. B. die Annahme der Lognormalverteilung für die Unternehmenswerte $A_i(T)$ nicht zwingend. Da der Ansatz die Schätzung der Ausfallwahrscheinlichkeiten aus Aktienkursen herleitet, reagieren die geschätzten Werte sehr schnell bei sich ändernden Aktienkursen. Auf diese Weise ist eine schnellere Anpassung der Ausfallwahrscheinlichkeiten möglich, als dies bei den mittels Rating-Verfahren ermittelten Ausfallwahrscheinlichkeiten der Fall ist.

Das Merton-Modell hat die Eigenschaft, dass ein Ausfallereignis nur zu einem festen Zeitpunkt $T > 0$ (dem Fälligkeitszeitpunkt der Schulden) festgestellt werden kann. Es wird also nicht überprüft, ob bereits vor dem Zeitpunkt T ein Ausfall vorlag.

Um die Modellierung von zufälligen *Ausfallzeitpunkten* vor dem Zeitpunkt T zu ermöglichen, kann das Merton-Modell erweitert werden zu einem sog. *first passage time*-Ansatz, bei dem die zeitliche Entwicklung des Unternehmenswerts zwischen $t = 0$ und $t = T$ als stochastischer Prozess beschrieben wird und dann ein zufälliger Ausfallzeitpunkt τ_i definiert wird als der erste Zeitpunkt, zu dem der Unternehmenswert unter eine Ausfallschwelle fällt. Wir verweisen diesbezüglich auf die Literatur, z. B. [33].

Schließlich sei noch erwähnt, dass die Modellierung des Credit Spreads im Merton-Modell gemessen an empirischen Beobachtungen "zu kleine" Spreads für kurze Laufzeiten liefert. Der theoretische Credit Spread s im Merton-Modell konvergiert gegen 0 für $T \to 0$. Um diese Schwierigkeit zu überwinden, gibt es die Möglichkeit, den stochastischen Prozess für den Unternehmenswert als Sprungprozess zu modellieren oder aber die Ausfallschwelle als zufällige Größe zu modellieren.

5.2.4 Die Verlustverteilung von Portfolien

Wir betrachten ein Portfolio, welches aus n Kreditnehmern besteht. Die Kredite haben unterschiedliche Höhen und können innerhalb eines vorgegebenen Zeitraums (hier 1 Jahr) ausfallen oder nicht ausfallen. Die für ein Kreditinstitut im Rahmen des Risikomanagements wichtigen Größen sind u. a. die Wahrscheinlichkeit von Kreditausfällen, der zu erwartende Kreditausfallbetrag, sowie der mit einer vorgegebenen Wahrscheinlichkeit nicht übertroffene Kreditausfallbetrag.

Wir verwenden im Folgenden den Index i für den i-ten Kredit des Portfolios. Dann ist EAD_i das Exposure at Default und LGD_i die Verlustquote von Kredit i. Ferner benutzen wir die Indikatorvariable 1_{D_i}, um das zufällige Ereignis des Ausfalls von Kreditnehmer i innerhalb des vorgegebenen Zeitraums von einem Jahr anzuzeigen, d. h. sie hat den Wert 1 bei einem Ausfall und ansonsten 0. Es interessieren nun die folgenden Größen:

Definition 5.4 *Für ein (Kredit-)Portfolio ist die Zufallsvariable*

$$L = \sum_{i=1}^{n} EAD_i \cdot LGD_i \cdot 1_{D_i}$$

*der sog. **Portfolioverlust**. Ihre Verteilung heißt **Verlustverteilung**.*
*Der **erwartete Verlust** (engl. **Expected Loss, EL**) ist der Erwartungswert von L, also die Größe*

$$EL(L) = E(L) = \sum_{i=1}^{n} E(EAD_i \cdot LGD_i \cdot 1_{D_i}).$$

*Der **unerwartete Verlust** (engl. **Unexpected Loss, UL**) UL(L) ist die Standardabweichung von L, also die Größe $\sqrt{Var(L)}$. Der **Credit Value-at-Risk (CVaR)** zum Konfidenzniveau $\alpha \in (0;1)$ ist derjenige Verlustbetrag (gemessen als positive Zahl), der mit einer Wahrscheinlichkeit von α nicht überschritten wird. Es handelt sich um das α-Quantil der Verteilung von L.*

Unter der Annahme, dass die Größen EAD_i und LGD_i nicht-zufällig sind, schreibt sich der erwartete Verlust als

$$EL(L) = \sum_{i=1}^{n} EAD_i \cdot LGD_i \cdot PD_i,$$

wobei hier PD_i die einjährige Ausfallwahrscheinlichkeit des i-ten Kreditnehmers ist. Im Folgenden unterstellen wir immer nicht-zufällige Größen EAD_i bzw. LGD_i.

Im einfachsten Fall, wenn alle Ausfallereignisse stochastisch unabhängig sind, gilt

$$UL(L) = \sqrt{\sum_{i=1}^{n} Var(EAD_i \cdot LGD_i \cdot 1_{D_i})} = \sqrt{\sum_{i=1}^{n} EAD_i^2 \cdot LGD_i^2 \cdot PD_i \cdot (1 - PD_i)}.$$

Zur Charakterisierung der Verlustverteilung sowie des unerwarteten Verlusts und des CVaRs wird offensichtlich die gemeinsame Verteilung der Ausfallereignisse benötigt, die im Rahmen eines *Kreditrisikomodells* zu beschreiben ist. Dabei kommt es vor allem auf die Modellierung von Abhängigkeiten der Kreditausfallereignisse (z. B. mittels Korrelationen) an. Es ergibt sich typischerweise die in der folgenden Grafik angegebene Dichtefunktion für die Verteilung des Portfolioverlusts L:

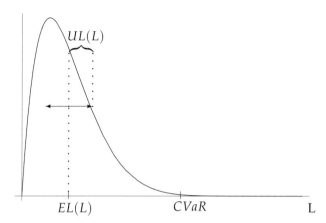

Abbildung 47: Dichte der Verlustverteilung mit $EL(L)$, $UL(L)$ und $CVaR$

Bemerkung
In einem Portfolio von n Krediten mit $EAD_i = EAD$ und $LGD_i = LGD$ für alle $i \in \{1, \ldots, n\}$ und stochastisch unabhängigen Ausfallereignissen gilt im Fall $PD_i = PD \in (0;1)$ für große Werte von n die Aussage:

$$\text{Die Verteilung von } L \text{ ist näherungsweise } N\left(EL(L), UL(L)^2\right).$$

Begründung: *Es gilt $L = \sum_{i=1}^{n} X_i$, wobei $X_i = EAD \cdot LGD \cdot 1_{D_i}$. Die Zufallsvariablen X_i sind unabhängig und identisch verteilt mit $E(X_i) = EAD \cdot LGD \cdot PD$, $Var(X_i) = EAD^2 \cdot LGD^2 \cdot PD \cdot (1 - PD)$. Wegen $E(L) = \sum_{i=1}^{n} E(X_i)$ und $\sqrt{Var(L)} = \sqrt{n} \cdot \sqrt{Var(X_i)}$ ergibt sich aus Satz 2.6 für große Werte von n die Aussage:*

$$\text{Die Verteilung von } \frac{L - E(L)}{\sqrt{Var(L)}} = \frac{1}{\sqrt{n}} \cdot \sum_{i=1}^{n} \frac{X_i - E(X_i)}{Var(X_i)} \text{ ist näherungsweise } N(0,1).$$

Damit folgt die obige Aussage.

Beispiel 5.8 *Gegeben sei ein Portfolio, das aus $n = 100$ Krediten bestehe. Es gelte $EAD_i = 100$, $LGD_i = 1$ für alle Kredite. Die Ausfallereignisse seien unabhängig mit den folgenden einjährigen Ausfallwahrscheinlichkeiten:*

Kategorie	Anzahl Kredite	Ausfallwahrscheinlichkeit (in %)
1	25	0,03
2	15	0,045
3	12	0,067
4	10	0,1
5	8	0,15
6	8	0,23
7	8	0,35
8	6	0,53
9	5	0,80
10	3	1,20

Bei diesem Portfolio gilt

$$EL(L) = 100 \cdot \sum_{i=1}^{100} PD_i \approx 19{,}85 \quad und \quad UL(L) = 100 \cdot \sqrt{\sum_{i=1}^{100} PD_i \cdot (1 - PD_i)} \approx 44{,}43.$$

Im Falle **nicht unabhängiger Ausfallereignisse**, der in realen Portfolien immer anzunehmen ist, ist die Bestimmung der Verteilung von L schwieriger.

Wir betrachten den Spezialfall eines *homogenen Portfolios* mit n Kreditnehmern, welches dadurch ausgezeichnet ist, dass eine einheitliche unbedingte Ausfallwahrscheinlichkeit $PD = PD_i$ sowie eine einheitliche Asset-Korrelation ρ für alle Kreditnehmer vorliegt und dass zusätzlich gilt: $EAD_i = EAD, LGD_i = LGD$.

Übung 5.9 *Zeigen Sie, dass für den erwarteten Portfolioverlust im homogenen Portfolio gilt*

$$EL(L) = n \cdot PD \cdot EAD \cdot LGD.$$

Für den Portfolioverlust L kommen beim homogenen Portfolio offenbar nur die Werte $k \cdot EAD \cdot LGD$ mit $k \in \{0, \ldots, n\}$ in Frage. Im **Einfaktormodell** gilt dann:

$$P(L = k \cdot EAD \cdot LGD | Y = y) = P(k \text{ Ausfälle} | Y = y) = \binom{n}{k} \cdot PD(y)^k \cdot (1 - PD(y))^{n-k},$$

wobei hier $PD_i(y) = PD(y)$ die bedingte Ausfallwahrscheinlichkeit ist (vgl. Definition 5.3). Diese Formel ist dadurch begründet, dass die Ausfallereignisse bedingt auf dem systematischen Faktor Y stochastisch unabhängig sind und daher die Situation einer **Binomialverteilung** (vgl. Beispiel 2.7) vorliegt.

Um nun die unbedingten Wahrscheinlichkeiten $P(L = k \cdot EAD \cdot LGD)$ auszurechnen,

schreiben wir

$$
\begin{aligned}
P(L = k \cdot EAD \cdot LGD) &= E(1_{\{L=k \cdot EAD \cdot LGD\}}) \\
&= E(E(1_{\{L=k \cdot EAD \cdot LGD\}}|Y)) \\
&= E(P(L = k \cdot EAD \cdot LGD|Y)) \\
&= \int_{-\infty}^{\infty} P(L = k \cdot EAD \cdot LGD|Y = y) \cdot \varphi(y)\, dy \\
&= \binom{n}{k} \cdot \int_{-\infty}^{\infty} PD(y)^k \cdot (1 - PD(y))^{n-k} \cdot \varphi(y)\, dy.
\end{aligned}
$$

Bei der zweiten Umformung wurde die Regel vom iterierten Erwartungswert aus Satz 2.7 verwendet. Die Berechnung des o. g. Integrals erfolgt in konkreten Anwendung mittels numerischer Näherungsverfahren, die in gängigen Softwarepaketen implementiert sind. Die **Verteilungsfunktion von L** ist gegeben durch

$$
P(L \le x) = \sum_{\{k:\, k \cdot LGD \cdot EAD \le x\}} P(L = k \cdot EAD \cdot LGD).
$$

Beispiel 5.9 (Verlustverteilung im homogenen Portfolio)
In der nachfolgenden Abbildung ist die Dichte der Verlustverteilung eines homogenen Portfolios mit $n = 1.000$, $PD = 1\%$, $EAD = LGD = 1$ für verschiedene Werte von ρ dargestellt.

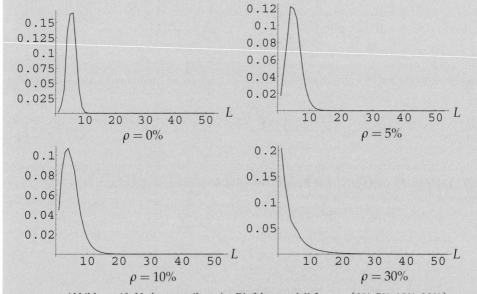

Abbildung 48: Verlustverteilung im Einfaktormodell für $\rho \in \{0\%, 5\%, 10\%, 30\%\}$.

Es zeigt sich, dass die Portfolioverlustverteilung mit zunehmendem Wert von ρ immer weiter nach rechts verlagert wird – je höher also die Asset-Korrelation, umso wahrscheinlicher sind hohe

Portfolioverluste und umso größer ist dann auch der CVaR. Dies ist unmittelbar einsichtig, denn eine hohe Korrelation bedeutet, dass Verluste tendenziell gehäuft auftreten, d. h. das Portfolio ist weniger gut diversifiziert.

Zur Beschreibung Verlustverteilung haben wir selbst im Fall eines homogenen Portfolios keinen analytischen Ausdruck zur Verfügung. Die Situation ändert sich jedoch, wenn wir die Anzahl n der Kreditnehmer gegen unendlich konvergieren lassen und damit den Grenzfall eines *homogenen unendlich granularen Portfolios*, auch *Large Homogeneous Portfolio* (**LHP**) genannt, betrachten. Ein solches Portfolio besteht gedanklich aus unendlich vielen Kreditnehmern mit $LGD_i = LGD, PD_i = PD$ und einheitlicher Asset-Korrelation ρ, wobei kein einzelner Kredit das Portfolio dominieren darf. Letzteres bedeutet, dass für den Anteil $w_i^{(n)} := \frac{EAD_i}{\sum_{j=1}^n EAD_j}$ eines jeden Einzelkredits gilt

$$\lim_{n \to \infty} \sum_{i=1}^n (w_i^{(n)})^2 = 0.$$

Ein **Beispiel** ist etwa der Fall $EAD_i = EAD$ für alle Kredite, denn dann gilt $w_i^{(n)} = 1/n$ und $\lim_{n \to \infty} \sum_{i=1}^n (w_i^{(n)})^2 = \lim_{n \to \infty} \sum_{i=1}^n 1/n^2 = \lim_{n \to \infty} 1/n = 0$.

Ein homogenes unendlich granulares Portfolio stellt die idealisierte Form von sehr großen Bankportfolien dar, die aus einigen Tausend Krediten bestehen, deren Ausfallwahrscheinlichkeit und Verlustquote in etwa gleich ist. Die Zufallsvariable

$$L^{(n)} := \frac{\sum_{i=1}^n EAD_i \cdot LGD \cdot 1_{D_i}}{\sum_{j=1}^n EAD_j} = LGD \cdot \sum_{i=1}^n w_i^{(n)} \cdot 1_{D_i}$$

ist der sog. *relative Portfolioverlust*.

Übung 5.10 *Welche möglichen Werte kann die Zufallsvariable $L^{(n)}$ annehmen?*

Satz 5.1 (Verteilung des relativen Portfolioverlusts)
Im homogenen unendlich granularen Portfolio mit $\rho \in (0;1)$ konvergiert der relative Portfolioverlust $L^{(n)}$ im **Einfaktormodell** *für $n \to \infty$ mit Wahrscheinlichkeit 1 gegen die Zufallsvariable*

$$LGD \cdot PD(Y) = LGD \cdot \Phi\left(\frac{\Phi^{-1}(PD) - \sqrt{\rho} \cdot Y}{\sqrt{1-\rho}}\right). \tag{5.19}$$

Die Verteilungsfunktion von $L^{(n)}/LGD \in [0;1]$ konvergiert gegen die Funktion

$$F_{PD,\rho}(x) = \Phi\left(\frac{\Phi^{-1}(x) \cdot \sqrt{1-\rho} - \Phi^{-1}(PD)}{\sqrt{\rho}}\right), \qquad x \in [0;1],$$

und der CVaR zum Konfidenzniveau $\alpha \in (0;1)$ bezogen auf den relativen Portfolioverlust lautet

$$CVaR = LGD \cdot \Phi \left(\frac{\Phi^{-1}(PD) - \sqrt{\rho} \cdot \Phi^{-1}(\alpha)}{\sqrt{1-\rho}} \right).$$

Beweis Wir geben hier nur eine *Beweisskizze*. Zunächst berechnen wir den bedingten erwarteten Verlust bei n Kreditnehmern:

$$
\begin{aligned}
E(L^{(n)}|Y) &= \sum_{i=1}^{n} w_i^{(n)} \cdot LGD \cdot E(1_{D_i}|Y) = LGD \cdot \sum_{i=1}^{n} w_i^{(n)} \cdot P(1_{D_i} = 1|Y) \\
&= LGD \cdot PD(Y) \cdot \underbrace{\sum_{i=1}^{n} w_i^{(n)}}_{=1} = LGD \cdot \Phi \left(\frac{\Phi^{-1}(PD) - \sqrt{\rho} \cdot Y}{\sqrt{1-\rho}} \right).
\end{aligned}
$$

Es zeigt sich, dass die Größen $L^{(n)}$ und $E(L^{(n)}|Y)$ für $n \to \infty$ mit Wahrscheinlichkeit 1 übereinstimmen (siehe z. B. [28], Kapitel 3), so dass die erste Aussage des Satzes folgt. Die Verteilungsfunktion von $L^{(n)}/LGD$ konvergiert damit für $n \to \infty$ gegen die Funktion

$$
\begin{aligned}
P(PD(Y) \leq x) &= P \left(\Phi \left(\frac{\Phi^{-1}(PD) - \sqrt{\rho} \cdot Y}{\sqrt{1-\rho}} \right) \leq x \right) \\
&= P \left(-Y \leq \frac{\Phi^{-1}(x) \cdot \sqrt{1-\rho} - \Phi^{-1}(PD)}{\sqrt{\rho}} \right) \\
&= \Phi \left(\frac{\sqrt{1-\rho} \cdot \Phi^{-1}(x) - \Phi^{-1}(PD)}{\sqrt{\rho}} \right).
\end{aligned}
$$

Bei der letzten Gleichung wurde verwendet, dass sowohl Y als auch $-Y$ standardnormalverteilt sind. Der CVaR berechnet sich zu

$$
\begin{aligned}
P(LGD \cdot PD(Y) \leq CVaR) = \alpha \quad &\Longleftrightarrow \quad F_{PD,\rho}(CVaR/LGD) = \alpha \\
&\Longleftrightarrow \quad CVaR = LGD \cdot F_{PD,\rho}^{-1}(\alpha) \\
&\Longleftrightarrow \quad CVaR = LGD \cdot \Phi \left(\frac{\Phi^{-1}(PD) + \sqrt{\rho} \cdot \Phi^{-1}(\alpha)}{\sqrt{1-\rho}} \right).
\end{aligned}
$$

■

Bemerkung *Beachten Sie, dass nach obigem Satz die Verteilung des relativen Portfolioverlusts $L^{(n)}$ für $n \to \infty$ nur noch vom systematischen Faktor und der einheitlichen Ausfallwahrscheinlichkeit bzw. Asset-Korrelation abhängt, aber nicht mehr von den einzelkreditbezogenen idiosynkratischen Risiken. Das Portfolio ist, wie man sagt, perfekt diversifiziert. In Formeln* *ausgedrückt bedeutet dies, dass für $n \to \infty$ die Zufallsvariablen $L^{(n)}$ und $E(L^{(n)}|Y)$ mit Wahrscheinlichkeit 1 übereinstimmen.*

Aus dem Satz können wir folgern, dass für große Bankportfolien mit Kreditnehmern, deren durchschnittliche Ausfallwahrscheinlichkeit den Wert PD und deren durchschnittliche Verlustquote den Wert LGD hat, der Portfolioverlust näherungsweise die Verteilungsfunktion

$$P(L \leq x) = P\left(L^{(n)} \cdot \sum_{i=1}^{n} EAD_i \leq x\right) = F_{PD,\rho}\left(\frac{x}{LGD \cdot \sum_{i=1}^{n} EAD_i}\right)$$

besitzt. Der CVaR ist daher zu berechnen gemäß

$$P(L \leq CVaR) = \alpha \iff F_{PD,\rho}\left(\frac{CVaR}{LGD \cdot \sum_{i=1}^{n} EAD_i}\right) = \alpha$$

$$\iff CVaR = LGD \cdot \sum_{i=1}^{n} EAD_i \cdot F_{PD,\rho}^{-1}(\alpha)$$

$$\iff CVaR = \sum_{i=1}^{n} LGD \cdot EAD_i \cdot \Phi\left(\frac{\Phi^{-1}(PD) + \sqrt{\rho} \cdot \Phi^{-1}(\alpha)}{\sqrt{1-\rho}}\right).$$

Anwendung der Verlustverteilung: Ökonomisches Kapital

Zur Abdeckung von Verlustrisiken, die durch mögliche Kreditausfälle verursacht werden, reservieren die Banken eine gewisse Menge an Eigenkapital. Die Vorstellung dabei ist, dass jedes kreditrisikobehaftete Geschäft in den Büchern einer Bank eine gewisse Menge von Eigenkapital "verbraucht" oder "bindet", wie man auch sagt. Man spricht in diesem Zusammenhang auch vom sog. *ökonomischen Kapital*.

Nun ist bei jedem Geschäft, das eine Bank abschließt, bekannt, welche Ausfallwahrscheinlichkeit der Geschäftspartner (z. B. ein Kreditnehmer) hat (diese wird oftmals mit den später noch zu behandelten Rating-Verfahren ermittelt). Des Weiteren sind die Größen EAD_i und LGD_i bekannt – diese ergeben sich aus der jeweiligen Geschäftsart. Handelt es sich etwa um einen Kredit mit Nominalbetrag 1 Mio. Euro, der in einem Jahr zurückzuzahlen ist, und hat der Kreditnehmer Sicherheiten im Wert von 400.000 Euro hinterlegt, so gilt $EAD_i = 1$ Mio. Euro und $LGD_i = 0{,}6$. Ist die Ausfallwahrscheinlichkeit des Kreditnehmers $PD_i = 0{,}1\%$, so ergibt sich ein erwarteter Verlust von $PD_i \cdot LGD_i \cdot EAD_i = 600$ Euro. Die Bank wird die Konditionen des Kredits so gestalten, dass der dem Kunde in Rechnung zu stellende Zinssatz den Betrag für den erwarteten Verlust beinhaltet, d. h. der Kunde zahlt zusätzlich zum Marktzins den erwarteten Verlustbetrag an die Bank.

Auf Portfolioebene ergibt sich damit die Situation, dass der komplette erwartete Verlust eines Portfolios (dies ist die Summe der erwarteten Verluste der Einzelgeschäfte) bereits durch die Kreditzinsen abgedeckt ist. Möchte die Bank also ökonomisches Kapital für Kreditrisiken berechnen, so wird sie dies dadurch tun, dass sie die über den erwarteten

Verlust hinausgehenden möglichen Verluste mit ihrem Eigenkapital absichert. Letztere werden definiert in der Form

$$CVaR - EL(L),$$

wobei CVaR anhand eines vorgegebenen Quantils α festgelegt wird. Diese Differenz entspricht dann dem ökonomischen Kapital eines Portfolios.

Beispiel 5.10 *Das ökonomische Kapital in einem (nahezu) homogenen unendlich granularen Portfolio berechnet sich nach den oben erzielten Resultaten zu*

$$\sum_{i=1}^{n} LGD \cdot EAD_i \cdot \Phi\left(\frac{\Phi^{-1}(PD) + \sqrt{\rho} \cdot \Phi^{-1}(\alpha)}{\sqrt{1-\rho}}\right) - LGD \cdot \sum_{i=1}^{n} PD \cdot EAD_i.$$

Die Berechnung von ökonomischem Kapital zur Abdeckung von Kreditrisiken spielt auch eine wichtige Rolle bei den Vorschriften der *Bankenaufsicht* zur Risikosteuerung in Banken: Gemäß den international gültigen bankaufsichtlichen Regelungen, die unter dem Namen *Basel II* bekannt sind, ist jede Bank verpflichtet, für einen vergebenen Kredit eine gewisse Menge von Eigenkapital zu reservieren. Da das Eigenkapital einer Bank eine feste Größe ist, begrenzt die Höhe des verfügbaren Eigenkapitals damit das Kreditvolumen, welches eine Bank vergeben kann. Die Menge an Eigenkapital EK für einen Kredit wir berechnet gemäß der Formel

$$EK = LGD_i \cdot EAD_i \cdot \Phi\left(\frac{\Phi^{-1}(PD_i) + \sqrt{\rho} \cdot \Phi^{-1}(0,999)}{\sqrt{1-\rho}}\right) - LGD_i \cdot PD_i \cdot EAD_i.$$

Ein Vergleich mit Beispiel 5.10 zeigt, dass sich die aufsichtliche Eigenkapitalformel orientiert an den Ergebnissen für ein homogenes unendlich granulares Portfolio.

Um das Eigenkapital ausrechnen zu können, müssen zunächst die Werte EAD_i, LGD_i und PD_i bestimmt werden. Das Konfidenzniveau ist mit $\alpha = 99,9\%$ vorgegeben. Ebenso sind im Basel II - Regelwerk die Werte für den Korrelationsparameter ρ vorgegeben. Der Wert hängt davon ab, welche Art von Kreditnehmer (z. B. Privatperson, kleines mittelständisches Unternehmen, großes Unternehmen, Bank, Staat) betrachtet wird.

Übung 5.11 *Wie viel Eigenkapital müsste eines Bank für das Portfolio aus Beispiel 5.8 reservieren, wenn $\rho = 0,12$ die vorgegebene Korrelation ist?*

Antwort: *Das Eigenkapital für alle Kredite des Portfolios beträgt*

$$\begin{aligned}
EK &= 100 \cdot \left(25 \cdot \left(\Phi\left(\frac{\Phi^{-1}(0,0003) + \sqrt{0,12} \cdot \Phi^{-1}(0,999)}{\sqrt{1-0,12}}\right) - 0,0003\right)\right) \\
&+ 100 \cdot \left(15 \cdot \left(\Phi\left(\frac{\Phi^{-1}(0,00045) + \sqrt{0,12} \cdot \Phi^{-1}(0,999)}{\sqrt{1-0,12}}\right) - 0,00045\right)\right)
\end{aligned}$$

$$+ \quad \vdots$$

$$+ \quad 100 \cdot \left(3 \cdot \left(\Phi\left(\frac{\Phi^{-1}(0{,}012) + \sqrt{0{,}12} \cdot \Phi^{-1}(0{,}999)}{\sqrt{1 - 0{,}12}}\right) - 0{,}012\right)\right)$$

$$\approx \quad 214{,}42.$$

Die Bank muss also 214,42 Euro ihres Eigenkapitals für dieses Portfolio reservieren. Dies entspricht etwa 2% des Gesamtkreditvolumens von 10.000 Euro.

Die Portfolioverlustverteilung für allgemeine Portfolien

Die bisherigen Überlegungen decken nur Spezialfälle ab (Portfolien mit unabhängigen Kreditausfällen oder homogene Portfolien im Einfaktormodell). In der Realität geht die Modellierung von Verlustverteilungen sehr weit über diese Spezialfälle hinaus, da die zu betrachtenden Portfolien in der Regel nicht homogen sind. Des Weiteren werden die Verluste von mehr als einem Faktor getrieben, die Asset-Korrelationen sind nicht für alle Kredite identisch und die Größen LGD bzw. EAD können auch zufällige Werte annehmen. Die Modellierung soll u. U. nicht nur Ausfälle berücksichtigen, sondern auch Veränderungen der Bonitäten der Einzeladressen. Auch sollen die Risikobeiträge der Einzelgeschäfte zum Gesamtrisiko modelliert werden.

All diese Effekte können nur im Rahmen von komplexen *Kreditrisikomodellen* abgebildet werden, die heutzutage in Banken implementiert sind. Beispiel hierfür sind die weit verbreiteten Modelle *Credit Risk$^+$*, *Credit Metrics*, das *KMV-Modell* oder *Credit Portfolio View*. Die Darstellung dieser Modelle übersteigt unseren Rahmen; wir verweisen auf die Spezialliteratur (z. B. [6], [15], [16], [28]).

Im Zusammenhang mit der Kreditrisikomodellierung spielt – wie auch bei der Marktrisikomodellierung – die sog. *Monte-Carlo-Simulation* eine bedeutende Rolle. Dabei geht es darum, die Verlustverteilung in einem Portfolio durch Erzeugung von Zufallszahlen zu simulieren und dann aus der Verlustverteilung die interessierenden Größen wie z. B. den EL, den UL oder den CVaR abzulesen.

Die prinzipielle Vorgehensweise bei der Monte-Carlo-Simulation kann an einem *Mehrfaktormodell* erläutert werden: Zunächst werden die Bonitätsvariablen (vgl. (5.5)) anhand von m unabhängigen systematischen Faktoren Y_j und zusätzlich n unabhängigen idiosynkratischen Faktoren ε_i simuliert,

$$R_i(T) = \beta_{i,1} \cdot Y_1 + \ldots + \beta_{i,m} \cdot Y_m + \sqrt{1 - \sum \beta_{i,j}^2} \cdot \varepsilon_i, \qquad i \in \{1, \ldots, m\}, \tag{5.20}$$

und sodann in jedem einzelnen Simulationslauf mittels der Bedingung (5.6) überprüft, ob der Kreditnehmer i (für jedes $i \in \{1, \ldots, n\}$) ausgefallen ist. Die Summe der Kreditausfallbeträge im k-ten Simulationslauf (im Folgenden mit L_k bezeichnet) wird gespeichert. Ist N die Gesamtzahl der Simulationsläufe, so ergibt sich schließlich die (numerisch geschätzte) Verteilungsfunktion des Portfolioverlusts L zu

$$F(x) = \sum_{k=1}^{N} \frac{\text{Anzahl der Simulationsläufe } k \text{ mit } L_k \leq x}{N}.$$

5.3   Portfolioabhängige Kreditderivate und Wertpapiere

Portfolioabhängige Kreditderivate bzw. Wertpapiere zeichnen sich dadurch aus, dass die künftigen Zahlungen dieser Finanzinstrumente von den Ausfallereignissen (oder allgemeiner credit events) eines Portfolios von Referenzadressen (dem *Pool*) abhängen. Ein wesentlicher Gesichtspunkt bei der Bewertung sind daher neben den Ausfallwahrscheinlichkeiten die gegenseitigen Abhängigkeiten von Ausfallereignissen im Pool.

In Abschnitt 4.12 haben wir als Beispiel eines portfolioabhängigen Kreditderivats bereits den *First-to-Default-CDS* kennen gelernt, bei dem der Sicherungsverkäufer eine Ausgleichszahlung in Bezug auf das erste credit event aus dem Pool leistet. Wir wollen nun als weitere Beispiele die sog. *Collateralized Debt Obligations* (*CDOs*) und die *Single-Tranche Synthetic CDOs* (*STCDOs*) näher betrachten.

5.3.1   CDOs und STCDOs

CDOs

Collateralized Debt Obligations sind Wertpapiere, die von Finanzinstitutionen emittiert werden mit dem Ziel, die Kreditrisiken aus einem bestehenden Pool von Einzelkrediten (z. B. Immobilienkredite, Autokredite, Kreditkartenforderungen usw.) an eine Vielzahl von Investoren weiterzuverkaufen oder zu *verbriefen*, wie man auch sagt. Dabei werden die Zins- und Tilgungszahlungen aus dem Pool an die Investoren der CDOs weitergeleitet; im Gegenzug dazu sind Zahlungsausfälle aufgrund von credit events im Pool dann auch von den Käufern der CDOs zu tragen.

Das Besondere an einer CDO ist, dass ein solches Wertpapier aus mehreren *Tranchen* besteht – dies bedeutet, dass der Investor die Wahl zwischen mindestens drei verschiedenen Klassen hat: Er kann in eine *Senior Tranche*, eine *Mezzanine Tranche* oder in eine *Equity Tranche* investieren. Die Tranchen unterscheiden sich in ihrem jeweiligen Volumen (= Nominal der Tranche) und vor allem in der Art und Weise, wie die Zins- und Tilgungszahlungen aus dem Pool an sie weitergeleitet werden. Sie tragen jeweils ein unterschiedliches Risiko, von Zahlungsausfällen aus dem Pool betroffen zu werden.

Die Tranchen-Wertpapiere haben eine vorgegebene Laufzeit, einen vom Emittenten zurück zu zahlenden Nominalbetrag und sie leisten eine regelmäßige Kuponzahlung. Allerdings können die Zahlungen der Kupons und des Nominalbetrags bei entsprechenden credit events im Pool vermindert werden (oder ganz entfallen).

Der Mechanismus der Weiterleitung von Zins- und Tilgungszahlungen aus dem Pool an die einzelnen Tranchen ist äußerst komplex und wird als *Subordination* oder *Wasserfall* bezeichnet. Damit ist gemeint, dass aus den eingegangen Zins- und Tilgungszahlungen **zuerst** die Kupon- und Nominalrückzahlungen der Senior Tranche geleistet werden, **danach** die Kupon- und Nominalrückzahlungen der Mezzanine Tranche und **zuletzt** die Kupon- und Nominalrückzahlungen der Equity Tranche.

Es gibt also eine Reihenfolge oder *Rangfolge* der Zahlungen mit der Konsequenz, dass die Senior Tranche das geringste Ausfallrisiko trägt, die Mezzanine Tranche das mittlere Ausfallrisiko und die Equity Tranche das höchste Ausfallrisiko. Umgekehrt kann man auch sagen, dass die zuerst auftretenden Zahlungsausfälle aus dem Pool zu Lasten der Equity Tranche gehen, danach wird die Mezzanine Tranche herangezogen und ganz zum Schluss erst die Senior Tranche. Diese unterschiedliche Risikosituation spiegelt sich in unterschiedlichen Kuponzahlungen (als Ausgleich für den zu erwartenden Verlust) wider – je höher das Risiko einer Tranche, um so höher die Kuponzahlung.

Wie das nachfolgende Beispiel zeigt, besitzen die oberen Tranchen ein *Rating*, welches das jeweilige Ausfallrisiko für den Investor transparent machen soll. Das Rating der oberen Tranche ist immer besser als das durchschnittliche Rating des Pools – denn die obere Tranche trägt aufgrund der Rangfolge eventuelle Ausfälle an letzter Stelle, so dass sich hier ein geringerer erwarteter Ausfallbetrag (pro Euro investiertem Kapital) ergibt als im Durchschnitt des Pools. Entsprechend ist der erwartete Ausfallbetrag bei der Equity Tranche natürlich deutlich höher als der Pool-Durchschnitt.

Beispiel 5.11   *Die nachfolgende Abbildung zeigt eine CDO mit drei Tranchen:*

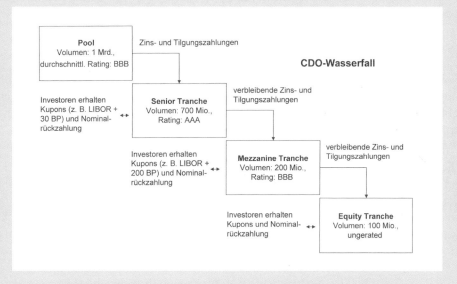

Abbildung 49: Tranchen und Wasserfallstruktur einer CDO (vereinfacht)

Wenn im ersten Jahr z. B. Ausfälle im Pool in Höhe von 10 Mio. Euro entstehen, so bedeutet dies, dass sich an den Zahlungen der beiden oberen Tranchen nichts ändert, während sich der Nominalbetrag der Equity Tranche um 10 Mio. Euro verringert – somit fallen dann auch die dortigen Kuponzahlungen geringer aus. Sobald die Ausfälle im Pool den Betrag 100 Mio. Euro überschreiten, ist die Equity Tranche vollständig aufgebraucht (die Investoren erhalten keine Zahlungen mehr) und es reduziert sich dann der Nominalbetrag der Mezzanine Tranche.

Die Kuponzahlungen der Tranchen werden so gewählt, dass sie bei Emission fair sind, d. h. dem jeweiligen erwarteten Verlust (pro Euro investiertem Kapital) entsprechen. Damit werden Investoren mit unterschiedlicher Risikoneigung angesprochen.

Es gibt zahlreiche verschiedene Varianten von CDOs, die sich z. B. darin unterscheiden, wie der Pool zusammengesetzt ist, ob er sich im Zeitablauf verändern kann und in welcher Weise das Kreditrisiko des Pools auf die CDO-Investoren übertragen wird. Verbriefungen von Kreditrisiken aus Kreditportfolien werden allgemein auch als *Asset Backed Securities (ABS)* bezeichnet.

STCDOs

Die Single-Tranche Synthetic CDO ist kein Wertpapier, sondern ein Derivat, das zwischen zwei Vertragspartnern abgeschlossen wird. Der Pool besteht hier aus 50 bis 150 auf Einzeladressen bezogene Credit Default Swaps und es wird eine einzige Tranche, die sich auf diese CDS bezieht, zwischen den Vertragspartnern gehandelt; weitere Tranchen gibt es nicht. Der Käufer der STCDO zahlt zu Beginn des Geschäfts zunächst nichts (und erhält am Ende auch keine Nominalrückzahlung). Er erhält dann während der Laufzeit regelmäßige Kuponzahlungen. Im Gegenzug dazu leistet er gewisse Ausgleichszahlungen, sofern der Gesamtverlust aus dem CDS-Pool einen Betrag erreicht hat, der die vereinbarte Tranche tangiert.

5.3.2 Bewertung von Tranchen

Im Folgenden bezeichne die Zufallsvariable $L(t)$ den bis zum Zeitpunkt $t \in [0; T]$ aufgetretenen Gesamtverlust des Pools, den wir hier immer als relative Größe interpretieren. Im obigen Beispiel würde also ein Verlust von 10 Mio. Euro im Pool dem Wert $L(t) = 1\%$ entsprechen. Eine *Tranche* ist durch die folgenden Größen definiert:

1. Einen Nominalbetrag (*Tranchennominal*).
2. Die untere Grenze K_1, der sog. *attachment point*, ausgedrückt als Prozentzahl. Dies bedeutet, dass im Falle $L(t) > K_1$ zu einem bestimmten Zeitpunkt t das Nominal der Tranche entsprechend dem Anteil der Verluste oberhalb von K_1 reduziert wird.
3. Die obere Grenze K_2, der sog. *detachment point*, ausgedrückt als Prozentzahl. Dies bedeutet, dass im Falle $L(t) > K_2$ zu einem bestimmten Zeitpunkt t das Nominal der Tranche vollständig durch Verluste im Pool aufgezehrt ist.

Die Größe $K_2 - K_1$ heißt *Tranchendicke* (wiederum eine Prozentzahl). Liegt der Verlust $L(t)$ zwischen K_1 und K_2, so reduziert sich das Tranchennominal anteilig. Der zum Zeitpunkt t vorhandene **relative Verlust** bzgl. des Tranchennominals ist (vgl. Abbildung 50)

$$L(t, K_1, K_2) = \frac{\max\{L(t) - K_1, 0\} - \max\{L(t) - K_2, 0\}}{K_2 - K_1}.$$

Beispiel 5.12 *Auf die in Abschnitt 4.12.5 behandelten CDS-Indices werden am Markt sog. Indextranchen gehandelt. Für den iTraxx Europe Index gibt es fünf verschiedene Tranchen: Die Equity Tranche ($K_1 = 0\%$, $K_2 = 3\%$), die Junior Mezzanine Tranche ($K_1 = 3\%$, $K_2 = 6\%$), die Senior Mezzanine Tranche ($K_1 = 6\%$, $K_2 = 9\%$), die Senior Tranche ($K_1 = 9\%$, $K_2 = 12\%$) und die Super Senior Tranche ($K_1 = 12\%$, $K_2 = 22\%$).*

Beispiel 5.13 *Bezogen auf den Pool aus Beispiel 5.11 hätten wir für die Mezzanine Tranche $K_1 = 10\%$ und $K_2 = 20\%$. Die Tranchendicke ist hier 10%. Bei Verlusten im Pool der Höhe 110 Mio. Euro folgt $L(t, K_1, K_2) = 0,1$, so dass sich das Nominal dieser Tranche um den Betrag $0,1 \cdot 100$ Mio. Euro $= 10$ Mio. Euro reduziert.*

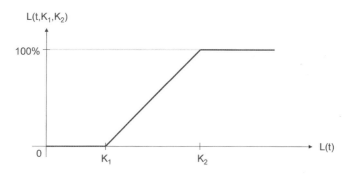

Abbildung 50: Der anteilige Verlust $L(t, K_1, K_2)$

Bemerkung (Tranchen als Optionen)
In obiger Abbildung werden die Verluste als positive Zahlen abgetragen. Würden wir die Verluste als negative Werte abbilden (also die Grafik an der horizontalen Achse spiegeln), so ergäbe sich die Auszahlungsfunktion eines Portfolios bestehend aus einer short Position in Call-Optionen mit Strike K_1 und einer long Position in Call-Optionen mit Strike K_2, jeweils bezogen auf den Pool-Verlust $L(t)$. Wir sehen also, dass der Wertverlauf (und die Risiken) von Tranchen vergleichbar sind mit denjenigen von **Optionspositionen.**

Bei STCDOs und bestimmten Formen von CDOs (den sog. *synthetischen CDOs*) leitet sich die Bewertung einer Tranche und die zugehörige Kuponzahlung unmittelbar aus den Größen $L(t)$ bzw. $L(t, K_1, K_2)$ ab. Nur solche Tranchen wollen wir im Folgenden betrachten. In anderen Fällen ist die Bewertung von Tranchen schwieriger, weil dann komplexe Wasserfallstrukturen simuliert werden müssen.

Bei der Tranchenbewertung ist das *Premium Leg*, welches den Kuponzahlungen entspricht, und das *Protection Leg*, welches den Tranchenverlust abbildet, zu berücksichtigen. Der Käufer der Tranche ist der Sicherungsverkäufer (Protection Seller).

Das Premium Leg

Der Tranchenkäufer erhält an periodischen Zeitpunkten t_i (meist vierteljährlich) pro Euro des in t_i noch verbliebenen Nominals $(1 - L(t_i, K_1, K_2))$ eine Kuponzahlung der Höhe

$$\Delta_i \cdot s \cdot (1 - L(t_i, K_1, K_2)),$$

wobei s der vereinbarte *(Tranchen-)Spread* ist. Der Faktor Δ_i entspricht der Länge des Zeitintervalls zwischen t_{i-1} und t_i gemäß Zählkonvention. Offensichtlich verringert sich die Höhe der Kuponzahlungen, wenn der Wert von $L(t, K_1, K_2)$ im Zeitablauf zunimmt (streng genommen sind dabei die Erhöhungen, die jeweils zwischen t_{i-1} und t_i auftreten, zeitanteilig bei der Kuponberechnung zu gewichten). Für die Berechnung kann – analog zur Vorgehensweise bei CDS – angenommen werden, dass künftige Ausfälle in der Mitte einer Kuponperiode erfolgen.

Um die Kuponhöhe zu bestimmen, ist der Erwartungswert der Größe $L(t_i, K_1, K_2)$ zu bestimmen – dies gelingt in einem Kreditrisikomodell, bei dem die Verteilung dieser Zufallsvariable simuliert wird (siehe nächster Abschnitt).

Das Protection Leg

Bei einem STCDO leistet der Tranchenkäufer zu den Zeitpunkten t_i bezogen auf ein Euro Nominal jeweils eine Zahlung der Höhe $L(t_i, K_1, K_2) - L(t_{i-1}, K_1, K_2)$ an den Tranchenverkäufer; dies entspricht dem Ausgleich der Verluste im Pool.

Handelt es sich dagegen um eine Tranche, die der Käufer im Rahmen eines (synthetischen) CDOs als Wertpapier gekauft hat, so erfolgt der Ausgleich beim Protection Leg dadurch, dass sich der bei Laufzeitende zurückzuzahlende Nominalbetrag des Wertpapiers entsprechend verringert.

Übung 5.12 *Zeigen Sie, dass sich bei einem Pool aus n Kreditnehmern mit einheitlichem Nominalbetrag und einheitlicher Verlustquote LGD der relative Portfolioverlust bei jedem credit event um den Betrag $u = LGD/n$ erhöht. Zeigen Sie ferner, dass eine Tranche mit attachment point K_1 bei bis zu $n_1 := [K_1/u]$ credit events nicht betroffen ist und dass das Tranchennominal bei $n_2 = [K_2/u] + 1$ credit events vollständig aufgezehrt ist (K_2 ist der detachment point). Hierbei ist $[x]$ jeweils die größte ganze Zahl, die kleiner oder gleich x ist.*

Der Barwert einer Tranche

Zur Bewertung einer Tranche wählen wir zunächst einen Numéraire mit dem dazugehörenden Martingalmaß Q_N entsprechend der Vorgehensweise bei der Bewertung von single name CDS. Wir betrachten die Zufallsvariable

$$L(t) := \frac{1}{n} \cdot \sum_{i=1}^{n} (1 - RR_i) \cdot 1_{\{\tau_i \le t\}}, \tag{5.21}$$

der Portfolioverlust bis zum Zeitpunkt t als Prozentzahl vom Gesamtnominal des Pools aus n Krediten. Es ist τ_i der zufällige Ausfallzeitpunkt und RR_i die Recovery Rate von Kredit i, wobei alle Kredite den gleichen Nominalbetrag besitzen. Der erwartete Verlust bis t schreibt sich dann als

$$E_{Q_N}(L(t)) = \frac{1}{n} \cdot \sum_{i=1}^{n} (1 - RR_i) \cdot (1 - S_i(0,t)) \tag{5.22}$$

mit den individuellen Überlebenswahrscheinlichkeiten $S_i(0,t)$ (vgl. (4.75)). Bezeichnet

$$f(x) := Q_N(L(t) \leq x)$$

die Dichtefunktion der Zufallsvariablen $L(t)$ unter dem Maß Q_N, so folgt

$$E_{Q_N}(L(t)) = \int_0^1 x \cdot f(x)\, dx.$$

Die Dichtefunktion $f(x)$ kann nur im Rahmen eines vorzugebenden *Kreditrisikomodells* (vgl. Abschnitt 5.2) spezifiziert werden. Dabei spielen dann natürlich auch die gegenseitigen Abhängigkeiten der Ausfallereignisse eine Rolle. Je höher die durchschnittliche Asset-Korrelation des Pools ist, umso wahrscheinlicher ist das Auftreten hoher Verluste (siehe Beispiel 5.9), die dann auch die Senior Tranche tangieren können. Allerdings ist die Berechnung des o. g. erwarteten Verlusts unabhängig von den Ausfall-Korrelationen – wie die Darstellung (5.22) zeigt.

Der zum Zeitpunkt 0 gültige **Barwert des Premium Legs** (bezogen auf den Nominalbetrag N) mit Spread s errechnet sich zu

$$PV_{\text{Premium Leg}} = N \cdot s \cdot \sum_{i=1}^m \Delta_i \cdot \exp\left(-\int_0^{t_i} r_v\, dv\right) \cdot E_{Q_N}(1 - L(t_i, K_1, K_2)),$$

wobei $t_1 < t_2 < \ldots < t_m$ die Zahlungszeitpunkte seien und Δ_i die Periodenlängen gemäß Zählkonvention. Es wird hier unterstellt, dass sich der Spread auf das jeweils in t_i erwartete noch nicht ausgefallene Portfoliovolumen bezieht. Wie oben erwähnt, müsste der in t_i gezahlte Spread s sich korrekterweise auf das Durchschnittsportfoliovolumen zwischen t_{i-1} und t_i beziehen (es können jederzeit Verluste auftreten). Dieser Sachverhalt kann durch folgende Anpassung näherungsweise berücksichtigt werden:

$$PV_{\text{Premium Leg}} =$$
$$N \cdot s \cdot \sum_{i=1}^m \Delta_i \cdot \exp\left(-\int_0^{t_i} r_v\, dv\right) \cdot E_{Q_N}\left(1 - \frac{L(t_{i-1}, K_1, K_2) + L(t_i, K_1, K_2)}{2}\right). \quad (5.23)$$

Um den **Barwert des Protection Legs** zu ermitteln, schauen wir auf Gleichung (4.79) und schreiben (mit $T := t_m$)

$$PV_{\text{Protection Leg}} = N \cdot \int_0^T \exp\left(-\int_0^u r_v\, dv\right) \cdot (-dS(0,u)) \quad (5.24)$$

mit

$$S(0,u) := E_{Q_N}(1 - L(u, K_1, K_2))$$

(*Tranchen-Überlebenswahrscheinlichkeit*). Beachten Sie, dass die individuellen Recovery Rates über den Ausdruck für $L(t)$ in $L(u, K_1, K_2)$ implizit enthalten sind.

Wir erhalten jetzt

Satz 5.2 *Der zum Zeitpunkt 0 gültige Wert einer Tranche mit attachment point K_1, detachment point K_2, Spread s und Zahlungszeitpunkten $t_1 < t_2 < \ldots < t_m = T$ ist aus Sicht des Sicherungsverkäufers*

$$PV_{Tranche} = N \cdot \frac{s}{2} \cdot \sum_{i=1}^{m} \Delta_i \cdot \exp\left(-\int_0^{t_i} r_v \, dv\right) \cdot (S(0, t_{i-1}) + S(0, t_i))$$

$$- N \cdot \int_0^T \exp\left(-\int_0^u r_v \, dv\right) \cdot (-dS(0, u)). \tag{5.25}$$

Der erwartete Gesamtverlust aus einer Menge von Tranchen mit Grenzen $[K_{m-1}; K_m]$ ($m \in \{0, \ldots, M\}$, $K_0 := 0, K_M := 1$) bis zum Zeitpunkt $T > 0$ beträgt pro Euro des Gesamtnominals des Pools offensichtlich

$$E_{Q_N}\left(\sum_{m=1}^{M} (K_m - K_{m-1}) \cdot L(T, K_{m-1}, K_m)\right)$$

$$= E_{Q_N}\left(\sum_{m=1}^{M} (\max\{L(T) - K_{m-1}, 0\} - \max\{L(T) - K_m, 0\})\right)$$

$$= E_{Q_N}\left(\sum_{m=1}^{M} (\min\{L(T), K_m\} - \min\{L(T), K_{m-1}\})\right)$$

$$= E_{Q_N}(\min\{L(T), K_M\} - \min\{L(T), K_0\})$$

$$= E_{Q_N}(L(T)).$$

Übung 5.13 *Was besagt das soeben hergeleitete Resultat anschaulich?*

5.3.3 Modellierung des Portfolioverlusts: Copula-Funktionen

Zur Modellierung der Zufallsvariable $L(t)$ werden die Randverteilungsfunktionen der Ausfallzeitpunkte τ_i,

$$Q_N(\tau_i \leq s) = 1 - S_i(0, s) \qquad (s \geq 0),$$

benötigt, sowie die gemeinsame Verteilungsfunktion

$$F(s_1, \ldots, s_n) = Q_N(\tau_1 \leq s_1, \ldots, \tau_n \leq s_n) \qquad (s_i \geq 0).$$

Die gemeinsame Verteilungsfunktion kann auf viele verschiedene Arten aus den Randverteilungsfunktionen gebildet werden. Beispielsweise kann das *Einfaktormodell* aus

Abschnitt 5.2.4 herangezogen werden. Ein anderes wichtiges Konzept in diesem Zusammenhang sind die sog. *Copula-Funktionen*: Um diese zu definieren, betrachten wir n Zufallsvariablen $U_1, \ldots, U_n$, die auf dem Intervall $[0;1]$ *gleichverteilt* sind, d. h. für die gilt

$$Q_N(U_i \leq u) = \left\{ \begin{array}{ll} 0, & \text{falls } u < 0 \\ u, & \text{falls } 0 \leq u \leq 1 \\ 1, & \text{falls } u > 1. \end{array} \right.$$

Die Werte von U_i liegen also mit Wahrscheinlichkeit 1 zwischen 0 und 1 und die Verteilungsfunktion verläuft in $[0;1]$ geradlinig von 0 nach 1.

Sind $U_1, \ldots, U_n$ jeweils gleichverteilt auf $[0;1]$, so kann man die **gemeinsame Verteilungsfunktion** $C(u_1, \ldots, u_n)$ dieser Zufallsvariablen definieren, die auch als Copula-Funktion bezeichnet wird. Es gilt dann

$$C(u_1, \ldots, u_n) = Q_N(U_1 \leq u_1, \ldots, U_n \leq u_n).$$

Übung 5.14

1. *Wie ist der Wertebereich einer Copula-Funktion?*
2. *Zeigen Sie: $U_1, \ldots, U_n$ sind stochastisch unabhängig, genau dann wenn folgende Aussage gilt: $C(u_1, \ldots, u_n) = u_1 \cdot \ldots \cdot u_n$.*
3. *Zeigen Sie: Falls $U_1 = \ldots = U_n$, so folgt $C(u_1, \ldots, u_n) = \min_{1 \leq i \leq n} u_i$.*

Copula-Funktionen eignen sich auch zur Beschreibung allgemeiner gemeinsamer Verteilungsfunktionen. Dies ist der Inhalt von *Sklar's Theorem*:

Satz 5.3 *Ist F eine gemeinsame Verteilungsfunktion von Zufallsvariablen $X_1, \ldots, X_n$ mit stetigen Randverteilungsfunktionen $F_1, \ldots, F_n$, so gibt es eine eindeutig bestimmte Copula-Funktion, welche die gemeinsame Verteilungsfunktion beschreibt:*

$$F(x_1, \ldots, x_n) = C(F_1(x_1), \ldots, F_n(x_n)).$$

Die Begründung für die Existenz dieser Copula-Funktion ist im Fall streng monoton wachsender Randverteilungsfunktionen nicht schwierig: Man definiert

$$C(u_1, \ldots, u_n) := Q_N(F_1(X_1) \leq u_1, \ldots, F_n(X_n) \leq u_n),$$

wobei zu beachten ist, dass die Zufallsvariablen $U_i := F_i(X_i)$ gleichverteilt auf $[0;1]$ sind, also $Q_N(F_i(X_i) \leq u_i) = u_i$ für alle $u_i \in [0;1]$ gilt – dies kann leicht nachgewiesen werden:

Übung 5.15 *Überlegen Sie sich, dass für eine Zufallsvariable X mit stetiger, streng monoton wachsender Verteilungsfunktion F immer gilt $P(F(X) \leq u) = u$ für alle $u \in [0;1]$. Im Klartext: Setzt man eine Zufallsvariable in ihre eigene Verteilungsfunktion ein, so ergibt sich als Resultat eine auf $[0;1]$ gleichverteilte Zufallsvariable.*

Die Existenzaussage von Sklar's Theorem ergibt sich nun mit der o. g. Copula wie folgt:

$$
\begin{aligned}
F(x_1,\ldots,x_n) &= Q_N(X_1 \leq x_1,\ldots,X_n \leq x_n) \\
&= Q_N(F(X_1) \leq F(x_1),\ldots,F_n(X_n) \leq F_n(x_n)) \\
&= C(F_1(x_1),\ldots,F_n(x_n)).
\end{aligned}
$$

Der wichtige Aspekt dieser Aussage ist darin zu sehen, dass die Abhängigkeitsstruktur der Zufallsvariablen **getrennt** von den Randverteilungen bestimmt werden kann, und zwar über die Copula-Funktion.

Als Folgerung von Sklar's Theorem können wir festhalten: Mit $u_i := F_i(x_i)$ gilt

$$
C(u_1,\ldots,u_n) = F(F_1^{-1}(u_1),\ldots,F_n^{-1}(u_n)).
$$

Für die Modellierung von Abhängigkeitsstrukturen aus vorgegebenen stetigen Randverteilungen wählt man in der Praxis eine Copula-Funktion aus, die statistische Abhängigkeiten gut beschreibt und die einfache Simulationsrechnungen erlaubt. In diesem Zusammenhang sind vor allem die sog. *elliptischen Copula-Funktionen* zu nennen. Dazu gehören die *Gauß-Copula-Funktion* und die *t-Copula-Funktion*, wobei wir hier nur die erst genannte näher betrachten wollen.

Die Gauß-Copula-Funktion ist gegeben durch

$$
C(u_1,\ldots,u_n) := \Phi_n((\Phi^{-1}(u_1),\ldots,\Phi^{-1}(u_n)),\Sigma_n).
$$

Es ist Φ_n die Verteilungsfunktion der $n-$dimensionalen Normalverteilung mit Erwartungswertvektor $(0,\ldots,0)$ und Kovarianzmatrix Σ_n.

Übung 5.16 *Warum ist dies eine Copula-Funktion? Zeichen Sie diese Copula-Funktion mit einem Computeralgebra-Programm im Fall $n = 2$.*

Wir wenden das Konzept der Copula-Funktionen auf die gemeinsame Verteilung von Ausfallzeitpunkten an und fordern

$$
F(s_1,\ldots,s_n) = Q_N(\tau_1 \leq s_1,\ldots,\tau_n \leq s_n) \stackrel{!}{=} \Phi_n((\Phi^{-1}(u_1),\ldots,\Phi^{-1}(u_n)),\Sigma_n), \tag{5.26}
$$

wobei $u_i := Q_N(\tau_i \leq s_i)$.

In einem *Intensitätsmodell*, welches im Zusammenhang mit der Bewertung von Kreditderivaten oft Verwendung findet, setzt man

$$
Q_N(\tau_i \leq s_i) \stackrel{!}{=} F_i(s_i) := 1 - \exp\left(-\int_0^{s_i} h(u)\, du\right) \tag{5.27}
$$

(vgl. (4.84)) mit einer geeigneten Intensitätsfunktion $h(s)$, die aus Marktdaten kalibriert werden kann.

Mit Hilfe der Gauß-Copula-Funktion kann die Verteilung von $L(t)$ für einen Pool von n Adressen wie folgt bestimmt werden (*Monte-Carlo-Simulation*):

1. Erzeuge in jedem Simulationsschritt eine Realisation des n−dimensional normalverteilten Zufallsvektors $(X_1,\ldots,X_n)$ mit Erwartungswertvektor $(0,\ldots,0)$, $Var(X_i) = 1$ und vorgegebener Korrelationsmatrix Σ_n (die Korrelationen entsprechen den Asset-Korrelationen der Adressen im Pool).

2. Die Zufallsvariablen $\Phi(X_i)$ sind gleichverteilt auf $[0;1]$ und aufgrund der statistischen Abhängigkeit der X_i ebenfalls voneinander abhängig.

3. Setze $\tau_i := F_i^{-1}(\Phi(X_i))$. Dann gilt für $s_i \geq 0$:

$$\begin{aligned} Q_N(\tau_i \leq s_i) &= Q_N(F_i^{-1}(\Phi(X_i)) \leq s_i) \\ &= Q_N(\Phi(X_i) \leq F_i(s_i)) \\ &= F_i(s_i), \end{aligned}$$

d. h. die Ausfallzeitpunkte haben die vorgegebene Verteilung aus (5.27).

4. Die gemeinsame Verteilungsfunktion der so simulierten Ausfallzeitpunkte ist gegeben durch

$$\begin{aligned} Q_N(\tau_1 \leq s_1,\ldots,\tau_n \leq s_n) &= Q_N(F_1^{-1}(\Phi(X_1)) \leq s_1,\ldots,F_n^{-1}(\Phi(X_n)) \leq s_n) \\ &= Q_N(X_1 \leq \Phi^{-1}(F_1(s_1)),\ldots,\Phi^{-1}(F_n(s_n))) \\ &= \Phi_n((\Phi^{-1}(u_1),\ldots,\Phi^{-1}(u_n)),\Sigma_n) \end{aligned}$$

entsprechend der Forderung aus (5.26).

Pro Simulationsschritt kann eine Realisation von $L(t)$ für alle $t \geq 0$ gemäß (5.21) berechnet werden. Führt man eine hohe Anzahl an Simulationsläufen durch, so ergibt sich eine stabile Schätzung für $L(t)$, womit dann die Tranchenbewertung durchzuführen ist.

Beispiel 5.14 *Betrachtet wird ein Portfolio bestehend aus zwei Krediten, die an zwei verschiedene Adressen vergeben wurden. Für jeden der beiden Ausfallzeitpunkte τ_1 bzw. τ_2 verwenden wir ein Intensitätsmodell mit $h(u) = 0,01$, also $F_i(s_i) = 1 - \exp(-0,01 \cdot s_i)$.*

Wir simulieren den zweidimensionalen Zufallsvektor (X_1,X_2) gemäß einer zweidimensionalen Normalverteilung mit Erwartungswertvektor $(0,0)$ und Kovarianzmatrix

$$\Sigma = \begin{pmatrix} 1 & 0,2 \\ 0,2 & 1 \end{pmatrix}.$$

Es werden 100 Realisationen von (X_1,X_2) per Zufallszahlengenerator erzeugt. Daraus ergeben sich dann anhand der Beziehung $\tau_i := F_i^{-1}(\Phi(X_i))$ folgende Simulationswerte für die Ausfallzeitpunkte:

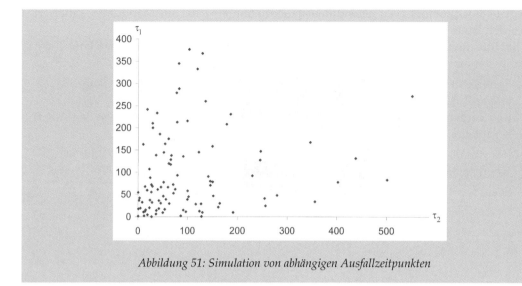

Abbildung 51: Simulation von abhängigen Ausfallzeitpunkten

Übung 5.17 *Erstellen Sie eine ähnliche Grafik wie im vorhergehenden Beispiel mit einem Computeralgebra-Programm oder mit einem Tabellenkalkulationsprogramm.*

Kalibrierung von Korrelationen

In der Praxis werden die Korrelationsparameter, die in die Simulationsrechnung einfließen, aus Marktdaten kalibriert: Dazu verwendet man die am Markt beobachtbaren Preise von Tranchen (dies sind die gehandelten Tranchen auf Indices, wie bspw. den iTraxx Europe Index) und passt die im Modell verwendeten Korrelationsparameter so an, dass die Marktpreise möglichst gut nachgebildet werden können. Natürlich stellt sich dabei das Problem, dass der Pool einer zu bewertenden Tranche von den vorgegebenen Pools der Indices im Allgemeinen abweicht. Bzgl. der Kalibrierungsproblematik verweisen wir auf die Literatur (z. B. [32]).

5.3.4 Mortgage Backed Securities

Die im vorangegangenen Abschnitt angesprochenen Techniken zur Bewertung von Tranchen spielen auch bei der Bewertung von speziellen tranchierten Verbriefungen eine Rolle, den sog. *Mortgage Backed Securities (MBS)*. Diese Wertpapiere wurden in den siebziger Jahren in den USA entwickelt und dienen seither der Bündelung und dem Weiterverkauf von Pools aus hypothekarisch gesicherten Immobilienkrediten. Ein Investor, der ein solches Wertpapier kauft, hat damit einen Anspruch auf den Erhalt von Zins- und Tilgungszahlungen aus dem Pool entsprechend dem erworbenen Anteil. Ausschlaggebend für die erfolgreiche Entstehung des Marktes für Mortgage Backed Securities war die Unterstützung durch mehrere Subventionsagenturen der Regierung, mit den Namen Fannie Mae (Federal National Mortgage Association), Freddie Mac (Federal Home Loan Mortgage Corporation) und Ginni Mae (Government National Mortgage Association).

Die Agenturen haben die Aufgabe, das Risiko der neu emittierten Wertpapiere durch die Bereitstellung zusätzlicher Sicherheiten für die Hypothekenpools zu verringern (*Credit Enhancement*). Mit der zur Verfügung gestellten Garantie entfällt für die Käufer der MBS das Kreditrisiko bei Ausfällen im Pool, so dass sie nur wie bei anderen Anlagen in langfristige Anleihen das Zinsänderungsrisiko und das in den USA typische *Vorauszahlungsrisiko* (*Prepayment Risk*) zu tragen haben. Das Vorauszahlungsrisiko entsteht dadurch, dass die Hypothekenschuldner ein jederzeitiges vorzeitiges Tilgungsrecht haben, d. h. sie können bei einem Zinsrückgang (oder anderen Ereignissen wie z. B. einem Umzug) versuchen, ihre Verbindlichkeiten zugunsten eines neuen niedrigeren Zinsniveaus umzuschulden. Dieses Tilgungsrecht kann für den Hausbesitzer recht wertvoll sein; es entspricht einer Amerikanischen Option auf die jederzeitige Rückzahlung des Immobilienkredits zum Nominalbetrag (ohne weitere Gebühren). Bei vorzeitiger Tilgung sinken die Zinseinnahmen der kreditgebenden Banken und es werden somit auch geringere Zinszahlungen an die Investoren der Mortgage Backed Securities weitergeleitet – dieser mögliche Zinsverlust ist das Prepayment Risk.

Heute unterscheidet man bei MBS den Markt für *Commercial Mortgage Backed Securities* (*CMBS*) (gewerbliche Immobilien) von dem Markt für *Residential Mortgage Backed Securities* (*RMBS*) (Wohnimmobilien).

Im Unterschied zu gewöhnlichen Anleihen hat eine MBS kein mit Sicherheit feststehendes Endfälligkeitsdatum, denn durch Ausfälle oder vorzeitige Tilgungen im Pool kann es zu einer vorzeitigen Beendigung der Laufzeit der MBS kommen. Typischerweise wird die erwartete Restlaufzeit (*Weighted Average Life* (*WAL*)) betrachtet, die unter der maximal möglichen Laufzeit der Anleihe liegt.

Die Bewertung von MBS ist außerordentlich komplex und erfordert eine umfassende Simulation der möglichen künftigen Zahlungsströme aus dem verbrieften Pool der Hypothekarkredite, des möglichen vorzeitigen Tilgungsverhaltens, der Ausfälle im Pool sowie der speziellen Ausgestaltung der Tranchierung. Wir betrachten hier lediglich die finanzmathematische Bewertung einer stark vereinfachten Grundstruktur, bei der **keine Tranchierung** vorliegt (alle Investoren haben denselben Rang) und bei der das Risiko von Ausfällen im Pool durch die o. g. Subventionsagenturen abgesichert wird.

Der Pool bestehe zum Zeitpunkt 0 aus einer Anzahl n_0 von Immobilienkrediten, die (aus Vereinfachungsgründen) alle den gleichen Nominalbetrag B_0 haben sollen. Bei den Krediten handelt es sich um Annuitätendarlehen, bei denen der Kreditnehmer während der gesamten Kreditlaufzeit jährlich eine feste Zahlung A an die kreditgebende Bank leistet (in der Praxis werden monatliche Zahlungen vereinbart, die hier in einen jährlichen Betrag umzurechnen sind). Diese Zahlung, die Annuität, beinhaltet einen Zins- und einen Tilgungsanteil. Durch die (regulären) Tilgungen verändert sich die Restschuld des Kreditnehmers gegenüber der Bank. Wir bezeichnen den zum Zeitpunkt t für alle Kreditnehmer identischen Restschuldbetrag mit B_t.

Das Gesamtvolumen des Pools am Ende des Jahres $t \in \mathbb{N}$, $Pool_t$, besteht aus der Summe der Restschulden aller Kreditnehmer, die ihren Kredit bis zur Zeit t noch nicht vorzeitig zurückgezahlt haben (eventuelle Ausfälle brauchen hier wegen der bestehenden Garantie nicht berücksichtigt zu werden). Zum Zeitpunkt 0 gilt offenbar $Pool_0 = n_0 \cdot B_0$. Der Anteil der jährlich vorzeitig zurückgezahlten Kredite im Pool hängt von zahlreichen Parametern ab und wird mit komplexen *Prepayment-Funktionen* modelliert. Eine einfachere Variante besteht darin, die standardisierten sog. *CPR-Werte* (CPR: *Conditional Prepayment Rate*) zu verwenden, die den prozentualen jährlichen Anteil der vorzeitigen Rückzahlungen in Abhängigkeit von der Zeit seit der Kreditvergabe beschreiben. Bei Annahme eines einheitlichen CPR-Werts für alle Kredite im Pool gilt

$$Pool_t = n_0 \cdot (1 - CPR)^t \cdot B_t,$$

denn $1 - CPR$ ist gerade der Prozentsatz der nicht vorzeitig getilgten Kredite.

Welche Zahlungen stehen nun den MBS-Investoren zu? Sie erhalten am Ende des Jahres t die Gesamtheit der Annuitätenzahlungen der zu Jahresbeginn noch vorhandenen Kredite, vermehrt um den Betrag der Restschulden aller im Verlauf des Jahres vorzeitig getilgten Kredite, abzüglich einer sog. service fee (für die Verwaltung des Pools und der Weiterleitung der Zahlungen) sowie einer sog. guarantee fee (für die Bereitstellung von Garantien zum Schutz gegen Kreditausfälle), die am Jahresende jeweils einbehalten werden. Dabei unterstellen wir, dass vorzeitige Tilgungen nur zum Jahresende möglich sind. Bezeichnet PT_t den Gesamtbetrag der den Investoren zustehenden Zahlungen (PT als Abkürzung für *Pass Through*), so folgt für $t \in \mathbb{N}$:

$$PT_t = n_0 \cdot (1 - CPR)^t \cdot A + CPR \cdot n_0 \cdot (1 - CPR)^t \cdot B_t - (s + g) \cdot Pool_{t-1}.$$

Hier sind s und g feste Prozentsätze, die vom Pool-Volumen $Pool_{t-1}$ als service bzw. guarantee fee erhoben werden.

Beispiel 5.15 *Der Pool bestehe aus $n_0 = 100$ Krediten mit dreißigjähriger Laufzeit und einem einheitlichen Kreditvolumen von $B_0 = 100.000$. Bei einem Kreditzinssatz von $i = 10\%$ ist jeder Kredit bei einer jährlichen Annuität von $A = 10.607,92$ nach exakt 30 Jahren vollständig zurückgezahlt. Es sei $s = g = 0,25\%$.*

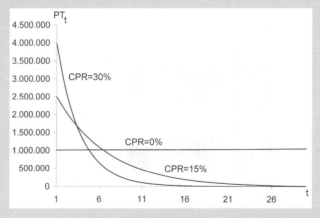

Abbildung 52: PT_t in Abhängigkeit von der Zeit t

Die Grafik zeigt den Verlauf von PT_t für verschiedene Annahmen bzgl. des Werts CPR. Im Fall $CPR = 0$ ist PT_t gleich dem Wert $n_0 \cdot A$ abzüglich der (sich im Zeitablauf verringernden) service und guarantee fee, die kaum ins Gewicht fällt. Je höher der Wert von CPR, um so schneller nähert sich PT_t dem Wert 0, weil die vorzeitigen Tilgungen das Pool-Volumen schrumpfen lassen.

MBS-Wertpapiere werden in verschiedenen Varianten am Markt angeboten. So unterscheidet man zwischen den Gattungen

1. *Pass Through* (*PT*): Zins- und Tilgungszahlungen werden nach Abzug der servicing fee und ggf. der guarantee fee an die Investoren anteilig weitergeleitet.

2. *Interest Only* (*IO*): Die Investoren erhalten nur Zahlungen aus den Zinszahlungen der Kredite im Pool.

3. *Principal Only* (*PO*): Die Investoren erhalten nur Zahlungen aus den Tilgungszahlungen der Kredite im Pool.

Die zum Zeitpunkt $t \in \mathbb{N}$ stattfindenden Zahlungen für Pass Through Wertpapiere haben wir oben bereits dargestellt. In den beiden anderen Fällen lauten die Zahlungen an die Investoren:

$$
\begin{aligned}
IO_t &= (r - s - g) \cdot n_0 \cdot (1 - CPR)^{t-1} \cdot B_{t-1}, \\
PO_t &= PT_t - IO_t,
\end{aligned}
$$

wobei r der Zinssatz der Kredite im Pool ist, der hier als identisch für alle Kredite angenommen wird.

Wie bei gewöhnlichen Kuponanleihen stellt sich auch bei MBS-Wertpapieren die Frage, wie sich ihr Kurs bei einer Änderung des Marktzinsniveaus verändert. Während eine Kuponanleihe mit fixen Kupons bei steigenden Zinsen im Kurs fällt, ist das Kursverhalten von MBS-Wertpapieren weitaus komplexer. Ein Zinsanstieg führt nämlich dazu, dass der CPR-Wert abnimmt (Umschuldungen werden unattraktiver), so dass der Kurs eines Wertpapiers der Gattung IO deutlich steigt, weil die zu erwartenden Zinseinnahmen im Pool zunehmen. Umgekehrt führen fallende Zinssätze zu höheren Werten von CPR, da vorzeitige Kündigungen attraktiver werden. Gleichzeitig steigen die Barwerte noch ausstehender Zahlungen. Beides zusammen führt zu einem Kursanstieg von Wertpapieren der Gattung PO. Sofern keine Garantie gegen Kreditausfälle vorliegt, werden die Kursveränderungen natürlich auch stark von den künftigen Ausfallraten im Pool beeinflusst.

Investoren in MBS-Wertpapiere erhoffen sich eine höhere Rendite im Vergleich zu Staatsanleihen. Daher ist der Renditeunterschied (Spread) zwischen beiden Wertpapiergattungen eine wichtige Größe. Es gibt eine Reihe von unterschiedlichen Maßen zur Messung dieses Spreads. Eines davon ist der sog. *Option Adjusted Spread* (*OAS*). Dieser Spread ist derjenige Wert, um den die risikolose Zerozinskurve parallel nach oben verschoben werden muss, um bei der Bewertung eines MBS-Papiers durch Diskontieren aller künftigen Zahlungen mit Berücksichtigung der Optionsrechte (diese entsprechen den vorzeitigen Tilgungsrechten) genau den aktuell am Markt gehandelten Preis (inkl. Stückzinsen) des Wertpapiers zu erhalten. Die Berechnung des OAS erfolgt in mehreren Schritten:

1. Monte-Carlo-Simulation der künftigen Staatsanleihen-Zerozinssätze mittels eines Zinsstrukturmodells, z. B. Libor Market-Modell.

2. Berechnung des Prepayment-Verhaltens für jede simulierte Zinskurve und Berechnung der künftigen Cashflows aus dem MBS-Wertpapier pro simulierter Zinskurve.

3. Für alle simulierten Zinskurven wird auf die zum Diskontieren verwendeten Zerozinssätze ein einheitlicher OAS addiert, um die Barwerte des MBS-Wertpapiers in jedem Zinsszenario zu bestimmen.

4. Der Mittelwert aller simulierten Barwerte wird bestimmt.

5. Entspricht der Mittelwert dem aktuellen Preis (inkl. Stückzinsen) des MBS-Papiers, so ist der OAS korrekt. Andernfalls muss die Rechnung mit einem anderen OAS erneut durchgeführt werden, bis der Preis erreicht ist.

5.4 Aspekte des Risikomanagements

5.4.1 Kohärente Risikomaße

Als Risikomaß für Portfolien haben wir den VaR (für Marktrisiken) und den CVaR (für Kreditrisiken) kennen gelernt. In diesem Abschnitt gehen wir der Frage nach, welche Eigenschaften ein zur Risikosteuerung verwendetes Risikomaß haben sollte. Diese Eigenschaften wurden in der Arbeit [1] von ARTZNER, DELBEAN, EBER und HEATH (1999) in Form von vier Axiomen, den sog. *Kohärenzaxiomen* aufgelistet. Unsere Darstellung orientiert sich an den Ausführungen in [6].

Um die Axiome formulieren zu können, betrachten wir einen Wahrscheinlichkeitsraum $(\Omega, \mathscr{A}, P)$ und dazu die Menge $\mathcal{X}$ aller beschränkten [1] Zufallsvariablen $X : \Omega \to \mathbb{R}$. Anschaulich stellen wir uns $\mathcal{X}$ als die Menge der möglichen zufälligen Portfolioverluste X vor (negative Verluste sind als Gewinne zu verstehen). In der ursprünglichen Formulierung der Axiome wird X als zufälliger künftiger Wert des Portfolios angesehen. Daher weicht unsere Formulierung der Axiome von der Darstellung in [1] ab.

Jedes $X \in \mathcal{X}$ wird *Risikoposition* genannt und ein *Risikomaß* ist eine Abbildung

$$\varrho : \mathcal{X} \to \mathbb{R}. \tag{5.28}$$

Der Wert $\varrho(X)$ lässt sich verstehen als diejenige Menge an Kapital, die eine Finanzinstitution bereitstellen muss, um die Risikoposition X abzusichern, d. h. Verluste auszugleichen. Somit stehen positive Werte von $\varrho(X)$ für einen Kapitalbedarf zur Abdeckung eines Verlustrisikos, während negative Werte anzeigen, dass mehr Kapital vorhanden ist, als zur Abdeckung aller bestehenden Risiken notwendig wäre. Die Kohärenzaxiome lauten nun:

---

[1]genauer gesprochen handelt es sich um die Klasse der *wesentlich beschränkten* Funktionen

Axiom 1 (Monotonie): Für alle X und Y aus $\mathcal{X}$ mit $X \leq Y$ gilt

$$\varrho(X) \leq \varrho(Y).$$

Eine Position mit einem geringeren Verlust hat also ein geringeres Risiko.

Axiom 2 (Translationsinvarianz): Für alle $X \in \mathcal{X}$ und $c \in \mathbb{R}$ gilt

$$\varrho(X + c) = \varrho(X) + c.$$

Wird der Portfolioverlust X um den deterministischen Geldbetrag c verändert, so ist auch das Kapital zur Abdeckung von Verlusten, also das Risiko, entsprechend zu ändern.

Axiom 3 (Positive Homogenität): Für alle $X \in \mathcal{X}$ und $\lambda \geq 0$ gilt

$$\varrho(\lambda \cdot X) = \lambda \cdot \varrho(X).$$

Vervielfacht man den Portfolioverlust um einen Faktor $\lambda \geq 0$, (z. B. durch eine entsprechende Veränderung der Position), so ändert sich das Risiko um denselben Faktor.

Axiom 4 (Subadditivität): Für alle X und Y aus $\mathcal{X}$ gilt

$$\varrho(X + Y) \leq \varrho(X) + \varrho(Y).$$

Das Risiko der aggregierten Position $X + Y$ ist kleiner oder gleich der Summe der Einzelrisiken (*Diversifikation*). Dieser Aspekt spielt vor allem bei der Zuordnung von Risikokapital zu verschiedenen Portfolien (*Kapitalallokation*) (vgl. nachfolgender Abschnitt) und der Herleitung von Portfoliolimiten eine wichtige Rolle.

Definition 5.5 *Ein Risikomaß heißt kohärent, wenn es alle Kohärenzaxiome erfüllt.*

Beachten Sie bei den obigen Festlegungen, dass X den Portfolioverlust als positive Zahl misst, dass also der Wert $X = 100$ eine Wertveränderung des Portfolios um -100 bedeutet. Folglich entspricht der Wert $-X$ immer der tatsächlichen Portfoliowertänderung.

Beispiel 5.16
Das Risikomaß $\varrho(X) := \sqrt{Var(X)}$ (Standardabweichung) ist nicht monoton und daher nicht kohärent.
Begründung: *Stellen Sie sich die Verteilungen von X und Y in Form von zwei Dichtefunktionen vor, die jeweils nur auf einem beschränkten Intervall Werte ungleich 0 annehmen. Wenn das Intervall der Verteilung von X links vom Intervall der Verteilung von Y liegt und die Varianz der Verteilung von X größer als diejenige von Y ist, so gilt zwar $X \leq Y$, aber dennoch $\varrho(X) > \varrho(Y)$.*

Übung 5.18 *Begründen Sie, dass beim Varianz-Kovarianz-Ansatz das Risikomaß*

$$\rho(X) := -VaR(-X) = -q_\alpha(-X) \qquad (\alpha - \text{Quantil})$$

(Konfidenzniveau $1 - \alpha$, *Haltedauer* Δt) *ein kohärentes Risikomaß ist, sofern angenommen wird, dass X und Y zweidimensional normalverteilte Risikopositionen sind (mit der Verteilung* $N(0, \Delta t \cdot \sigma_X^2)$ *von X bzw. der Verteilung* $N(0, \Delta t \cdot \sigma_Y^2)$ *von Y). Verwenden Sie zum Nachweis der Subadditivität die aus Gleichung (5.3) resultierende Formel*

$$VaR((-X) + (-Y)) = \Phi^{-1}(1 - \alpha) \cdot \Delta t \cdot \sqrt{\sigma_X^2 + \sigma_Y^2 + 2 \cdot \rho_{X,Y} \cdot \sigma_X \cdot \sigma_Y}.$$

Anhand geeigneter Beispiele kann man zeigen, dass bei den Risikomaßen VaR und CVaR im Allgemeinen die Subadditivitätseigenschaft nicht erfüllt ist, dass sie also nicht kohärent sind (vgl. [28, 37]). Insofern sind Alternativen zu diesen Risikomaßen wünschenswert. Beide messen die Höhe des Portfolioverlusts auf Basis eines vorgegebenen Quantils, nicht aber den zu erwartenden durchschnittlichen Verlust im Falle einer Überschreitung des Quantils. Letzteres wird durch den sog. *Expected Shortfall* ermöglicht, der gegeben ist durch

$$ES := E_P(X \mid -X \leq q_\alpha(-X)). \tag{5.29}$$

Dadurch wird ein kohärentes Risikomaß definiert, vgl. hierzu die Ausführungen in [44].

5.4.2 Kapitalallokation und optimale Portfolios

Das Portfolio einer Bank setzt sich aus unterschiedlichen risikobehafteten Positionen zusammen (z. B. Wertpapiere, Derivate, Kredite usw.). Für jede Position müssen die Verlustrisiken durch das (Eigen)-Kapital der Bank abgedeckt werden; man spricht auch vom *Risikokapital*, das jeder Position zugeordnet werden muss. Somit ist die Menge der Geschäfte, die eine Bank tätigen kann, durch das zur Verfügung stehende Kapital begrenzt. Im Idealfall werden nur solche Geschäfte abgeschlossen, bei denen der (erwartete) Ertrag im Verhältnis zum benötigten Risikokapital möglichst groß ist.

Fragen der Zuordnung von Kapital auf einzelnen Geschäftsbereiche (*Kapitalallokation*) und der Optimierung von Portfolien im o. g. Sinn sind zentral für das Risikomanagement von Banken (und anderen Finanzinstitutionen). Wir wollen hier einige einschlägige (finanzmathematische) Aspekte ansprechen. Weiterführende Ausführungen finden sich z. B. in [45] sowie in [40].

Wir betrachten ein Portfolio, das sich aus den *Risikopositionen* $Y_1, \ldots, Y_n$ zusammensetzt, wobei jedes Y_i für den zufälligen Verlust (wiederum als positive Zahl gemessen) steht, der pro Euro investiertem Kapital in ein bestimmtes Finanzinstrument bis zum Ende einer vorgegebenen Haltedauer entstehen kann. Ist u_i der Gesamtbetrag, der in das betreffende Finanzinstrument investiert wird, und $X_i := u_i \cdot Y_i$, so beschreibt die

Zufallsvariable

$$Z := \sum_{i=1}^{n} X_i = \sum_{i=1}^{n} u_i \cdot Y_i$$

den zufälligen *Portfolioverlust*. Der zur Deckung möglicher Verluste entstehende Kapitalbedarf wird mittels eines Risikomaßes ϱ in der Form $\varrho(Z)$ berechnet.

Für ein Portfolio, dessen Risikopositionen $Y_1, \ldots, Y_n$ fest vorgegeben sind, verwenden wir im Folgenden den Vektor $\vec{u} := (u_1, \ldots, u_n)$, um die investierten Beträge in die einzelnen Risikopositionen darzustellen.

Nun stellt sich die Frage, wie das Gesamtrisiko $\varrho(Z) = \varrho(\vec{u})$ additiv auf die Risikopositionen (in Abhängigkeit von den Beträgen u_i) verteilt werden kann, d. h. in welcher Weise ist ein *Risikobeitrag* $\varrho_i(\vec{u})$ für alle $i \in \{1, \ldots, n\}$ zu definieren, so dass gilt

$$\varrho(\vec{u}) = \sum_{i=1}^{n} \varrho_i(\vec{u}).$$

Mit dieser Zerlegung des Gesamtrisikos wird es ermöglicht, jeder einzelnen Risikoposition einen Teil des Gesamtrisikokapitals zuzuordnen. Da das Risikokapital verzinst werden muss, kann somit der anteilige zu erwirtschaftende Zins pro Risikoposition bestimmt werden.

Bevor wir die Risikobeiträge bestimmen können, sind zunächst noch einige Begriffe aus der Portfoliooptimierung einzuführen.

Definition 5.6 (RORAC)
*Es seien $e_i := E(-Y_i)$ bzw. $e(\vec{u}) := \sum_{i=1}^{n} u_i \cdot e_i$ der erwartete Gewinn der i-ten Risikoposition bzw. des Portfolios. Der **Return on Risk adjusted Capital (RORAC)** ist definiert als*

$$RORAC(\vec{u}) := \frac{e(\vec{u})}{\varrho(\vec{u})}$$

für das Portfolio sowie als

$$RORAC_i(\vec{u}) := \frac{u_i \cdot e_i}{\varrho_i(\vec{u})}$$

für die i-te Risikoposition.

Der RORAC stellt das Verhältnis des erwarteten Gewinns zum Risiko dar. Nur Portfolien mit einem positiven RORAC-Wert sind sinnvolle Investitionen.

Beispiel 5.17 *Für das Aktienportfolio aus Beispiel 5.3, 1. gilt bei einer angenommenen Haltedauer von einem Jahr*

$$Y_i = 1 - e^{R_{\Delta t, i}}, \qquad \Delta t := 1$$

(beachten Sie die oben getroffene Vereinbarung bzgl. des Vorzeichens von Y_i), sowie

$$u_i = S_{0,i} \quad \text{und} \quad X_i = u_i \cdot Y_i = S_{0,i} \cdot Y_i.$$

Wir verwenden als Risikomaß die in Übung 5.18 definierte Größe (Konfidenzniveau 99%). Mit den Zahlenwerten $\mu_i = 0$, $\sigma_1 = 40\%$, $\sigma_2 = 35\%$, $\sigma_3 = 45\%$ und $\varrho_{i,j} = 0{,}8$ aus Beispiel 5.3 folgt

$$\varrho(\vec{u}) = -\sqrt{250} \cdot VaR(-u_1 \cdot X_1 - u_2 \cdot X_2 - u_3 \cdot X_3) = 356{,}23$$

(beachten Sie, dass sich der VaR in Beispiel 5.3 auf die Haltedauer ein Tag bezog).
Wir haben weiter (vgl. (2.3))

$$e_1 = E(e^{R_{\Delta t,1}} - 1) = e^{0{,}5 \cdot 0{,}16} - 1 \approx 0{,}08$$

und entsprechend $e_2 \approx 0{,}06$ sowie $e_3 \approx 0{,}11$. Damit ergibt sich schließlich

$$RORAC(\vec{u}) = \frac{50 \cdot 0{,}08 + 150 \cdot 0{,}06 + 200 \cdot 0{,}11}{\varrho(\vec{u})} = \frac{35}{356{,}23} \approx 0{,}098.$$

Der Risikobeitrag $\varrho_i(\vec{u})$ der i-ten Risikoposition zum Gesamtrisiko kann positiv oder negativ sein. Wenn wir etwa zu einer bestehenden Aktienposition eine weitere Aktie hinzufügen und beide Aktien bzgl. ihrer Kursänderungen positiv miteinander korreliert sind, so weist die zweite Aktie einen positiven Risikobeitrag auf. Sind die beiden Aktien jedoch negativ korreliert, so vermindert sich das Gesamtrisiko und daher hat die zweite Aktie einen negativen Risikobeitrag.

Zwei im Sinne der Portfoliooptimierung wünschenswerte Eigenschaften lauten:

1. Wenn $\varrho_i(\vec{u}) > 0$ und $RORAC_i(\vec{u}) > RORAC(\vec{u})$, so folgt

$$\frac{\partial RORAC(\vec{u})}{\partial u_i} > 0,$$

   d. h. der RORAC des Portfolios wird bei einer Zunahme der Position u_i größer (das Portfolio verbessert sich).

2. Wenn $\varrho_i(\vec{u}) < 0$ und $RORAC_i(\vec{u}) > RORAC(\vec{u})$, so folgt

$$\frac{\partial RORAC(\vec{u})}{\partial u_i} < 0,$$

   d. h. der RORAC des Portfolios wird bei einer Zunahme der Position u_i geringer (das Portfolio verschlechtert sich).

Es zeigt sich, dass die beiden genannten Eigenschaften nur dann erfüllt sind, wenn die Risikoallokation $\varrho_i(\vec{u})$ eine spezielle Form hat. Dies ist der Inhalt des nachfolgenden Satzes, dessen Beweis sich in [45] findet:

Satz 5.4 *Die einzige Definition von Risikobeiträgen $\varrho_i(\vec{u})$, welche die beiden o. g. Eigenschaften erfüllt, ist die als **Euler-Allokation** bekannte Funktion*

$$\varrho_i(\vec{u}) := u_i \cdot \frac{\partial \varrho(\vec{u})}{\partial u_i}. \tag{5.30}$$

Es gilt somit $\varrho(\vec{u}) = \sum_{i=1}^n u_i \cdot \frac{\partial \varrho(\vec{u})}{\partial u_i}$.

Die Größe $\frac{\partial \varrho(\vec{u})}{\partial u_i}$ wird auch als der *marginale Risikobeitrag* der i-ten Risikoposition bezeichnet, denn sie misst die Veränderung des Portfoliorisikos bei einer (minimalen) Änderung der Risikoposition i:

$$\varrho_i(\vec{u}) = \lim_{h_i \to 0, h_i \neq 0} \frac{\varrho(Z(\vec{u}) + h_i \cdot Y_i) - \varrho(Z(\vec{u}))}{h_i}.$$

Übung 5.19 *Es sei $Z := \sum_{i=1}^n u_i \cdot Y_i$ und $\varrho(Z) = \varrho(\vec{u}) := \sqrt{Var(Z)}$, d. h. als Risikomaß wird die Standardabweichung verwendet. Verwenden Sie die aus (2.4) resultierende Formel*

$$Var(Z) = \sum_{i,j=1}^n u_i \cdot u_j \cdot Cov(Y_i, Y_j)$$

sowie $Cov(a \cdot X + b \cdot Y, c \cdot S + d \cdot T) = a \cdot b \cdot Cov(X, S) + a \cdot d \cdot Cov(X, T) + b \cdot c \cdot Cov(Y, S) + b \cdot d \cdot Cov(Y, T)$, um zunächst die Aussage

$$\frac{\partial Var(Z)}{\partial u_i} = 2 \cdot Cov(Y_i, Z)$$

herzuleiten. Zeigen Sie damit und mit (5.30) dann die Aussage

$$\varrho_i(\vec{u}) = u_i \cdot \frac{Cov(Y_i, Z)}{\sqrt{Var(Z)}}. \tag{5.31}$$

Wir betrachten nun das Risikomaß $\varrho(\vec{u}) = -VaR(-Z(\vec{u}))$. Im einfachsten Fall, wenn Z (und damit auch $-Z$) als normalverteilt angenommen wird, lassen sich die Risikobeiträge leicht bestimmten, wie das folgende Beispiel zeigt:

Beispiel 5.18 *Die Zufallsvariablen $Y_1, \ldots, Y_n$ seien multivariat normalverteilt mit Korrelationen $\varrho_{i,j}$, $E(X_i) = 0$ und $Var(Y_i) = \sigma_i^2 > 0$ (bezogen auf den Zeitraum ein Jahr). Somit sind Z und $-Z$ normalverteilte Zufallsvariablen mit Erwartungswert 0 und Varianz $\sigma^2(\vec{u})$ und es gilt bei einer Haltedauer der Länge Δt wegen (5.2) und (5.3):*

$$\varrho(\vec{u}) = -VaR(-Z(\vec{u})) = -\sigma(\vec{u}) \cdot \Phi^{-1}(1-\alpha) = -\Phi^{-1}(1-\alpha) \cdot \sum_{i,j=1}^{n} u_i \cdot u_j \cdot \sigma_i \cdot \sigma_j \cdot \Delta t \cdot \rho_{i,j}.$$

Das das Risikomaß $\varrho(\vec{u})$ in diesem Fall als Vielfaches der Standardabweichung von Z berechnet werden kann, folgt aus (5.31) unmittelbar

$$\varrho_i(\vec{u}) = -\Phi^{-1}(1-\alpha) \cdot u_i \cdot \frac{Cov(Y_i, Z)}{\sqrt{Var(Z)}}$$

$$= -\Phi^{-1}(1-\alpha) \cdot u_i \cdot \frac{\sum_{j=1}^{n} u_j \cdot \sigma_i \cdot \sigma_j \cdot \Delta t \cdot \varrho_{i,j}}{\sigma(\vec{u})}.$$

Wir prüfen die Aussage $\varrho(\vec{u}) = \sum_{i=1}^{n} \varrho_i(\vec{u})$ nach. Es gilt

$$\sum_{i=1}^{n} \varrho_i(\vec{u}) = \sum_{i=1}^{n} -\Phi^{-1}(1-\alpha) \cdot u_i \cdot \frac{\sum_{j=1}^{n} u_j \cdot \sigma_i \cdot \sigma_j \cdot \Delta t \cdot \varrho_{i,j}}{\sigma(\vec{u})}$$

$$= -\Phi^{-1}(1-\alpha) \frac{\sum_{i=1}^{n} \sum_{j=1}^{n} u_i \cdot u_j \cdot \sigma_i \cdot \sigma_j \cdot \Delta t \cdot \varrho_{i,j}}{\sigma(\vec{u})}$$

$$= -\Phi^{-1}(1-\alpha) \frac{\sigma^2(\vec{u})}{\sigma(\vec{u})}$$

$$= \varrho(\vec{u}).$$

Übung 5.20 *Berechnen Sie die Risikobeiträge und die Werte $RORAC_i(\vec{u})$ für das Portfolio aus Beispiel 5.17.*

Im allgemeinen Fall, wenn Z nicht als normalverteilt angenommen wird, erfordert die Berechnung von $\varrho_i(\vec{u})$ für das Risikomaß $\varrho(\vec{u}) = -VaR(-Z(\vec{u}))$ umfangreichere Überlegungen. Wir verweisen diesbezüglich auf die Literatur, z. B. [45].

Aus der Praxis:
Risikocontrolling für Handelsgeschäfte, Dr. Carsten S. Wehn, DekaBank, Frankfurt

Im Wesentlichen geht es beim Risikocontrolling darum, Produkte richtig bewerten zu können, die zur Erzielung von entsprechenden Gewinnen notwendigerweise einzugehenden Risiken sinnvoll zu messen und die Einhaltung geschäftspolitisch gewünschter Grenzen zu überwachen. Dies sollte idealerweise Hand in Hand gehen. Durch die Bereitstellung entsprechender Informationen können die Geschäftsleitung, Komitees oder die im Handel und der Kreditvergabe Verantwortlichen anschließend die relevanten Entscheidungen auf einer fundierten Basis treffen. Die Erfüllung unterschiedlicher, handelsunabhängiger Kontrollfunktionen ist dabei ein integraler, von der Bankenaufsicht vorgeschriebener Bestandteil der Aufgaben.

Je nach Risikoart unterscheidet man Kredit-, Markt- und operative Risiken. Weitere Risiken, die quantifiziert werden können, sind beispielsweise Geschäftsrisiken, Immobilienrisiken, Liquiditätsrisiken oder Modellrisiken. Handelsgeschäfte sind im allgemeinen Transaktionen auf liquide Instrumente, für die täglich oder gar häufiger ein geeigneter Marktpreis verfügbar ist oder bei komplexen Derivaten aufgrund der dahinter liegenden Bewertungsmodelle ableitbar ist.

Diese mathematische Modelle zur Bewertung von Instrumenten und dabei insbesondere von komplexen Derivaten entwickeln sich permanent weiter, um die Realität durch die Modellierung entsprechend genauer abbilden zu können. In einem zweiten Schritt müssen diese umfassenden Modelle an die wenigen im Markt beobachtbaren Punkte, an Marktquotierungen, angepasst und die entsprechenden Modellparameter geeignet gewählt, das heißt "kalibriert" werden. Oft stellen jedoch gerade die nicht zu beobachtenden Marktdaten die Bestimmung eines theoretischen, fairen Preises vor hohe konzeptionelle Herausforderungen. Hierbei ist z. B. an portfolioabhängige Produkte für Kreditderivate zu denken, bei denen die Korrelationen im Allgemeinen nicht beobachtbar sind oder auch an pfadabhängige Zinsderivate durch Zinsstrukturmodelle, Derivate zu Rohstoffen etc.

Gerade für Handelsgeschäfte sind die Anforderungen seitens der Aufsicht z.T. sehr hoch. Dies drückt sich bspw. in den MaRisk, den Mindestanforderungen an das Risikomanagement oder auch der SolvV, der Solvabilitätsverordnung, aus.

Zur Risikomodellierung müssen die wertbestimmenden Parameter S_t von Portfolien (also z. B. Aktienkurse, Zinssätze, Segmentspreads, Wechselkurse etc.) in Form von Zeitreihenmodellen beschrieben werden, etwa in der Form

$$dS_t = \mu\,dt + \sigma_t\,dW_t,$$

wobei oftmals $\mu = 0$ angenommen wird und σ_t gerade bei einer bedingten Modellierung selbst stochastisch und explizit nicht zeitinvariant ist (so geht der RiskMetrics-Ansatz bspw. von einem speziellen sog. GARCH(1,1)-Prozess aus, mit $\sigma_t = \lambda \cdot \sigma_{t-1}^2 + (1-\lambda) \cdot R_{t-1}^2$, wobei $R_t = \ln(S_t/S_{t-1})$ ein sog. Risikofaktor ist).

Marktrisiken im Handelsbuch – der VaR-Ansatz

Bei der Risikomessung im Handelsbuch hat sich der Value-at-Risk-Ansatz (VaR) seit Mitte der 1990er Jahre als Standard etabliert. Bei der VaR-Messung geht es ganz allgemein darum, den Wert (bzw. genauer die Wertänderung im Vergleich zum aktuellen Wert) des Portfolios in einem speziellen Szenario zu bestimmen. Im VaR spielt das entsprechende Szenario eine besondere Rolle, welches die Eigenschaft aufweist, dass eine Wertänderung des Portfolios, welche geringer ist als der VaR eine maximale Wahrscheinlichkeit von $1 - \alpha$ hat, wobei α typischerweise als 95% oder 99% gesetzt wird, mathematisch ausgedrückt ist der VaR das Quantil der Verteilung der Wertänderungen des Portfolios (vgl. hierzu die Ausführungen in Abschnitt 5.1).

Um den VaR auszurechnen, gibt es drei Hauptansätze:

Im **Varianz-Kovarianz-Ansatz** werden Risikofaktoren (also absolute oder relative Änderungen bewertungsrelevanter Marktparameter) als normalverteilt modelliert. Unterstellt man ferner einen linearisierten Zusammenhang zwischen Risikofaktoren (hier als (eindimensionale) Zufallsvariablen zu verstehen) und Portfoliowertänderungen, d. h.

$$P\&L = \Delta \cdot R_{\Delta t} \quad (\Delta t = \text{Haltedauer}),$$

so folgt wiederum für die induzierte Verteilung der Portfoliowertänderungen, dass diese eine Normalverteilung ist. Erweitert man diese Annahme zu einer Entwicklung zweiten Grades, d. h.

$$P\&L = \Delta \cdot R_{\Delta t} + 0{,}5 \cdot R_{\Delta t}^2 \cdot \Gamma,$$

so ergibt sich wiederum eine mögliche analytische Lösung, die resultierende induzierte Verteilung ist eine Mischung aus normalverteilten und sog. nichtzentral-χ^2-verteilten Zufallsvariablen. Zur konkreten Berechnung des Quantils kommen an dieser Stelle numerische Verfahren wie bspw. Fourier-Transformation aber auch Approximationen (bspw. Cornish-Fisher-Erweiterung) zum Einsatz.

Das zweite Verfahren versucht, die einschränkenden Restriktionen für die Wertänderungsfunktion weiter zu fassen. Hierbei wird – soweit aus Performanzgesichtspunkten möglich – die theoretische Bewertungsfunktion $PV(\cdot)$ (insbesondere ohne Taylorapproximation) genutzt und auf eine große Anzahl von unter einer Verteilungsannahme simulierten Szenarien angewandt. Dieses Verfahren wird als **Monte-Carlo-Simulation** bezeichnet.

Im dritten Verfahren werden die historisch beobachteten Realisationen der Risikofaktoren benutzt und damit Realisationen von Portfoliowerten bestimmt. Dieses Verfahren wird als **Historische Simulation** bezeichnet.

Im zweiten und dritten Verfahren wird zur Bestimmung des Quantils die empirische Quantilfunktion genutzt, vgl. hierzu die Ausführungen in Abschnitt 5.1.

Erweiterung des Fokus: Incremental Risk Charge und Event Risk

In jüngerer Zeit wachsen die aufsichtlichen Anforderungen und erwarten die Einbeziehung weiterer Aspekte in die Modellierung der Marktrisiken für das Handelsbuch. So wird verlangt, dass auch die aus Handelsgeschäften resultierenden Risiken für Emittenten im Sinne einer Kreditrisikomodellierung berechnet werden. Dies betrifft Risiken aus Migrationen wie aus Ausfall des Emittenten und damit verbundene Wertänderungen. Auch sprunghafte Risiken (bspw. aus Corporate Actions, Merger / Arbitrage etc.) sollen Berücksichtigung im Risiko finden. Hierzu werden derzeit in Literatur und Praxis verschiedene Ansätze diskutiert. Eine Variante ist es, den Prozess für S_t um eine

Sprungkomponente J_t zu erweitern:

$$dS_t = \mu\,dt + \sigma_t\,dW_t + J_t.$$

Stresstests und Szenarioanalysen

In die Verteilungsannahme der Risikofaktoren gehen verschiedene Annahmen ein, zur Schätzung der Verteilungsparameter wiederum sind eine möglichst große Anzahl von Beobachtungen notwendig. Dies bedeutet, dass punktuell auftretende extreme Ereignisse möglicherweise in der rein stochastischen Vorgehensweise unterrepräsentiert sind. Darüber hinaus liegt in jedem interferenziellen Verfahren die Schwäche begründet, dass diese Verteilungsannahmen im Wesentlichen die Vergangenheit widerspiegeln, sich Finanzmärkte jedoch in rasantem Tempo weiter entwickeln. Es entstehen teilweise Blasen, die auch wieder in sich zusammen fallen usw. Typische Beispiele sind hier die Finanzkrise 2007 bis 2009 oder auch das Platzen der "New Economy" Anfang der 2000er.

Daher haben sogenannte Stresstests Konjunktur, bei denen der Risikocontroller die Position einem extremen aber dennoch nicht unplausiblen Szenario in Form einer bestimmten Risikofaktorkonstellation aussetzt und die Auswirkungen auf den Wert des Portfolios beobachtet.

Bei Stresstests lassen sich verschiedene Strömungen beobachten: So übertragen die sog. "historischen Stresstests" bedeutende Risikofaktorkonstellationen der Vergangenheit auf das aktuelle Portfolio während bei "hypothetischen Stresstests" projizierte zukünftige Szenarien, zumeist auf Expertenschätzungen beruhend, durchgeführt werden. Die in der Diskussion in Akademie und Praxis zuletzt aufgenommene Art der inversen Stresstests sucht ausgehend vom aktuellen Portfolio Risikofaktorkonstellationen, welche einen hohen Verlust begründen. Hier sind insbesondere fortbestandsgefährdende Szenarien gesucht. Dies ist sicherlich konzeptionell die herausforderndste Art von Stresstests und ein möglicher Ansatz, dieses Problem aufzustellen, kann wie folgt aussehen: Gesucht ist die Menge aller Ereignisse, für die gilt:

$$\{\omega \in \Omega : P\&L(\omega) \leq K\}.$$

Die Schranke K kann dabei beispielsweise der o. g. VaR sein.

Zusammenfassung und Ausblick

Seit Ende der 1990er haben sich quantitative Methoden als integraler Bestandteil der Risikomessung und -steuerung etablieren können. Diese sind heute aus den modernen Finanzinstituten nicht mehr weg zu denken. Dabei hat die Komplexität sowohl der Bewertungsmodelle als auch der Risikomodelle kontinuierlich zugenommen, um die Realität noch besser abbilden und verstehen zu können. Für Risiken aus dem Handelsbuch haben sich insbesondere die Risikomaße Value at Risk aber auch Stresstests verbreitet. Es steht zu erwarten, dass diese Entwicklung weiter anhält, dabei ist neben dem mathematisch-quantitativen Sachverstand ein ökonomisches Verständnis der Produkte und Handelsstrategien unerlässlich.

Aus der Praxis:
Bewertung illiquider Finanzinstrumente, Stephan Bellarz, DZ BANK AG, Frankfurt

Kreditinstitute müssen Finanzinstrumente wie Aktien, Anleihen, Fondsanteile und Derivate mit dem Marktwert (**Fair Value**) bewerten. Der Fair Value entspricht dabei dem Preis, den zwei Marktteilnehmer für den Verkauf des Instrumentes vereinbart haben. Dabei wird unterstellt, dass alle verfügbaren Marktinformationen verarbeitet sind und die Transaktion nicht aus einer Notsituation entstanden ist. In liquiden Märkten werden Marktwerte aus Kursnotierungen an der Börse oder von externen Preisdatenanbietern herangezogen.

Seit Beginn der Finanzkrise 2007 führte der Zusammenbruch des Primär- und Sekundärmarktes dazu, dass eine marktnahe Bewertung für viele Finanzinstrumente (z. B. ABS-Positionen) nicht mehr möglich war. Durch fehlende Geschäftstransaktionen konnten keine zuverlässigen Marktpreise beobachtet werden. Um für diese illiquiden Finanzinstrumente einen fairen Wert zu ermitteln, müssen geeignete Bewertungsmodelle angewendet und die Bewertungsparameter geschätzt werden.

Für die Bewertung werden die zukünftigen Zins- und Kapitalzahlungen pro Laufzeitband risikoadäquat abgezinst. Dabei sind insbesondere asymmetrische Zahlungsprofile wie Kündigungsrechte oder Subordination zu beachten.

Der laufzeitspezifische Diskontierungssatz hat das Bonitätsrisiko des Finanzinstrumentes angemessen zu berücksichtigen. Mit Hilfe einer Credit Spread-Kurve kann das laufzeitspezifische Bonitätsrisiko erfasst werden. Die Credit Spread-Kurve setzt sich aus einem allgemeinen und einem spezifischen Credit Spread zusammen. Der allgemeine Credit Spread beschreibt das Bonitätsrisiko eines spezifischen Segmentes. Das Segment wird durch die Parameter Assetklasse, Rating, Restlaufzeit und Region klassifiziert. Der spezifische Credit Spread definiert das Residualrisiko, dass sich der Wert eines Finanzinstruments mehr oder weniger stark als das jeweilige Segment ändert.

Die Schätzung der Credit Spread-Kurve muss für jede Bonitätsklasse vor dem Hintergrund des illiquiden Marktumfeldes und unter Berücksichtigung der Eigenschaften der einzelnen Segmente erfolgen. Die Auswirkungen regionaler bzw. Asset-spezifischer Besonderheiten auf das Bonitätsrisiko sind gesondert zu erfassen. So sollte beispielsweise das Bonitätsrisiko spanischer RMBS-Positionen nicht durch europäische RMBS-Spreads erfasst werden. Es ist eine eigene Credit Spread-Kurve zu bilden.

In illiquiden Märkten orientiert sich die Methodik zur Herleitung der Bewertungsparameter grundsätzlich an den zur Verfügung stehenden Marktdaten. In der Finanzkrise war zu beobachten, dass nur noch Segmente mit guter Bonitätseinstufung über eine ausreichende Liquidität verfügten. Daher wird dieses Segment als Ausgangsbasis für die Herleitung der Credit Spread-Kurven aller Bonitätsklassen genutzt. Für die segmentspezifische AAA-Kurve werden im ersten Schritt geeignete Laufzeitbänder definiert. Danach werden jedem Laufzeitband geeignete Emissionsspreads zugeordnet. Für eine vorgegebene Mindestanzahl an Datenpunkten wird ein Durchschnitt bestimmt, wobei Datenausreißer zu eliminieren sind (z. B. durch eine Medianberechnung). Liegen keine ausreichenden Daten pro Laufzeitband vor, werden diese inter- oder an Randpunkten extrapoliert.

Für die Segmente mit einer schlechteren Bonitätseinstufung liegen häufig keine ausreichenden Daten vor, so dass keine Kurve generiert werden kann. Daher ist das Verfahren anzupassen. Mit Hilfe eines geeigneten statistischen Verfahrens (z. B. Methode der kleinsten Quadrate) wird eine Gerade durch die liquide AAA-Kurve gelegt werden, um das Bonitätsrisiko in Abhängigkeit der Zeit zu schätzen. Danach wird durch eine Parallelverschiebung der AAA-Spreadgeraden das erhöhte Bonitätsrisiko der niedrigeren Ratingklasse erfasst. Analog zur bisherigen Vorgehensweise werden die durchschnittlichen Credit Spreads für noch liquide Stützstellen berechnet. Der Abstand des Medianpunktes zum entsprechenden Datenpunkt der AAA-Spreadgeraden ist dann das Maß der Parallelverschiebung der AAA-Spreadgerade.

Bei sehr illiquiden Segmenten können teilweise keine verlässlichen Marktdaten verwendet werden, so dass zur Herleitung des Abstandes der Kurven andere vergleichbare Segmente herangezogen werden. So wird beispielsweise für bestimmte illiquide Segmente ein Benchmarksektor verwendet, um den bonitätsspezifischen Spreadabstand pro Datenstützstelle näherungsweise zu definieren.

Zusammenfassend bleibt festzuhalten, dass eine Bewertung illiquider Produkte in der Praxis sehr schwierig ist. Bei der Auswahl des Bewertungsmodells sind die einzelnen Produktformen für die Generierung der Zahlungsströme zu beachten. Die relevanten Bewertungsparameter sind aus noch liquiden Marktsegmenten abzuleiten. Insbesondere für schlechte Bonitätsklassen führen die Näherungsverfahren zu Bewertungsunsicherheiten, die durch einen Bewertungsabschlag (Modellreserve) zu berücksichtigen sind.

Kapitel 6

Rating-Verfahren

6.1 Grundlagen

Zur Einschätzung der Kreditwürdigkeit von Geschäftspartnern und Kunden verwenden Finanzinstitute statistische Modelle, die eine Aussage über die Höhe des Ausfallrisikos (d. h. der Ausfallwahrscheinlichkeit (PD)) liefern. In Kapitel 5 haben wir das Merton-Modell zur Schätzung von Ausfallwahrscheinlichkeiten kennen gelernt. Dieser Ansatz setzt jedoch voraus, dass der Aktienkurs und auch dessen Volatilität der einzuschätzenden Adresse vorgegeben sind. Soll dagegen die Ausfallwahrscheinlichkeit einer Privatperson, eines nicht börsengehandelten Unternehmens oder eines sonstigen Kreditnehmers ermittelt werden, so kommen häufig statistische Verfahren zum Einsatz, die unter der Bezeichnung *Rating-Verfahren* oder *Scoring-Verfahren* bekannt sind. Das Ziel dieser Verfahren, die im Folgenden dargestellt werden, besteht darin, eine Aussage über die Ausfallwahrscheinlichkeit innerhalb eines vorgegebenen Zeithorizonts (typischerweise ein Jahr) zu treffen; Aussagen über die Höhe des bei Ausfall entstehenden Schadens erfordern zusätzliche Überlegungen. Eine weiterführende Darstellung der hier behandelten Sachverhalte findet sich in [16], [11] und in [36].

Rating-Verfahren bilden einen wichtigen Bestandteil des *Kreditrisikomanagements* von Finanzinstitutionen, da sie eine objektive Einschätzung sowie systematische Überwachung und Begrenzung von Kreditrisiken ermöglichen. Jedes Rating-Verfahren stützt sich auf gewisse bonitätsrelevante Informationen. Deren Auswahl hängt davon ab, welche Art von Kreditnehmer betrachtet werden soll:

1. Handelt es sich um ein Unternehmen, so werden Kennzahlen aus einer *Bilanzanalyse* herangezogen, um die Ertragslage, das Vermögen, die Verschuldung sowie die Liquidität des Unternehmens zu beurteilen. Mit diesen sog. *hard facts* wird die finanzielle Situation des Unternehmens transparent gemacht; allerdings beziehen sich Bilanzinformationen immer auf die Vergangenheit. Um auch eine Einschätzung über die künftige Entwicklung geben zu können, werden die hard facts durch sog. *soft facts* ergänzt; dabei handelt es sich um Bewertungen der Managementqualität, der Geschäftsaussichten, der Unternehmensplanung, der eventuellen Unterstützung

durch eine Muttergesellschaft usw. Die Beurteilung der soft facts erfolgt meist mittels eines Punktesystems.

2. Nicht alle Kreditnehmer erstellen eine regelmäßige Bilanz. Bei Privatpersonen bspw. stützt sich die Bonitätsanalyse auf Angaben über Einkommens- und Vermögensverhältnisse und weitere Angaben wie Wohnort, berufliche Situation, Bürgen usw.

3. Es gibt auch Fälle, in denen sich die Bonitätseinschätzung nicht auf eine bestimmte Adresse, sondern auf eine komplexe Projektfinanzierung, etwa ein großes Bauvorhaben, bezieht. Dann sind weitere Informationen zu berücksichtigen, etwa über die zu erwartenden Baukosten, die geplanten Mieterträge usw.

4. Schließlich gibt es noch den Fall, dass ein Kredit an eine staatliche Institution, eine Kommune oder ein Land vergeben werden soll. In diesem Fall ist das Kreditrisiko von der Haushaltssituation, dem Steueraufkommen, der wirtschaftlichen Entwicklung und eventuell bestehender Haftungsregeln oder Garantien bestimmt.

Die Auswahl der Informationen beginnt immer damit, dass zunächst alle prinzipiell in Frage kommenden Merkmale, die zur Bonitätseinschätzung relevant sein könnten, in einer sog. *long list* gesammelt werden. Dabei ist zu unterscheiden zwischen *metrischen Merkmalen*, also solchen, die als (reelle) Zahlenwerte gemessen werden (meist in Form von Verhältniszahlen) und *kategorialen Merkmalen*, also solchen, die einem Wert aus einer vorgegeben Bewertungsskala entsprechen.

Beispiel 6.1
Mögliche Beispiele für metrische Merkmale aus einer Bilanzanalyse sind

- *Eigenkapital / Bilanzsumme bzw. Fremdkapital / Bilanzsumme,*

- *Barmittel / kurzfristige Verbindlichkeiten,*

- *(Nettoumsatz - Materialkosten)/ Personalkosten,*

- *Ertrag / Bilanzsumme.*

Beispiele für kategoriale Merkmale sind

- *Managementqualität bzw. Qualität des Jahresabschlusses (Note von 1 bis 6),*

- *Branchensituation (gut – mittel – schlecht),*

- *Standort (Land).*

Aus der long list werden als nächstes alle Merkmale aussortiert, die nicht die geforderte Qualität haben (z. B. weil die Daten teilweise fehlen oder unzuverlässig erscheinen). Auch Merkmale, die sich aus bereits ausgewählten anderen Größen ableiten lassen, werden aussortiert, um redundante Informationen zu vermeiden.

Das entscheidende weitere Selektionskriterium besteht darin, nur solche Daten zu verwenden, die eine hohe *Trennschärfe* aufweisen. Damit ist gemeint, dass basierend auf historischen Analysen nur diejenigen Merkmale in die engere Auswahl gelangen, anhand derer sich ein späterer Ausfall des Kreditnehmers mit besonders hoher Treffsicherheit vorhersagen lässt. Die Trennschärfe wird mit bestimmten *Gütekriterien* beurteilt, auf die wir im nächsten Abschnitt eingehen.

Nachdem die Merkmale der long list anhand der genannten Kriterien reduziert wurden, verbleibt eine *short list* von Merkmalen, mit denen weiter gearbeitet wird.

6.2 Gütekriterien zur Trennschärfe

Ein Bonitätsmerkmal, das zum Zeitpunkt t für eine bestimmte Adresse erhoben wird, soll darüber Auskunft geben, ob die Adresse zum Zeitpunkt $t + 1$ ausgefallen sein wird oder nicht. Je zuverlässiger diese Auskunft ist, umso trennschärfer ist das Merkmal. Die Trennschärfe von Merkmalen wird mit verschiedenen Kennzahlen aus der beschreibenden Statistik gemessen. Dazu gehören u. a. der *Gini-Koeffizient* oder die *Area Under Curve* (*AUC*). Solche Kennziffern werden aus graphischen Darstellungen abgeleitet, die als *Power-Curves* bekannt sind.

Wir gehen im Folgenden davon aus, dass ein bestimmtes Merkmal auf Trennschärfe untersucht werden soll. Zur Vereinfachung der Darstellung unterstellen wir, dass die möglichen Werte x des Merkmals in der Menge $\{1, \dots, K\}$ liegen. Es ist stets möglich, stetige oder kategoriale Merkmale durch geeignete Transformationen so umzuformen, dass diese Annahme erfüllt ist. Des Weiteren unterstellen wir die Hypothese, dass die Bonität mit zunehmendem Wert des Merkmals besser wird; der Wert 1 entspricht daher den Adressen mit der geringsten Bonitätseinstufung.

Um unsere Hypothese zu überprüfen, betrachten wir ein bestimmtes Testportfolio von Geschäften (eine sog. *Entwicklungsstichprobe*), bei der zu einem Zeitpunkt t in der Vergangenheit für jede Adresse der Wert des zu untersuchenden Merkmals festgestellt wurde. Zum Zeitpunkt $t + 1$, der ebenfalls in der Vergangenheit liege, wurde dann untersucht, welcher Anteil der Adressen ausgefallen ist und wie die ursprünglich gemessenen Merkmalswerte auf dem ausgefallenen bzw. den nicht ausgefallenen Teil der Stichprobe verteilt sind. Dies wird – je nach Datenverfügbarkeit – über mehrere vergangene Perioden hinweg wiederholt. Dabei wir vorausgesetzt, dass die Ausfallereignisse stochastisch unabhängig voneinander sind.

Angenommen, die Entwicklungsstichprobe bestand aus n Adressen, von denen die Anzahl m in $t + 1$ ausgefallen waren. Die folgende Grafik zeigt die Verteilungen der Merkmalswerte ($x \in \{1, \dots, K\}$) (mit $K = 10$) bzgl. der ausgefallenen Adressen (links) und der nicht ausgefallenen Adressen (rechts). Da sich die Verteilungen kaum überlappen, kann unterstellt werden, dass das Merkmal insofern trennscharf ist, als dass schlechte Adressen (dies sind solche, die ausgefallen sind) systematisch kleinere Merkmalswerte hatten als die guten Adressen (solche, die nicht ausgefallen sind). Wenn sich die beiden Verteilungen deutlich überlappen, so ist eine geringere Trennschärfe vorhanden.

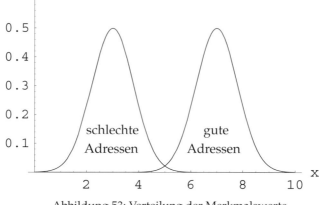

Abbildung 53: Verteilung der Merkmalswerte

Im Rahmen der *Diskriminanzanalyse* werden Verfahren hergeleitet, mit denen ein optimaler Schwellenwert c bestimmt werden kann, mit der Eigenschaft, dass eine Adresse mit einem Merkmalswert kleiner oder gleich c mit hoher Wahrscheinlichkeit innerhalb eines Jahres ausfallen wird und dass eine Adresse mit einem Merkmalswert größer als c mit hoher Wahrscheinlichkeit innerhalb eines Jahres nicht ausfallen wird. Das Kriterium für die Wahl von c wird dabei so festgelegt, dass der Gesamtfehler, der sich aus dem *Fehler 1. Art* und dem *Fehler 2. Art* zusammensetzt, möglichst gering ist. Dabei gilt

Fehler 1. Art = Wahrscheinlichkeit, dass eine schlechte Adresse einen Merkmalswert größer als c erhält.

Fehler 2. Art = Wahrscheinlichkeit, dass eine gute Adresse einen Merkmalswert kleiner gleich c erhält.

Für die weiteren Überlegungen spielt der Schwellenwert c keine Rolle. Vielmehr geht es uns darum, geeignete Maße für die Trennschärfe von Merkmalen zu definieren. Dazu führen wir die beiden folgenden bedingten Verteilungsfunktionen ein (das zu Grunde liegende Wahrscheinlichkeitsmaß wird hier mit P bezeichnet):

$$F(x) = P(\text{Merkmalswert (Adresse)} \leq x \mid \text{Adresse ist gut}),$$
$$G(x) = P(\text{Merkmalswert (Adresse)} \leq x \mid \text{Adresse ist schlecht}).$$

In einem Diagramm werden nun für jeden Wert $x \in \{1, \ldots, K\}$ die Punkte $(F(x), G(x))$ eingetragen und miteinander verbunden. Zusätzlich wird $(0,0)$ mit $(F(1), G(1))$ verbunden. Die entstehende Kurve heißt *Receiver Operating Characteristic* (*ROC*).

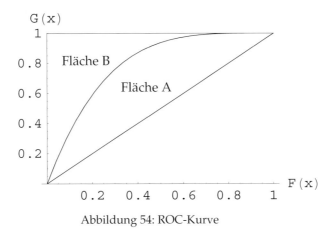

Abbildung 54: ROC-Kurve

Die ROC-Kurve verläuft monoton wachsend von $(0,0)$ nach $(1,1)$. Das betrachtete Merkmal hat die maximal mögliche Trennschärfe, wenn **alle** ausgefallenen Adressen den Merkmalswert 1 erhalten und alle nicht ausgefallenen Adressen größere Merkmalswerte. In diesem Fall würde die Kurve von $(0,0)$ vertikal nach $(0,1)$ verlaufen und dann horizontal bis $(1,1)$. Haben ausgefallene Adressen auch höhere Merkmalswerte erhalten und nicht ausgefallene Adressen den Wert 1, so ist die Trennschärfe geringer; die ROC-Kurve steigt dann zunächst weniger steil an und erreicht die Höhe 1 erst später. Eine "minimale" Trennschärfe liegt vor, wenn die Verteilungen der Merkmalswerte für schlechte und gute Adressen zusammenfallen. In diesem Fall ist $F(x) = G(x)$ für alle x, die ROC-Kurve also gleich der Winkelhalbierenden im 1. Quadranten.

Mit Hilfe von ROC-Kurven können verschiedene Merkmale in Bezug auf ihre Trennschärfe miteinander verglichen werden. Zunächst sollten die ROC-Kurven immer oberhalb der Winkelhalbierenden verlaufen. Beim Vergleich zweier ROC-Kurven kann sich herausstellen, dass beide Kurven in unterschiedlichen Bereichen verschieden stark ansteigen und sich ein- oder mehrfach schneiden. Um einen Vergleich der Trennschärfe zweier Merkmale über alle Merkmalswerte $\{1, \ldots, K\}$ hinweg durchzuführen, muss der "gesamte Verlauf" der ROC-Kurven analysiert werden. Dasjenige Merkmal, bei dem die Fläche zwischen der ROC-Kurve und der Winkelhalbierenden im Verhältnis zur Gesamtfläche oberhalb der Winkelhalbierenden den größeren Wert hat, besitzt die größere Trennschärfe in Bezug auf die betrachtete Entwicklungsstichprobe. Anschaulich weist die ROC-Kurve des trennschärferen Merkmals eine stärkere "Bauchform" auf. Das betrachtete Verhältnis ist der sog. *Gini-Koeffizient* (auch *Accuracy Ratio* (*AR* genannt)) und ist formal definiert als

$$\text{Gini-Koeffizient} = \frac{\text{Fläche}A}{\text{Fläche}A + \text{Fläche}B}. \tag{6.1}$$

Beachten Sie, dass gilt: Fläche A + Fläche B = 0,5. Je näher der Gini-Koeffizient an 1 liegt, umso trennschärfer ist das Merkmal.

Der Gini-Koeffizient kann auch so interpretiert werden, dass die Fläche zwischen der gegebenen ROC-Kurve und der ROC-Kurve mit der geringst möglichen Trennschärfe (die Winkelhalbierende) ins Verhältnis gesetzt wird zur Fläche zwischen der idealen ROC-Kurve (die horizontale Linie von $(0,1)$ nach $(1,1)$) und der Winkelhalbierenden. Es wird also gemessen, wo sich die gegebene ROC-Kurve im Vergleich zu den beiden Extremfällen befindet.

Neben der ROC-Kurve wird häufig auch eine weitere Kurve betrachtet, die den Namen *Cumulative Accuracy Profile* (*CAP*) trägt. Zur Definition der CAP-Kurve wird die Verteilungsfunktion

$$H(x) := P(\text{Merkmalswert} \leq x)$$

benötigt, die die Wahrscheinlichkeit angibt, dass ein Merkmalswert einer beliebigen Adresse kleiner oder gleich x ist.

Es werden nun alle Punkte $(H(x), G(x))$ für $x \in \{1, \ldots, K\}$ in ein Diagramm eingezeichnet und miteinander verbunden. Der Punkt $(0,0)$ wird mit $(H(1), G(1))$ verbunden. Im Ergebnis ergibt sich wiederum eine ansteigende, von $(0,0)$ nach $(1,1)$ verlaufende Kurve oberhalb der Winkelhalbierenden (siehe Abbildung 55).

Bei einem Merkmal mit maximaler Trennschärfe fallen alle Adressen mit Merkmalswert 1 aus und es kommen für größere Merkmalswerte keine weiteren Ausfälle mehr hinzu. Hat der Anteil aller Ausfälle in der Entwicklungsstichprobe den Wert $p_0 \in (0;1)$, so gilt im betrachteten Fall offensichtlich $H(1) = p_0$ und $G(x) = 1$ für alle $x \in \{1, \ldots, K\}$. Die CAP-Kurve verläuft dann geradlinig von $(0,0)$ nach $(p_0, 1)$ und dann horizontal bis zum Punkt $(1,1)$.

Übung 6.1 *Begründen Sie die oben getroffenen Aussagen zur CAP-Kurve eines Merkmals mit maximaler Trennschärfe. Zeigen Sie, dass die Steigung der CAP-Kurve im Punkt $(0,0)$ in diesem Fall gerade dem Wert $1/p_0$ entspricht.*

Beachten Sie, dass der Verlauf der CAP-Kurve offensichtlich von der Ausfallwahrscheinlichkeit p_0 in der Entwicklungsstichprobe abhängt. Für verschiedene Portfolien sind daher auch verschiedene CAP-Kurven für ein vorgegebenes Merkmal zu erwarten. Es macht daher keinen Sinn, CAP-Kurven (und die später daraus abzuleitenden Gini-Koeffizienten) über verschiedene Portfolien hinweg miteinander zu vergleichen! Die nachfolgende Abbildung zeigt den typischen Verlauf einer CAP-Kurve (hier im Fall $n = 1.000$ mit $m = 300$ Ausfällen; mittlere Kurve). Bei einem Merkmal mit nicht maximaler Trennschärfe ist der Anstieg im Punkt $(0,0)$ geringer als $1/p_0$, weil sich nicht alle ausgefallenen Adressen unter denjenigen mit Merkmalswert 1 befinden – es fallen auch Adressen mit höheren Merkmalswerten aus. Die Kurve erreicht die Höhe 1 daher weiter rechts als bei einem Merkmal mit maximaler Trennschärfe (obere Kurve). Hat das Modell eine minimale Trennschärfe, so stimmen die Verteilungen $H(x)$ und $G(x)$ für alle Werte von x überein – die Verteilung der Merkmalswerte wird nicht durch dadurch beeinflusst, ob es sich um eine gute oder eine schlechte Adresse handelt. Somit ist die CAP-Kurve dann gleich der Winkelhalbierenden des 1. Quadranten.

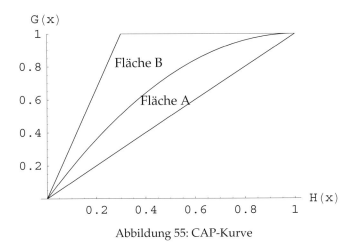

Abbildung 55: CAP-Kurve

Der Gini-Koeffizient eines gegebenen Merkmals kann auch mittels der zugehörigen CAP-Kurve berechnet werden, und zwar wiederum als das Verhältnis der Fläche zwischen der gegebenen CAP-Kurve und der CAP-Kurve mit der geringst möglichen Trennschärfe (die Winkelhalbierende) zur Fläche zwischen der idealen CAP-Kurve und der Winkelhalbierenden. Die Formel (6.1) gilt auch in diesem Fall und es ergibt sich der gleiche Zahlenwert wie bei der Berechnung anhand der ROC-Kurve des Merkmals. Neben dem Gini-Koeffizienten ist die *Area Under Curve* (*AUC*) eine Kennzahl zur Beurteilung der Trennschärfe. Sie wird wie folgt über die ROC-Kurve definiert:

$$AUC := \text{Fläche } A + \text{Fläche unter der Winkelhalbierenden.} \tag{6.2}$$

Offenbar gilt $AUC = \text{Fläche } A + 0{,}5$ und $0{,}5 \leq AUC \leq 1$. Je höher der Wert von AUC, umso trennschärfer ist das betrachtete Merkmal. Ferner gilt die Beziehung

$$Gini - Koeffizient = 2 \cdot AUC - 1.$$

Übung 6.2   *Begründen Sie diese Formel.*

Es lässt sich zeigen, dass der Wert AUC für ein Portfolio mit n Adressen, m schlechten Adressen und $k := n - m$ guten Adressen auch wie folgt berechnet werden kann

$$AUC = \frac{1}{k \cdot m} \cdot \sum_{i=1}^{k} \sum_{j=1}^{m} u(x_i, y_j), \tag{6.3}$$

wobei x_i die Merkmalswerte der guten Adressen sind, y_j die Merkmalswerte der schlechten Adressen und

$$u(x_i, y_j) := \begin{cases} 1, & \text{falls } x_i > y_j \\ 0{,}5, & \text{falls } x_i = y_j \\ 0, & \text{falls } x_i < y_j. \end{cases}$$

Der in (6.3) auf der rechten Seite auftretende Term (die sog. *Mann-Whitney-Statistik*) lässt sich so interpretieren, dass AUC für alle möglichen Kombinationen von jeweils einer guten und einer schlechten Adresse den Anteil derjenigen Kombinationen zählt, bei denen die gute Adresse korrekterweise einen höheren Merkmalswert als die schlechte Adresse erhalten hat (die entspricht dem Fall $u(x_i, y_j) = 1$).

Beispiel 6.2   *In einem Portfolio mit $n = 1.000$ Adressen kommt jeder Merkmalswert aus der Menge $\{1, \dots, 4\}$ genau 250 mal vor. Es gebe 170 Ausfälle mit Merkmalswert 1, 80 Ausfälle mit Merkmalswert 2, 40 Ausfälle mit Merkmalswert 3 und 10 Ausfälle mit Merkmalswert 4.*
Ist dieses Merkmal trennscharf, wenn als Gütekriterium die Bedingung $AUC > 70\%$ gilt? Wie ist der Wert des Gini-Koeffizienten?

Antwort: *Wir haben $k = 700$ gute Adressen und $m = 300$ schlechte Adressen. Wie viele Paare (x_i, y_j) mit $x_i > y_j$ gibt es?*
Es gibt $240 \cdot (170 + 80 + 40)$ Paare der Form $(x_i, y_j) \in \{(4,3), (4,2), (4,1)\}$, wobei die Paare aus jeweils einer guten Adresse (x_i-Wert) und einer schlechten Adresse (y_i-Wert) bestehen. Entsprechend gibt es $210 \cdot (170 + 80)$ Paare der Form $(x_i, y_j) \in \{(3,2), (3,1)\}$ und $170 \cdot 170$ Paare der Form $(x_i, y_j) = (2,1)$. Ferner gibt es $240 \cdot 10 + 210 \cdot 40 + 170 \cdot 80 + 80 \cdot 170$ Paare der Form (x_i, y_j) mit $x_i = y_j$. Die Mann-Whitney-Statistik hat somit den Zahlenwert

$$\frac{240 \cdot 290 + 210 \cdot 250 + 170 \cdot 170 + 0{,}5 \cdot (2.400 + 8.400 + 13.600 + 13.600)}{700 \cdot 300} \approx 80{,}95\%.$$

Das Merkmal ist also wegen $AUC \approx 80{,}95\%$ trennscharf und der Gini-Koeffizient ist $61{,}90\%$.

Zur Anwendung der genannten Kenngrößen in der Praxis finden Sie in [16] zahlreiche Hinweise und Beispiele.

6.3   Schätzung von Ausfallwahrscheinlichkeiten

Die Anwendung der im vorangegangenen Abschnitt verwendeten Gütekriterien führt auf eine Auswahl von Merkmalen (die short list), welche für die Schätzung von Ausfallwahrscheinlichkeiten in einem gegebenen Portfolio mit n Adressen zum Einsatz kommen können. Es seien

$$x_{1,j,t}, \dots, x_{n,j,t}, \qquad j \in \{1, \dots, p\}$$

die Werte der Merkmale der short list zu einem Zeitpunkt t, wobei also für jede der n Adressen p Merkmalswerte erhoben werden. Diese Merkmalswerte, auch *Regressoren* oder *erklärende Variablen* genannt, sollen verwendet werden, um einen Schätzwert für die unbekannte (zufällige) Ausfallwahrscheinlichkeit (bezogen auf einen gegebenen Zeitraum von einem Jahr) einer jeden Adresse zu berechnen. Dabei wird der Ansatz

$$PD_{i,t+1} = F(\beta_0 + \beta_1 \cdot x_{i,1,t} + \dots + \beta_p \cdot x_{i,p,t})$$

für die (auf die Merkmalswerte bedingte) Wahrscheinlichkeit $PD_{i,t+1}$ eines Ausfalls der Adresse i zwischen t und $t+1$ gemacht. Es ist F eine noch näher zu spezifizierende Funktion (mit Werten in $[0;1]$) und es sind $\beta_0,\dots,\beta_p$ die *Regressions-Koeffizienten*, welche anhand einer Entwicklungsstichprobe statistisch zu schätzen sind. Die Schätzung wird dabei so durchgeführt, dass bezogen auf die Entwicklungsstichprobe, bei der die Ausfälle und Nichtausfälle in $t+1$ ja bekannt sind, eine möglichst treffsichere Prognose der Ausfallwahrscheinlichkeit (0 für die guten Adressen, 1 für die schlechten Adressen) vorliegt (im Idealfall über mehrere aufeinander folgende Perioden hinweg).

Wir nehmen wieder an, dass die Merkmalswerte so skaliert sind, dass eine Zunahme der Werte zu besseren Bonitätseinstufungen (also geringeren Ausfallwahrscheinlichkeiten) führt. Beachten Sie, dass dies im Falle einer monoton wachsenden Funktion $F(x)$ (siehe die nachfolgenden gängigen Beispiel) dadurch erreicht wird, dass die Koeffizienten β_j für $j \in \{1,\dots,p\}$ negative Zahlen sind.

- $F(x) = \Phi(x)$ (*Probit-Modell*),

- $F(x) = \frac{e^x}{1+e^x}$ (*logistisches Modell* oder *Logit-Modell*).

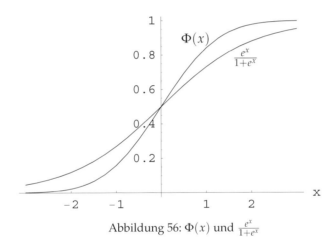

Abbildung 56: $\Phi(x)$ und $\frac{e^x}{1+e^x}$

Die Funktion des logistischen Modells zeigt in den Randbereichen eine größere Steigung, d. h. es ergibt sich eine stärkere Differenzierung der Ausfallwahrscheinlichkeiten. Wir betrachten dieses Modell, das in der Praxis häufig anzutreffen ist, etwas näher: Das Ziel ist es, die Variablen $\beta_0,\dots,\beta_p$ statistisch zu schätzen. Dazu schreiben wir

$$PD_{i,t+1} = P(1_{D_{i,t+1}} = 1)$$

mit der Indikatorvariablen $1_{D_{i,t+1}}$, die genau dann 1 ist, wenn die Adresse i zwischen t und $t+1$ ausfällt. Folgende Annahme wird getroffen:

Die Indikatorvariablen $1_{D_{i,t+1}}$ sind bedingt auf die gegebenen Werte $x_{i,1,t},\dots,x_{i,p,t}$ für $i \in \{1,\dots,n\}$ stochastisch unabhängig (stochastisch unabhängige Ausfallereignisse).

Im logistischen Modell gilt die Beziehung

$$P(1_{D_{i,t+1}} = 1) = PD_{i,t+1} = \frac{e^{\beta_0 + \beta_1 \cdot x_{i,1,t} + \ldots + \beta_p \cdot x_{i,p,t}}}{1 + e^{\beta_0 + \beta_1 \cdot x_{i,1,t} + \ldots + \beta_p \cdot x_{i,p,t}}} \tag{6.4}$$

und daher

$$\frac{P(1_{D_{i,t+1}} = 1)}{P(1_{D_{i,t+1}} = 0)} = \exp(\beta_0) \cdot \exp(\beta_1 \cdot x_{i,1,t}) \ldots \cdot \exp(\beta_p \cdot x_{i,p,t}). \tag{6.5}$$

Übung 6.3   *Bestätigen Sie die Gültigkeit der Gleichung (6.5) im logistischen Modell.*

Die linke Seite von Gleichung (6.5) ist das Verhältnis der Wahrscheinlichkeit eines Ausfalls zur Wahrscheinlichkeit eines Nichtausfalls von Adresse i; diese Größen werden auch als *Chancen* (engl. *odds*) bezeichnet. Der Einfluss des Merkmalswerts $x_{i,j,t}$ auf die Chance bei einer Erhöhung von $x_{i,j,t}$ um den Wert 1 errechnet sich wegen (6.5) zu

$$\frac{P(1_{D_{i,t+1}} = 1 | x_{i,j,t} + 1)}{P(1_{D_{i,t+1}} = 0 | x_{i,j,t} + 1)} \Big/ \frac{P(1_{D_{i,t+1}} = 1 | x_{i,j,t})}{P(1_{D_{i,t+1}} = 0 | x_{i,j,t})} = \exp(\beta_j).$$

Die Schätzwerte für $\beta_0, \ldots, \beta_p$ können mit dem aus der Statistik bekannten *Maximum-Likelihood-Prinzip* bestimmt werden (vgl. [17]): Ausgehend von den Beobachtungen der Ausfallereignisse, also den realisierten Werten $u_i \in \{0,1\}$ der Zufallsvariablen $1_{D_{i,t+1}}$ für alle n Adressen, berechnen wir zunächst die Wahrscheinlichkeit, dass genau das beobachtete Ergebnis von Ausfällen bzw. Nichtausfällen eintritt. Diese Wahrscheinlichkeit ist (wegen der Unabhängigkeitsannahme) gegeben durch

$$L(\beta_0, \ldots, \beta_p) = f_1(1_{D_{1,t+1}} | \beta) \cdot \ldots \cdot f_n(1_{D_{n,t+1}} | \beta) \tag{6.6}$$

mit $\beta := (\beta_0, \ldots, \beta_p)$ und

$$f_i(1_{D_{i,t+1}} | \beta) := P(1_{D_{i,t+1}} = 1)^{u_i} \cdot (1 - P(1_{D_{i,t+1}} = 1))^{1-u_i}.$$

Begründung: Im Fall $1_{D_{i,t+1}} = u_i = 1$ ist $f_i(1_{D_{i,t+1}} | \beta) = P(1_{D_{i,t+1}} = 1)$ und im anderen Fall $1_{D_{i,t+1}} = u_i = 0$ ist $f_i(1_{D_{i,t+1}} | \beta) = 1 - P(1_{D_{i,t+1}} = 1) = P(1_{D_{i,t+1}} = 0)$, so dass also $f_i(1_{D_{i,t+1}} | \beta)$ genau der Wahrscheinlichkeit des beobachteten Ergebnisses u_i für die i-te Adresse entspricht. Die Multiplikation der Einzelwahrscheinlichkeiten führt zu (6.6).
Das Maximum-Likelihood-Prinzip besagt nun, dass die unbekannten Parameterwerte $\beta_0, \ldots, \beta_p$ so zu schätzen sind, dass die Wahrscheinlichkeit $L(\beta_0, \ldots, \beta_p)$ den maximalen Wert annimmt. Dabei ist β_0 zunächst noch ein freier Parameter, der später bei der sog. Kalibrierung festgelegt werden wird. Die so ermittelten Werte sind die "plausibelsten" Werte, da sie der vorliegenden Beobachtung die größte Plausibilität zuordnen.
Um die Größe $L(\beta_0, \ldots, \beta_p)$, die sog. *Likelihood-Funktion* zu maximieren, geht man

zunächst zur (einfacher zu handhabende Funktion) *Log-Likelihood-Funktion*

$$\ln(L(\beta_0,\dots,\beta_p)) = \sum_{i=1}^{n} \ln(f_i(1_{D_{i,t+1}}|\beta))$$

$$= \sum_{i=1}^{n} (u_i \cdot \ln(P(1_{D_{i,t+1}} = 1)) + (1 - u_i) \cdot \ln(1 - P(1_{D_{i,t+1}} = 1)))$$

über. Die Summe ist von den bekannten Werten u_i und $x_{i,j,t}$ (vgl. (6.4)) abhängig.

Die Log-Likelihood-Funktion ist an einer Stelle $\hat{\beta} = (\hat{\beta}_0,\dots,\hat{\beta}_p)$ genau dann maximal, wenn die Likelihood-Funktion dort maximal ist. Dies folgt aus der Tatsache, dass die Funktion ln streng monoton wachsend ist.

Mit den Hilfsmitteln der Analysis kann (durch Betrachtung der ersten und zweiten Ableitungen der Log-Likelihood-Funktion nach den Größen β_j) die Maximalstelle

$$\hat{\beta} = (\hat{\beta}_0,\dots,\hat{\beta}_p)$$

und damit der Schätzwert für jeden Parameter β_j gefunden werden. In der Praxis wird dieses Maximierungsproblem mit numerischen Methoden, die in den einschlägigen Statistik-Programmpaketen implementiert sind, gelöst.

Als Ergebnis unserer Betrachtungen erhalten wir schließlich den *Rating-Score*

$$S_{i,t} := \hat{\beta}_0 + \hat{\beta}_1 \cdot x_{i,1,t} + \dots \hat{\beta}_p \cdot x_{i,p,t}, \tag{6.7}$$

der für jede Adresse i mit gegebenen Merkmalswerten $x_{i,j,t}$ zum Zeitpunkt t eine Prognose der einjährigen Ausfallwahrscheinlichkeit in der Form

$$PD_{i,t+1} = \frac{e^{S_{i,t}}}{1 + e^{S_{i,t}}} \tag{6.8}$$

ermöglicht. Die Ausfallwahrscheinlichkeiten in einem von der Entwicklungsstichprobe abweichenden Portfolio können nicht direkt mit (6.8) geschätzt werden – es muss zuvor noch eine Kalibrierung durchgeführt werden (siehe unten).

Werden die bisher erörterten Verfahren zur Bestimmung von Rating-Scores auf eine mehrjährige Zeitreihe von Daten aus einer Entwicklungsstichprobe (mit unterschiedliche Konjunkturzyklen) angewendet, so ergeben sich sog. *Through-The-Cycle (TTC)-Ausfallwahrscheinlichkeiten*, die im Zeitablauf nur wenig schwanken.

Wenn hingegen in den Rating-Score zusätzlich aktuelle *makroökonomische Variablen* (wie Inflationsrate, Arbeitslosenquote, Bruttoinlandsprodukt) einfließen, dann ändern sich die Ausfallprognosen stärker bei wechselndem konjunkturellen Umfeld. Das Resultat einer solchen dynamischen Ausfallschätzung ist die sog. *Point-In-Time (PIT)-Ausfallwahrscheinlichkeit* – sie beinhaltet jeweils künftige Trends. Bezeichnen wir die makroökonomischen Variablen mit $y_{j,t}$ (sie hängen nicht von den Adressen ab), so nimmt der Rating-Score die Form

$$S_{i,t} := \hat{\beta}_0 + \hat{\beta}_1 \cdot x_{i,1,t} + \dots + \hat{\beta}_p \cdot x_{i,p,t} + \hat{\gamma}_1 \cdot y_{1,t} + \dots + \hat{\gamma}_q \cdot y_{q,t}$$

mit den zusätzlichen Schätzwerten $\hat{\gamma}_1,\dots,\hat{\gamma}_q$ an.

Beispiel 6.3   (Schätzung der Koeffizienten im logistischen Modell)

Betrachtet wird eine Entwicklungsstichprobe, bei der es sich um ein Portfolio aus $n = 5$ Adressen handelt, für die zu einem Zeitpunkt t in der Vergangenheit ein bestimmtes metrisches Merkmal gemessen wurde ($p = 1$). Zum Zeitpunkt $t + 1$, der ebenfalls in der Vergangenheit liegt, wurde für jede der 5 Adressen festgestellt, ob sie ausgefallen waren oder nicht. Das Ergebnis ist in folgender Tabelle zusammengefasst:

Adresse	Merkmalswert $x_{i,1,t}$ in t	Ausfall in $t + 1$	u_i
1	0,2	ja	1
2	0,3	nein	0
3	0,4	nein	0
4	0,6	nein	0
5	0,8	nein	0

Die zugehörige Likelihood-Funktion $L(\beta_0, \beta_1)$ schreibt sich in der Form

$$L(\beta_0, \beta_1) = \frac{e^{\beta_0 + 0{,}2 \cdot \beta_1}}{1 + e^{\beta_0 + 0{,}2 \cdot \beta_1}} \cdot \left(1 - \frac{e^{\beta_0 + 0{,}3 \cdot \beta_1}}{1 + e^{\beta_0 + 0{,}3 \cdot \beta_1}}\right) \cdot \left(1 - \frac{e^{\beta_0 + 0{,}4 \cdot \beta_1}}{1 + e^{\beta_0 + 0{,}4 \cdot \beta_1}}\right)$$
$$\cdot \left(1 - \frac{e^{\beta_0 + 0{,}6 \cdot \beta_1}}{1 + e^{\beta_0 + 0{,}6 \cdot \beta_1}}\right) \cdot \left(1 - \frac{e^{\beta_0 + 0{,}8 \cdot \beta_1}}{1 + e^{\beta_0 + 0{,}8 \cdot \beta_1}}\right).$$

Aus den vorliegenden Daten soll ein Rating-Score $S_{i,t} := \hat{\beta}_0 + \hat{\beta}_1 \cdot x_{i,1,t}$ berechnet werden, um damit Ausfallwahrscheinlichkeiten zu schätzen.

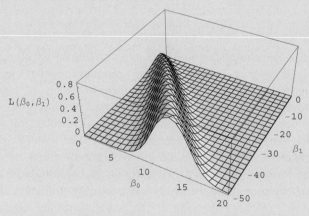

Abbildung 57: Die Likelihood-Funktion

Offensichtlich nimmt der Wert der Likelihood-Funktion auf einer Kurve, die in etwa durch $\beta_1 = -4 \cdot \beta_0$ beschrieben wird, für $\beta_0 \to \infty$ streng monoton wachsend zu und nähert sich dem Wert 1. Ein absolutes Maximum existiert (im Endlichen) nicht. Für die Wahl $\hat{\beta}_0 = 11$, $\hat{\beta}_1 = -44$ ist $L(\hat{\beta}_0, \hat{\beta}_1) \approx 0{,}81$. In diesem Fall lautet der Rating-Score $S_{i,t} := 11 - 44 \cdot x_{i,1,t}$. Damit ergeben sich dann die folgenden Ausfallwahrscheinlichkeiten:

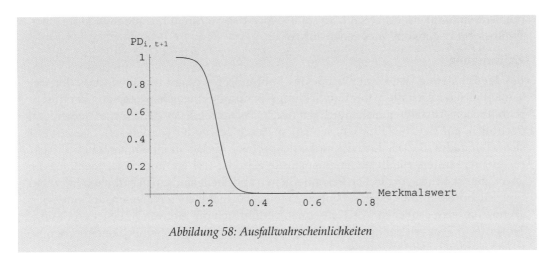

Abbildung 58: Ausfallwahrscheinlichkeiten

Die endgültige Auswahl der in den Rating-Score (6.7) einfließenden Merkmale erfolgt in der Praxis durch einen iterativen Prozess. Ein Merkmal wird nur in den Rating-Score aufgenommen, wenn sich dadurch die Prognosequalität auf der Entwicklungsstichprobe verbessert. Dies bedeutet, dass bei jeder Hinzunahme der Rating-Score zunächst neu berechnet wird und anschließend die in Abschnitt 6.2 genannten Gütekriterien auf den gesamten Rating-Score (statt auf einzelne Merkmalswerte) bzgl. der Entwicklungsstichprobe angewendet werden. Erhöht sich dabei dann z. B. der Gini-Koeffizient um einen vorgegebenen Mindestwert, so führt das neue Merkmal zu einer Verbesserung der Prognosequalität und bleibt fortan Bestandteil des Rating-Scores. Andernfalls wird das betreffende Merkmal verworfen. Doch dies ist nicht das einzige Kriterium für die endgültige Verwendung eines bestimmten Merkmals. Wichtig ist u. a. auch, dass das Merkmal inhaltlich sinnvoll ist und dass keine Abhängigkeit zwischen den verschiedenen Merkmalen im Sinne einer *Multikollinearität* besteht: Multikollinearität bedeutet, dass sich bestimmte Merkmalswerte aus den übrigen Merkmalswerten ableiten lassen und daher keine "neuen" bonitätsrelevanten Informationen beitragen.

Ist die Modellbildung abgeschlossen und der Rating-Score bestimmt, so werden die Einflüsse der einzelnen Merkmale auf die geschätzten Ausfallwahrscheinlichkeiten statistisch untersucht. Dabei geht es z. B. um die Frage, ob der Koeffizient $\hat{\beta}_j$ eines Merkmals in (6.7) signifikant vom Wert 0 abweicht. Ist dies nicht der Fall, so kann der Merkmalswert ausgeschlossen werden. Des Weiteren wird untersucht, welche Auswirkung eine (geringfügige) Veränderung des Werts $x_{i,j,t}$ auf die Prognose der Ausfallwahrscheinlichkeit hat. Dazu berechnet man die Ableitung (überprüfen Sie dies!)

$$\frac{\partial PD_{i,t+1}}{\partial x_{i,j,t}} = \frac{\partial PD_{i,t+1}}{\partial S_{i,t}} \cdot \frac{\partial S_{i,t}}{\partial x_{i,j,t}} = PD_{i,t+1} \cdot (1 - PD_{i,t+1}) \cdot \hat{\beta}_j. \qquad (6.9)$$

Da $PD_{i,t+1} \cdot (1 - PD_{i,t+1})$ eine positive Zahl ist, hat der Einfluss des Merkmals $x_{i,j,t}$ gemäß (6.9) das gleiche Vorzeichen wie $\hat{\beta}_j$. Bei der Modellplausibilisierung wird erwartet, dass die Vorzeichen der Merkmalseinflüsse auf die Ausfallwahrscheinlichkeiten ökonomisch sinnvoll erklärbar sind. So sollte bspw. das Merkmal Eigenkapitalquote einen Einfluss mit negativem Vorzeichen aufweisen.

Kalibrierung

Bei der Schätzung der Parameter $\hat{\beta}_j$ des Rating-Scores ist zu beachten, dass der Gesamtanteil aller Ausfälle in der Entwicklungsstichprobe abweichen kann von der durchschnittlichen Ausfallwahrscheinlichkeit (auch *central tendency* genannt) in denjenigen Portfolien, auf die Ausfallprognose (6.8) später angewendet werden soll. Dies erklärt sich z. B. dadurch, dass Entwicklungsstichproben oftmals in einem zentralen Projekt für mehrere unterschiedliche Finanzinstitute gebildet werden und daher nicht auf die jeweiligen institutsspezifischen Besonderheiten abgestellt sind; auch enthalten Entwicklungsstichproben einen bewusst hohen Anteil an ausgefallenen Adressen, um eine hohe Trennschärfe zu erreichen. Als Konsequenz ergibt sich die Notwendigkeit, den Rating-Score aus (6.7) auf dasjenige Portfolio A, für das Ausfallwahrscheinlichkeiten prognostiziert werden sollen, anzupassen.

Ist PD_A die (als bekannt vorausgesetzte) central tendency in A, so ist sicherzustellen, dass bei Anwendung von (6.8) auf alle Adressen in A und Berechnung der mittleren Ausfallwahrscheinlichkeit der Zielwert PD_A herauskommt. Dies kann dadurch erreicht werden, dass der Parameter $\hat{\beta}_0$, der im Rating-Score auftritt, passend festgelegt wird (*Kalibrierung*). Es lässt sich zeigen, dass der Schätzwert $\hat{\beta}_0$ durch folgenden Wert zu ersetzen ist:

$$\hat{\beta}_0 - \ln\left(\frac{1 - PD_A}{PD_A} \cdot \frac{PD_E^*}{1 - PD_E^*}\right).$$

Hierbei ist PD_E^* der Anteil der Ausfälle in der Entwicklungsstichprobe.

Üblicherweise werden die Adressen mit ähnlicher Ausfallwahrscheinlichkeit zu sog. *Rating-Klassen* zusammengefasst. Solche Rating-Klassen werden z. B. von den Rating-Agenturen verwendet (vgl. Abschnitt 1.1.2) oder auch von bankinternen Rating-Systemen. Die Bandbreite der verschiedenen möglichen Rating-Klassen ist die *Rating-Skala*, die aus durchnummerierten Rating-Klassen besteht. Bei der Zuordnung von Ausfallwahrscheinlichkeiten zu Rating-Klassen gehen Informationen teilweise verloren, da die Rating-Klassen eine gröbere Einteilung der Bonitäten als die Ausfallwahrscheinlichkeiten beinhalten. Meist werden die Rating-Klassen so gebildet, dass die durchschnittliche Ausfallwahrscheinlichkeit von einer Rating-Klasse zur nächst schlechteren um einen konstanten Faktor zunimmt (exponentielle Zunahme der Ausfallwahrscheinlichkeit). Durch die Einteilung der Adressen in Rating-Klassen sollte sich die durchschnittliche Ausfallwahrscheinlichkeit der Gesamtheit aller Adressen nicht verändern und die Rating-Klassen sollten so gewählt sein, dass in jede Rating-Klasse eine Mindestanzahl von Adressen eingeordnet wird.

6.4 Validierung

Jedes Modell zur Schätzung von Ausfallwahrscheinlichkeiten muss permanent überprüft werden. Man spricht in diesem Kontext von der *Validierung* des Rating-Modells, wobei genauer zwischen der *Out-of-Sample-Validierung* und der *Out-of-Time-Vali-*

dierung unterschieden wird. Bei der erst genannten wird zu Beginn der Modellentwicklung ein getrenntes Entwicklungs- und ein Validierungsportfolio gebildet. Während das Entwicklungsportfolio ausschließlich zur Schätzung der Modellparameter dient, wird die Prognosequalität des fertigen Modells dann anhand des Validierungsportfolios überprüft. Hier ist zu bestätigen, dass das Modell auch bei Portfolien, die mit dem Entwicklungsportfolio nichts zu tun haben, gute Ergebnisse liefern kann. Die Out-of-Time-Validierung betrachtet die Prognosequaltität anhand eines fest vorgegebenen Portfolios im Zeitablauf, d. h. es wird die Modellprognose zum Zeitpunkt t mit den tatsächlichen Ausfallereignissen bis $t+1$ verglichen, und zwar regelmäßig für aufeinander folgende Zeitintervalle (typischerweise jährlich).

Das Hauptproblem bei der Entwicklung und Validierung von Rating-Modellen stellt die oftmals geringe Anzahl an zur Verfügung stehenden Daten dar, sowohl in Bezug auf die Anzahl der Kreditnehmer als auch die Länge der Zeitreihen, auf denen die Schätzungen beruhen. Vor diesem Hintergrund kommt der Validierung ein hoher Stellenwert zu. Das Ziel der (quantitativen) Validierung ist es festzustellen, ob das Modell eine ausreichende

- Kalibrierung,
- Trennschärfe und
- Stabilität

der Schätzungen von Ausfallwahrscheinlichkeiten aufweist.

Die *Kalibrierung* des Modells ist die korrekte Zuweisung von Ausfallwahrscheinlichkeiten zu den einzelnen Rating-Klassen. Eine gute Kalibrierung liegt dann vor, wenn die geschätzten Ausfallwahrscheinlichkeiten nicht signifikant von den beobachteten Ausfallraten abweichen. Dies kann mit den einschlägigen statistischen Tests, z. B. dem sog. *Binomialtest* überprüft werden. Dabei muss allerdings die stochastische Unabhängigkeit der Ausfallereignisse aller Adressen vorausgesetzt werden, was in der Realität nicht der Fall ist. Insofern sind die Testergebnisse eher als grober Indikator zu sehen. Beim Binomialtest wird statistisch überprüft, ob die zwischen t und $t+1$ beobachtete Ausfallrate z_k einer gegebenen Rating-Klasse k (mit zugeordneter Ausfallwahrscheinlichkeit PD_k) signifikant zu groß ist, wenn man unterstellt, dass alle Adressen dieser Rating-Klasse die theoretisch korrekte Ausfallwahrscheinlichkeit PD_k haben. Man fragt sich also, ob der Anteil der Ausreißer zu groß ist, um als glaubhaft zu erscheinen. Ist m_k die Anzahl der Adressen in der Rating-Klasse (zum Zeitpunkt t) und X_k die zufällige Anzahl der Ausfälle in dieser Rating-Klasse, so folgt, dass X_k unter der Annahme der Ausfallwahrscheinlichkeit PD_k für alle Adressen binomialverteilt ist mit Parametern m_k und PD_k (vgl. Beispiel 2.7). Es gilt dann also

$$P(X_k = l) = \binom{m_k}{l} \cdot PD_k^l \cdot (1 - PD_k)^{m_k - l} \quad \text{für} \quad l \in \{0, \ldots, m_k\}.$$

Die Wahrscheinlichkeit, dass die zufällige Ausfallrate X_k/m_k mindestens den beobachteten Wert z_k annimmt, ist

$$P(X_k/m_k \geq z_k) = P(X_k \geq m_k \cdot z_k) = \sum_{l=m_k \cdot z_k}^{m_k} \binom{m_k}{l} \cdot PD_k^l \cdot (1 - PD_k)^{m_k - l}.$$

Wenn diese Zahl kleiner als ein vorgegebener Mindestwert ist (z. B. 5%), so erscheint die beobachtete Ausfallrate als zu unplausibel, und der Test gilt dann als nicht bestanden. Im anderen Fall gilt das Rating-Modell als "unverdächtig".

Übung 6.4 *Die theoretisch korrekte Ausfallwahrscheinlichkeit einer Rating-Klasse mit $m = 100$ Kreditnehmern sei $PD = 0,8\%$. Die beobachtete Ausfallrate ist $z = 1\%$. Ist dies "unverdächtig" im Sinne des Binomialtests? Beachten Sie die Beziehung $P(X \geq 1) = 1 - P(X < 1)$!*

Die Verfahren zu Untersuchung der *Trennschärfe* wurden in Abschnitt 6.2 vorgestellt. Bei der Validierung kommt es darauf an, dass die Trennschärfe eines Rating-Modells für ein definiertes Portfolio im Zeitablauf nicht abnimmt. Nur dann ist sicher gestellt, dass die Bonitätseinschätzungen zuverlässig bleiben. Bei abnehmender Trennschärfe ist eine Anpassung des Rating-Scores erforderlich.

Die *Stabilität* eines Rating-Modells ist dann gegeben, wenn es die Ursache-Wirkung Beziehung zwischen den in den Rating-Score einfließenden Merkmalen und den Ausfallwahrscheinlichkeiten adäquat modelliert. Dies bedeutet, dass die Schätzung der Modellparameter in der Entwicklungsstichprobe nicht zu einem "zufällig" guten Ergebnis geführt hat, sondern dass die ausgewählten Merkmale tatsächlich einen verlässlichen Indikator für die Ausfallwahrscheinlichkeit darstellen.

Beispiel 6.4

1. *Ein Rating-Modell, das allen Adressen eines Portfolios die gemeinsame durchschnittliche Ausfallwahrscheinlichkeit zuordnet, kann gut kalibriert sein (sofern die tatsächliche Ausfallwahrscheinlichkeiten der Adressen nicht zu stark um den Durchschnittswert schwanken), es besitzt jedoch keine adäquate Trennschärfe.*

2. *Ein Rating-Modell, das allen Adressen eine Ausfallwahrscheinlichkeit zuordnet, die jeweils genau 1% über dem wahren Wert liegt, ist zwar trennscharf, aber es ist schlecht kalibriert.*

6.5   Rating-Migrationen: Stresstests und Szenarioanalysen

Zu den Aufgaben des Risikomanagements von Finanzinstitutionen gehört u. a. auch die Analyse von außergewöhnlichen Verlusten, die durch besondere Marktsituationen hervorgerufen werden können. Solche sog. *Stresstests* oder *Szenarioanalysen* zielen darauf ab, das Verhalten bestehender Portfolio zu untersuchen bei

1. starken Kursverlusten an den Börsen,

2. hohen Ausfallraten im Kreditgeschäft,

3. nicht funktionierenden Geldmärkten aufgrund mangelnder Liquidität.

Einen breiten Überblick über verschiedene Stresstest-Ansätze geben [38] und [14].

Wir wollen hier einen wichtigen Teilaspekt näher betrachten, nämlich die Durchführung von Stresstests bzw. Szenarioanalysen in Bezug auf Ausfallwahrscheinlichkeiten. Betrachtet wird ein Portfolio Geschäftsverträgen mit verschiedenen Geschäftspartnern (Adressen), die alle eine Bonitätseinstufung in Form einer Rating-Einstufung auf einer Rating-Skala $\{1, \dots, K+1\}$ erhalten haben, wobei die Rating-Klasse 1 für die besten Bonitäten steht und die Rating-Klasse $K+1$ die bereits ausgefallenen Adressen umfasst.

Für die zeitliche Entwicklung der Bonitäten der Einzeladressen ist die sog. *(Rating-Migrationsmatrix)* von besonderer Bedeutung. Dies ist eine Matrix Π mit $K+1$ Zeilen und $K+1$ Spalten, bei der an der Position (i,j) (also in Zeile i, Spalte j) die Wahrscheinlichkeit steht, dass eine (typische) Adresse innerhalb eines Jahres von der (zum Zeitpunkt t) bestehenden Rating-Klasse i innerhalb des Folgejahres in die Rating-Klasse j "wandert" (migriert). Solche Migrationsmatrizen werden in regelmäßigen Abständen von den Rating-Agenturen publiziert. Ein Beispiel (bestehend aus $K = 5$ Rating-Klassen für nicht ausgefallene Adressen und eine Klasse für ausgefallene Adressen) ist:

$$
\Pi = \begin{pmatrix}
0{,}9228 & 0{,}0585 & 0{,}0102 & 0{,}0061 & 0{,}0012 & 0{,}0012 \\
0{,}0702 & 0{,}8451 & 0{,}0606 & 0{,}0173 & 0{,}0035 & 0{,}0033 \\
0{,}0154 & 0{,}0673 & 0{,}8385 & 0{,}0575 & 0{,}0135 & 0{,}0078 \\
0{,}0103 & 0{,}0160 & 0{,}0684 & 0{,}8241 & 0{,}0613 & 0{,}0199 \\
0{,}0148 & 0{,}0165 & 0{,}0239 & 0{,}0752 & 0{,}7803 & 0{,}0893 \\
0{,}0000 & 0{,}0000 & 0{,}0000 & 0{,}0000 & 0{,}0000 & 1{,}0000
\end{pmatrix} . \tag{6.10}
$$

Der Eintrag $\Pi_{2,2}$ dieser Matrix besagt bspw., dass $84{,}51\%$ aller Adressen im Folgejahr in der Rating-Klasse 2 verbleiben werden. In der letzten Spalte der Matrix stehen die Migrationswahrscheinlichkeiten in die Rating-Klasse 6 – dies sind gerade die einjährigen Ausfallwahrscheinlichkeiten. Beachten Sie, dass die Zeilensummen der Wahrscheinlichkeiten jeweils den Wert 1 ergeben und dass die Wahrscheinlichkeiten $\Pi_{i,i}$ auf der Diagonalen jeweils den größten Wert haben – ein Verbleiben in der Rating-Klasse ist deutlich wahrscheinlicher als ein Wanderungsbewegung.

Das Ziel eines Stresstests oder einer Szenarioanalyse besteht nun darin, die Wanderungen der Kreditnehmer zwischen den verschiedenen Rating-Klassen im Zeitablauf (über ein oder mehrere Jahre) zu modellieren. Dabei wird (vereinfachend) angenommen, dass eine einmal ausgefallene Adresse in der Folgeperiode ebenfalls ausgefallen bleibt. Ist Π eine vorgegebene $n \times n$-Migrationsmatrix ($n = K+1$), so lässt sich unter bestimmten Voraussetzungen (vgl. [23]) eine (nicht eindeutig bestimmte) dazugehörende $n \times n$-*Generatormatrix* Λ angeben, so dass folgende Beziehung gilt:

$$
\Pi = \exp(\Lambda) := \sum_{k=0}^{\infty} \frac{1}{k!} \cdot \Lambda^k . \tag{6.11}
$$

Hierbei tritt die Matrizen-Exponentialfunktion $\exp(\Lambda)$ auf und $\exp(\Lambda)$ ist eine $n \times n$-Matrix, die formal als unendliche Reihe wie oben angegeben definiert ist; dabei ist Λ^k die k-fache Potenz der Matrix Λ und es ist Λ^0 die $n \times n$-Einheitsmatrix.

Beispiel 6.5 *Es gilt*

$$\Lambda = \begin{pmatrix} -1 & 0,5 & 0,5 \\ 0,5 & -1 & 0,5 \\ 0,5 & 0,5 & -1 \end{pmatrix} \quad \Longrightarrow \quad \exp(\Lambda) \approx \begin{pmatrix} 0,4821 & 0,2590 & 0,2590 \\ 0,2590 & 0,4821 & 0,2590 \\ 0,2590 & 0,2590 & 0,4821 \end{pmatrix}.$$

Die in (6.11) genannte Matrix Λ kann so gewählt werden (vgl. hierzu auch [6]), dass gilt: $\Lambda_{i,i} \leq 0$, $\Lambda_{i,j} \geq 0$ für $i \neq j$ und die Zeilensummen der Einträge ergeben jeweils den Wert 0 für alle Zeilen: $\sum_{j=1}^{n} \Lambda_{i,j} = 0$ für alle $i \in \{1,\ldots,n\}$.

Aus (6.11) lässt sich folgern, dass die Migrationsmatrix bezogen auf einen beliebigen Zeitraum von s bis t der Länge $t - s \geq 0$ wie folgt angegeben werden kann:

$$\Pi(s,t) = \exp(\Lambda \cdot (t - s)). \tag{6.12}$$

Es ist $\Pi(s,t)$ die $n \times n$-Matrix mit dem Eintrag $\Pi_{i,j}(s,t)$ in Zeile i und Spalte j, der die Wahrscheinlichkeit des Übergangs einer Adresse von Rating-Klasse i in Rating-Klasse j im Zeitraum von s bis t angibt. Sie können sich dies als Verallgemeinerung des Intensitätsmodells (4.85) vorstellen.

Beispiel 6.6 *Die folgende Generatormatrix gehört zu der Migrationsmatrix in (6.10):*

$$\Lambda = \begin{pmatrix} -0,083 & 0,066 & 0,009 & 0,006 & 0,001 & 0,001 \\ 0,079 & -0,174 & 0,071 & 0,018 & 0,003 & 0,003 \\ 0,014 & 0,079 & -0,182 & 0,068 & 0,014 & 0,007 \\ 0,010 & 0,015 & 0,081 & -0,200 & 0,076 & 0,018 \\ 0,016 & 0,018 & 0,025 & 0,093 & -0,252 & 0,100 \\ 0,000 & 0,000 & 0,000 & 0,000 & 0,000 & 0,000 \end{pmatrix}. \tag{6.13}$$

Wegen (6.12) gilt somit für die dreijährige Migrationsmatrix

$$\Pi(0,3) = \exp(3 \cdot \Lambda) \approx \begin{pmatrix} 0,798 & 0,140 & 0,034 & 0.019 & 0,005 & 0,004 \\ 0,168 & 0,626 & 0,135 & 0,047 & 0,012 & 0,012 \\ 0,051 & 0,149 & 0,611 & 0,126 & 0,036 & 0,027 \\ 0,032 & 0,050 & 0,149 & 0,582 & 0.121 & 0,066 \\ 0,039 & 0,043 & 0,063 & 0,150 & 0,487 & 0,218 \\ 0,000 & 0,000 & 0,000 & 0,000 & 0,000 & 1,000 \end{pmatrix}.$$

Es zeigt sich, dass die Wahrscheinlichkeiten auf der Diagonale geringer geworden sind, da im Verlauf von 3 Jahren ein höherer Anteil der Adressen aus der ursprünglichen Rating-Klasse hinaus migriert. Ebenfalls ist zu beobachten, dass die Ausfallwahrscheinlichkeiten in den guten Rating-Klassen proportional stärker zugenommen haben als die Ausfallwahrscheinlichkeiten in den schlechten Rating-Klassen. Das liegt daran, dass gute Adressen eine höhere Chance haben, schlechter zu werden, als noch besser, während die schlechten Adressen kaum noch nach unten hin wandern können.

Gleichung (6.12) liefert den Hintergrund für die Betrachtung von Generatormatrizen: Wegen (6.12) ist es überhaupt erst möglich, Migrationsmatrizen auf beliebige Zeiträume sinnvoll auszudehnen. Im einfachsten Fall ist Λ eine Matrix mit konstanten, nicht zeitabhängigen Einträgen $\lambda_{i,j}$. Anhand der Beziehung (6.12) kann die zeitliche Entwicklung der Rating-Migrationsmatrix verfolgt werden.

Möchte man nun für künftige Perioden gezielte Stresstest-Szenarien vorgeben, so läuft dies darauf hinaus, eine zeitliche Änderung der Generatormatrix festzulegen, d. h. die Generatormatrix ist dann zeitabhängig und von der Form $\Lambda(t)$. Von besonderer Wichtigkeit ist dabei der Fall, dass $\Lambda(t)$ die spezielle Form

$$\Lambda(t) = B \cdot D(t) \cdot B^{-1} \tag{6.14}$$

mit einer $n \times n$-Matrix B und einer zeitabhängigen Diagonalmatrix

$$D(t) = \begin{pmatrix} d_1(t) & 0 & 0 & \cdots & 0 \\ 0 & d_2(t) & 0 & \cdots & 0 \\ \vdots & \vdots & \ddots & \vdots & \vdots \\ 0 & 0 & \cdots & \ddots & 0 \\ 0 & 0 & \cdots & 0 & d_n(t) \end{pmatrix}$$

hat. In diesem Fall spricht man von einer *diagonalisierbaren* Generatormatrix. Hinreichende Bedingungen für die Diagonalisierbarkeit von Matrizen werden in der Linearen Algebra angegeben. Die in (6.13) genannte Matrix lässt sich leicht in die Form (6.14) bringen: Dazu berechnet man die sog. *Eigenwerte* μ_i und die zugehörigen *Eigenvektoren* $\vec{v}_i$ und verwendet die Eigenvektoren als Spalten der Matrix B sowie die Eigenwerte als Diagonalelemente der Matrix $D(t)$. Im Computeralgebrasystem *Mathematica* erfolgt diese Berechnung bspw. mittels des Befehls *Eigensystem*[Λ].

Nun gilt im Allgemeinen **nicht** die Beziehung $\Pi(s,t) = \exp(\int_s^t \Lambda(u)\,du)$, wie man zunächst aufgrund von (6.12) vermuten könnte. Im Spezialfall (6.14) ergibt sich jedoch die folgende Darstellung der Migrationsmatrix bei zeitabhängiger Generatormatrix:

$$\Pi(s,t) = B \cdot \exp\left(\int_s^t D(u)\,du \right) \cdot B^{-1}. \tag{6.15}$$

Die Integration ist dabei auf alle Einträge der Matrix $D(u)$ einzeln anzuwenden.

Übung 6.5 *Zeigen Sie, dass die Darstellung (6.15) im Falle einer konstanten Diagonalmatrix Λ wie in Beispiel 6.5 mit der Darstellung (6.12) identisch ist.*

Eine gegebene Generatormatrix kann nun gezielt so modifiziert werden, dass die Ausfallwahrscheinlichkeiten in allen Rating-Klassen um einen vorgegebenen Stresswert $s > 0$ (etwa $s = 50\%$) simultan erhöht werden.

Dazu sind die Diagonalelemente mit geeigneten Faktoren zu multiplizieren, wobei die Faktoren in einem mehrstufigen iterativen Verfahren bestimmt werden können; wir verweisen diesbezüglich auf [6] und betrachten hier lediglich ein Beispiel:

Beispiel 6.7 *Für die Matrix in (6.13) gilt*

$$D \approx \begin{pmatrix} -0,3232 & 0 & 0 & 0 & 0 & 0 \\ 0 & -0,2676 & 0 & 0 & 0 & 0 \\ 0 & 0 & -0,1911 & 0 & 0 & 0 \\ 0 & 0 & 0 & -0,0983 & 0 & 0 \\ 0 & 0 & 0 & 0 & -0,0108 & 0 \\ 0 & 0 & 0 & 0 & 0 & 0 \end{pmatrix}$$

Multipliziert man die Diagonalelemente mit dem Faktor 1,5, so erhält man eine neue Matrix $\widetilde{D}$, mit deren Hilfe man wiederum die Generatormatrix $\widetilde{\Lambda} := B \cdot \widetilde{D} \cdot B^{-1}$ und die Migrationsmatrix $\widetilde{\Pi} = \exp(\widetilde{\Lambda})$ bilden kann. Eine Berechnung dieser Matrix zeigt, dass die neuen Ausfallwahrscheinlichkeiten (im Stress-Szenario) jetzt lauten: 0,0019; 0,0053; 0,0122; 0,031; 0,1270; 1. Die Ausfallwahrscheinlichkeiten in den ersten Rating-Klassen haben sich um ca. 50% erhöht.

Weitergehende Analysemöglichkeiten ergeben sich dadurch, dass man die Diagonalmatrix $D(t)$ mittels eines *stochastischen Prozesses* in die Zukunft hinein modelliert; im Rahmen einer Simulationsrechnung können dann per Zufallszahlengenerator verschiedene Migrationsmatrizen erzeugt werden und den Szenarioanalysen zu Grunde gelegt werden. Derartige Ansätze zur stochastischen Modellierung werden in [10] diskutiert.

Als Resultat der Szenarioanalysen erhalten wir eine (oder mehrere) Migrationsmatrizen, anhand derer schließlich die für das Risikomanagement relevanten Größen wie erwarteter Verlust und unerwarteter Verlust im Stressfall bestimmt werden können. Dazu werden die in Abschnitt 5.2 diskutierten Kreditrisikomodelle herangezogen.

Übung 6.6 *Vergleichen Sie den (einjährigen) erwarteten Verlust eines Portfolios mit fünf Adressen (in den ersten fünf Rating-Klassen), der sich mit den beiden Migrationsmatrizen Π und $\widetilde{\Pi}$ jeweils ergibt. Dabei soll für jede Adresse i gelten $EAD_i = 1$ Mio. Euro, $LGD_i = 40\%$.*

Literaturverzeichnis

[1] ARTZNER, P., DELBAEN, F., EBER, J.-M. & HEATH, D.: *Coherent Measures of Risk*. Math. Finance **9(3)** (1999), 203–228.

[2] BAXTER, M., RENNIE. A.: Financial Calculus: An Introduction to Derivative Pricing. Cambridge University Press, 1996.

[3] BECKER, H. P., PEPPMEIER, A.: Bankbetriebslehre. Friedrich Kiehl Verlag GmbH, 2008.

[4] BJÖRK, T.: Arbitrage Theory in Continuous Time. Oxford Finance Series, 2004.

[5] BLACK, F. & COX, J.C.: *Valuing Corporate Securities: Some Effects of Bond Indenture Provisions*. J. Finance **31** (1976), 351–367.

[6] BLUHM, CH., OVERBECK, L. & WAGNER, CH.: An Introduction to Credit Risk Modeling. Chapman & Hall / CRC Financial Mathematics Series, 2002.

[7] BRIGO, D., MERCURIO, F.: Interest Rate Models: Theory and Practice. Springer Finance, 2005.

[8] CESARI, G., AQUILINA, J., CHARPILLON, N., FILIPOVIĆ, Z., LEE, G. & MANDA, I.: Modelling, Pricing and Hedging Counterparty Credit Exposure. Springer Finance, 2010.

[9] CONT, R., TANKOV, P.: Financial modelling with jump processes. Chapman & Hall/CRC, 2004.

[10] DUFFIE, D., SINGLETON, K. J.: Credit Risk: Pricing, Measurement, and Management Princeton Series in Finance, 2003.

[11] ENGELMANN, B., RAUHMEIER, R. (ED.): The Basel II Risk Parameters: Estimation, Validation, and Stress Testing. Springer Finance, 2006.

[12] GESKE, R.: *The valuation of corporate liabilities as compound options*. Journal of Financial and Quantitative Analysis **12** (1977), 541–552.

[13] GREGORY, J.: Counterparty credit risk. The new challenge for global financial markets. Wiley Finance, 2009.

[14] GRUBER, W., MARTIN, M.R.W. & WEHN, C. (HRSG.): Stresstests und Szenarioanalysen in der Bank- und Versicherungspraxis. Schäffer-Poeschel Verlag, 2010.

[15] GUNDLACH, M. & LEHRBASS, F.: CreditRisk$^+$ in the Banking Industry. Springer, 2003.

[16] HENKING, A., BLUHM, C. & FAHRMEIR, L.: Kreditrisikomessung. Statistische Grundlagen, Methoden und Modellierung. Springer Verlag, 2006.

[17] HENZE, N.: Stochastik für Einsteiger. Vieweg+Teubner, 8. Auflage, 2009.

[18] HESSE, CHR.: Wahrscheinlichkeitstheorie. Vieweg+Teubner, 2. Auflage, 2009.

[19] HESTON, A.: *A Closed Form Solution for Options with Stochastic Volatility with Applications to Bonds and Currency Options*. Review of Financial Studies, **6**, Nr. 2 (1993) 327–342.

[20] HULL, J. C., WHITE, A.: *The pricing of Options on Assets with Stochastic Volatilities*. Journal of Finance, **42** (1987), 281–300.

[21] HULL, J.C., WHITE, A.: *Numerical Procedures for Implementing Term Structure Models I: Single-Factor Models*. Journal of Derivatives, **2**, Nr. 1 (1994), 7–16.

[22] HULL, J.C.: Options, Futures, and Other Derivatives. Prentice Hall Series in Finance, 7. Auflage, 2008.

[23] ISRAEL, R. et al.: *Finding generators for Markov chains via empirical transition matrices with application to credit ratings*. Mathematical Finance **11** (2001), 245–265.

[24] KLEBANER, F. C.: Introduction to Stochastic Calculus with Applications. Imperial College Press, 2005.

[25] LAMBERTON D., LAPEYRE, B.: Introduction to Stochastic Calculus applied to Finance. Chapman & Hall / CRC Financial Mathematics Series, 2. Auflage, 2008.

[26] LEHN, J., WEGMANN, H.: Einführung in die Statistik. Teubner, 5. Auflage, 2006.

[27] LUDERER, B.: Starthilfe Finanzmathematik: Zinsen, Kurse, Renditen. Teubner, 2. Auflage, 2003.

[28] MARTIN, M.R.W., REITZ, S. & WEHN, C.: Kreditderivate und Kreditrisikomodelle – Eine mathematische Einführung. Vieweg Verlag, 2006.

[29] MERTON, R.C.: On the pricing of corporate debt: The risk structure of interest rates. Journal of Finance **29** (1974), 449–470.

[30] MERTON, R.C.: Option Pricing when underlying stock returns are discontinuous. Journal of Financial Economics, **3** (1976), 125–144.

[31] NEFTCI, S. N.: An Introduction to the Mathematics of Financial Derivatives. Academic Press Advanced Finance, 2. Auflage, 2000.

[32] O'KANE, D.: Modelling single-name and multi-name Credit Derivatives. Wiley Finance, 2008.

[33] OVERBECK, L., SCHMIDT, W.: Modeling default dependence with threshold models. Journal of Derivatives, Vol. 12, No. 4, (Summer 2005), 10–19.

[34] PFEIFER, A.: Praktische Finanzmathematik. Harri Deutsch, 5. Auflage, 2009.

[35] PITERBARG, V.: Funding beyond discounting: collateral agreements and derivatives pricing. Risk Magazine, Februar 2010.

[36] RAUHMEIER, R.: Validierung und Performancemessung bankinterner Ratingsysteme. Uhlenbruch Verlag, 2004.

[37] REITZ, S., MARTIN, M.R.W. & SCHWARZ, W.: Zinsderivate – Eine Einführung in Produkte, Bewertung, Risiken. Vieweg Verlag, 2004.

[38] ROESCH, D., SCHEULE, H. (ED.): Stress Testing for Financial Institutions. Risk Books, 2008.

[39] RUDOLPH, B., HOFMANN, B., SCHABER, A. & SCHÄFER, K.: Kreditrisikotransfer: Moderne Instrumente und Methoden. Springer, 2007.

[40] SAITA, F.: Value at Risk and Bank Capital Management. Academic Press Advanced Finance Series, 2007.

[41] SANDMANN, K.: Einführung in die Stochastik der Finanzmärkte. Springer Finance, 3. Auflage, 2010.

[42] SCHÖNBUCHER, P.J.: Credit Derivatives Pricing Models: Models, Pricing and Implementation. Wiley & Sons, 2003.

[43] SEYDEL, R.U.: Tools for Computational Finance. Springer, 4. Auflage, 2009.

[44] TASCHE, D.: Conditional expectation as quantile derivative. Working paper, Technische Universität München, 2000.

[45] TASCHE, D.: Risk contributions and performance measurement. Working paper, Technische Universität München, 1999.

[46] TIETZE, J.: Einführung in die Finanzmathematik. Vieweg+Teubner, 11. Auflage, 2010.

[47] VASICEK, O.A.: Credit Valuation. Working Paper, KMV Corporation, San Francisco, 1984.

[48] WILMOTT, P.: Paul Wilmott Introduces Quantitative Finance. Wiley & Sons, 2. Auflage, 2007.

[49] ZUMBACH, G.: The RiskMetrics 2006 methodology. RiskMetrics Group, 2006.

Index

Mathematische Methoden der Risikoanalyse, praxisorientiert

Claudia Cottin | Sebastian Döhler

Risikoanalyse

Modellierung, Beurteilung und Management von Risiken mit Praxisbeispielen
2009. XVIII, 420 S. mit 123 Abb. (Studienbücher Wirtschaftsmathematik) Br. EUR 34,90
ISBN 978-3-8348-0594-2

Einführung - Modellierung von Risiken - Risikokennzahlen und deren Anwendung - Risikoentlastungsstrategien - Abhängigkeitsmodellierung - Auswahl und Überprüfung von Modellen - Simulationsmethoden

Dieses Buch bietet eine anwendungsorientierte Darstellung mathematischer Methoden der Risikomodellierung und -analyse. Ein besonderes Anliegen ist ein übergreifender Ansatz, in dem finanz- und versicherungsmathematische Aspekte gemeinsam behandelt werden, etwa hinsichtlich Simulationsmethoden, Risikokennzahlen und Risikoaggregation. So bildet das Buch eine fundierte Grundlage für quantitativ orientiertes Risikomanagement in verschiedensten Bereichen und weckt das Verständnis für Zusammenhänge, die in spartenspezifischer Literatur oft nicht angesprochen werden. Zahlreiche Beispiele stellen immer wieder den konkreten Bezug zur Praxis her.

VIEWEG+ TEUBNER

Abraham-Lincoln-Straße 46
65189 Wiesbaden
Fax 0611.7878-400
www.viewegteubner.de

Stand Juli 2010.
Änderungen vorbehalten.
Erhältlich im Buchhandel oder im Verlag.